智慧型機器人技術與應用

莊謙本、周明、蕭培墉、蘇崇彥　編著

全華圖書股份有限公司

國家圖書館出版品預行編目資料

智慧型機器人技術與應用 / 莊謙本等編著. --初
　版. --新北市：全華圖書，　2012.06
　　　面；　　公分
　　ISBN 978-957-21-8531-5 (平裝)

　1.機器人　2.電腦程式設計
448.992029　　　　　　　　　　　　　101008179

智慧型機器人技術與應用

作者 / 莊謙本、周　明、蕭培墉、蘇崇彥

執行編輯 / 黃立良

發行人 / 陳本源

出版者 / 全華圖書股份有限公司

郵政帳號 / 0100836-1 號

印刷者 / 宏懋打字印刷股份有限公司

圖書編號 / 06199

初版一刷 / 2013 年 6 月

定價 / 新台幣 520 元

ISBN / 978-957-21-8531-5 (平裝)

全華圖書 / www.chwa.com.tw

全華網路書店 Open Tech / www.opentech.com.tw

若您對書籍內容、排版印刷有任何問題，歡迎來信指導 book@chwa.com.tw

臺北總公司(北區營業處)
地址：23671 新北市土城區忠義路 21 號
電話：(02) 2262-5666
傳真：(02) 6637-3695、6637-3696

中區營業處
地址：40256 臺中市南區樹義一巷 26-1 號
電話：(04) 2261-8485
傳真：(04) 3600-9806

南區營業處
地址：80769 高雄市三民區應安街 12 號
電話：(07) 381-1377
傳真：(07) 862-5562

序言

從上世紀 80 年代起，美、日、英、法、德、南韓、香港等先進國家、地區先後將機器人課程列入其教學科目，使得他們的機器人技術走在世界的前面。所開的課程包括機器人工程導論、感測元件、機械視覺、人機界面、機器人衛星定位系統、數位影像處理、電腦輔助機構設計與分析、人工智慧、模糊控制、智慧感測與資料探勘、嵌入式控制系統、語音分析、機器人動態特性與模態分析、機器人專題製作、機器人學等科目。若以機械領域來看，基礎科目包括機器人導論、機器人種類與基礎技術、機器人運動分析、機器人末端效應器、機器人控制、機器人感測器與介面、機器人程式設計與語言、機器人規劃、機器人未來發展技術與應用等科目。而進階科目包括機器人運動學、路徑規劃、機器人避障、機器人視覺、任務規劃、機器人動力學、控制系統、機器人彈性製造系統等。若以電機控制領域來看，基礎科目為單晶片控制、電子電路設計、電腦視覺、影像處理、語音識別、通訊及遙控技術、微機電感測系統設計、機器人衛星定位系統、嵌入式 C 程式、嵌入式 JAVA 程式、光機電系統設計與虛擬實境概論等科目。進階科目為機器人導航控制、機構靈敏度分析、機器人神經、機器人微波通訊、行動裝置遊戲設計等。同時各大學紛紛設置機器人實驗室或智慧型機器人實驗室，不斷的對外發表論文，也常派出隊伍參加國內外有關的比賽，以提升技術水準。

本書鑑於機器人教學已成為各技專校院的必修科目，而課程內容或偏於機械結構，或偏於電機控制，大多缺少整體概念。雖各有特色，學生不易有統整觀念。因此，以統整觀念出發，將國科會整合型研究計畫的報告中擷取要點，重新整理。以理論和實務並重方式，呈現給大家。但仍限於篇幅，無法將所有實驗結果納入。

本書初稿之部分內容已經在「智慧型機器人的發展與教學成效分析」中進行了實驗研究，包括：通訊／機電／視覺／系統晶片平台等四個主題之教學實驗。

　　本人謹代表研究小組；感謝台灣師大科技學院工業教育系周明教授、應用電子系蘇崇彥教授，高雄大學電機系蕭培墉教授的協助，使本書能呈現給各位對機器人教學有需要的人。期盼各位先進不吝指教。

莊謙本　謹識

編輯部序

　　「系統編輯」是我們的編輯方針，我們所提供給您的，絕不只是一本書，而是關於這門學問的所有知識，它們由淺入深，循序漸進。

　　本書有鑑於機器人教學已成為各技專校院的必修科目，而課程內容或偏於機械結構，或偏於電機控制，大多缺少整體概念。雖各有特色，學生不易有統整觀念。因此，以統整觀念出發，將國科會整合型研究計畫的報告中擷取要點，重新整理。以理論和實務並重方式，呈現給大家，包括：通訊／機電／視覺／系統晶片平台等四個主題之教學實驗。

　　同時，為了使您能有系統且循序漸進研習相關方面的叢書，我們列出各有關圖書的閱讀順序，已減少您研習此門學問的摸索時間，並能對這門學問有完整的知識。若您在這方面有任何問題，歡迎來函聯繫，我們將竭誠為您服務。

相關叢書介紹

書號：06206007
書名：程式設計與生活－
　　　使用 C 語言(附範例光碟)
編著：邏輯林
16K/388 頁/380 元

書號：06107017
書名：C 語言程式設計
　　　(第二版)(附範例光碟)
編著：劉紹漢
16K/692 頁/580 元

書號：06075007
書名：Visual C＋＋ 2008 程式設計
　　　(附範例光碟)
編著：葉倍宏
20K/448 頁/450 元

書號：03566717
書名：數位影像處理－活用 Matlab
　　　(第二版)(精裝本)(附範例光碟)
編著：繆紹綱
16K/504 頁/600 元

書號：06116
書名：車載資通訊實驗－
　　　通訊協定與管理
編著：竇其仁.陳俊良.紀光輝.江為國
　　　潘仁義.陳裕賢.張志勇.陳宗禧
　　　楊中平.黃崇明
16K/432 頁/450 元

書號：06058
書名：ZigBee 開發手冊
日譯：孫 棣
校閱：葉明貴
20K/240 頁/350 元

◎上列書價若有變動，請以
最新定價為準。

流程圖

書號：06107017
書名：C 語言程式設計
　　　(第二版)(附範例光碟)
編著：劉紹漢

書號：0504701
書名：機電整合控制－多軸運動
　　　設計與應用(第二版)
編著：施慶隆.李文猶

書號：0207401
書名：感測器(修訂版)
編著：陳瑞和

書號：06199
書名：智慧型機器人技術與應用
編著：莊謙本.周 明.蕭培墉.
　　　蘇崇彥

書號：06058
書名：ZigBee 開發手冊
日譯：孫 棣
校閱：葉明貴

書號：04280016
書名：感測器(附習作簿)
編著：陳福春

書號：06166000
書名：介面設計與實習：
　　　PSoC 與感測器實務用
　　　(附 PCB 板及範例光碟)
編著：許永和

書號：06104007
書名：C 語言數位影像處理-
　　　Windows/X-Window
　　　(附範例光碟)
日譯：林明德.吳上立

目錄

x

Chapter 1

緒論

 本章大綱

1.1 機器人的基本概念

1.2 機器人的發展史

1.3 機器人的應用分類

1.4 機器人的技術簡介

1.5 智慧型機器人的特點

學習重點

◆ 機器人系統概念

◆ 機器人的發展史

◆ 機器人的智慧特點

莊謙本　國立台灣師範大學

技術職業教育研究中心　主任

1.1 機器人的基本概念

　　隨著科技時代的進步與機器人技術的快速發展，機器人所涵蓋的內容越來越豐富。以工業機器人而言，其出現僅是為了代替勞工從事單調、重複等需耗費過多的勞力及有危險性的工作，藉此降低人事成本並提高產品品質。

　　一般而言，機器人是具有一些類似「人」功能的機械電子裝置，亦可稱為自動化裝置。1967 年於日本召開第一屆機器人學術會議中，森政弘與合田周提出機器人是一種具有移動性、個體性、智能性、通用性、半機械半人性、自動性、奴隸性這七項特徵的機器。基於此代表性的定義，森政弘進一步的提出了自動性、智能性、個體性、半機械半人性、作業性、通用性、信息性、柔性、有限性、移動性此十個特性來表示機器人的形象。另一方面，加藤一郎提出機器人是具有：1.腦、手、腳三要素的個體；2.具有非接觸傳感器和接觸傳感器；3.具有平衡覺和自覺的傳感器。亦即以手進行作業、以腳實現移動、由腦完成統一指揮；非接觸與接觸傳感器，相當於人的五官，使機器人能識別外界環境；平衡與自覺則是讓機器人感知本身狀態的傳感器。基於上述可知機器人主要具有三個特點：1.有類似人的功能(如：作業功能、感知功能或行走功能)；2.能完成各種動作；3.有一個顯著的特點，亦即能夠依據人的編程，完成自動式的工作，即透過編程，可以改變它的工作、動作等。

　　機器人主要是由機械部分、傳感部分和控制部分所組成。這三大部分又可分為六個系統，如圖 1-1 所示，分別為：機械結構系統、驅動系統、感受系統、控制系統、機器人-環境交互系統、人-機交互系統。

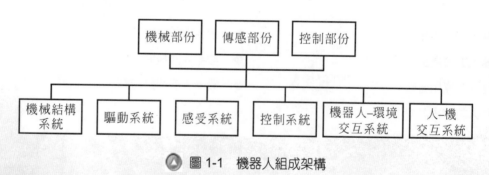

機械部份　傳感部份　控制部份

機械結構系統　驅動系統　感受系統　控制系統　機器人-環境交互系統　人-機交互系統

圖 1-1　機器人組成架構

一、機械結構系統

　　機器人的機械結構系統由機身、手臂、終端操作器三大部分組成。每一部分都有若干自由度，構成一個多自由度的機械系統。機器人依機械結構劃分，可分為直角坐標型機器人、圓柱座標型機器人、極座標型機器人、關節型機器人、SCARA 型機器人以及移動型機器人。

二、驅動系統

驅動系統是讓機械結構系統具有動力的裝置。採用的動力源不同，驅動系統的傳動方式也會不同。驅動系統的傳動方式主要有四種：液壓式、氣壓式、電氣式和機械式。電力驅動是目前使用最多的一種驅動方式，其特點是電源取用方便、響應快、驅動力大以及信號檢測、傳遞、處理方便，並可採用多種靈活的控制方式。驅動電機一般採用步進電機或伺服電機，目前也有採用直接驅動電機，只是價格較高，控制也較為複雜。

三、感受系統

感受系統由內部感測模組與外部感測器模組所組成，目的為獲取內部和外部環境中有用的資訊。智慧型感測器的使用提高了機器人的機動性、適應性和智慧性。人類的感受系統對感知外部世界資訊是極其巧妙的，然而對於一些特殊的資訊，機器人的感測器又比人類的感受系統更為有效。

四、控制系統

控制系統的任務是根據機器人的作業指令及從感測器傳回來的信號，支配機器人的執行機構去完成規定的運動及功能。如果機器人不具備資訊回饋特徵，將只是一個「開環路控制系統」；若具備資訊回饋特徵，才是「閉環路控制系統」。其控制方式可分為：程式控制系統、適應性控制系統和人工智慧控制系統。而根據控制運動的形式可分為點位控制和連續軌跡控制兩種。

五、機器人－環境交互系統

機器人－環境交互系統是實現機器人與外部環境中的設備相互聯繫和協調的系統。機器人與外部設備集結成一個功能單元，如：加工製造單元、銲接單元、裝配單元等。當然也可以是多台機器人集結成為一個去執行複雜任務的功能單元。

六、人－機交互系統

人－機交互系統是人與機器人進行聯繫和參與機器人控制的裝置。如：電腦的標準終端、指令控制台、資訊顯示板及危險信號報警器等。

1.2 機器人的發展史

　　機器人(Robot)這個名詞源自於捷克作家卡雷爾‧恰佩克(Karel Capek)。1920 年卡雷爾編寫一部幻想劇「羅薩姆的機器人萬能公司(Rossum's Universal Robots, R.U.R.)」。劇中描述一家公司發明創造了一批能聽命於人、替人勞動且外型很像人的機器，公司驅使這些人造的機器進行各種日常的勞動工作，以取代世界各國工人的工作；隨後，更進一步研究如何讓這些機器富有感情與智慧，在提升方便性的同時，也造成了它們的自主性，最後產生一場它們反抗主人的暴亂。劇中的人造機器取名為捷克語"Robota"(意為勞力、勞役)，英語"Robot"即由此衍生而來。

　　該劇雖於當代轟動一時，但僅在近世代真正的機器人發明出來後，才從幻想世界走向現實世界，並以自動化生產及科學研究的發展為主軸。當遙控操縱裝置(Teleoperator)和數位控制機出現後，才使機器人具備了更完善的技術條件。以下列舉機器人發展史中的重要事蹟：

♠ 1939 年，美國紐約世界博覽會上展出了西屋電氣公司製造的家用機器人－elektro。它由電纜控制其行走，並會說 77 個單字，甚至可以抽煙，不過離真正執行家務活動還有很大一段距離。但它讓人們對家用機器人的憧憬變得更加具體。

♠ 1942 年，美國科幻巨匠阿西莫夫(Isaac Asimov, 1920-1992)提出「機器人三定律」。雖然這只是科幻小說裏的創造，但後來成為學術界默認的研發原則。

♠ 1939 年～1945 年二次世界大戰間，在放射性材料的生產和處理過程中，應用了一種簡單的遙控操縱裝置，操作人員在一層很厚的混凝土防護牆外觀察，同時用手操作兩個操作桿(主動部分)，操作桿與牆內的一對機械抓手(從動部分)，透過六個自由度的傳動機構相連，機械抓手是依造人的手部運作位置與姿態，帶動操作人員去做直接的操作。

♠ 1947 年，以電動伺服的方式，改進這種遙控操縱裝置，使從動部分能跟隨主動部分做運動，當年發表了第一篇智慧型機器人的文章。

♠ 1948 年，諾伯特‧維納(Norbert Wiener, 1894～1964)出版《控制論》，闡述了機器中的通信和控制機能與人的神經、感覺機能的共同規律，率先提出以計算機為核心的自動化工廠。

♠ 1949 年，由於生產飛機的需要，美國麻省理工學院輻射實驗室(MIT Radiation Laboratory)開始研製數位控制機，將複雜的伺服器技術與最新發展的計算機技術結合起

來，並於 1953 年研製成功。其切割模型是以數字的型式，透過穿孔紙袋將訊息輸入至機器，讓數位控制機的伺服軸按照模型的軌跡做切削動作。

♠ 1954 年，美國人喬治・德沃爾(George C. Devol)設計並製作了世界上第一台機器人實驗裝置。這種機械手能按不同的程序從事不同的工作，因此具有通用性和靈活性。

♠ 1956 年，在達特茅斯會議上，馬文・明斯基(Marvin Lee Minsky)提出了他對智能機器的看法：智能機器「能夠創建周圍環境的抽象模型，如果遇到問題，也能從抽象模型中尋找解決方法」。這個定義影響到以後 30 年智能機器人的研究方向。

♠ 1960 年，美國的 Consolidated Control 公司根據 Devol 的技術專利研製出第一台機器人並成立了全球第一家機器人製造公司－Unimation Inc.，生產 Unimate 機器人；另一方面，美國 AMF 公司設計製造了另一種可編制的機器人－Versatran。在汽車生產線上，這兩種機器人成功地替工人進行傳送、銲接、噴漆等工作，它們呈現的便利性、可靠性、靈活性與經濟效益，讓其它先進國家工業界為之傾倒，於是 Unimate 和 Versatran 開始在各地銷售，連日本與西歐各國，亦紛紛從美國引進機器人，掀起全世界製造機器人與研究機器人的熱潮。

在機器人逐漸嶄露頭角於工業生產的同時，研究領域不斷地把機器人技術引向更深的層面發展。

♠ 1961 年，美國麻省理工學院 Lincoln 實驗室，把一個配有接觸感測器的遙控操縱裝置的從動部份與一台計算機連接在一起，所形成的機器人，可以憑觸覺得知物體的狀態。

♠ 1962 年，史丹佛大學設立人工智慧實驗室(SAIL)。

♠ 1962 年～1963 年傳感器的應用提高了機器人的可操作性。人們試著在機器人上安裝各式各樣的傳感器，包括 1961 年恩斯特採用的觸覺傳感器，托莫維奇和博尼 1962 年在世界上最早的「靈巧手」上用到了壓力傳感器，而麥卡錫 1963 年則開始在機器人中加入視覺傳感系統，並在 1965 年，幫助 MIT 推出了世界上第一個帶有視覺傳感器，能識別並定位積木的機器人系統。

♠ 1965 年，約翰・霍普金斯大學應用物理實驗室研製出 beast 機器人。beast 已經能通過聲納系統、光電管等裝置，根據環境校正自己的位置。

♠ 1968 年，SAIL 的 J. McCarthy 等人開始研究帶有手、眼、耳的計算機系統，如此讓智慧型機器人漸有雛形。美國史丹福研究所公布他們研發成功的機器人 Shakey。它

帶有視覺傳感器，能根據人的指令發現並抓取積木，不過控制它的計算機有一個房間那麼大。Shakey 可以算是全世界第一台智慧型機器人，拉開了第三代機器人研發的序幕。

♠ 1969 年，日本早稻田大學加藤一郎實驗室研發出第一台以雙腳走路的機器人。加藤一郎長期致力於研究仿人形機器人，被譽為「仿人機器人之父」。日本專家以研發仿人形機器人和娛樂機器人的技術見長，後來更進一步，催生出本田公司的 Asimo 和 Sony 公司的 Qrio。

70 年代開始，機器人產業蓬勃興起，機器人技術發展亦成為專門的學科。

♠ 1970 年，第一次國際工業機器人會議在美國舉行。同年，史丹佛大學研發第一個機器手臂。實用的工業型機器人，有效的加速機器人應用領域的進步與發展，同時，為因應不同場合需求的特點，各種座標系統與結構的機器人也相繼出現。

♠ 1973 年，日本一橋大學研發出第一個人形機器人。在大規模積體電路技術的快速發展及微型計算機的普遍應用下，不僅讓機器人的控制性能大幅提升，亦不斷降低其成本。於是發展出數百種不同結構、不同控制方法及不同用途的機器人。世界上第一次機器人和小型計算機攜手合作，誕生了美國 Cincinnati Milacron 公司的機器人 t3。

♠ 1978 年，美國 Unimation 公司推出通用工業機器人 Puma，這標誌著工業機器人技術已經完全成熟。Puma 至今仍然在工廠第一線工作。

80 年代，真正進入了實用化的普及階段。

♠ 1980 年，MIT 成立機器人雙足實驗室。

♠ 1984 年，Unimation Inc.公司，成功研發出第一部醫療用機器人。英格伯格再推機器人 HelpMate，這種機器人能在醫院里為病人送飯、送藥、送郵件。

♠ 1988 年，美國醫院啟用醫療用機器人 HelpMate。

♠ 1990 年，第一部機器人醫生於美國研發完成。

♠ 1992 年，機器人醫生首次完成人體手術。

機器人不僅在醫療方面獲得不錯的成果，更朝向以「人」為出發點，提供人類更方便及貼切的服務，像是娛樂、寵物陪伴、居家看護、保全等功用。

♠ 1993 年，MIT 人工智慧實驗室開始進行人工智慧的研究。

♠ 1996 年，日本 HONDA 公司公布人形機器人 P2 原型。

♠ 1997 年，首次舉辦機器人足球賽 RoboCup 比賽。美國 NASA 第一次將機器人送上火星。

♠ 1998 年，丹麥樂高公司推出機器人套件－Mind-Storms，讓機器人製造變得跟疊積木一樣，相對簡單又能任意拼裝，使機器人開始走入個人世界。

♠ 1999 年，日本 SONY 公司推出第一代機器寵物狗－AIBO，當即銷售一空，從此娛樂機器人成為目前機器人邁進普通家庭的途徑之一。

♠ 2000 年，日本 HONDA 公司發表人形機器人－ASIMO。

♠ 2001 年，日本政府正式執行 Robot Challenge 計畫。

♠ 2002 年，丹麥 Irobot 公司推出了吸塵器機器人 Roomba，它能避開障礙，自動設計行進路線，還能在電量不足時，自動駛向充電座。Roomba 是目前世界上銷量最大、最商業化的家用機器人。

♠ 2003 年，日本發表第一次由政府發展的人形機器人－HRP-2、日本 SONY 公司發表人形機器人－QRIO(SDR-4XII)。美國 iRobot 公司生產 Roomba 家用自動吸塵機器人，韓國政府亦將智慧型機器人納入未來十大重點產業之一。

♠ 2004 年，日本三菱發表家用機器人 Wakemaru。

♠ 2006 年，微軟公司推出 Microsoft Robotics Studio，機器人模組化、平台統一化的趨勢越來越明顯。

♠ 2011 年，日本 TAKALATONY 公司製造出 3.4 公分的可遙控迷你玩具機器人 ROBO-Q。

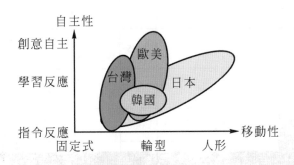

▲ 圖 1-2　各國智慧型機器人偏好發展方向

　　由上述說明可以發現機器人的發展方向，會因各國的風俗民情而各有不同的發展方向，如圖 1-2 所示。在西方世界，機器人大多只被當成是工具，而在日本，機器人卻被視為是英雄以及人類的伙伴。日本在文化背景與高齡社會的因素影響下，對人形機器人情有獨鍾，認為其擬人化的外表可以在未來的社會中，擔任許多日常作業的幫手，並將成為居家

照護的重要角色。因此，人形機器人是日本全力投入且最具研發優勢的產品之一，亦是日本產學界技術能力的綜合體現。而在中國地區，因其為工業發展的重要區域，所以發展方向自然會以製造技術，弧銲、點銲等大型機器人為首要開發目標。全球智慧型機器人發展整理如表 1-1 所示。

表 1-1　全球智慧型機器人發展

年份	事件	年份	事件
1947	首篇智慧型機器人文章發表。	1999	日本SONY公司發表第一代AIBO機器寵物狗。
1956	全球第一個機器人製造公司Unimation Inc.公司。	2000	日本HONDA公司發表人形機器人ASIMO。
1962	Unimation Inc.公司生產第一部產業機器人。	2001	日本政府正式執行21st CenturyRobot Challenge計畫。
1963	史丹佛大學設立人工智慧實驗室。	2003	日本發表第一次由政府發展的人形機器人HRP-2。
1970	史丹佛大學研發第一個機器人手臂。	2003	美國iRobot公司生產Roomba家用自動吸塵器機器人，年銷20萬台。
1973	日本一橋大學研發第一個人形機器人。	2003	韓國政府將智慧型機器人納入未來十大重點產業。
1980	MIT設立機器人雙足實驗室。	2003	日本SONY公司發表人形器人QRIO (SDR-4XII)。
1984	Unimation Inc.公司研發完成第一部醫療用機器人。	2004	日本三菱發表家用機器人Wakamaru。
1988	美國醫院啓用醫療用機器人HelpMate。	2005	美國時代雜誌評選年度最炫發明-機器人。
1990	第一部機器人醫生於美國研發完成。	2005	日本以機器人為主題，舉辦「愛知萬國博覽會」。
1991	出現能分辨顏色的機器人。	2005	日本富士通與三菱重工相繼開發了ENON及Wakamaru。
1992	機器人醫生首次完成人體手術。	2006	工研院機器人研發出國內第一台兼具導覽與保全功能的服務型機器人。
1993	MIT人工智慧實驗室開始進行人類智能研究。	2006	Ucube開發寵物機器人-電子恐龍Pleo。
1996	日本HONDA公司公佈人形機器人P2原型機。	2007	中國首次全機器人手術成功。
1997	舉辦首屆機器人足球賽RoboCup。	2008	韓國出現地鐵嚮導機器人MetRobot
1997	美國NASA首次將機器人送上火星。	2009	全球迷你機器人世界盃2009 Mini Robo Cup。

1.3　機器人的應用分類

　　機器人的分類，可以從多方面對機器人進行分類，如：用途、主要功能、技術級別、座標系統、受控方式、驅動方式等。以控制方式分，可以將機器人區分為三類：自主固定動作機器人、人工操縱機器人以及智慧型機器人；若根據機器人的用途，則可分為：工業用機器人、軍用機器人、醫療機器人和服務型機器人等。

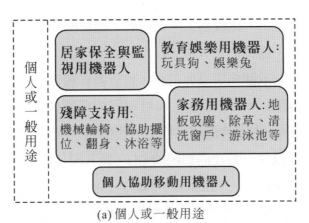

(a) 個人或一般用途

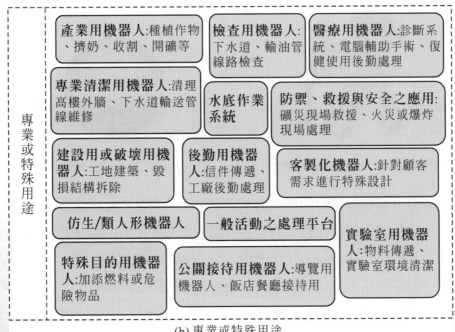

(b) 專業或特殊用途

⚙ 圖 1-3　服務型機器人之分類

　　歐美先進國家早於 1990 年代就已著手於機器人核心技術的研發與商品效益的評估，當時機器人的應用還處於雛形階段，2000 年之後日本與美國將機器人的發展列爲前瞻技術領域，不斷地朝向智慧化與多樣化的積極發展，同時帶動各國發展家用與服務型機器人。根據國際機器人協會(International Federation of Robotics, IFR)所訂定之分類標準，服務型機器人(Service Robot)可依照使用目的區分爲十九大類，整理分類如圖 1-3 所示。

一、家用機器人

　　家用機器人(Home Robot)，比較爲人所知的如：寵物機器人(Sony 的 AIBO)，掃除機器人(iRobot 的 Roomba)等。寵物機器人(如圖 1-4 所示)不僅可以透過視覺影像辨識 (visual pattern recognition)，作人臉或圖像辨識與追蹤，也有器官觸覺辨識系統(organic touch sensor system)，可以模擬人類觸覺效果，增加人與機器間的情感傳遞。同時也有無線網路通訊(wireless LAN connectivity)，透過無線網路協定，利用 PC 平台，收發 email、遠端遙控、資料傳遞等。舉例來說，可以拿一張我們想聽的 CD，將其照片傳給 AIBO 辨識，遠端電腦即撥出這首 CD 的歌曲。掃除機器人 Roomba (如圖 1-5 所示)，其中運用幾種常用的感測器，例如：IR 紅外線反射式感測器，可避免跌落樓梯或斷面有高低差的地板。

▲ 圖 1-4　AIBO 寵物機器人　　　　▲ 圖 1-5　Roomba 掃除機器人

　　此外，利用紅外線發射接收的感測器，當發射出的信號被接收端接收時，可知道機器人已接近牆壁，自動將內部操作模式調整爲「牆壁清潔模式」，如此能更徹底的清潔牆壁或死角的髒東西。另外，Roomba 可以自動回到充電器的位置自動充電，避免忘記充電而無法使用的狀況，這是利用充電座上的紅外線發射器，對房子內部發射出訊號，當機器人進入低電力狀態時，本身的接收器便會驅使 Roomba 慢慢移動前往發送訊號端，而回到定點停止工作。

二、保全機器人

　　為了保障居家安全，機器人開始肩負起人類的保全工作，其不僅可以二十四小時不眠不休，甚至能結合網路和視訊等科技，讓在遠端的人可以隨時監控安全狀況，因此彌補了「人」無法全天候做到的保全工作，圖 1-6 與圖 1-7 為保全機器人的樣本。

◬ 圖 1-6　工研院與新光保全成功
　　　　　開發保全機器人

◬ 圖 1-7　PC-BOT 保全機器人

三、醫療看護機器人

　　醫療看護機器人又稱做福祉機器人、居家看護機器人，如圖 1-8 所示，這類型機器人主要應用在高齡老人的日常生活中，設計理念著重在對高齡者的移動支援、日常生活看護及減輕負擔，以確保高齡者可以安心無虞的乘座。

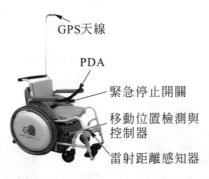

GPS天線

PDA

緊急停止開關

移動位置檢測與
控制器

雷射距離感知器

◬ 圖 1-8　輪椅機器人系統功能

四、勘查、軍事、救難用機器人

　　隨著機器人的技術演進，發展出可以取代士兵工作的軍用機器人，如偵查、爆破或攻擊火力強大的軍事設施等。美國在伊拉克戰爭中，就使用如圖 1-9 的機器人從事危險的戰場活動，大幅減少士兵傷亡的人數，也同時具備救難用途，如圖 1-10。

▲ 圖 1-9　PackBot 軍用機器人

▲ 圖 1-10　救難用機器人

五、人形機器人

　　人形機器人的研發以日本風氣最盛，從身高與一般人相似的人形機器人，到教育比賽用的小型人形機器人，都是研究的主題。圖 1-11 為一般人高的人形機器人，其研發目的是能取代一般人的工作。人形機器人中，其中較有名的是 Sony 公司研發的「QRIO」和 HONDA 公司研發的「ASIMO」中型機器人，如圖 1-12、圖 1-13 所示。圖 1-14 為 QRIO 機器人的活動情況，圖 1-15 為 ASIMO 人形機器人與人互動、上下樓梯的情況。

▲ 圖 1-11　HRP 人形機器人

▲ 圖 1-12　Sony 研發的 QRIO 人形機器人

▲ 圖 1-13　HONDA 研發的 ASIMO 人形機器人

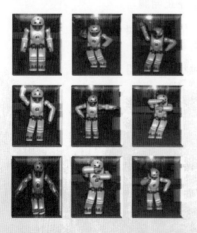
▲ 圖 1-14　QRIO 人形機器人活動情況

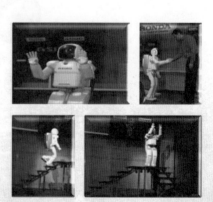
▲ 圖 1-15　ASIMO 人形機器人互動情況

此外，有許多以機器人設計為比賽的活動(如：RoboCup、ROBO-ONE 等)在各地舉辦，這些活動多半是以學術研究與應用為主要目的，間接帶動各種實際應用的發展。

1. 機器人世界盃足球大賽(RoboCup)

　　這項比賽最早起源於 1996 年，由當時的 IROS (Intelligence Robotics and Systems)組織舉辦第一次的中型機器人足球比賽，當時只有 8 個隊伍參加，隨後在 1997 年時，舉辦正式的官方比賽，當時已有 40 個隊伍，超過 5000 個觀察員參與；至今超過 330 個隊伍來自 31 個國家。以下簡單介紹 RoboCup 主要的三大比賽項目：

   (1) 機器人足球賽(RoboCup Soccer)：分有小型機器人隊伍、中型機器人隊伍、四足機器人足球賽和人形機器人足球賽。

   (2) 機器人救援比賽(RoboCup Rescue)：災難救援工作向來都是非常繁瑣與困難的事，RoboCup 推廣機器人救援的比賽，就是希望能促進機器人救援的相關學術研究與發展，如：多救難人員的彼此協調(multi-agent team work cooperation)、救難機器人的搜尋與援救能力(physical robot agents for rescue and search)、資訊系統架構(information infrastructures)、個人生理系統協助(personal digital assistants)、一套標準的模擬與決策支援系統(a standard simulator and decision support system)、對於援救的決策下達與機器人援救系統的評估準則。

   (3) 青少年機器人比賽(RoboCupJunior)：這個比賽的主要目的，是希望將 RoboCup 的活動延伸至國中、國小年齡層的青少年，並將隊伍比賽的意義設定以教育為主，並且著重於團隊型的比賽，目前已發展的比賽包括足球、救援與跳舞。

2. 世界最強的小型兩足人形機器人比賽(ROBO-ONE)

　　ROBO-ONE 是專為兩足步行機器人所舉辦的競技大會，目前比賽隊伍人次高達 200 組，更是日本各大媒體爭相播報的焦點比賽。比賽共分為四大項目：(1)ROBO-ONE：機器人的格鬥比賽。(2)ROBO-ONE J-Class：限定參賽者的年齡必須為青少年。(3)ROBO-ONE Special：四種高難度挑戰環境的特技比賽。(4)ROBO-ONE on PC：以 PC 來模擬機器人在不同任務環境下的操作與表現。

1.4 機器人的技術簡介

構成機器人的核心有：無線通訊、電力系統與電源管理、馬達設計與控制、機構設計、即時影像辨識、即時語音辨識、感測電路設計與實現、機器人系統、智慧型控制技術、導航等，下面將簡單介紹這些機器人應有的核心技術。

1. 無線通訊：Zigbee、WiFi、Bluetooth、RF、IR 等。
2. 電力系統與電源管理：A/D 電源轉換器、高效能電池、太陽能電版儲能、自動充電器等。
3. 馬達設計與控制：執行各種工作所需之程序，透過相關軟、硬體下達予各種致動器、感應器命令，並以回饋訊號維持機器人系統之命令執行與穩定性，如：BLDC 或 AC Servo、步進馬達、DC 馬達。
4. 機構設計：為達成機器人所必須執行之工作所需之齒輪組與致動器等，如:機台、機械臂、關節、人形機器人設計。
5. 即時影像辨識：類比/數位 CCD、影像擷取裝置、影像雜訊濾除、多工擷取、環境認知。
6. 即時語音辨識：麥克風輸入、語音辨別、語音雜訊濾除干擾、聲紋分析、語音合成、聲源位置辨識。
7. 感測電路設計與實現：提供回饋訊號予控制次系統，以告知機器人組件之位置或其他物理量，以執行機器人之正常工作及危害防範，像是 Camera、Sonar、超音波、IR 等。
8. 機器人系統：PC、DSP、FPGA、ARM、8051、IC 設計、VLSI 設計、嵌入式系統、學習機制等。
9. 導航：分為室外導航與室內導航。室外導航如 PS、DGPS；室內導航如 Laser、Sonar、IR、Gyro、環境認知。

1.5 智慧型機器人的特點

機器人可以分為兩部分，一部份是只具有一般編程能力和操作功能；而智慧型機器人，則具有不同程度的智慧。智慧型機器人本身能認識工作環境、工作對象以及當時狀態，它會根據所給予的指令以及自身對外界環境認知的結果，獨立地決定工作方法，利用操作機構和移動機構實現任務目標，並能適應工作環境的變化。

　　智慧型機器人的發展是由許多跨領域的研究來推動，像是機械、自動化、電機、光學、電子、資訊軟體、通訊、安全系統、創意內容等相關技術。其主要結合了機器人學以及人工智慧，包含了電機工程的影像處理、語音辨識、語音合成、訊號處理、無線通訊；機械工程的機構設計、結構設計、運動學、動力學；資訊工程的人工智慧程式設計、資料庫系統、虛擬實境等。

　　智慧型機器人應該具備運動、感知、思維以及人－機通訊四種機能。運動機能指的是施加於外部環境，相當於人的手、腳運作機能；感知機能是獲取外部環境信息，以便進行自我行動監視的機能；思維機能是對於求解問題的認識、推理以及判斷的機能；人－機通訊機能則是理解指示命令、輸出內部狀態，藉此與人進行信息交換的機能。一般的智慧型機器人有：傳感型機器人、交互型機器人、自主型機器人。

　　智慧型機器人的「智慧」特徵就在於它具有與外界，像是對象、環境和人相互協調的工作機能；以控制層面來說，智慧型機器人不像是工業機器人是以「示教－再現」的方式或操縱機器人以「操縱」方式來呈現，它是一種以「認知－適應」方式呈現的智慧型機器人。

　　智慧型機器人目前主要的技術發展項目有：

1. 智慧型機器人之擬人化運動：包括了手部動作，模擬人臉表情之智慧型頭顱，如圖1-16。利用臉部下方數十個馬達，能作出微笑、眨眼等細緻的表情，且人形機器人也能模擬走路及跑步等，如圖1-17。

2. 感測技術與即時影像理系統：包括了以DSP即時處理影像資料，以手部的六軸力量感測器的訊號回饋來提昇手部動作的精細度等。

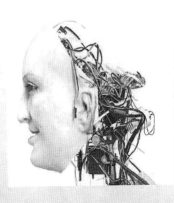

圖 1-16　模擬人臉表情的智慧型頭顱

圖 1-17　頭部模仿愛因斯坦的韓國製機器人「Albert Hubo」

3. 機器人之 3D 視覺模組：包括了如何重建 3D 立體影像，如何使用全方位攝影機擷取影像等。

4. 機器人與使用者間之影像辨識互動系統：包括了人臉辨識、表情辨識、口型讀取、手勢讀取、複雜環境之位置辨識以及物體動態追踪等。

5. 機器人與使用者間之語音辨識互動系統：包括了自然語言之辨識，英語即時口譯，英語語音合成等。

6. 機器人學習與機器智慧之研究：包括了如何提昇機器人自我學習的能力，如何增加機器人自我判斷的能力等。

7. 分散式機器人系統與多機器人合作：多機器人踢足球，多機器人間之分工等。

8. 無線網路通訊傳輸：如何透過藍芽(Bluetooth)、Zigbee 或 802.11g 使機器人得以和外界溝通，多機器人間之通訊技術等。

9. 路徑規劃：包括了如何於複雜及動態的環境中決定機器人的路徑，如何透過 GPS 或手機基地台的訊號以協助機器人定位等。

Chapter 2

智慧型機器人的機電系統發展

學習重點

◆　瞭解機器人系統結構

◆　機器人機構設計與實作

◆　熟悉機器人機電整合技術

◆　機器人性能規劃與測試

周明　國立台灣師範大學

工業教育學系　教授

2.1 機器人的基本概念

2.1.1 機器人系統概述

ISO/TC184/SC2/WG1(1984 年)對機器人的定義：「機器人是可程式的機械，在自動控制下實行操作或移動動作之課題」。一般工業用機器人均具有操作機(Manipulator)及記憶裝置，而記憶裝置可為可變順序控制裝置或是固定順序控制裝置。如此，機器人可透過記憶裝置送出訊號，以使機器人之操作機執行各種移動、旋轉或是伸縮等相關之動作。

日本兩位科學家森政弘與合田周平(1967)所提出的機器人定義：「機器人是一種具移動性、個體性、智慧性、通用性、半機械與半人性、自動性、奴隸性等七個柔性機器」。另外由早稻田大學加藤一郎教授提出，認為具有以下條件者可稱機器人：

(一) 具有腦、手、腳等之要素。

(二) 具有類似人類眼、耳構造，得以接收遠方資訊的「非接觸式感測器」。

(三) 具平衡感以及固有知覺(如：冷、熱)的感測器。

ISO 8373 (1994 年)「工業用機器人操作詞彙」中則說明機器人應包括操作機(Manipulator)、致動器(Actuator)與控制系統(含軟、硬體)。因此機器人系統應包括：

(一) 機器人機械結構。

(二) 末端效應器(End Effector)。

(三) 用來操作或監控用之相關通訊界面。

就其功用再細分，則包括下列次系統：

(一) 處理(Process)次系統：包括機器人所必須執行之工作、其所處之環境以及與環境交互作用所需要之界面等。

(二) 機械(Mechanical)次系統：為達成機器人所必須執行之工作所需之齒輪組與致動器等。

(三) 電子(Electrical)次系統：包含驅動各種致動器與感應器所需之電子元件、電源供應器等。

(四) 控制(Control)次系統：執行各種工作所需之程序，透過相關軟、硬體下達予各種致動器、感應器命令，並以回饋訊號維持機器人系統之命令執行與穩定性。

(五) 感應器(Sensor)次系統：提供回饋訊號予控制次系統，告知機器人組件之位置或其他物理量，以執行機器人之正常工作及危害防範。

(六) 規劃(Planning)次系統：透過各式感應器之融合，以執行各種智慧型之規劃工作，包括抓取動作之規劃、末端效應器之軌跡規劃、避免防撞等。

　　機器人的發展是由許多跨領域的研究來推動。其主要結合了機器人學以及人工智慧，包含了電機工程的影像處理、語音辨識、語音合成、訊號處理、無線通訊；機械工程的靜力學、機構設計、結構設計、運動學、材料力學、動力學；資訊工程的人工智慧程式設計、資料庫系統、虛擬實境等。

▲ 圖 2-1 　2003 年日本發表第一次由政府發展的人形機器人 HRP-2

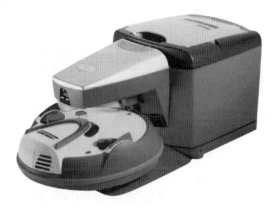

▲ 圖 2-2 　2003 年美國 iRobot 公司生產 Roomba 家用自動吸塵器機器人

　　目前由於機器人的複雜度越來越高，發展過程從機械結構，週邊感測器，致動器，到電腦控制系統，通訊系統等，均需以團隊方式發展。其發展步驟大致如下：

(一) 決定機器人的功能

(二) 決定機器人的外形

(三) 決定使用的材料

(四) 用何種方法將各種材料結合成機器人

(五) 人機互動設計

(六) 功能測試與機構調整

(七) 實際應用

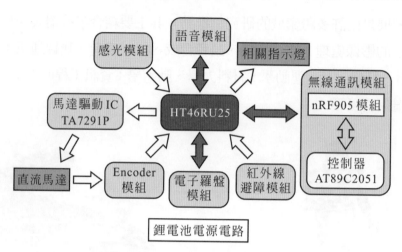

2.1.2　機器人的機電系統

　　一個以 8 位元微控制器為中央處理單元 HT46RU25 的智慧型機器人，可包含六個模組電路，如圖 2-3 所示。它具有方向感測與路徑規劃的能力，在行進中可避開障礙物。

圖 2-3　機器人整體結構模組

【資料來源：蕭勝文/張志鴻/李柏毅/蘇國嵐(2011)

(http://www.mem.com.tw/article_content.asp?sn=1103040024)】

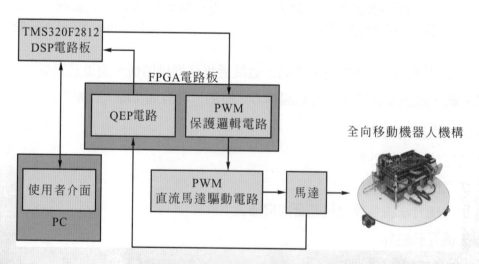

圖 2-4　全向移動機器人系統

【資料來源：成功大學工科系控制與信號處理實驗室翁義清(2007)】

若將機械部分考慮進來，以全向移動輪型機器人為例，在圖 2-4 中，控制器的實現是以數位信號處理器(digital signal processor, DSP)為基礎，使用德州儀器公司所生產之定點式數位信號處理器 TMS320F2812。在周邊電路的部份，使用 Altera 公司生產之 Cyclon 系列的 FPGA 設計了 QEP (quadurature encoder pulse)電路，作為接收馬達編碼器回授信號的介面。實作方面以 C 語言來實現所有控制演算法，透過 DSP 控制板來提供系統控制力的運算及輸出，再搭配 PWM 驅動電路驅動直流馬達帶動全向移動機器人完成路徑追蹤的控制目的。機械部分為輪型移動車架，係最簡單的機械操作，其他如銲接機、吸塵器、足球機器人、彈琴機器人等，均有較複雜的機械結構，透過致動器按程式指令動作。

圖 2-5 為水下機器人的機電系統方塊圖，機構中包括水下載具、機械臂、導航系統、聲納控制系統、超音波測距儀、推進系統、攝影機等，視需要外加其他機構。可作為海底石油探勘、海底生物攝影、海底情況辨認或海底潛水艇使用。

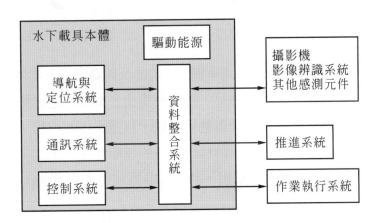

🔺 圖 2-5　水下機器人系統結構方塊圖

2.2　機器人驅動機構

機器人本體主要為機械系統，其行動主要受馬達驅動，而馬達則受電子信號控制。本節先介紹馬達，然後介紹輪子與機構。

2.2.1　伺服馬達

伺服馬達基本原理和一般馬達相同，只是伺服馬達機體比其它類型馬達較細長，因此使得轉子慣性比較小，阻抗值大。由於具有回授迴路，伺服馬達可作較精密的速度控制。

伺服馬達具有轉速控制精確穩定、加速和減速反應快、動作迅速(快速反轉、迅速加速)、小型質輕、輸出功率大(即功率密度高)、效率高等特點,廣泛應用於位置和速度控制上。對於需要調整輸出機械量的大小、精度和工作的穩定性等很合適。常見的伺服馬達有三類,即直流、交流及線性伺服馬達。

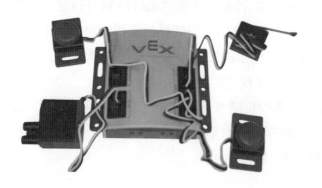

▲ 圖 2-6　VEX 控制器連接感測器與馬達

▲ 圖 2-7　VEX 伺服馬達

　　如圖 2-8 所示,伺服馬達系統由馬達本體、驅動部及編碼器等三部份組成,是一個閉迴路系統。驅動器接受脈波輸入,進行運算、訊號轉換後,驅動馬達運轉;並由編碼器檢知馬達的位置、速度等資訊,回授給驅動器進行比較,以確保控制準確。由於伺服馬達可以透過編碼器回授的位置與速度資訊,隨時檢出馬達的運轉狀態。因此,即使馬達在停止狀態時亦會向驅動器控制單元回授警示信號,故可隨時得知馬達的異常狀態。

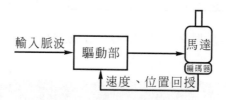

▲ 圖 2-8　伺服馬達系統架構

(資料來源:邱奕志,2006)

　　如圖 2-9 為光編碼器的構造,轉動圓盤上有數個孔洞,孔洞的前後有發光器及接收器,當馬達帶動而旋轉時,將依序產生遮光和透光的情形,利用這個訊號來控制馬達速度及位置。例如有一光編碼器每轉一圈產生 600 個脈波,若當光編碼器接收到 300 個脈波時,則表示馬達旋轉了 1/2 圈。

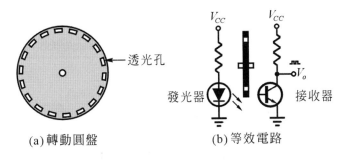

(a) 轉動圓盤　　　　　　(b) 等效電路

◉ 圖 2-9　光編碼器構造

選用馬達時，要考慮下列各項：

一、決定驅動機構是皮帶或齒輪。

二、根據負載計算轉距、轉速與扭力。

三、確認電流、電壓、功率等規格。

四、決定馬達種類。

表 2-1 為直流伺服馬達的規格重點，表 2-2 為 VEX 伺服馬達規格。

▽ 表 2-1　直流伺服馬達規格

	200W	400W	750W
	02	04	07
額定功率(kW)	0.2	0.4	0.75
額定扭矩(N·m)	0.64	1.27	2.39
最大扭矩(N·m)	1.92	3.81	7.2
額定電流(A)	1.3	2.8	5.0
瞬時最大電流(A)	3.9	8.4	15.0
轉子慣量(kg·m^2)	0.22E-4	0.41/0.7E-4	1.08E-4
扭矩常數-KT(N·m/A)	0.49	0.45	0.47
重量(kg)	1.1	2.0/1.5	3.2
徑向最大荷重(N)	196	196	343
軸向最大荷重(N)	68.6	68.6	98
振動級數(μm)	<10		
環境條件	0℃～55℃若環境溫度超出規格範圍，請強制周邊空氣循環		
儲存溫度	−20℃～65℃		

表 2-2　VEX Servo 馬達規格

VEX Robotics	Description
Rotation　旋轉角度	100 degrees
Stall Torque　最大扭矩	6.5 in-lbs，8kg-cm(approximately)
PWM Pulse Width　脈衝寬度時間	1～2 ms
Max / Min Voltage　最大最小電壓	4.4～15 Volts (Servo life will be reduced operating outside the VEX Controller range of 5.5～9.0 Volts) 電壓在5.5～9.0 V 其工作壽命最好
Weight　重量	0.11 lbs
Wiring　接線	Black-ground；Orange- (+) power；White-PWM Control signal 接線黑色-地線，橙色- (+)的電源；白色-PWM控制信號
Current Draw　工作電流	20 mA to 1.5 A per Servo

表 2-3　VEX DC Motor 直流馬達規格調

VEX Robotics	Description
Free Speed　空載轉速	100 rpm @ 7.5 volts (performance varies slightly due to variations in manufacturing)
Stall Torque　最大扭矩	6.5 in-lbs，8kg-cm (approximately)
Max / Min Voltage　最大最小電壓	4.4～15 Volts (Motor life will be reduced operating outside the VEX Controller range of 5.5～9.0 Volts) 電壓在5.5～9.0 V其工作壽命最好
PWM Input　　PWM輸入	1 ms～2 ms will give full reverse to full forward, 1.5ms is neutral
Nominal Dead Band　脈衝頻帶	1.47 ms～1.55 ms
Weight　重量	0.21 lbs
Wiring　接線	Black-ground；Orange- (+) power；White - PWM motor control signal 黑色-地線，橙色- (+)的電源；白色- PWM電機控制信號
Current Draw　電流- (+) Power pin	5 mA to about 1 Amp. at stall per Motor 5 mA至約1安培

2.2.2　輪系介紹

　　齒輪系由兩個或多個齒輪嚙合組成，用來傳遞兩軸運動。普通齒輪系包含簡單齒輪系和複式齒輪系等兩種型式，其齒輪系中任何一個齒輪軸與機架均無相對運動，以下介紹這兩種齒輪系。

一、簡單齒輪系

又稱單式輪系，爲每一個軸上只有一個齒輪之齒輪系，在兩個齒輪中間的齒輪稱爲惰輪用來改變齒輪轉動方向。通常主動齒輪與被動齒輪是朝不同方向轉的，如果加上一個惰輪的話便會使它們轉到同方向。再加多一個惰輪的話便會使它們變回不同方向。如圖 2-10 所示的惰輪是用來改變方向，而圖 2-11 的嚙合方式，是把動力傳到離主動輪較遠的地方。

圖 2-10　改變方向輪系

圖 2-11　傳遞力量輪系

二、複式齒輪系

又稱回歸齒輪系，和前者簡單齒輪系比較，複式齒輪系的優點爲可以用小齒輪獲得比較大的減速比。以簡單齒輪系提供較大的減速比，其最後一個齒輪必須很大，一般當減速比達到 7:1 時，必須使用複式齒輪系或是蝸桿傳動，而不能使用簡單齒輪系。圖 2-12 爲伺服馬達裡面的複式齒輪系機構，其減速比的計算公式：

$$VR = \frac{被動齒輪齒數的乘積}{主動齒輪齒數的乘積}$$

圖 2-12　VEX 伺服馬達複式齒輪系

齒輪通過與其它齒狀機械零件(如另一齒輪、齒條、蝸桿)傳動，可實現改變轉速與扭矩、改變運動方向和改變運動形式等功能。齒輪輪齒相互扣住會帶動另一個齒輪轉動傳送動力。將兩個齒輪分開，也可以應用鏈條、履帶、皮帶來帶動兩邊的齒輪而傳送動力。使用齒輪傳動的優缺點如表 2-4 所示。

▼ 表 2-4　使用齒輪傳動的優缺點比較表

優點	缺點
可傳送大動力且效率高。	兩軸間距離不可太大。
減速比精準且扭矩大。	較無法承受衝擊力。
可搭配輪系變速。	傳動噪音大。
軸承間正壓力較小且耐久性佳。	接觸點在公切線方向滑動有摩擦的損失。
可依傳動特性來選擇齒型。	齒輪之設計與製造較複雜。

2.3　機器人機械結構

2.3.1　機器人行動機構

　　多數機器人靠輪子運動，特殊機器人靠雙腳、螺旋槳或其他轉體運動。圖 2-13 至圖 2-16 為四輪帶動機構。

一、四輪帶動機構

△ 圖 2-13　四輪機構正視圖

△ 圖 2-14　四輪機構後面機構

△ 圖 2-15　裝在車子上面

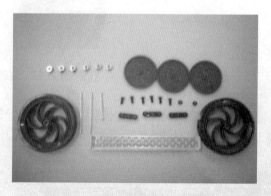

△ 圖 2-16　四輪機構的零件

二、履帶機構

　　有些機器人模仿坦克車，以履帶帶動可以通過複雜的地形。圖 2-17 至圖 2-20 為其機構概圖。

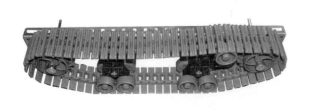

　　　　　　圖 2-17　履帶上視圖

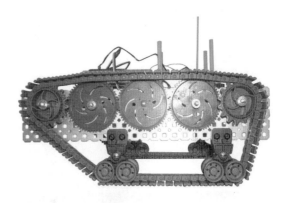

　　　　　　圖 2-18　裝在車上履帶正視圖

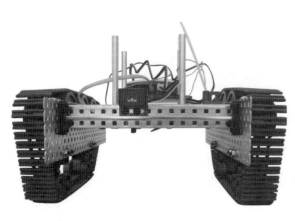

　　　　　　圖 2-19　裝在車子上面前視圖

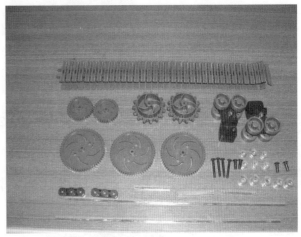

　　　　　　圖 2-20　履帶機構的零件

三、手臂機構

　　機械手臂是最早機器人的工作肢體，後來又發展出夾具、推板、吸鐵與擬人手臂，目的在抓取物件、搥打物體或顯示動作。圖 2-21 至圖 2-23 為 VEX 模組機構的手臂零件，可用來控制搖桿運動。

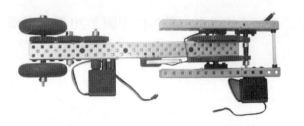

圖 2-21　手臂上視圖

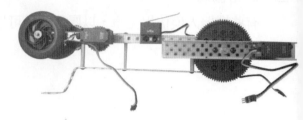

圖 2-22　手臂前視圖

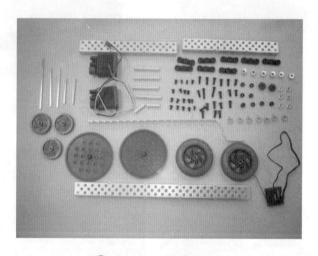

圖 2-23　手臂零件

四、車體底盤機構

車體底盤的結構類似一般汽車底盤，以重心平穩爲主要考量。如圖 2-24 至圖 2-27 所示。

圖 2-24　車體前視圖

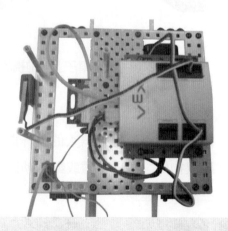

圖 2-25　車體上視圖

 圖 2-26　車體後視圖

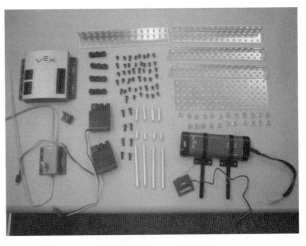

圖 2-27　車體零件

 ### 2.3.2　機器人連桿機構

　　連桿機構是機器人用來將輸入動作轉換到不同輸出的動作，如圖 2-28 所示的機械馬，若想將馬達的轉動轉換成搖擺動作(輸出)，就可以利用連桿來達到預期的動作。飛統公司所推出的機械馬就是屬於複合式連桿機構的機器馬。

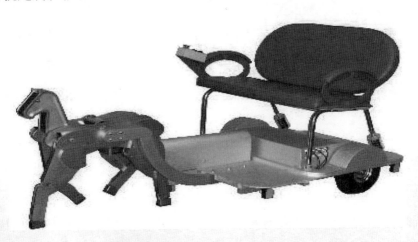

圖 2-28　娛樂雙人座型-機器馬

一、四連桿機構

　　廣義的說，四連桿機構就是由四個連桿與四個接頭所組成的機構，如圖 2-29 所示，其四連桿各個部位名稱如下：

(一) 曲柄：指能繞著固定軸做 360°迴轉運動之桿件。

(二) 搖桿：指能繞固定軸做搖擺運動之桿件(為廣義之曲柄)。

(三) 浮桿：又稱連接桿或耦桿，是用來連接曲柄與搖桿間之桿件，用以傳達桿件間之相對運動。

(四) 連心線：亦稱機架，為兩固定中心之連接桿。

▲ 圖 2-29　四連桿機構

二、平行四邊形機構

　　兩曲柄等長且固定平行四邊形運動鏈的其中一桿，便可得平行四邊形機構，又稱平行曲柄機構，常用於火車頭車輪傳動、平行尺、天平機構或萬能製圖機機構，如圖 2-30 與圖 2.31 所示。

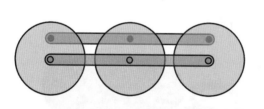

▲ 圖 2-30　火車頭車輪機構

▲ 圖 2-31　天平機構

 ## 2.3.3　其他機器人零件

一、輪胎

　　動力系統的任務就是要移動機器人。主要以馬達帶動齒輪，再以齒輪帶動輪胎。而輪胎的大小與胎紋都會影響機器人運動的速度。圖 2-32 和圖 2-33 為不同尺寸與不同胎紋的輪胎。胎紋越粗越能走不平路面，但其速度較慢。

▲ 圖2-32　大小輪胎　　　　　　　　　　　▲ 圖2-33　中型輪胎

　　輪胎越大，加速度越小。反之，當輪胎越小，加速度便越大。因爲馬達產生的轉矩(扭矩)，在輪胎上改變爲地面上的推力，當推力越大時，加速度便越大。轉矩與驅動力的關係是：

$$驅動力 = \frac{轉矩 \times 變速箱齒輪比 \times 最終齒輪比 \times 機械效率}{輪胎半徑(單位爲公尺)}$$

　　在相同的轉矩下，輪胎中心與地面的距離越大所產生的驅動力便越小。那就是說輪胎越大，它的驅動力便越小，速度也會變小。

　　在高速時，有同樣的馬達及齒輪比的機器人通常都是把馬達的轉數調到最高。但機器人需要一定時間後才能達到最高速，特別是齒輪比高的時侯(高齒輪比等於轉矩小)。當輪胎在地上轉時，你可把它想成在地上印它的圓周。那麼大輪胎在地上印一圈的距離便會比小輪胎長。把以上兩點放在一起，便可以想到大輪胎的最高速度會比小輪胎相對高一些。因爲大輪胎轉一圈的距離比較長，而當它們用相同的馬達及齒輪比在最高速的情況下運轉時。大輪胎的速度在相同轉速時，速度便較小輪胎快。

　　設計機器人的輪胎時，也需考慮機器人的摩擦力，才會有最好的表現。輪胎的摩擦力對機器人有好處，也有壞處。好處是機器人的加速一定要依靠輪胎與地面的摩擦力。若沒有摩擦力，就像車子在冰上打滑一樣。缺點是摩擦力會使行動中的機器人慢下來。機器人在粗糙的地面走動是會比平整的地面慢，因爲摩擦力會把機器人的能量消耗掉一部分。

二、離合器

　　每個 VEX 機器人套件裡的馬達都是預先裝好離合器模組，如圖 2-34 所示。其目的在防止馬達內部齒輪的損壞。當輪胎受到很大的阻力時，離合器便會暫時把齒輪與輪胎的接合斷開來防止齒輪損壞。這樣便能防止馬達受到停轉及倒轉(馬達被強迫作反方向轉)的破壞。為方便維修，馬達離合器是可以拆卸的，但維修後必須馬上裝回，千萬不要在沒有離合器的情況下啓動馬達。

◆ 圖 2-34　VEX 離合器

2.4 機器人機構設計運算

　　本節敍述與機器人機械結構有關的力學運算，馬力運算，齒輪比運算與全方位輪的運算。至於智慧型設計將於電腦輔助設計部分敍述。

2.4.1 力學運算

　　在牛頓運動定理中，當 $\sum F = ma$ 而 a 加速度為零時會有兩個現象，一為作等速運動(目前不予探討)，另一為物體靜止不動。根據物體平衡方程式，使物體平衡的充要條件為 $\sum F = 0$。當物體受一 x-y 力系作用，此力系可分解為 x、y 分量，故二維平衡方程式為：

$$\sum F_x = F_{1x} + F_{2x} + F_{3x} + \ldots\ldots$$
$$\sum F_y = F_{1y} + F_{2y} + F_{3y} + \ldots\ldots$$

合力 $\quad R = \sqrt{(\sum F_x)^2 + (\sum F_y)^2}$

$$\theta = \tan^{-1}(\frac{\sum F_y}{\sum F_x}) \quad 合力方向$$

此時沒有考慮力矩，故不算達到平衡狀態，但有可能物體產生旋轉。要達到所謂的平衡就是讓它不動，還要再加上韋希農(Vartgnon)的力矩原理。若根據國際單位制，力矩的單位是牛頓-米；根據英制單位，力矩的單位則是英尺-磅。力矩的表示符號是希臘字母 τ 或 M。力矩與三個物理量有關：施加的作用力 F、從轉軸到施力點的位移向量 r (或 d)、兩個向量之間的夾角 θ。力矩 τ 以方程式表示為：

$$\tau = r \times F$$

力矩的大小為

$$\tau = rF\sin\theta$$

或 $\quad M = F \times d$

故二維平衡方程式可以寫作

$$\sum F_x = 0$$
$$\sum F_y = 0$$
$$\sum M_o = 0$$

以下說明靜力學在機械手臂上的分析，如圖 2-35 的手臂其抓力為：

$$\sum F_y = (-W) + (-R_2) + R_1$$

力矩為 (如圖 2-36)

$$M_1 = W \times L_1$$

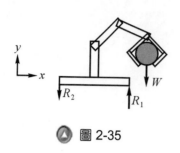

▲ 圖 2-35

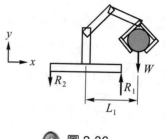

▲ 圖 2-36

如圖 2-37 對於主軸的力矩為：

$$\sum M_o = M_1 - R_1 \times d_1 - R_2 \times d_2$$

分析各桿件的力矩如圖 2-38 與圖 2-39 所示。

$$\sum F_y = W + (-W) = 0$$
$$\sum M_1 = M_1 - M_2 \times d_1 - W \times d_3$$
$$\sum F_y = W + (-W) = 0$$
$$\sum M_2 = M_2 - W \times d_4$$

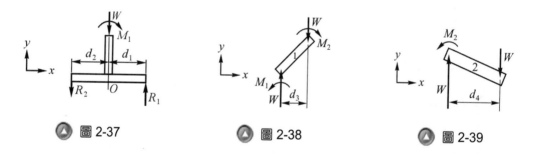

▲ 圖 2-37 　　　　　　▲ 圖 2-38 　　　　　　▲ 圖 2-39

2.4.2　馬力運算

　　欲使機器人移動必先決定足以推動馬達所需馬力及轉速。假設機器人重 600 牛頓，大約是一個人重量，最終速度每小時 20 公尺，假設機器人可以在 10 秒內以穩定速度下運作完成。利用物理學計算平均所需馬力，如下所示：

　　　　平均馬力＝總力×平均速度

又總力是由所有不平衡力和阻力之合力，分別表示如下：

$$不平衡力 = \frac{重量}{重力常數} \times 加速度$$

$$阻力 = 重量 \times \sin\theta$$

其中 θ 是機器人所欲行走斜面傾斜角度。

假設機器人重 600 牛頓，重力常數 9.8 m/s²，θ = 6° 和水平地面很接近，我們可以很容易求出總變量。

首先要先知道加速度的大小，假設機器人想在 100 公尺內由靜止加速到每分鐘 20 公尺，可由下面式子得知

$$加速度 = \frac{末速 - 初速}{所需時間}$$

$$時間 = \frac{距離}{平均速度}$$

$$時間 = \frac{距離}{\frac{(末速 + 初速)}{2}}$$

式中，時間 t = 10 s，加速度 a = 2 m/s²，平均速度 v = 10 m/s。

同時馬力(hp)等於 746 牛頓公尺每秒(N-m/sec)，因此

$$馬力 = \frac{力 \times 平均速度}{746}$$

力的大小由下面得知

$$力 = \frac{重量}{重力常數} \times 加速度 + (重量 \times \sin\theta)$$

$$F = \frac{Wa}{g} + (w\sin\theta) = \frac{600\ \text{N} \times 2\ \text{m/s}^2}{9.81\ \text{m/s}^2} + (600\ \text{N} \times \sin 6°)$$

$$= 122.32 + 62.72 = 185.04\ \text{N}$$

最後所需馬力，將力 F 以 185.04 N 帶入

$$所需馬力(hp) = \frac{185.04\ \text{N} \times 10\ \text{m/s}}{746} = \frac{1850.4}{746} = 2.5\ 馬力(hp)$$

以上是根據重量 600 N，速度 20 公尺／分鐘，傾斜角 6 度所得，任何一個改變，重量、速度、距離或傾斜角度，都有可能造成所算出馬力的不同。

若以動能(KE)、位能(PE)的觀念計算，位能指的是由於 6 度的傾斜所必須提高機器人高度所用的能量，而動能與一般力學的動能無異。

首先，找出初速與末速，代入下式：

$$動能改變 = \frac{W}{2g} \times (V_f^2 - v_0^2)$$

其中 V_f = 末速，V_0 = 初速，W = 重量，g = 重力常數。

此外，計算位能改變 $= W \times H = W \times S \times \sin\theta$，其中 S = 距離。

由以下兩式可以算出總能量改變：

$$能量改變 = \left[\frac{W}{2g}(V_f^2 - V_o^2) \right] + (W \times S \times \sin\theta)$$

$$能量改變 = \left[\frac{600N}{2 \times 9.81 \text{ N-m/s}^2}(20^2 - 0) \text{ m}^2/\text{s}^2 \right] + (600N \times 100m \times 0.105)$$

$$= 12232.42 \text{ N-m} + 6300 \text{ N-m}$$

$$= 18532.42 \text{ N-m} = 馬達所需力矩$$

$$馬力 = 18532.42 \text{ N-m}/10 \times 746 = 2.5(\text{hp})$$

【註解：hp 是英制單位，然而和公制單位 PS 差不多】

2.4.3 齒輪比運算

將轉矩聯想為齒輪比的「乘數」，而將速度聯想為齒輪比的「除數」。譬如齒輪比是 2：1，那麼就比 1：1 的組合多了一倍的轉矩，但少了一倍的速度。齒輪比的運算很簡單，首先要找出主動齒輪及被動齒輪。主動齒輪是提供力量去帶動其他齒輪的，通常直接接在馬達的轉軸。而那些沒有接到主動齒輪的便是被動齒輪。要計算齒輪比，需要數出主動齒輪及被動齒輪的「齒」數，把被動齒輪的「齒」數除以主動齒輪的「齒」數便是齒輪比。

$$齒輪比 C = \frac{主動齒輪之齒數}{被動齒輪之齒數}$$

當 C 大於 1 時扭力比較大，而相對速度比較慢。反之，當 C 小於 1 時扭力比較小而相對速度比較快。基於這個原理可以設計出各式各樣的齒輪比：

一、36 齒與 84 齒

36 齒帶 84 齒 $C = \dfrac{36}{84} = \dfrac{3}{7}$ (速度 $\dfrac{3}{7}$ 倍、力量 $\dfrac{7}{3}$ 倍) 如圖 2-40 所示。

84 齒帶 36 齒 $C = \dfrac{84}{36} = \dfrac{7}{3}$ (速度 $\dfrac{7}{3}$ 倍，力量 $\dfrac{3}{7}$ 倍) 如圖 2-41 所示。

▲ 圖 2-40　36 齒帶 84 齒

▲ 圖 2-41　84 齒帶 36 齒

二、24 齒與 60 齒

24 齒帶 60 齒 $C = \dfrac{24}{60} = \dfrac{2}{5}$ (速度 $\dfrac{2}{5}$ 倍、力量 $\dfrac{5}{2}$ 倍) 如圖 2-42 所示

60 齒帶 24 齒 $C = \dfrac{60}{24} = \dfrac{5}{2}$ (速度 $\dfrac{5}{2}$ 倍，力量 $\dfrac{2}{5}$ 倍) 如圖 2-43 所示

▲ 圖 2-42　24 齒帶 60 齒

▲ 圖 2-43　60 齒帶 24 齒

三、12 齒

12 齒帶 12 齒 $C = \dfrac{12}{12} = \dfrac{1}{1} = 1$ (速度 1 倍、力量 1 倍) ，如圖 2-44 所示。

▲ 圖 2-44　12 齒帶 12 齒

　　蝸齒輪類似於交叉螺旋齒輪，由於蝸桿的齒輪完全旋繞在節圓柱上，因此又稱之為螺旋，與其契合的齒輪稱為蝸齒輪。有下列三個特點(1)兩軸平行不相交、(2)兩軸夾角 90 度、(3)可以傳送較大的動力(扭力)，且減速比大於正齒輪，前進速度很慢。蝸齒輪的齒輪比計算如下式：

$$C = \dfrac{蝸輪齒數}{蝸桿輪紋線數}$$

前方旋轉機構設計如圖 2-45，圖 2-46 與圖 2-47，其齒輪比 24：1，力量可加大 24 倍，速度減為 $\dfrac{1}{24}$。$C = \dfrac{24}{1} = 24$

▲ 圖 2-45　分解圖一

▲ 圖 2-46　分解圖二

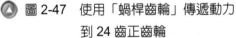

◢ 圖 2-47　使用「蝸桿齒輪」傳遞動力
　　　　　 到 24 齒正齒輪

◢ 圖 2-48　12 齒帶動 84 齒

　　圖 2-48 為將馬達旋轉運動變為往復運動(12 齒帶動 84 齒)，圖 2-49 為將馬達旋轉運動變為往復運動(12 齒帶動 36 齒)。圖 2-50 為將水平式往復運動機構設計(84 齒帶動 19 齒之齒條滑軌中)，圖 2-51 為將水平式往復運動機構設計(84 齒帶動 38 齒之齒條滑軌中)。圖 2-52 為垂直式往復運動機構設計(84 齒帶動 38 齒)。

◢ 圖 2-49　12 齒帶動 36 齒

◢ 圖 2-50　84 齒帶動 19 齒

△ 圖 2-51　84 齒帶動 38 齒　　　　　　　　　△ 圖 2-52　84 齒帶動 38 齒

2.4.4　全方位輪運算

如圖 2-53 之全方位輪的底座，三組裝有全方位輪的直流馬達底座裝上如圖 2-54 之直流馬達組，以兩兩均等夾角 $\frac{2\pi}{3}$ 的方式組裝在移動機器人的底座上。從全方位輪至全方位移動機器人底盤中心點 O 的距離為 L，並且定義全方位移動機器人往逆時針方向旋轉之速度值為正，往順時針方向旋轉之速度值為負，因此每個全方位輪的行進速度值分別為：v_1 代表全方位輪 1 的行進速度、v_2 代表全方位輪 2 的行進速度以及 v_3 代表全方位輪 3 的行進速度，而三角形記號代表此全方位移動機器人的車頭方向。在此定義全方位移動機器人本身的座標軸為 x_m 與 y_m，因此，由以上的夾角關係，可計算出全方位輪 1 和全方位輪 2 的行進方向與 y_m 軸的夾角均為 $\delta = \frac{\pi}{6}$，全方位輪 3 與 y_m 軸的夾角為 $\frac{\pi}{2}$，圖 2-55 所示。

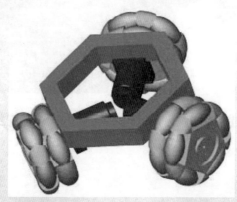

△ 圖 2-53　全方位移動機器人底座實體圖

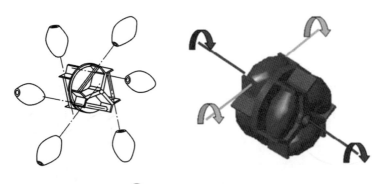

◬ 圖 2-54　全方位輪

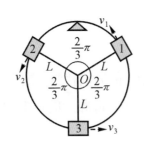

◬ 圖 2-55　全方位移動機器人底座
基本架構圖

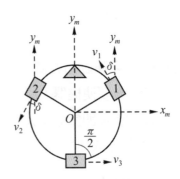

◬ 圖 2-56　全方位移動機器人座標圖

　　根據全方位移動機器人的基本架構，以及利用其三組全方位輪與移動機器人本身座標的三角幾何關係，可以推導出全方位移動機器人的運動模型。首先如圖 2-57 所示，在已知全方位輪的半徑 R 與其旋轉角速度 $\theta_i{}'$ 之下，我們可以計算出全方位輪的行進速度 v_i，其：中 i 為全方位輪之編號，即 $i = 1, 2, 3$ 分別代表 1 號全方位輪、2 號全方位輪與 3 號全方位輪。

$$v_i = R\theta_i{}' \text{，} i = 1, 2, 3$$

　　當全方位移動機器人以一行進速度 v_m 與旋轉角速度 ϕ 往一指定方向移動時，則全方位移動機器人沿此方向的移動速度可從機器人本身座標軸上分解成其在 x_m 軸上的行進速度 $x_m{}'$ 與在 y_m 軸上的行進速度 $y_m{}'$(如圖 2-58 所示)，由三組全方位輪與移動機器人本身座標軸間的三角幾何關係，可分別推導出每個全方位輪在此方向與速度下之運動方程式，以下將分三部分以圖示的方式分別推導出全方位輪 1、全方位輪 2 與全方位輪 3 的運動方程式。

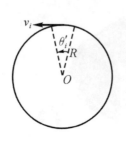

◎ 圖 2-57　全方位移動機器人之全方位輪　　　◎ 圖 2-58　全方位移動機器人之移動示意圖
　　　　　行進速度示意圖

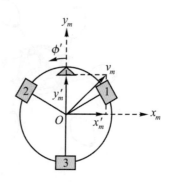

一、全方位輪 1 之運動方程式

　　圖 2-59 所示，要使機器人能夠達到以速度 v_m 並且往指定的方向移動，則全方位輪 1 所需提供之行進速度 v_1 即為機器人在 x_m 軸上的行進速度 $x_m{}'$ 與在 y_m 軸上的行進速度 $y_m{}'$ 及本身旋轉速度 $L\phi'$ 的合成速度，因此其運動方程式可推導如下：

$$v_1 = R\theta_1' = -\sin(\delta)\, x_m{}' + \cos(\delta)\, y_m{}' + L\phi'$$

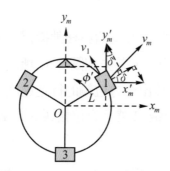

◎ 圖 2-59　全方位輪 1 之移動示意圖　　　　　◎ 圖 2-60　全方位輪 2 之移動示意圖

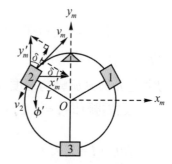

二、全方位輪 2 之運動方程式

　　如圖 2-60 所示，要使機器人能夠達到以速度 v_m 並且往指定的方向移動，則全方位輪 2 所需提供之行進速度 v_2 即為機器人在其 x_m 軸上的行進速度 $x_m{}'$ 與在其 y_m 軸上的行進速度 $x_m{}'$ 及本身旋轉速度 $L\phi'$ 的合成速度，因此其運動方程式可推導如下式：

$$v_2 = R\theta_2' = -\sin(\delta)\, x_m{}' - \cos(\delta)\, y_m{}' + L\phi'$$

三、全方位輪 3 之運動方程式

　　如圖 2-61 所示，要使機器人能夠達到以速度 v_m 並且往指定的方向移動，則全方位輪 3 所需提供之行進速度 v_3 即爲機器人在 x_m 軸上的行進速度 x_m' 與在 y_m 軸上的行進速度 y_m' 及本身旋轉速度 $L\phi'$ 的合成速度，因此其運動方程式可推導如下式：

$$v_3 = R\theta_3' = \cos(0)\ x_m' + \sin(0)\ y_m' + L\phi'$$

利用 Jacobian 矩陣的反矩陣，將上面三個推導式寫成矩陣型式以方便計算：

$$\begin{pmatrix} v_1 \\ v_2 \\ v_3 \end{pmatrix} = \begin{pmatrix} R\theta_1' \\ R\theta_2' \\ R\theta_3' \end{pmatrix} = \begin{pmatrix} -\sin(\delta) & \cos(\delta) & L \\ -\sin(\delta) & -\cos(\delta) & L \\ 1 & 0 & L \end{pmatrix} \begin{pmatrix} x_m' \\ y_m' \\ \phi' \end{pmatrix}$$

另外，定義一固定座標軸爲 x_w 與 y_w，當機器人以旋轉角速度 ϕ' 旋轉之後，機器人本身的座標軸 x_m 與 y_m 相對於座標軸 x_w 與 y_w 會產生如圖 2-62 所示一夾角 ϕ。

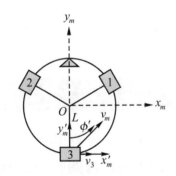

🔺 圖 2-61　全方位輪 3 之移動示意圖

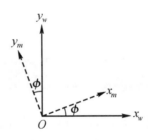

🔺 圖 2-62　座標軸旋轉示意圖

　　將前述三個全方位輪的行進速度與方向對地座標軸的夾角關係綜合表示如圖 2-63 所示。機器人運動的 Jacobian 矩陣的反矩陣形式如下式所示：

$$\begin{pmatrix} R\theta_1' \\ R\theta_2' \\ R\theta_3' \end{pmatrix} = \begin{pmatrix} -\sin(\delta+\phi) & \cos(\delta+\phi) & L \\ -\sin(\delta-\phi) & -\cos(\delta-\phi) & L \\ \cos(\phi) & \sin(\phi) & L \end{pmatrix} \begin{pmatrix} x_m' \\ y_m' \\ \phi' \end{pmatrix}$$

　　以上所推導之全方位移動機器人的運動模型是利用三組全方位輪與移動機器人本身座標軸間的三角幾何關係，所推導出使全方位移動機器人在某一移動方向與速度下，每個全方位輪所應產生之行進速度。但由於全方位移動機器人受限於硬體架構、材料與環境等因

素的影響，使得其在實際的運動控制與操作上充滿許多非線性與時變性問題，造成移動時有方向與速度上的誤差；而這些可能的影響因素有：全方位輪與地面間的摩擦力、全方位輪的滑動現象、直流馬達轉速輸出的非線性與電池電力的消耗等問題，因此很難建立出完全準確的數學模型與動態方程式來設計其控制器。應用模糊控制設計全方位移動機器人的控制器，可以解決建立動態模型時所遇到的一些不確定因素與困難。

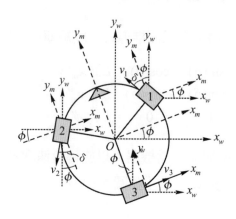

◎ 圖 2-63　座標軸旋轉示意圖

2.5 電腦輔助設計

　　本節根據 SolidWorks 介紹電腦輔助機器人機構設計。SolidWorks 應用程序是一個機械設計自動化軟體用於創建零件、裝配和圖表，利用 Microsoft Windows 圖形為用戶界面。由於簡單易學，設計人員能夠快速完成二維和三維的素描概念草圖，創建三維零件和機構。

一、SolidWorks 的基本概念列舉如下：

(一) SolidWorks 模型係由三維立體幾何建構零件或文件。無論是二維或三維草圖均可創建在 SolidWorks 的素描中。

(二) 單一形狀實體創造的素描工具：直線、圓、矩形等，可在合併組合。還可以將其他功能添加到程序集，並確定尺寸或特徵。

(三) 第一部分素描稱為基本素描，是基礎草圖的三維模型。創建素描的參考平面是：前視、頂視和右側視的特徵設計。

(四) 精煉的設計。添加、編輯或重新排序功能的特徵管理設計。例如：對於部分文檔，可以執行各種特徵編輯操作。

(五) 編輯的定義、素描或屬性功能：

1. 進入選擇的尺寸。
2. 增加下拉式選單。
3. 觀看子選單。
4. 使用功能處理移動和調整功能。
5. 更改順序，部分功能重建。

(六) 將關聯的部件、零件、組件和圖紙，納入一份文件或圖紙。

(七) 將三維零件實體圖和搭配設計繪製在 2D 圖紙。可根據輸入觀念，建構圖形。

(八) 以幾何關係，如垂直、水平、平行、會合及同心等的數學方程，建立參數之間的關係。

二、3D 建模包括三種基本文檔：

(一) 零件圖：各個設計部件的 3D 表示。

(二) 裝配圖：零件或其它裝配體的 3D 排列。

(三) 工程圖：2D 工程圖，通常用來表示零件或裝配體這些文檔都有助於機器人系統的總體設計。對於機器人設計人員來說，只要理解了使用 Solidworks 進行 3D 實體建模的基本概念並掌握和運用十四條技巧，都可爲建構極富競爭力的複雜、創新性機器人設計奠定基礎。

技巧 1　利用 web 資料庫中的模型

　　3DContentCentral(http://www.3dcontentcentral.com/)是一個基於 web 的設計資料庫，它包含領先製造商提供的數以百萬計的零部件，檔案格式多種多樣。可以下載氣動系統、馬達、齒輪以及幾乎想得到的任何機械和電氣零部件的精確 CAD 模型。檔案格式包括 SolidWorks、IGES、Inventor、Pro/ENGINEER、STEP 和 DWG 等等。例如，可根據所需的衝程、壓強、力和各種選項來配置並下載 SMC 氣缸模型。又如，在 VEX 機器人競賽中無需自行構建輪子模型，而可以從 3DContentCentral 獲取模型檔。使用者資料庫區域以七種語言提供，並包括全球設計使用者群提供的共用模型，如圖 2-64 及圖 2-65 所示。

▲ 圖 2-64　齒輪模組

▲ 圖 2-65　氣壓模組

技巧 2　理解零件方位

　　零件由特徵構成，特徵在草圖中建立。為了理解零件在空間中的方位，必須理解前基準面、上基準面和右基準面的位置。一旦選定了草圖平面，即確定了零件方位。例如，圖中的 VEX 軸在前基準面中由一個 2D 方形草圖構成，如果選擇右基準面或上基準面作為草圖平面，則圖形視窗中的零件方位均會不同，而草圖平面確定了方位，如圖 2-66、圖 2-67、圖 2-68 所示。

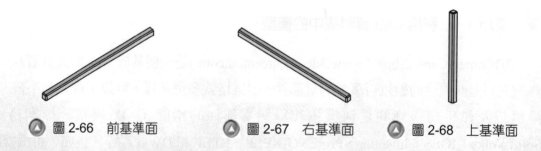

▲ 圖 2-66　前基準面　　▲ 圖 2-67　右基準面　　▲ 圖 2-68　上基準面

技巧 3　在草圖中使用對稱

　　矩形草圖工具用於創建 VEX 的輪廓。在機器人設計中，會希望零件具有對稱性。原點代表前基準面、上基準面和右基準面的交點。簡單的矩形草圖可從原點開始繪製，如果將原點置於草圖中心，草圖將保持關於上基準面和右基準面對稱。在矩形的兩個頂點間連接一條輔助線,並在原點和該中心線間建立中點關係,將可確保矩形始終對稱,如圖 2-69 所示。

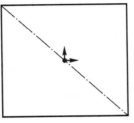

◬ 圖 2-69　對稱圖形

技巧 4　在標註尺寸前插入幾何關係

在 SolidWorks 軟體中,草圖實體和模型幾何體之間的關係對於定義行為非常重要。幾何關係(水平、豎直、平行、垂直、相等、同心、共線、等徑、相切和固定)用於約束各個草圖實體並與現有的面、邊和參考幾何體形成關係。矩形草圖工具包含兩項平行關係和兩項垂直關係。中心線用於與原點形成中點關係。因為 VEX 軸是由方形鋁錠製成的,所以通過相等關係來代表物理形狀。如果要更改鋁錠尺寸,則使用一個尺寸來控制方形草圖的總體尺寸。小寫符號用於表示關係,可通過「選擇視圖(View) > 草圖關係(Sketch Relations)」來顯示這些符號。對於機加工零件,軟體會將這些零件顯示為黑色,而將這些零件定義草圖。將尺寸放在輪廓外可節省在 2D 工程圖中放置尺寸的步驟,如圖 2-70 所示。

草圖可用於對草圖實體進行智慧組合,並有助於創建機器人機構的 2D 佈局。高級草圖關係可用於在 2D 草圖中模擬齒輪、凸輪和皮帶/鏈條的運動,如圖 2-71 所示。

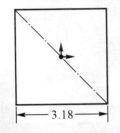

◬ 圖 2-70　標註尺寸

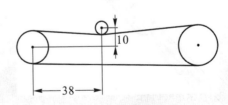

◬ 圖 2-71　模擬圖形

技巧5 創建關於草圖平面對稱的特徵

創建對稱特徵可節省以後建立特徵以及形成裝配體的時間。例如，通過使用對稱關係並指定距離來將齒輪靈活地定位在 VEX 軸的中部或端部。若要為設計作準備，最好使 VEX 軸關於草圖平面對稱。「拉伸凸台／基體(Extrude Boss/Base)」特徵中的「中面(Mid Plane)」選項用於將 2D 草圖垂直於草圖平面，並在兩側伸出相等的距離，如圖 2-72 所示。

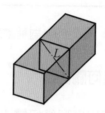

圖 2-72 對稱特徵平面

技巧6 使用參考幾何體和參考平面

參考幾何體(例如平面、軸和座標系)有助於創建特徵和裝配部件。方形 VEX 軸與圓柱形齒輪裝配在一起，在 VEX 軸中心插入一個參考軸後，即可使方形部件與圓柱形部件同心配合。在齒輪中心插入一個參考平面，即可定位輪齒中心，從而在裝配體中對齊多個齒輪，如圖 2-73 及圖 2-74 所示。

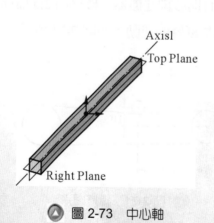

圖 2-73 中心軸

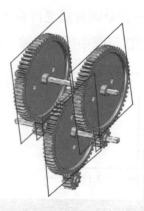

圖 2-74 齒輪組合圖

技巧 7 在零件中定義智慧屬性

　　除了用於確定零件整體尺寸和形狀的幾何體外，本軟體中還有智慧屬性，例如材料、品質、零件號和顏色，可將這些屬性分配給 SolidWorks 文檔。插入到零件中的屬性會自動傳遞到裝配圖和工程圖中。例如，爲零件指定材料後，SolidWorks 會根據密度計算零件品質。在需要設計符合特定重量等級的機器人競賽中，即可在 SolidWorks 中計算品質。如果爲機器人系統中的每個部件都指定了材料或品質，軟體即可計算裝配體的總品質。如果爲每個部件都指定了零件號，則零件號的值會自動傳遞到工程圖和物料清單(BOM)中。如果爲零件指定了材料，該材料就會在 FeatureManager 中列出。一旦選定材料，就會同時選定密度、彈性模量、屈服強度和熱膨脹係數等物理屬性，如圖 2-75 所示。

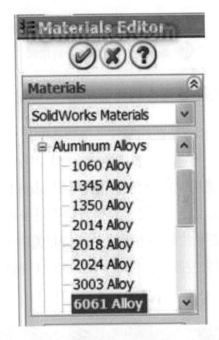

△ 圖 2-75　零件清單

 技巧 8 可在設計早期使用内建的零件分析功能

　　在機器人設計中，必須時刻注意超重、材料強度和安全性等問題。可在 COSMOSXpress™(一個只需點擊滑鼠即可完成的結構化分析嚮導)中進行簡單的分析來檢驗設計的完整性並降低材料用量和成本。在設計流程的早期和整個過程中都應該經常進行 COSMOSXpress 分析，如圖 2-76 所示。

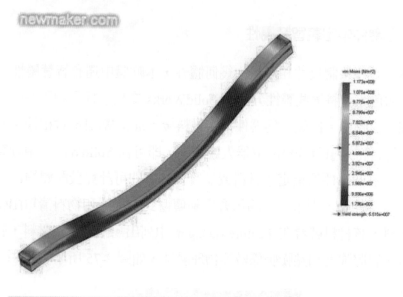

圖 2-76　結構化分析畫面

技巧 9　　使用設計表格創建零件組和裝配體

　　設計表格可用於創建具有相似特徵和屬性多種版本的零件組。VEX 軸會加工成三種尺寸：2 英寸、3 英寸和 4 英寸。通過設計表格控制大小尺寸，您只需創建零件一次即可。因為 SolidWorks 是一種 OLE/2 應用程式，所以它使用 Microsoft Excel 試算表來編排設計表格，這些表格可導入到 SolidWorks 文檔中。設計表格可包括更多值，例如顏色、零件號、描述、標記、材料、品質和其它由使用者定義的屬性。在裝配體中，可使用設計表格來創建模型的各種變體，還可以使用配置來控制開合位置，例如控制此機械爪的爪子開合，如圖 2-77、圖 2-78 所示。

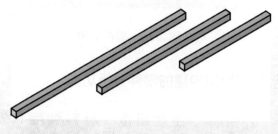

圖 2-77　2 英寸、3 英寸和 4 英寸軸

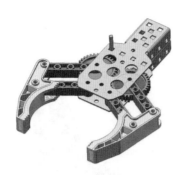 

△ 圖 2-78　機械夾爪

【資料來源：newmaker.com】

技巧 10　裝配零件以作類比運動

　　裝配體包含零件和/或其它裝配體的 3D 排佈，並表示模型的物理行為。透過物理動力學和動畫在裝配體中模擬運動。儘管可通過很多方法以靜態方式裝配模型，但若要根據物理行為來約束模型，需要回答一些問題：如何裝配機器人部件？如何拆解機器人？機器人部件如何平移或旋轉？

　　在 SolidWorks 軟體中，使用裝配(Assembly)工具列中的配合(Mate)工具來組合部件。3D空間中的每個部件具有六個自由度：三個平移自由度(沿 X、Y 和 Z 軸方向)和三個旋轉自由度(繞 X、Y 和 Z 軸)。機器人框架等部件可能是固定或靜態的。靜態約束一個部件通常需要三項配合關係。您可使用下列標準配合關係來約束部件：同心、重合、相切、垂直、平行或者通過特定距離或角度對齊。還可使用下列高級配合關係來根據物理行為屬性約束部件：齒輪、凸輪、皮帶、對稱、極限和寬度。

　　Physical Simulation(物理模擬)可用在機器人裝配體上模擬馬達、彈簧和重力的效果。「物理類比」會綜合類比元素與 SolidWorks 工具例如配合(Mates)和物理動力學(Physical Dynamics)來移動裝配體中的部件。「物理動力學」有助於根據機器人手臂接觸的部件來確定其運動範圍。受牽引約束的部件受到碰撞後，會在其自由度範圍內旋轉或者沿受約束或受部分約束的部件滑動。使用「物理類比」的結果來為裝配體中的每個零件自動設置負載條件和邊界條件，以用於進行 COSMOSXpress 分析。

　　VEX 軸的運動取決於馬達或其它驅動裝置的旋轉，且運動是動態進行的。為了模擬此運動，請向 VEX 軸應用旋轉馬達物理模擬(Rotary Motor Physical Simulation)工具。若要確

定手臂會在哪裡與其它部件碰撞，可使用碰撞檢測功能。當部件碰撞時，碰撞面會變成綠色，如圖 2-79 所示。

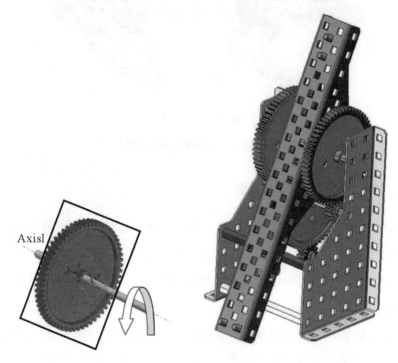

Axisl

▲ 圖 2-79　機構類比運動

【資料來源：newmaker.com】

技巧 11　測試干涉情況和易維護性

　　在加工零件前，可通過干涉檢測來測試裝配體中部件間的干涉情況，這樣既省時又省力。干涉檢測可用於快速分析干涉情況，還具有忽略特定干涉以及檢測或忽略重合曲面的功能。通過碰撞檢測，可確定裝配體的部件移動和旋轉時裝配體的運動範圍。通過分解圖動畫，有助於確定機器人設計是否易於裝配或拆解。當您製作分解圖時，請想想如何拆解機器人。當進行分解圖動畫演示時，類比過程會顯示如何拆解機器人。另外，現場維修機器人時，需要操作緊固件。請將所有的緊固件、螺釘、螺母和螺栓合併到通用配件資料夾中，以選擇顯示或隱藏該資料夾，如圖 2-80 所示。

圖 2-80　爆炸圖

【資料來源：newmaker.com】

技巧 12　在工程圖中使用配置和屬性

工程圖包含記錄零件或裝配體的資訊。可將在零件圖或裝配圖中定義的配置和屬性插入到工程圖中。例如，VEX 軸採用 6061 鋁合金，該零件在相應的工程圖中包含三種配置，材料 6061 鋁合金會自動出現在標題列中。您還可以將在零件圖中標註的公差資訊傳遞到工程圖中，如圖 2-81 所示。

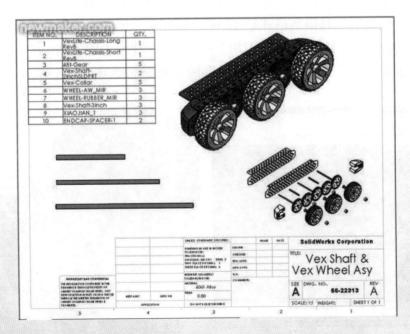

圖 2-81　工程圖

技巧 13　儘早共用設計並進行協作

　　可採用 eDrawings®交流、發佈和查看軟體在設計早期與數量不限的人員通過電子郵件協作並獲取回饋。任何人無需額外購買軟體即可查看、標註和測量準確的 2D 和 3D 模型圖。供應商、行銷人員、採購代理和隊友都可在設計早期幫助識別潛在問題，如圖 2-82 所示。

◉ 圖 2-82　機器人組合圖

技巧 14　重複利用現有資料

　　使用 DWGeditor™，可採用原始格式來編輯和維護現有的 2D 資料。例如，有人創建了一個帶圓孔的齒輪輪廓，其檔案格式是 DWG。現在您希望使用相同的齒輪輪廓來製作 3D 齒輪模型，但想爲 VEX 軸開一個方形切口，即可重複利用 DWG 檔中的一部分或某些 3D 特徵和草圖來創建新設計，這樣可節省設計階段，如圖 2-83 所示。

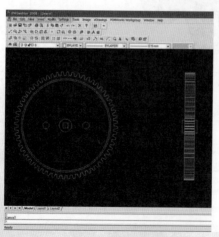

◉ 圖 2-83　齒輪 2D 與 3D 圖型

2.6 電力供應

本節介紹機器人所用的動力系統，主要為蓄電池與乾電池。

2.6.1 電池簡介

一般來說，作為機器人動力的電池有兩個基本要求，生命週期長且能夠再充電。常用的電池如：(1)鉛酸電池、(2)鎳鎘電池、(3)氫氧電池及(4)鋰電池等。基本架構包含：電極、電解質、隔膜及外殼組，如圖 2-84 所示內部結構。

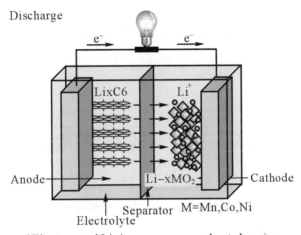

◎ 圖 2-84 鋰電池結構圖

一、電極

電池的核心部分，由活性物質和導電骨架組成，活性物質是能夠通過化學變化轉變電能的物質，導電骨架主要起傳導電告支撐活性物質的作用，電池內的電極又分正極和負極。

二、電解質

是指電流經閉合的回路作功，在電池外是電子導電完成，而在電池的內部靠導電離子的定向移動來完成，電解質溶液則是導電離子的載體，所以電解質的一般作用是完成電池放電時的離子導電過程。某些電池系列中，電解質還參與電化學反應，如乾電池中的氫化銨(NH_4Cl)，鉛酸電池中的硫酸(H_2SO_4)等。電解質一般是酸、鹽的水溶液，當構成電池的開路電壓大於 2.7 V 時，水易被電解成氫氣和氧氣，故一般用非水溶劑的電解質。很多電池的

電解質有較強的腐蝕作用，加上活性物質的強腐蝕作用，所以無論電池是否用過，消費者不宜解剖。

三、隔膜

在電池內部，如果正負兩極材料相接時，這時電池出現內部短路，其結果如同外部短路一樣，電池所貯存的電也被消耗掉，所以在電池內部需要一種材料或物質將正極和負極隔離開來，以防止兩極在貯存和使用過程中被短路，這種隔離正極和負極的材料稱做隔離物。隔離物大體可分三大類：板材，如鉛酸電池用的微孔橡膠隔板和塑膠板；膜材，如漿層紙、無紡布、玻璃纖維等；膠狀物，如漿糊層、矽膠體等。

四、外殼

電池的殼體是貯存電池內的電極、電解質、隔離物等的容器，有保護和容納其他部分的作用，所以要求殼體有足夠的強度。並要求殼體有足夠的化學穩定性，以免電池內外相互影響，通常將電池密封。

2.6.2 鉛酸蓄電池(又稱鉛-酸電池，俗稱電瓶)

(一) 電池構造：負極(陽極)為鉛，正極(陰極)為二氧化鉛，電解質為稀硫酸溶液。

(二) 電池反應：電池放電時，兩極都變成硫酸鉛，硫酸的濃度逐漸降低，此時就要充電才能恢復功能。充電時鉛極接電源負極，二氧化鉛極接電源正極，通以直流電，進行逆反應，而反覆使用。其放電及充電之反應為：

$$正極反應：PbO_2 + 4H^+ + SO_4^{2-} + 2e \underset{充電}{\overset{放電}{\rightleftharpoons}} PbSO_4 + 2H_2O$$

$$負極反應：Pb + SO_4^{2-} \underset{充電}{\overset{放電}{\rightleftharpoons}} PbSO_4 + 2e^-$$

$$全體反應：PbO_2 + Pb + 2H_2SO_4 \underset{充電}{\overset{放電}{\rightleftharpoons}} 2PbSO_4 + 2H_2O$$

電池充電時，無可避免的是部分水將因熱而蒸發，或因充電而耗損，因此鉛蓄電池常須添加水分。目前較先進的鉛蓄電池，是以鉛與鈣的合金取代鉛作為陽極材料，這種設計可避免充電時產生氫氣，此類型鉛蓄電池幾乎不須添加水，密封出售，壽命可達數年。

　　若過度放電、充電或充電速率過快,都會造成鉛蓄電池的損壞。另外在反向充電時不只會造成鉛酸電池的毀壞,充電器也會破壞。因充電時會有熱量釋放出來,若充電太快,熱量來不及發散,就會損壞極板。建議遵守下列規定:

1. 新電池使用前儘量充滿電。
2. 保持電池在充滿的狀態可以使電池的壽命增長。
3. 電池沒電或是電力不足時及早充電,否則會縮短壽命。

(三) 電池的電壓:輸出電壓值約為 2.0 伏特,廣用於汽機車電源。它通常是由六組電池槽串接而成,可提供 12 伏特的電壓。

 ### 2.6.3　鎳鎘電池

(一) 電池構造:負極為鎘(Cd),正極為二氧化鎳(NiO_2),電解質為氫氧化鉀(KOH)溶液。如圖 2-85 所示。

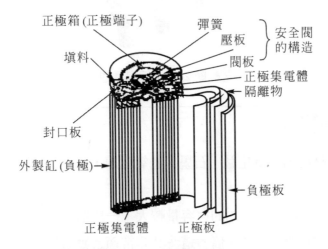

正極箱(正極端子)　　彈簧
　　　　　　　　　　壓板　} 安全閥
填料　　　　　　　　閥板　　的構造
　　　　　　　　　正極集電體
　　　　　　　　　隔離物
封口板

外製缸(負極)

負極板

正極集電體　正極板

⚠ 圖 2-85　鎳鎘電池內部結構

(二) 鎳鎘電池「充電」時的化學反應式:

$$陰極:Cd + 2OH^- \leftarrow Cd(OH)_2 + 2e^-$$

$$陽極:2NiOOH + 2H_2O + e^- \leftarrow 2Ni(OH)_2 + 2OH^-$$

$$電池全反應:2NiOOH + Cd + 2H_2O \leftarrow 2Ni(OH)_2 + Cd(OH)_2$$

　鎳鎘電池「放電」時的化學反應式:

$$陰極:Cd + 2OH^- \rightarrow Cd(OH)_2 + 2e^-$$

陽極：$2NiOOH + 2H_2O + e^- \rightarrow 2Ni(OH)_2 + 2OH^-$

電池全反應：$2NiOOH + Cd + 2H_2O \rightarrow 2Ni(OH)_2 + Cd(OH)_2$

(三) 此電池亦可充電反覆使用，充電反應為放電的逆反應。

(四) 電池電壓：輸出電壓值約為 1.2 伏特。由於體積小，使用壽命長，電壓穩定且耐用，但價格高。常用於充電式電鬍刀、電梳及手電筒的電源。

(五) 另外有一種銀-鎘電池也是同類型的蓄電池，與鎳-鎘電池差異之處只有在陰極材料 Ag_2O，輸出電壓為 1.2 伏特，其放電反應式為：$Ag_2O_{(s)} + Cd_{(s)} + H_2O_{(l)} 2Ag_{(s)} + Cd(OH)_{2(s)}$，如圖 2-86 所示。

🔺 圖 2-86　鎳鎘電池

2.6.4　氫氧電池

(一) 電池構造：正極材料為二氧化錳、石墨、氫氧化鎳，負極材料為鋅。

(二) 電池反應：氫氧電池(如圖 2-87)的電容量較大，一般情況下，其使用壽命約為鹼性電池的 1.5 倍。這使其非常適合應用於一些高耗電的電子產品，如數位相機、隨身聽等之上。但氫氧電池的最小輸出電流量也較大，這使其在低耗電的電子產品，如時鐘、遙控器等產品上應用時，使用壽命不如鹼性電池。

🔺 圖 2-87　氫氧電池

　　另外，氫氧電池的起始電壓 1.7 V，比一般乾電池的 1.6 V 要高，在某些電子設備上可能因電壓過高而對電路造成負擔，從而產生發熱或是縮短器件壽命的情況。尤其會使手電筒等照明器具的燈泡發光過亮、表面過熱、甚至燈絲燒毀等情況。因此，Panasonic 官方不推薦用戶將氫氧電池用於照明器具上。

2.6.5　VEX 電池包

VEX 電池包(圖 2-88)是最適合給 VEX 提供電能。VEX 電池包內有 7.2 V 電池給機器人，9.6 V 電池給發訊機及充電器(可同時充 7.2 V 和 9.6 V 電池)。鎳鎘充電電池能提供的電能等同於 AA 尺寸的鎳鎘電池。VEX 電池包會保持在穩定的電壓直到電量耗盡為止。比起普通的電池，鎳鎘充電電池是不會有「記憶效應」。

新一代的鎳鎘充電電池是沒有記憶效應的。如圖 2-89 所示，以 6 顆 AA 尺寸電池給主控器及 8 顆 AA 尺寸電池給發訊器(共 14 顆)。

▲ 圖 2-88　VEX 7.2 V 和 9.6 V 電池　　　▲ 圖 2-89　VEX 電池盒

2.6.6　電池維護

(一) 第一次使用：要保持電池的壽命，一定要確保電池充到最大容量。

(二) 記憶效應：充電電池不會一直維持在定值的電壓，即沒有記憶效應。

(三) 放電週期：當鎳鎘電池電壓小於 0.9〜1.0 V，就需要充電。

(四) 過充／微充：過度充電對電池會造成永久的損害。所以你需要一個好的充電器，它知道何時停止充電。每當電池充滿時，充電器應該自動轉用微充模式，用小電流模式便可以在長時間裡保持充滿或可關掉充電器。

(五) 溫度：不要把電池放在高溫下。如果電池在充電後發熱，就要讓它的溫度降下才可使用。

六、壽命：鎳鎘充電電池可以用上幾百次的充電，但當你發覺電池的性能下降時便需要更換電池。因為鎘在鎳鎘電池裡是有毒的，所以不可直接放入普通的垃圾桶內。要放置於化學物回收桶內。

2.7 感測器

　　智慧型機器人必須利用感測器，收集環境的資料給控制中樞使用。通常智慧型機器人的控制系統為閉迴路系統，如圖 2-90 所示。系統的輸出量可利用感測器來得知，而將所量測到的資訊傳送給控制器，以修正控制系統的誤差，使輸出值保持於預設值範圍內。

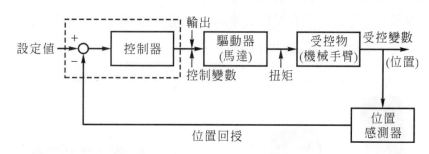

⬤ 圖 2-90　閉迴路系統

機器人的控制器模式，大致上可分為四大類：

(一) 記憶動作模式：機器人的所有動作事先記憶，再完整「演」出來。

(二) 即時控制模式：機器人的所有動作皆由 PC 即時下指令控制。

(三) 半智慧模式：控制器具部份智慧演算功能，可自行處理部份「情況」，如 PC 下達 A 至 B 點，途中如有障礙物，機器人會自行避開。

(四) 全智慧模式：不需另外下達指令機器人會自行運作。

2.7.1　感測器種類

　　所謂感測器(sensor)，就是能把化學量、生物量、物理量等轉換成電訊號的元件。感測器可輸出各式各樣的訊號，如電壓、電流、頻率、脈衝等，並滿足訊息傳輸、處理、記錄、顯示、控制的要求。

　　感測器通常由感應元件和轉換元件組成。前者能感測到被測物並輸出訊號，後者則能把感應元件的輸出訊號轉換成可傳輸和量測的訊號。感測器有如人的感覺器官，包括視覺、觸覺、聽覺，機器人如果有了這些感測器就能順應外在環境做出適當的動作。感測器有許多種，應用在機器人身上有多種不同的選擇。瞭解各種感測器的原理及其用途，對感測器更加感興趣，除了幾個常用的如：光源感測器、觸碰感測器及角度感測器外，還希望認識更多種用途的感測器，有助於我們對機器人更深一層的瞭解。

機器人感測器的選擇必須針對靈敏度、精確度、解析度、準確度、偏移、直線性、磁滯、反應時間、動態線性、耐久性等性能因素予以仔細評估。機器人感測器的典型應用為工件位置與方位的辨識檢測及併排搜尋。目前常見的有觸覺、壓覺、滑動及視覺感測器，如此可檢測出物體接觸與否、接觸力大小、有無滑移現象及形狀辨識。

機器人感測器分為接觸式及非接觸式兩種型態。接觸式感測器需要與工件接觸才能啓動感測器；非接觸式感測器不需要與被測物接觸，即可測得工件是否存在。

一、接觸式感測器

(一) 碰觸感測器：碰觸感測器有極限開關、人工皮膚、觸動開關等。目的在感測目標物存在與否、形狀、位置、方位、表面積壓力及壓力分佈、作用力大小、方向及位置等。

(二) 滑動感測器：可將機器人抓具的滑移信號回授至控制系統，進而調整把持力以達握緊而不破壞物件的目的。其主要由滑輪、發光二極體、光電晶體及含間隙的圓板等元件所組成。

(三) 力矩感測器：依感測方式區分為壓電式、應變規式，及線性差動變壓器等。其感測方法採應變規式、可變導磁式及光電式等三種方式。而作用於機器人上力矩感測器有三種應用型態：

1. 軸部力／力矩感測器: 用向量方式相加減求得，如直流馬達的軸驅動，可以量測電樞電流以測得力/力矩。又如液壓或氣壓致動器，可測得壓力變化及力/力矩。

2. 腕部力感測器: 安裝於機器人最後一個連桿與抓具之間，他是由一種彈性結構和類似應變規的轉能器所組成。

3. 桌腳式力感測器: 從事裝配工作時，將要進行裝配的工件放在桌上，利用桌腳感測器測知作用於工件上的力和力矩。

二、非接觸式感測器

(一) 近接感測器：可量測被測物的接近程度。依感測方式來分有光電式、紅外線、電磁、電容、超音波及光纖式。

(二) 光感測器：可量測物件與感測器間的距離，有獨立分開型、再反射型、擴散反射型及固定反射型等四種。

(三) 聽覺感測器：可利用聲音特色來判斷分析的綜合技術。

(四) 視覺感測器：發展機器人視覺系統的主要動機是為了增加彈性、降低價格及增加機器人的智慧。一般工業應用為識別、辨認、追蹤、審察及機器人控制。視覺感測器可辨識物件的位置、方位、形狀、體積大小及顏色等。

三、其他感測器

另外還有位移感應器、電源感應器、溫度感應器、電壓感應器、溼度感應等等，不斷地有新的感測器發明出來。

 ## 2.7.2　感測器基本應用

一、光感測器

光感測器的檢出對象是可見光線、紫外線及紅外線等光源。這些檢出對象的波長不僅不相同，其電磁波的性質也各有不同，可依各個不同檢出對象選擇適當的光感測器。表 2-5 為光感測器的種類。

▼ 表 2-5　光感測器的種類

有接面	無接面	真空管類	其他
PN光二極體	光導電元件	光電管、光電倍增管	色彩感測管
PIN光二極體	焦電元件		固態影像感測器
Avalanche雪崩光二極體			位置檢測用元件(PSD)
光電晶體(Photo-Darlington)			太陽能電池
光積體電路(photo IC)、光斷路器(photo Interrupt)			

(一) 一般規格

1. 波長範圍：光感測元件可偵測的光波長範圍(nm)。

2. 靈敏度：其定義爲輸出變量與激源變量之比。此一特性常存在於光發射感測器，例如在光倍增管就有陰極亮度靈敏度，單位(uA/lm)。

3. 響應率(輻射靈敏度)：即爲感測器輸出量與入射輻射量之比，其單位依感測器類型不同可分爲 V/W 或 A/W。

4. 雜訊等值功率：在已知波長及雜訊以單位頻寬來標準化時，使 S/N 爲 1 所需要的最小輻射通量。

5. 截止波長：波長增加時，響應率下降至最大值30%所對應的波長(nm)。

6. 暗電流：指在沒有任何輻射量入射時，光感測器所感應出的電流(nA)。

7. 陰極光照靈敏度：陰極輸出的光電流與入射到光電陰極面上的光通量之比，單位(uA/lm)。

8. 陽極光照靈敏度：陽極光照靈敏度表示光電倍增管在接收分佈溫度爲 2856K 的光輻射時陽極輸出電流與入射光通量的比值，單位(uA/lm)。

9. 上升時間：光電倍增管的陽極輸出脈衝上升時間定義爲整個光電陰極在 δ 函數的光脈衝照射下，陽極電流從脈衝峰值的 10%上升到 90%所需的時間，該 δ 函數的光脈衝半寬度一般小於 50ps，如圖 2-91 所示。

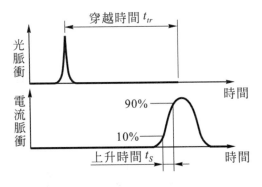

圖 2-91　上升時間

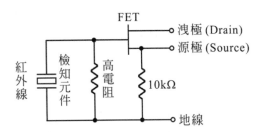

圖 2-92　紅外線感測器的內部構造

(二) 驅動方法

1. 紅外線感測器：圖 2-92 爲東芝公司所製作的紅外線感測器的內部構造，爲焦電型紅外線感測器，具有焦電效應的特性，其檢知元件如鋯鈦酸鉛(PZT)等結晶構造會隨著溫度變化，表面電荷也會跟著變化的一種基本特性。其測定方法如圖 2-93 所示。圖 2-94 爲紅外線感測器於警報器的應用電路圖。

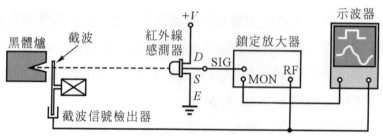

圖 2-93　紅外線感測器測定方法

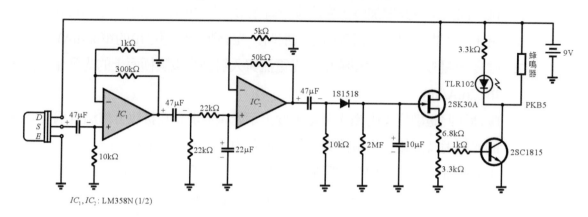

IC_1, IC_2 : LM358N (1/2)

圖 2-94　紅外線感測器的應用電路

2. 光二極體：圖 2-95 所示為光二極體之動作原理的模型圖，圖中在 P–N 接面處照射光能就會產生電流。應用時要加逆向偏壓，輸出電流會隨著光的強弱而呈正比變化。由於光二極體輸出電壓非常小。所以，必須與信號放大器合併使用。

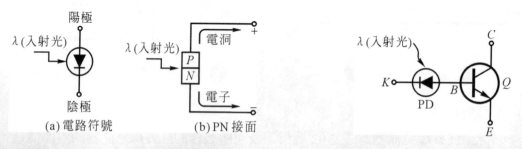

圖 2-95　光二極體之動作原理　　　　圖 2-96　光電晶體的等效電路

3. 光電晶體：光電晶體是整合光二極體與電晶體而成的，因此，光電晶體的等效電路就是在光二極體的輸出加上電晶體，如圖 2-96 所示。

光電晶體的基本電路，如圖 2-97(a)為電晶體射極輸出型式的基本電路，圖 2-97(b)圖為電晶體集極輸出型式的基本電路，其輸出信號相位不同。

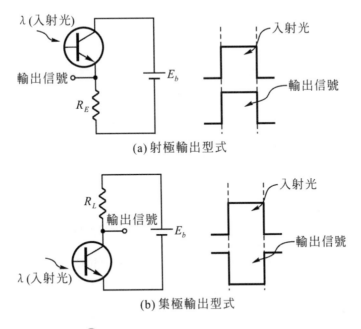

(a) 射極輸出型式

(b) 集極輸出型式

▲ 圖 2-97　光電晶體的基本電路

二、溫度感測器

　　溫度感測技術一般可分為直接與被測物相接觸的接觸式溫度感測器，及利用輻射熱推算溫度的非接觸式溫度感測器兩種。接觸式的特性為熱容量小的被測物的溫度易因感測元件的接觸而改變，且運動中的被測物不易測量；其測量的溫度範圍為 1000℃以下。而非接觸式的特性則為被測對象的輻射率要明確，因其不必接觸，所以不影響被測物的溫度，適用於高溫的量測。溫度感測器有很多種，以熱電轉換者較多，如：熱阻體(thermistor)、熱電偶(thermocouple)、電阻式溫度感測器(RTD)等，及以感測物體放射之紅外線(IR)轉換為溫度的紅外線感測器等。

(一) 熱阻體：熱阻體或熱敏電阻，是指對熱十分敏感的電阻體，此類元件在溫度改變時，其電阻值會有很大的變化。依電阻與溫度的關係，熱阻體可分為：

1. 負溫度係數(簡稱 NTC)熱阻體：此類元件的電阻值會隨著溫度的上升而下降，一般所謂的熱阻體(商品名稱為 Thermistor)即指此類元件。

2. 正溫度係數(簡稱 PTC)熱阻體：在達到某一溫度 E 此一溫度稱為居里溫度(Curie temperature)以前，電阻值受溫度的影響不大，但在到達居里溫度之後，電阻值會突然變大(商品名稱為 Posistor)。

3. 極限溫度熱阻體(簡稱 CTR)：與 PTC 相反，具有負溫度係數，但如同 PTC 一樣，在特定的溫度範圍內電阻值作急淺的變化(商品名稱為 Critisistor)。表 2-6 列出各種熱阻體之感測溫度範圍。

表 2-6　熱阻體的使用溫度範圍

熱阻體種類		可量測的溫度範圍
NTC 熱阻體	極低溫	0.01 K～100 K
	低溫	−130～0℃
	常溫	−50～350℃
	中溫	150～750℃
	高溫	500～1,300℃
		1300～2000℃
PTC 熱阻體		−50～150℃
CTR 熱阻體		0～150℃

(二) 熱電偶：熱電偶，屬接觸式。其溫度感測原理為席貝克效應(Seeback effect)，即將兩種不同的金屬線兩端連接而形成一閉合迴路，當兩端接點有溫度差時，則在迴路中有電流流通，熱電偶所使用的材質不同而分為 B、R、S、K、E、J 及 T 等種類，其各有不同之特性與溫度適合的範圍。熱電偶使用之基本電路如圖 2-98 所示，因熱電偶所產生的電壓為直流電壓，因此須注意其正負極接點；感測接點之連接因注意是否兩金屬線確實接合。除應用熱電偶直接感測外，亦有將金屬置於護套內的型式。

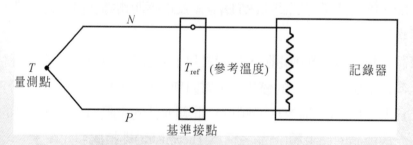

圖 2-98　熱電偶使用之基本電路

1. 熱電偶之種類：

   熱電偶有高溫用、中溫用、低溫用與超高溫用，其規格如表 2-7 所示。

表 2-7 熱電偶之規格

熱電偶記號		測定溫度範圍 (℃)	熱電動勢 (mV)	優點	缺點	材料	
						+	−
高溫用	K	−200～1200	−5.89/−200℃ 48.8/1200℃	1.廣泛應用於工業 2.抗酸性佳 具線性性質	1.不適用於 CO 及亞硫酸瓦斯中 2.在高溫還原性空氣中會劣化	鉻鎳	鋁、錳、矽等鎳合金
中溫用	E	−200～800	−8.82/−200℃ 61.02/800℃	具有最大之熱電動勢	1.不可耐於還原性空氣中使用 2.電氣電阻大	鉻鎳	鎳銅
	J	−200～350	−7.89/−200℃ 72.28/750℃	可耐於還原性空氣中使用	容易生鏽	鐵	鎳銅
低溫用	T	−200～350	−5.6/−200℃ 17.82/350℃	在弱酸性、還原性空氣中很安定	300℃以上銅會氧化	銅	鎳銅
超高溫用	B	500～1700	1.24/500℃ 12.4/1700℃	能耐於酸性空氣中	不可耐於還原性空氣中使用	鉑白金	鉑白金
	R	0～1600	0/0℃ 18.84/1600℃			鉑白金	白金
	S	0～1600	−7.89/−200℃ 72.28/750℃			鉑白金	白金

熱電偶的規格中常提到常用溫度及過熱使用溫度。所謂的常用溫度，是指熱電偶在空氣中能使用之連續溫度，而過熱使用溫度是指在短暫時間內使用所能承受之最高溫度，若在此溫度連續使用時間過久將會使感測器損壞。另外，使用溫度的高低也會因選用電極材料之線徑而有所差異，一般來說，線徑越大使用之溫度也越高。

2. 熱電偶之最高使用溫度

表 2-8　熱電偶之最高使用溫度

熱電偶種類	線徑(mm)	常用溫度(℃)	過熱使用溫度(℃)
K	0.65	650	850
	1.00	750	950
	1.60	850	1050
	2.30	900	1100
	3.20	1000	1200
E	0.65	450	500
	1.00	500	550
	1.60	550	650
	2.30	600	750
	3.20	700	800
J	0.65	400	500
	1.00	450	550
	1.60	500	650
	2.30	550	750
	3.20	600	750
T	0.32	200	250
	0.65	200	250
	1.00	250	300
	1.6	300	350
B	0.50	1500	1700
RS	0.50	1400	1600

3. 電阻式溫度感測器(Resistance Temperature Detector, RTD)

RTD 為一具有正溫度特性的電阻體，可用來製造 RTD 的金屬有多種，其中以白金、銅及鎳材質的最多。RTD 元件的結構主要有浸入探針(immersion probe)型及表面溫度感測(surface probe)型兩種主要型態。這類溫度感測器，是利用感測元件的電阻值會將溫度的變化直接轉變為電阻的變化，然後再以電壓的方式輸出。表 2-9 為 Honeywell 公司所生產的 RTD HEL-776-A-T-1 的規格。

表 2-9　Honeywell 公司所生產的 RTD HEL-776-A-T-1 的規格

HEL-776-A-T-1	
感測元件種類	薄膜式白金RTD
R_0	100 Ω @ 0℃
	0.00385 Ω/℃
感測溫度範圍	−55～150℃
溫度正確性	± 0.5℃或0.8 %
線性度	環境溫度間距由 −40至125℃時為 ± 0.1%
操作電流	2 mA maximum，建議使用1 mA
本身發熱量	＜15 mW/℃

三、溼度感測器

濕度感測器依材料不同可分為四大類：晶體振盪器濕度感測器、高分子濕度感測器、電解質濕度感測器、陶瓷濕度感測器。

(一) 晶體振盪器濕度感測器

所有的晶體壓電材料，依切面的不同有不同的頻率常數(Hz-m)。由頻率常數的關係可知同一切面，不同厚度的水晶片，將有不同的振盪頻率。當水晶片存在於空氣中時，它會吸附空氣中之水份而使振盪頻率改變，此即為晶體振盪器濕度感測器的工作原理。此類感濕器適用於溫度為 0～50℃，濕度為 0～100% RH (Relative Humidity)的範圍，圖 2-99 為其特性曲線，測定精密度在±5%以內。在醫療方面常用在嬰兒保育器內以作為濕度監視之用。

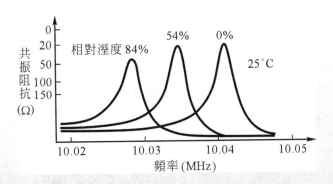

圖 2-99　晶體振盪器濕度感測器之特性曲線

(二) 高分子濕度感測器

高分子濕度感測器具有兩種不同的型式，其一為電容變化型，在高分子膜上下各鍍上一電極膜片，上方之電極為多孔性可吸收水分，使水分子能被高分子膜所吸收而改變其電容量。而另一種型式則為電阻變化型，在感濕高分子膜的上方鍍上一對齒狀的電極，當濕度改變時，高分子膜吸收水分而使電極間之電阻會隨之改變。電容型容量變化較小、靈敏度低，但重現率高，隨時間之變化小；電阻型的精密度較差，約在 2%以內，但其體型較小，測定比較容易。

(三) 電解質濕度感測器

電解質濕度感測器之基本結構是在兩金屬電極之間放置一些電解質材料，例如 LiCl 等，當有水分通過時，電解質與水分子間會產生化學反應而使電阻下降，其能測定的範圍較窄，約在 30%RH 之內。

(四) 陶瓷濕度感測器

陶瓷濕度感測器是以多孔性陶瓷，例如 $ZnCr_2O_4$ 等材料來作為感測元件。當水分子經由多孔性電極進入到陶瓷體之後，將會附著於陶瓷體的結晶顆粒表面上，而使陶瓷體的電阻改變。此類結構的特點為必須加熱，使水分子揮發，但可以重複工作，且精密度良好，但其工作週期將減少。

(五) 一般規格

濕度是以百分比來表示，一般稱為相對濕度。所謂絕對濕度空間為每 1 m^3 的空氣所包含的水蒸氣量，並且以公克表示之，單位 g/m^3。相對濕度可以得到以下的關係式：

$$H = (P/P_s) \times 100 \ [\% \ RH]$$

其中，H 為相對濕度，P 為空氣中的水蒸氣壓，P_s 為相同溫度之下的飽和水蒸氣壓。以日本芝浦電子濕度感測器 HSA-1H 為例。

1. 絕對濕度測定範圍：0～+ 52g/m^3
2. 濕度測定溫度範圍：10～40℃
3. 絕對濕度測定精確度：± 2.0 g/m^3 (10≦t≦20℃；30 < t ≦ 40℃)，
   ± 1.0 g/m^3 (20≦t≦30℃)
4. 濕度反應速度：約 25s(偵測從 30%RH 到 90%RH，溫度為 25℃時所需的時間)。

5. 相對溼度磁滯規格：單位%RH，此為在相同的環境條件下，吸溼過程和脫溼過程所測得相對溼度的誤差。如圖 2-100 所示，磁滯約小於± 2%RH。

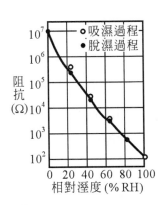

● 圖 2-100　感溼特性

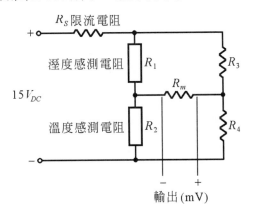

● 圖 2-101　電阻電橋法

(六) 驅動方法

日商芝浦電子的絕對溼度感測器 HS-5 的轉換電路如圖 2-101 所示，以電阻電橋法做為阻抗對電壓的轉換。其外觀類似 HSA-1H，如圖 2-102 所示，但多了溫度補償端。

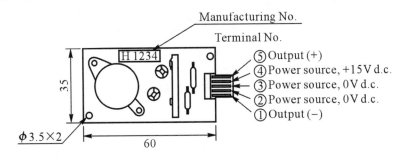

● 圖 2-102　日商芝浦電子溼度感測器 HSA-1H 的外觀

四、超音波感測器

聲音感測器依頻率分，可分為亞音(infrasonic)、可聽音(audio 或 sonic)及超音波(ultrasonic)等三種，如圖 2-103 所示。

● 圖 2-103　超音波的頻譜分佈

(一) 超音波感測器結構

一般超音波感測器均包含有發射與接收兩部分，最常用的有壓電式及磁伸縮式兩大類，其中壓電式體型較小但效率較高，而磁伸縮式則較為堅固並可用在較高功率方面。圖 2-104 為一壓電式轉換器的基本結構圖。以壓電材料來作為轉換元件。當在此一壓電材料兩端加入電壓時，會使它變形而產生超音波輸出。若受到超音波作用時，隨超音波而生之機械應力將使壓電材料產生電荷。其應用如自動門的感測、距離量測系統、蘋果內部品質量測應用及醫療用超音波檢測系統等。其中距離量測系統的工作原理是量測超音波發射到接收反射波的時間，再乘上超音波的速度，就可算出距離。

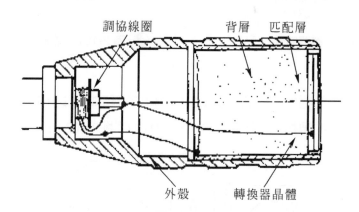

🔺 圖 2-104　壓電式轉換器的基本結構圖

(二) 壓電形震動子

壓電形超音波的發生，是利用壓電晶體，加入電壓後，產生自由震盪信號的方式來形成的，所使用的震動子材料有三，分別是水晶、Rochelle 鹽及 ADP (Ammonium Dihydrogen Phosphate)。表 2-10 為各結晶體的切削角度及其他電氣特性。

🔻 表 2-10　各結晶體的切削角度及其他電氣特性

材料	CUT	震動樣式	電介質常數 ε(e.s.u.)	密度 ρ(g/cm^3)	週波數常數 N(kHz.cm)	電壓伸縮常數 (mks)	電氣機械結合係數 (%)
水晶	X	厚度	2.5	2.65	285	0.05	9.5
Rochelle鹽	45°X	縱	300	1.77	160	0.09	65
ADP	45°X	縱	15.5	1.80	160	0.177	28

(三) 一般規格

🔻 表 2-11　超音波感測器 MA40 系列的基本規格

	MA40							
Part Number	E7R/S	S4R/S	B8R/S	B7	E7S-1	S5	E8-2	MF14-1B
Construction	Waterproof type	Open structure type			Waterproof type	Open structure type	Waterproof type	
Using Method	Receiver and Transmitter (Dual use) type				Combined use type			
Nominal Frequency (kHz)	40							
Overall Sensitivity (dB)	—	—	—	−45−5+4	—	−50±4	—	—
Sensitivity (dB)	74min	−63±3	−63±3	—	−72min	—	−85min	−87min
Sound Pressure (dB)	106min	120±3	120±3	—	106min	—	106min	103min
Directivity (deg)	100	80	50	44	75	70	75	110×50
Capacitance (pF)	2200 ±20%	2550 ±20%	2000 ±20%	2000 ±20%	2200 ±20%	2550 ±20%	2800 ±20%	4000 ±20%
Operating Temp. Range(°C)	−30～+85	−40～+85	−30～+85			−40～+85	−30～+85	
Detectable Range (m)	0.2～3	0.2～4	0.2～6	0.2～4	0.2～3	0.2～2.5	0.2～1.5	0.2～1.5
Resolution (mm)	9							
Dimension (mm)	18ϕ×12h	9.9ϕ×7.1h	16ϕ×12h	16ϕ×12h		9.9ϕ×7.1h	14ϕ×8h	
Weight (g)	4.5	0.7	2.0	2.0	4.5	0.7	2.4	2.4
Allowable Input Voltage (Vp-p) (Rectangular wave)	85 (40kHz) Pulse width 0.4ms Interval 100ms	20 (40kHz) Continuous signal	40 (40kHz) Continuous signal	100 (40kHz) Pulse width 0.4ms Interval 100ms	100V$_{pp}$ Pulse width 0.4ms Interval 100ms	60 (40kHz) Pulse width 0.4ms Interval 100ms	160 (40kHz) Pulse width 0.8ms Interval 60ms	160Vpp Pulse width 0.8ms Interval 60ms
Packaging Quantity (Pcs.)	90	540	150	150	90	540	80	150

表 2-11 所示為日本村田製作所的超音波感測器 MA40 系列的基本規格，此為壓電式超音波感測器。超音波感測器可以區分為受信用(感測器)與送信用(感測器)兩種。感測器的中心頻率為 40 kHz，這是壓電元件的中頻率，事實上在送信時是使用串列共振與並列共振的中間點，而在受信時是使用並列共振頻率。一般超音波感測器的送受信很少涵蓋太寬廣頻率帶域，絕大部分是在中心頻率的附近使用。

1. Nominal Frequency(kHz):中心頻率。

2. Sensitivity(dB)：靈敏度。單位聲壓激勵下，輸出電壓與輸入聲壓的比(單位：V/Pa)再除以 10 V/Pa，並取 20 log，即 $20\log\left(\dfrac{X(\text{V/Pa})}{10(\text{V/Pa})}\right)$，結果為靈敏度。

3. Sound Pressure(dB)：音壓。 $20\log\left(\dfrac{\text{Pa}}{P_0}\right)$， $P_0 = 0.02$ mPa。

4. Operating Temp. Range(℃)：靈敏度、音壓之變化在 -10 dB 以內的操作溫度範圍。

5. Directivity(degree)：指向性，可偵測的音源範圍以及可傳送超音波的範圍。

6. Detectable Range(m)：檢知範圍。

7. Resolution(mm)：解析度。

8. Capacitance(pF)：靜電電容。

(四) 超音波的發射與接收電路

在做發射電路設計時，首先必須知道該超音波發射器的中心頻率，其次它的最大耐壓是多少？並且由所設定的條件：在多少距離的地方，能有多大的音波壓力，以決定驅動電壓，然後才考慮用什麼轉換電路。一般而言超音波放大驅動電路以雙端推挽變壓器耦合方式較多，因為電路的輸出效率較高。圖 2-105 為其驅動電路的基本模式。

在超音波的接收器方面，當接收器的壓電材料感受到發射器所發出來的超音波波動時，壓電材料的兩端會產生一微小的電壓。代表超音波接收器已受到物理量變化而產生電壓變化，所以對接收器而言，只要把微小的輸出電壓加以放大即可。典型的接收電路如圖 2-106 所示，信號經電壓放大後再經濾波器將中心頻率以外的其它音波信號濾除。

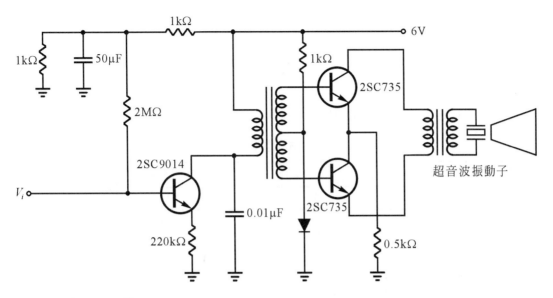

圖 2-105　超音波發射器的放大驅動電路的基本模式

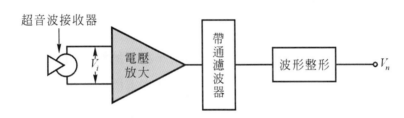

圖 2-106　基本超音波接收器架構

五、壓力感測器

在所有微細加工技術所製造的元件中，壓力感測元件是最早商品化的，同時應用也最為廣泛，壓力感測元件已大量地應用在汽車、醫療、工業量測、自動控制和各種電子產品上。壓力感測元件所應用的原理相當多，如壓電效應(piezoelectric)、壓阻效應(piezoresistive effects)以及電容效應。

(一) 壓電效應

所謂壓電效應是指當機械作用力施予材料時，材料所產生的電效應，相反的當施加電場於材料時，材料會產生機械變形。這種現象只存在某些結晶材料，如石英(Quartz)、氧化鋅(ZnO)、鈦酸鋇陶瓷($BaTiO_3$)、鈦酸鉛鋯陶瓷($PbZrTiO_3$, PTZ)，或是一些特殊的化學聚合物如 PVDF。由於矽晶具有中心對稱的網格結構無法展現其壓電性質，而必需依一定的軸向切割。壓電陶瓷則需經過高電場極化。

工業界常用的壓電材料其壓電係數、介電常數如表 2-12 所示，其中石英為天然物質產量有限，而鈦酸鋇陶瓷($BaTiO_3$)與鈦酸鉛鋯陶瓷($PbZrTiO_3$)雖然具有相當高的壓電係數，但由於只能製作成厚膜實用性不高，因此業界常用可以利用蒸鍍方式製成薄膜的氧化鋅(ZnO)為壓電元件。

▼ 表 2-12 壓電材料之壓電係數、介電常數

材質	結晶型式	運用方式	壓電系數	介電常數ε
Quartz	Glass	Bulk	2.33	4.0
PVDF	Polymer	Film	1.59	—
ZnO	Ceramic	Bulk	12.7	10.3
ZnO	Ceramic	Bulk	11.7	9.0
$BaTiO_3$	Ceramic	Bulk	190	4100
$PbZrTiO_3$	Ceramic	Bulk	370	300～3000

(二) 壓阻效應

所謂壓阻效應是指當材料受到應力作用時，材料的電阻值會改變的一種現象。這種現象普遍地存在各種材料中，其中以某些半導體的效應特別顯著。目前製造矽質壓力感測元件最常用的方法是利用擴散法或離子佈植法，將硼摻入單晶矽晶格中形成 p-n 接面，此 p-n 接面即為壓阻元件，可以用來感測矽晶隔膜上的壓力變化。若薄膜厚度越薄則感測出來的電壓越大，因此，我們可以說製膜技術的優劣決定了薄膜式壓力感測元件的性能，一般矽晶片基板上薄膜的厚度約在 5～250 μm。

(三) 壓力感測元件之種類

表 2-13 列舉常用壓力感測元件的種類。

▼ 表 2-13 壓力感測元件之種類

壓力感測器種類	工作原理	最大壓力	基板材料	感測部分	製程技術
金屬箔黏貼式	金屬箔應變	2000 kg/cm^2	不鏽鋼	金屬箔	應變計貼黏
金屬薄膜式	薄膜應變	2000 kg/cm^2	不鏽鋼	金屬薄膜	薄膜蒸鍍
多晶矽薄膜式	壓阻效應	2000 kg/cm^2	不鏽鋼	多晶矽膜	薄膜成長
擴散半導體式	壓阻效應	10 kg/cm^2	矽半導體	擴散膜	擴散
多晶矽半導體式	壓阻效應	10 kg/cm^2	矽半導體	多晶矽膜	薄膜成長
III-V族半導體式	壓阻效應	10000 kg/cm^2	III-V族半導體	金屬薄膜	薄膜蒸鍍
厚膜式	厚膜應變	1000 kg/cm^2	陶瓷材料	印刷厚膜	厚膜印刷

(四) 一般規格

壓力的種類可分為三種，第一種為錶壓(gauge pressure)，是以大氣壓當作 0 值作量測。第二種是以二個壓力差值為量測值，稱為差壓(differential pressure)，第三種為絕對壓(absolute pressure)，是以真空當作 0 值做量測。表 2-14 為日商 copal 電子半導體擴散型壓力感測器 P-2000 系列的規格。

表 2-14　日商 copal 電子半導體擴散型壓力感測器 P-2000 系列的規格

Item \ Model number			P-2000-XXXG-15-BN/AN						
			101G	501G	102G	352G	502G	702G	103G
General specifications	Pressure reference		Gauge						
	Rated pressure range kPa(kgf/cm^3)		9.81 (0.1)	4.9 (0.5)	98.1 (1.0)	342 (3.5)	490 (0.5)	686 (7)	981 (10)
	Maximum pressure kPa (kgf/cm^3)		19.6 (0.2)	98.1 (1)	196 (2)	686 (7)	981 (10)	1373 (14)	1471 (15)
	Break-down pressure kPa (kgf/cm^3)		49 (0.5)	245 (2.5)	490 (5)	1030 (10.5)	471 (15)	1961 (20)	1961 (20)
	Operating temp range ℃		−20～−80						
	Compensated temp rang ℃		0～50						
	Operating humidity %PH		35～85 (No condensation)						
	Storage temp ℃		−20～−80 (Atmospheric pressure, humidity 65% RH minimum)						
	Bridge resistance Ω		3300±30%						
	Pressure medium		Non-corrosive gases						
	Insulation resistance MΩ		100(500V DC)						
	Dielectric strength		500 V AC,60s (Leakage current 1 mA maximum)						
	Pressure port mm		ϕ 3.2						
	Net weight g		Approx.1						
Power	Excitation mA DC		1.5(Constant current)						
Analog output	Offset voltage mV		±20	±15					
	Span Voltage mV		50±20	90±30					
	Linearity/Hysteresis		±0.3						
	Thermal error (Reference temp:25℃)	ZERO %F.S./℃	±0.15	±0.12					
		SPAN %F.S./℃	±0.05	±0.04					
	Response ms		Approx.1						

1. Pressure reference：壓力的種類，此為錶壓。

2. Rated pressure range：額定壓力範圍。

3. Maximum pressure：最大壓力指的是在額定壓力範圍之外，還不致於破壞的壓力值，一般最大壓力約為額定壓力的 2～3 倍。

4. Break-down pressure：破壞壓力，可使壓力感測器永久性的破壞。

5. Pressure medium：適用的媒體，此為非腐蝕性氣體。

6. Insulation resistance：絕緣阻抗。

7. Dielectric strength：耐電壓。

8. Linearity/Hysteresis：線性/磁滯誤差。線性誤差指的是實際輸出與理想狀況的最大誤差量。其誤差百分比表示為：

$$線性誤差百分比 = \frac{\Delta L}{V_{span}} \times 100\%$$

而磁滯誤差乃因壓力感測於增壓與減壓的過程中，對同一壓力 P_1 卻有不同的輸出 V_2 和 V_1。該項輸出電壓的差值 $\Delta H = V_2 - V_1$，為磁滯量，以百分比表示為

$$磁滯誤差百分比 = \frac{\Delta H}{V_{span}} \times 100\%$$

目前 $\pm$ 0.3% F.S.$_{max}$ 表示該壓力感測器之線性誤差與磁滯誤差百分比，最多只有 $\pm$ 0.3%，即 ΔL 的最大值或 ΔH 的最大值只有 V_{span} 的 $\pm$ 0.3%，而其中 V_{span} 是指當壓力 = 0 到壓力 = 額定壓力的最大值時輸出的增量。即

$$V_{span} = V_{full} - V_{zero}$$

則該感測器的壓力靈敏度，可表示為每單位壓力所得到的輸出電壓。

$$壓力靈敏度\ S = \frac{V_{span}}{額定壓力}$$

9. Thermal error：溫度誤差。受溫度影響時，其輸出電壓每℃最大改變量為滿刻度(F.S.)，V_{span} 的百分之 $\pm$ 0.05，在額定壓力範圍內或 $\pm$ 0.15，在壓力為 0 時。

10. Excitation current：驅動電流。以 1.5 mA 定電流的方式驅動。

11. Bridge resistance：電橋阻抗。表示電橋於輸入端所測得的阻抗。

12. Compensated temp. range：補償溫度範圍。此壓力感測器具有內部溫度補償電路，有效補償位於 0℃～50℃ 之間，其他溫度範圍，其補償效果不佳。

(五) 驅動方法

半導體擴散型壓力感測器中接收壓力的感測元件是利用壓阻(piezo resistance)效應，半導體擴散型壓力感測晶片受到壓力時會改變電阻值。壓力感測器是以應變計(strain gauge)構成的，然後再依據各自獨立電阻構成惠氏電橋放大電路。圖 2-107 為壓力感測器 P-2000 的內部線路，其架構為惠氏電橋，其中 R 為溫度補償用。

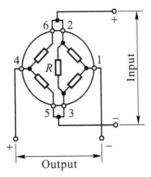

R：Built-in chip resistor for temp. compensation

🔺 圖 2-107　壓力感測器 P-2000 的內部線路

壓力感測器的動作必須要有相對應的驅動電路，驅動電路可以區分為定電壓驅動法、定電流驅動法與混合定電壓與定電流驅動法。圖 2-108 為半導體型壓力感測器的定電流電路。依據調整驅動電路中的電阻 R_{Adj} 可以改變供給至壓力感測器的電流大小，也就是圖中 I_Z 的大小。

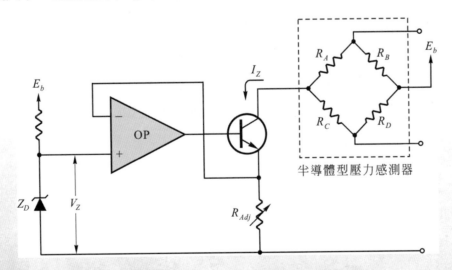

🔺 圖 2-108　半導體型壓力感測器的定電流電路

半導體壓力感測器需要放大器將信號放大，一般常用的放大電路如圖 2-109 所示，以三個運算放大器構成的理想差動放大器。此電路的增益是可以利用圖中的可變電阻 R_1 來調整。

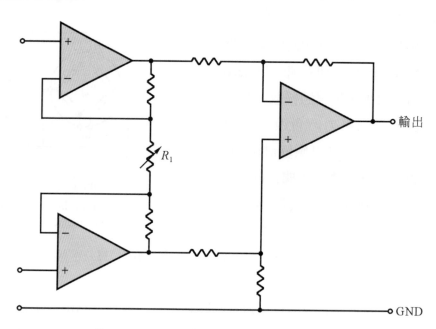

圖 2-109　半導體壓力感測器的放大電路

六、磁感測器

磁感測器是以磁能做為檢出對象之感測器的總稱。磁感測器可以區分為應用電磁誘導作用的感測器與應用電流磁場作用的磁感測器兩種。

電磁誘導作用主要是使用電壓器(transformer)與線圈(coil)等元件的磁感測器，使用電磁誘導作用有磁頭、差動變壓器、渦電流近接感測器、磁柵尺(magnescale)等。電流磁場作用的應用包括霍爾元件(Hall device)與磁阻元件(MR device)，電流磁場作用也被稱為電磁轉換作用。

(一) 磁感測器的種類

表 2-15 為磁感測器的種類，其中以電磁誘導作用與電磁轉換作用的應用最廣，其它的磁感測器只侷限在部分用途上。

▽ 表 2-15 磁感測器的種類

磁現象(作用)	感測元件的種類
電磁誘導作用	磁頭、電流變壓器、渦電流式近接感測器
電磁轉換作用(電流磁場效應)	磁電晶體、霍爾元件(Hall IC) 磁二極體(magnet diode) 磁阻元件(半導體磁阻元件、強性磁阻元件)
磁吸引觸動作用	讀取開關(讀取繼電器) 磁針、磁石、磁性流體(磁性粉末)
超電導作用	超導量子干涉元件(SQUID)
核磁共振作用	光幫浦(pumping)型、質子型(proton)
磁光作用	陀螺儀
磁熱作用	熱導磁、恆溫器、溫度繼電器
磁偏現象	磁偏感測器

(二) 霍爾元件

如圖 2-110 所示，在一塊厚度為 d 的半導體片中，通以電流 I，並且在垂直於半導體片的方向施加磁場 B，則在半導體與電流和磁場都成垂直的方向，產生一霍爾電壓 V_H，其電壓的大小與輸入電流和磁場強度成正比，而電壓的極性隨著磁場方向改變。

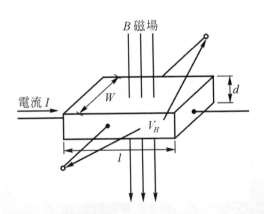

▲ 圖 2-110 霍爾效應

霍爾元件通常被用為磁場檢知和磁場測定元件，當磁場通過霍爾元件，會在其輸出端產出電壓 V_H，將此電壓連接到運算放大器做比較或者放大，用以控制電路或測量磁場強度。用霍爾元件做為電流檢出與電壓檢出元件，當導體有電流通過時，

則根據安培定律會在導體周圍的環形鐵心上產生磁場。因為磁場的磁通密度與通過導體的電流強度成正比，所以利用霍爾元件來檢出磁通密度，即可得到相對應的電流值。若使待測電壓正比於電流 I，而磁通密度又與電流成正比，因此利用霍爾元件亦可檢出電壓值。若將霍爾元件與相關的電路製成 IC，就成為霍爾 IC，霍爾 IC 是一種將物理信號變換成電氣信號的磁-電變換元件。

(三) 霍爾元件的規格

表 2-16 和表 2-17 為霍爾元件的型式名稱與其一覽表，此為旭化成電子霍爾元件 HW-101A 的規格。

▼ 表 2-16　旭化成電子霍爾元件 HW-101A 的規格 Absolute Maximum Ratings

Item	symbol		Limit	Unit
Max. Input Current	I_c	Const Current Drive	20	mA
Operating Temp. Range	T_{opr}		$-40\sim+110$	℃
Storage Temp Range	T_{stg}		$-40\sim+125$	℃

Note: For constant-voltage drive. stay within this input voltage derating curve envelope

▼ 表 2-17　旭化成電子霍爾元件 HW-101A 的規格 Electrical Characteristics(T_a = 25℃)

Item	symbol	Conditions	Min	Type	Max	Unit
Output Hall Voltage	V_H	Const. Voltage Drive B = 50 mT, V_C = 1 V	168		320	mV
Input Resistance	R_{in}	B = 0 mT, I_C = 0.1 mA	240		550	Ω
Output Resistance	R_{out}	B = 0 mT, I_C = 0.1 mA	240		550	Ω
Offset Voltage	V_{os} (V_u)	B = 0 mT, Vc = 1 V	-7		$+7$	mV
Temp. Coefficient of V_H	αV_H	Average on 0～40℃ B = 50 mT, I_C = 5 mA		-1.8		%/C
Temp. Coefficient of R_{in}	αR_{in}	Average on 0～40℃ B = 0 mT, I_C = 0.1 mA		-1.8		%/C
Dielectric Strength		100 V D.C	110			MΩ

Note：1. V_H = VHM − V_{os} (Vu)　　(VHM: meter indication)

2. $\alpha V_H = \dfrac{1}{V_H(T_1)} \times \dfrac{V_H(T_3) - V_H(T_2)}{(T_3 - T_2)} \times 100$

3. $\alpha R_{in} = \dfrac{1}{R_{in}(T_1)} \times \dfrac{R_{in}(T_3) - R_{in}(T_2)}{(T_3 - T_2)} \times 100$

T_1 = 20℃、T_2 = 0℃、T_3 = 40℃

表 2-17 中 B 為磁通量密度或磁感應強度，單位為 T (tesla)，即

$$1\ \text{T} = 1\ \text{Vsm}^{-2} = 1\ \text{kg·s}^{-2}\text{·A}^{-1} = 1\ \text{N·A}^{-1}\text{m}^{-1} = 1\ \text{Wb·m}^{-2}$$

(四) 霍爾積體電路(Hall IC)規格

霍爾積體電路(Hall IC)可區分為線性輸出型(linear)與開關輸出型(switching)兩種。由於線性輸出型(linear)的霍爾積體電路限定在特殊用途上，一般所謂「霍爾積體電路」都是指開關型(switching)。圖 2-111 為線性輸出型霍爾積體電路的輸出特性，圖 2-112 為開關輸出型霍爾積體電路的輸出特性。

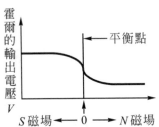

圖 2-111　線性輸出型霍爾積體
電路的輸出特性

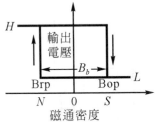

圖 2-112　開關輸出型霍爾積體
電路的輸出特性

表 2-18 和表 2-19 為旭化成電子開關型(switching)霍爾積體電路 EW-400 的規格。

表 2-18　旭化成電子開關型霍爾積體電路 EW-400 的規格
Absolute Maximum Ratings (T_a = 25℃)

Item	symbol	Limit	Unit
Supply Voltage	V_{cc}	18[(*)]	V
Output H Voltage	V_o(off)	V_{CC}	V
Output L Current	I_{Sink}	15	mA
Operating Temperature Range	T_{opr}	−20～115	℃
Storage Temperature Range	T_{stg}	−40～115	℃

(*) Please refer to Supply Voltage Derating Curve.

表 2-19　旭化成電子開關型霍爾積體電路 EW-400 的規格
Magnetic and Electrical Characteristics (T_a = 25℃)

Item	symbol	Conditions	Min	Type	Max	Unit
Supply Voltage	V_{cc}		4.5	12	18	V
Operate Point	B_{op}	V_{cc} = 12V	5		20	mT
Release Point	B_{rp}	V_{cc} = 12V	−20		−5	mT
Hysteresis	B_h	V_{cc} = 12V	10			mT
Output Saturation Voltage	V_{sat}	V_{cc} = 12V, OUT "L", I_{sink} = 10 mA			0.4	V
Output Leakage Current	I_{leak}	V_{cc} = 12V, OUT "L", V_{out} = 12 V			1	μA
Supply Current	I_{cc}	V_{cc} = 12V, OUT "H"			8	mA

1 [mT] = 10 [Gauss]

表 2-19 中 B_{op} 為霍爾積體電路輸出為 H→L(level)時磁束密度變化，B_{rp} 為霍爾積體電路輸出為 L→H(level)時磁束密度變化，B_h 為磁滯幅度。

(五) 驅動方法

圖 2-113 所示為使用霍爾積體電路：EW-550(旭化成電子)DC 直流馬達的驅動電路。

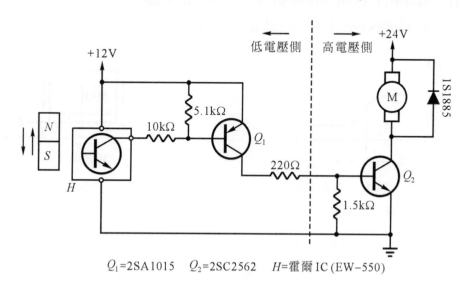

Q_1=2SA1015 Q_2=2SC2562 H=霍爾 IC (EW–550)

🔺 圖 2-113　EW-55 直流馬達的驅動電路

七、VEX 感測器接口

本實驗感測器與 VEX 卡的連接非常簡單，如圖 2-114 顯示從傳感器到 VEX 的連接位置。這是一個多用途的 16 埠輸入／輸出介面。在預定的程式中，大多數的接埠(1～12 埠)都被用作感測器的輸入端，並且都連接上了相應的感測器。剩餘的埠用於高級功能的擴展或者設置跳線。另外 Tx/Rx 屬於發射與接收的通訊功能。

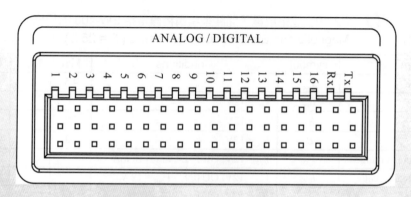

🔺 圖 2-114　感測器的連接埠

▼ 表 2-20 跳線接埠

端埠	功能
端埠16	「模式12」4輪驅動開啓／關閉
端埠15	「模式23」4輪驅動開啓／關閉
端埠14	「軟體12混合模式」開啓／關閉
端埠13	自動模式開啓／關閉

▼ 表 2-21 感測器接埠

端埠	功能
感測器端埠12	自動模式下，碰撞感應感測器接口
感測器端埠11	
感測器端埠10	障礙或碰撞緊急停止埠
感測器端埠9	
感測器端埠8	限位元開關埠
感測器端埠7	
感測器端埠6	
感測器端埠5	
感測器端埠4	
感測器端埠3	
感測器端埠2	
感測器端埠1	

　　每個傳感器端埠都包括三個接線端子，分別是電源線、地線和信號線。圖 2-115 展示了將一個傳感器接插到 VEX 上傳感器端埠的方式，並非所有傳感器都需要+7.2V 電源，開關傳感器和光電傳感器只需要接信號線和地線，而不需要接電源線。

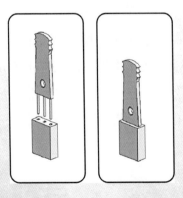

▲ 圖 2-115 跳線圖

(一) 極限開關

這類傳感器的工作原理與接觸傳感器類似，不同點在於它只是用於探測運動機構是否到達其行程範圍的終點。一旦觸發，極限傳感器就發信號給控制程序要求電機停電。

圖 2-116 是一個機械按鍵式的極限開關，它一般安裝於機械元件的移動結束端。如在車庫的自動門上，控制器必須知道是門的開關狀態。極限開關能查出二種狀態。但至少有兩項缺點：(1)它是一個機械元件，最後會磨損壞掉，(2)它們需要一定的接觸力來起動。

▲ 圖 2-116　VEX 極限開關

表 2-22 為改良的 SPDT 微型開關規格，為單極單投(Single Pole Single Throw，SPST)正常開啓配置。當極限開關沒有被推進的時候，感測器保持在數位「Hi」信號。當外部力量作用在上面而把開關推進，將使信號改變為數位「Lo」，直到開關被鬆開。

▼ 表 2-22　SPDT 極限開關規格

開關類型	單軸雙切(Single Pole Double Throw，SPDT)
觸發力量	0.38盎司
執行器長度	總長度2.0英寸
單元尺寸	(長) 1.26 in×(寬) 1.21 in×(高) 0.5 in
重量	0.03磅
跳線	黑色–地線；紅–電源線(無連接)；白色–控制信號

(二) 碰撞開關

圖 2-117 為 VEX 碰撞感測器，是一種物理性的開關。用來告訴機器人在前面的碰撞感測器是否被撞到。此 SPST 開關(Single Pole Single Throw)當開關沒有被推進的時候，感測器保持在數位「Hi」信號。當外部力量作用在上面而把開關推進時，將使信號改變為數位「Lo」直到開關被鬆開。如圖 2-118 所示。表 2-23 為 VEX SPST 碰撞開關規格表。

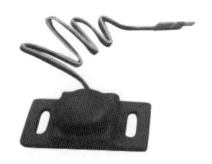

開始打開時高電位，推上式產生低電位

圖 2-117　VEX 碰撞開關

圖 2-118　VEX 碰撞開關作動方式

表 2-23　VEX SPST 碰撞開關規格表

開關類型	單軸單切(Single Pole，Single Throw) SPST
重量	0.05磅
觸發力量	5.06盎司
跳線	黑色–地面紅–數控(無連接)白–控制信號

八、光感測器

　　光傳感器能使機器人檢測光的有無。主要使用硫化鎘(CdS)的光電池。硫化鎘光電池是一個光阻器，隨著光的強度而使電阻值變化，如圖 2-119 所示。表 2-24 為其規格。

圖 2-119　VEX 光感測器

表 2-24　光感測器規格表

傳感器類型	光電阻
可用範圍	0至6英尺
探測器	硫化鎘光電池
靈敏度	500(500萬的光(暗))
重量	0.03磅
跳線	黑色–地面；紅–(+)電源；白–控制信號

九、超音波感測器

利用超音波感測器測量距離，能使機器人檢測障礙物的距離。利用高頻率的聲波，例如 40 kHz 的聲波，碰到物體後反射回到傳感器。以所量的時間計算該物體的距離，如圖 2-120 所示。表 2-25 為 VEX 超音波感測器規格表。

🔺 圖 2-120　VEX 超音波感測器

🔻 表 2-25　VEX 超音波感測器規格表

傳感器類型	超聲波測距儀
可用範圍	3.0厘米～3.0米/1.5英寸～115英寸
探測器	硫化鎘光電池
靈敏度	直徑3厘米到於2米內為最大探測值
頻率	40 kHz
輸入觸發	10 μs pulse
重量	0.08磅
跳線	接線黑色–地面；紅–(+)電源；橙–控制信號

十、循跡感測器

循跡感測器主要利用反射式紅外線偵測元件，來偵測從平面反射回來的訊號，並透過比較器將類比訊號轉換成 0 或 1 的訊號輸出，模組上的可變電阻可依不同平面顏色特性而調整成不同感度，使用者可依據不同環境進行調整。主要用在輪型平台循跡控制、近距離物體碰撞偵測與近距離非接觸開關。圖 2-121 為 VEX 循跡感測器，表 2-26 為其規格。

圖 2-121　VEX 循跡感測器

表 2-26　循跡感測器規格表

傳感器類型	紅外光傳感器和紅外 LED
線寬	0.25 in最低；最佳線路寬度為 0.5 in
最優範圍	3毫米(不到1/8in)
頻率響應	50 Hz
光源	GaAs紅外發光二極管峰值波長940 nm的
接收器	矽光電晶體管，其感測波長 850納米(最大)
跳線	黑色–地面；紅– (+)電源；白–控制信號

2.8　控制器

2.8.1　PID 控制器

PID 控制器由比例單元(P)、積分單元(I)和微分單元(D)組成。其輸入 $e(t)$ 與輸出 $u(t)$ 的關係為：

$$u(t) = K_p \left(e(t) + T_d \frac{de(t)}{dt} + \frac{1}{T_i} \int e(t)dt \right)$$

$$U(s) = \left[K_p + \frac{K_i}{S} + K_d S \right] E(s)$$

公式中 $U(s)$ 和 $E(s)$ 分別為 $u(t)$ 和 $e(t)$ 的拉氏變換，$T_d = \dfrac{K_d}{K_p}$，$T_i = \dfrac{K_p}{K_i}$。K_p、K_i、K_d 分別為控制器的比例、積分、微分係數。由於用途廣泛且使用靈活，已有系列化產品，使用中只需

設定三個參數(K_p、K_i和K_d)即可。在很多情況下，並不一定需要全部三個單元，可以取其中的一到兩個單元，但比例控制單元是不可少的。也就是以設定一定範圍比例帶再加上積分動作與微分動作來控制比例動作。以 PID 溫度控制來說，可以縮短升溫時間積分動作，而修正 offset 偏差微分動作可以縮短干擾造成的反應。大多 PID 控制具有自動演算功能，除非自動演算後仍無法穩定時才考慮修改內部 PID 值。由機器人響應圖可以知道當 P 值較小時，要達到設定值的時間較長。反之，當 P 值較大時，要到達設定值的時間會較快，故容易超過設定值而發生振盪，如圖 2-122、圖 2-123、圖 2-124、圖 2-125 所示。

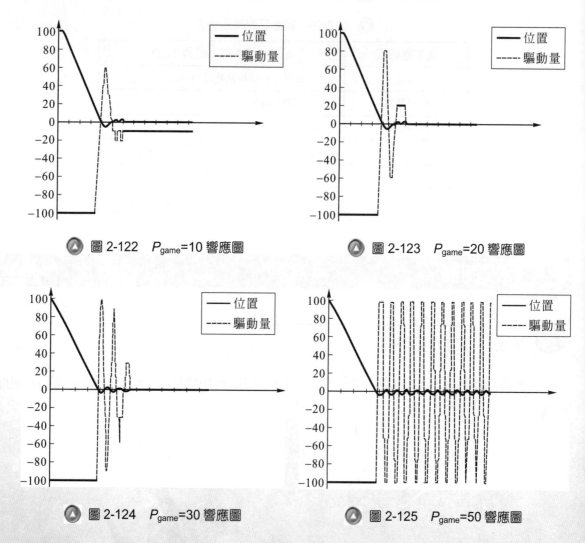

▲ 圖 2-122　P_{game}=10 響應圖　　　　　▲ 圖 2-123　P_{game}=20 響應圖

▲ 圖 2-124　P_{game}=30 響應圖　　　　　▲ 圖 2-125　P_{game}=50 響應圖

至於 D 變更大時，過高或過低的調整時間會較短，D 較小時過高或過低的調整時間會較長，如圖 2-126 與圖 2-127 所示。

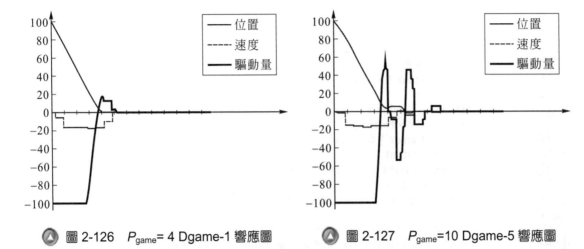

圖 2-126 P_{game}= 4 Dgame-1 響應圖　　圖 2-127 P_{game}=10 Dgame-5 響應圖

　　以下我們利用超音波感測器說明 PID 控制器的動作，程式以 Easy C 撰寫。首先定義 Global 變數，譬如發射與接收位置等，再利用 User Code 寫入方程式，以控制馬達動作，只要調 P_{gain}、I_{gain}、D_{gain} 就可完成馬達控制。各項輸出如下列公式所示，其中 P 是比例部分、I 是積分部分、D 是微分部分。

$$O_{utput} = P_{out} + I_{out} + D_{out}$$
$$P_{out} = P_{error} \times P_{gain}$$
$$I_{out} = (I_{error} + P_{error}) \times I_{gain}$$
$$D_{out} = (P_{error} - P_{error}) \times D_{gain}$$

寫成程式如下：

```
1  #include "Main.h"
2
3  void main ( void )
4  {
5      while ( 1 == 1 )
6      {
7          // Initialize Section
8          StartTimer ( PID_Timer ) ;
9          StartUltrasonic ( Ultrasonic_InterruptPort , Ultrasonic_OutputPort ) ;
10         // Main Section
11         UltrasonicCurValue = GetUltrasonic ( Ultrasonic_InterruptPort , Ultrasonic_OutputPort ) ;
12         PID_Time = GetTimer ( PID_Timer ) ;
13         if ( PID_Time >= 500 )
14         {
15             PresetTimer ( PID_Timer , 0 ) ;
16             // P Loop
```

```
17      Perror = UltrasonicGoalValue - UltrasonicCurValue ;
18      Pout = Perror * P_Gain ;
19      // I Loop
20      Ierror += Pout ;
21      Iout = Ierror * I_Gain ;
22      // D Loop
23      Derror = LastPerror - Perror ;
24      LastPerror = Perror ;
25      Dout = Derror * D_Gain ;
26      // Total Output
27      Output = Pout + Iout + Dout - 127 ;
28      SetPWM ( 1 , Output ) ;
29      PrintToScreen ( "%d\n" , (int)Output ) ;
30      // OR
31      // Output = Pout + Iout + Dout + 127 ;
32      // The 2nd is if you are sending the output to a PWM output
33      }
34    }
35  }
```

Ultrasonic Sensor

Select command:
- ○ Start
- ⦿ Get
- ○ Stop

Interrupt Port #: Ultrasonic_InterruptPort (Value Range: 1..6)
// Interrupt Port for US

Output Port #: Ultrasonic_OutputPort (Value Range: 1..16)
// Output Port for US

Retrieve to: UltrasonicCurValue (Returns 'unsigned int')
// The current value

Code:
UltrasonicCurValue = GetUltrasonic (Ultrasonic_InterruptPort , Ultrasonic_OutputPort) ;

Comment:

F6 – Globals and Constants   Ctrl + F6 – Local Variables

OK   Cancel   Help

圖 2-128　PID 控制超音波接收定義區

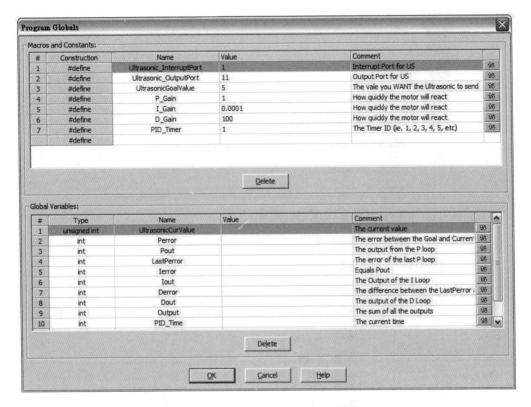

圖 2-129　PID 控制超音波程式定義

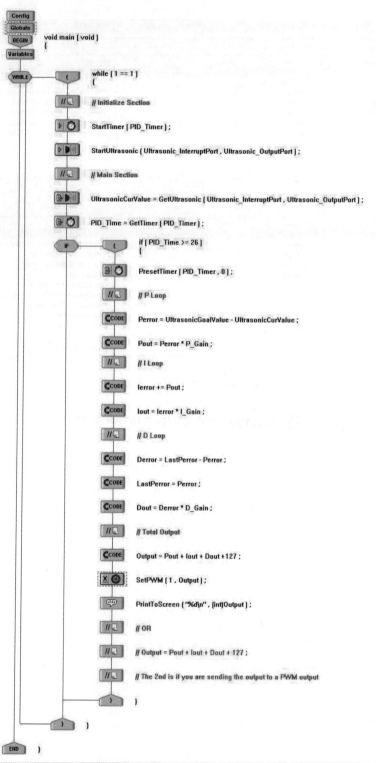

◆ 圖 2-130　PID 控制超音波程式圖示

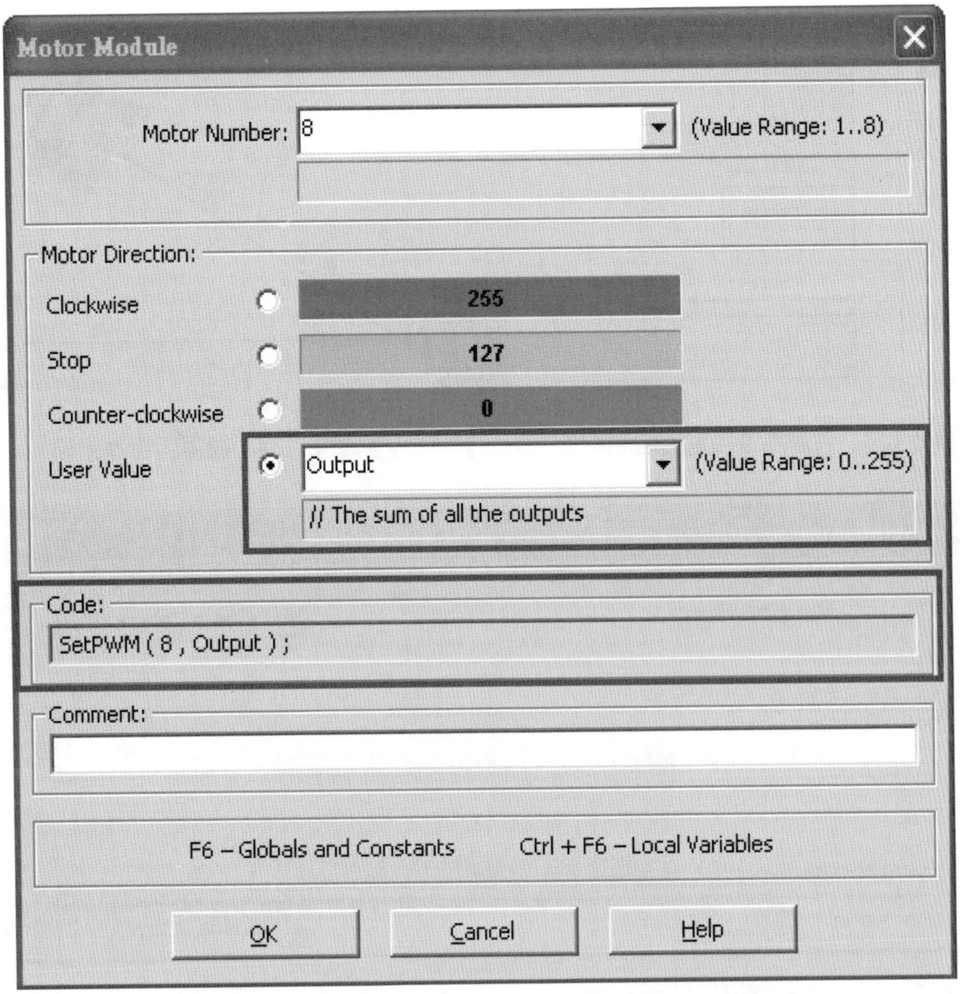

Motor Module ✕

Motor Number: 8 ▼ (Value Range: 1..8)

Motor Direction:

Clockwise ⚪ 255

Stop ⚪ 127

Counter-clockwise ⚪ 0

User Value ⦿ Output ▼ (Value Range: 0..255)

// The sum of all the outputs

Code:

SetPWM (8 , Output) ;

Comment:

F6 – Globals and Constants Ctrl + F6 – Local Variables

OK Cancel Help

△ 圖 2-131 PID 控制超音波程式定義馬達接收信號

　　利用 EASY C 模組的修正器來修正馬達動作，由 PWM 電路產生控制信號。圖 2-132 說明 VEX 馬達的控制頻寬為 0～255，脈衝重複間距是 14～20ms，一般有三種頻寬來控制馬達正反轉和停止。由於伺服馬達裡面的齒輪組經長期使用造成磨損以至於輸出扭力不同等原因，所以需要修正。

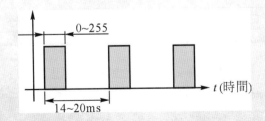

0～255

t (時間)

14～20ms

△ 圖 2-132 PWM 控制頻寬與脈衝間距

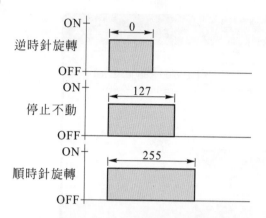

ON
逆時針旋轉 $\xleftarrow{0}\xrightarrow{}$
OFF

ON
停止不動 $\xleftarrow{127}\xrightarrow{}$
OFF

ON
順時針旋轉 $\xleftarrow{255}\xrightarrow{}$
OFF

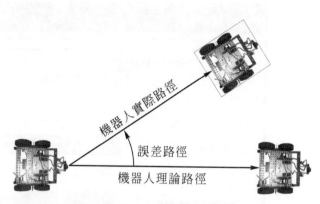

機器人實際路徑

誤差路徑

機器人理論路徑

◢ 圖 2-133 伺服馬達頻寬的控制　　　　　　◢ 圖 2-134 機器人行進路線

Motor Module　　　　　　　　　　　　　　　　　　　　　⊠

Motor Number:　`1`　　　　　　▼　(Value Range: 1..8)

Motor Direction:

Clockwise　　　　　　○　　255

Stop　　　　　　　　○　　127

Counter-clockwise　　○　　0

User Value　　　　　●　`255`　　　　　▼　(Value Range: 0..255)

Code:

`SetPWM ( 1 , 255 ) ;`

Comment:

F6 – Globals and Constants　　　Ctrl + F6 – Local Variables

OK　　　　　　Cancel　　　　　　Help

◢ 圖 2-135 馬達轉速的修正

2.8.2 VEX 控制器

本系統所使用的 VEX 控制器，如圖 2-136 所示。

△ 圖 2-136 VEX 控制器

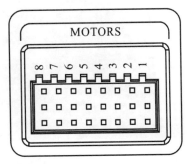

△ 圖 2-137 馬達的連接埠

▽ 表 2-27 馬達連接埠配置說明

	「23模式」控制	「12模式」控制
馬達端埠1	*	左馬達
馬達端埠2	右馬達	右馬達
馬達端埠3	左馬達	*
馬達端埠4	*	*
馬達端埠5	*	*
馬達端埠6	*	*
馬達端埠7	右後側馬達(4WD)	右後側馬達(4WD)
馬達端埠8	左後側馬達(4WD)	左後側馬達(4WD)

*使用者可使用這些接口控制其它馬達。

△ 圖 2-138 其他感測器的連接埠

這些連接埠是用來接紅外線及超音波等感測器所設計的，其外部連接埠的插孔如圖 2-139 所示。

1. Serial(程式設計)埠

   這個埠用於 VEX 的可程式設計套裝軟體，但不能用於初級套裝軟體。

2. Rx1 與 Rx2(無線電接收)埠

   這些埠用於接收控制器的無線電信號。VEX 的控制器支援同時接收兩個信號，允許操作者同時控制一個機器人的兩個不同部分。一個操作者注意力集中在機器人的移動上，另一個操作者操作機器人的其他運動部件。

   Rx1：主操作(驅動)埠

   Rx2：副操作埠

3 (+ −)電池埠

   這是一個標準的 7.2V 電源介面，電池放在 VEX 的電池盒中，它不規則的插口可以有效的避免插入錯誤的插頭。它提供所有設備的電能。

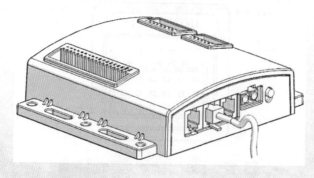

◎ 圖 2-140　纜線接好於感測器上

4. 纜線

此外，VEX 機器人系統初級套裝有許多纜線，因此必須扣緊這些纜線，以確保安全！纜線儘量遠離機器人的運動部分，同時也遠離經常需要維護的部分。

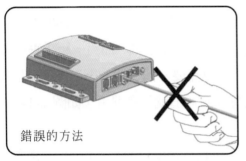 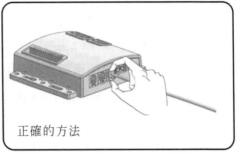

錯誤的方法　　　　　　　正確的方法

圖 2-141　移除纜線時注意圖示

當需要移除纜線時，不要直接拉纜線本身，而要按住連接器的頭部然後下壓。VEX 機器人設計系統裡的所有埠都是「鑰匙」型的，也就是說連接器必須對應合適的埠。不能直接向後拔出連接器！

5. 跳線

跳線是一個小塑膠片，內部有金屬線連接，當跳線插入一個通道，它能通過內部連接的金屬線形成一個閉合電路。VEX 的跳線片有 3 個線腳，中間的引腳是空置的，並不連接任何線路。跳線的使用是機器人控制中一種常用手段，將跳線夾插入某一個類比／數位介面會使機器人程式產生某種特定的功能。當你找到介面位置後，僅需把跳線插入介面即可。

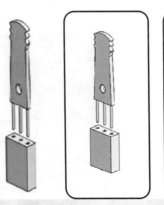 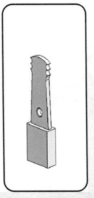

圖 2-142　跳線

2.8.3　VEX 遙控器

因為 VEX 遙控器的操控桿是直接用線路上的電壓來運作,所以操控桿會有微小的機會出現未校準的情況。以致操控桿在某位置的輸出電壓與主控器預期值不一致。為了抵消以上差值,遙控器上有手動調節按鈕做校準或「置中」的控制,而使操控桿的電壓調節回預期的值。每條操控桿有兩個讀數,其中一組是水平軸或「X」軸,而另一組是垂直軸或「Y」軸,這四軸(兩桿,每桿兩軸)都是獨立控制的,所以需要一個一個的調節。每一個軸都編有號碼(也會對應它工作的「控制通道」),因此想找的通道就不會混淆,如圖 2-143 與 2-144 所示。

VEX 遙控器所用的無線電頻率(如 75.410 兆赫載波頻率),稱為 61 通道。當多組機器人同時動作時,就要用更多的載波頻率(通道)來控制。圖 2-146 為裝在機器人車上的接收器。

🔺 圖 2-143　遙控器正面圖

🔺 圖 2-144　遙控器背面圖

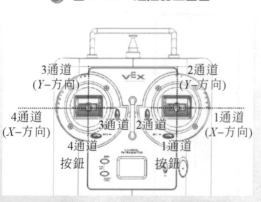

🔺 圖 2-145　遙控器搖桿

🔺 圖 2-146　車體上接收器 (內含頻率晶體)

2.9 路經規劃與程式設計

2.9.1 路徑規劃介紹

　　路徑規劃是機器人自動導航的基本問題，它可分全域與局部規劃兩種方式，其中局部路徑規劃主要適用於未知的環境如海底、叢林、外星球等。全域路徑規劃主要應用於已知環境的探測，如工廠、實驗室等。全域規劃可從已知的地圖中設計運動路徑，而局部規劃則需要利用感測器回應周遭環境，從新建立新路徑。傳統全域規劃主要使用：梯度法、柵格法、枚舉法、人工勢場法、自由空間法、等圖搜索法及隨機搜索法等。其中梯度法易陷入局部最小點，圖搜索法、枚舉法不能用於高維的優化問題，勢場法則可能丟失部分有用資訊。機器人路徑規劃的智慧方法主要使用模糊邏輯、神經網路、遺傳演算法等，而模糊方法主要用在線性規劃中，其自適應性較差。神經網路方法對於複雜的環境，規劃能力較差。比較新的方法爲模擬退火法，可做最佳化的規劃。

2.9.2 easyC 簡介

　　easyC 的操作平台如圖 2-147 所示。

🔺 圖 2-147　easyC 介面

easyC 一共有三個視窗,第一是功能模組視窗,第二是程式編輯視窗,就是將功能模組視窗的東西用拖曳的方式拉到這裡,再修改裡面的參數值就可以了。第三是程式自動顯示視窗,當程式編輯視窗內有參數改變或有新的功能模組被拖曳近來,程式自動顯示視窗將會顯示出來,但是無法複製到其它地方,以下介紹 easyC 平台的使用。

表 2-28 命令列: File Edit View Options Build & Download Window Help

順序	顯示文字	說明
1	File	檔案管理
2	Edit	編輯程式
3	View	檢視管理
4	Options	選項管理
5	Build & Download	建立&下載管理
6	Window	視窗管理
7	Help	說明幫助

表 2-29 工具列與連接列

順序	顯示圖形	說明
1		開新檔案
2		開啟檔案
3		儲存檔案
4		專案索引
5		輸入出視窗
6		控制器接點配置

7		整體程式
8		專案編輯
9		將程式寫入控制器
10		終端機視窗
11		進行連線
12		程式字串搜尋
13		視窗調整放大縮小

● 表 2-30　File 列

檔案管理列		說明	快速鍵
New Project	Ctrl+N	開新檔案	Ctrl + N
Open Project	Ctrl+O	開啓舊檔	Ctrl + O
Save Project	Ctrl+S	儲存檔案	Ctrl + S
Save Project As...		另存新檔案	
Close Project		存入所有檔案	
Open Source File...		打開程式碼檔案	
Print Code...	Ctrl+P	列印程式	Ctrl + P
Select & Print Flow Chart...		列印變數設定	
Print Constants & Variables...		列印環境設定	
Print Controller Configuration...		設定印表機	
Print Setup...		預覽列印	
1 TESTPROGRAM			
2 Transmitter_test		開啓使用過的舊檔	
3 2rxsample			
4 1			
Exit		存入及退出	

📎 表 2-31　Edit 列

編輯管理列		說明	快速鍵
↶ Undo	Ctrl+Z	向前復原	Ctrl+Z
↷ Redo	Ctrl+Y	向後復原	Ctrl+
Open		打開	
Edit Block		編輯區域	
✂ Cut	Ctrl+X	剪掉	Ctrl+X
📋 Copy	Ctrl+C	複製	Ctrl+C
✕ Delete	Del	刪除	Del
Comment Out Block	Ctrl+D	鎖定編輯區域	Ctrl+D
🔍 Find in Project Files...		程式字串搜尋	

📎 表 2-32　View 列

視窗管理列		說明	快速鍵
✓ Project Explorer		顯示或隱藏專案視窗	
✓ Output Window		顯示或隱藏輸出視窗	
✓ Toolbar		工具列	
✓ Status Bar		狀態列	
Next Explorer View	Ctrl+PgDn	索引視窗	Ctrl+PgDn
Next Project Window	Ctrl+Tab	專案視窗	Ctrl+Tab

表 2-33 Options 列

選項管理列	說明	快速鍵
Robot Controller Setup...	機器人的控制設定	
Flow Chart Setup...	程序流程設定	
Camera Setup...	設定照相機	
Controller Configuration　F5	控制器的配置	F5
Program Globals　F6	整體程式參數	F6
Program Local Variables　Ctrl+F6	程式的區域變數	Ctrl+F6
Add New Function...	增加新的功能	
Add Existing Function...	增加現有功能	
Import Library...	資料導入	
Import Controller Configuration...	控制器配置導入	
Add New File to Project...	增加新的文件到專案	
Add Existing File to Project...	增加現有文件到專案	

表 2-34 Build & Download 列

建立&下載管理	說明	快速鍵
Loader Setup...	裝載者設定	
Build Setup...	建立者設定	
Compile Project　Ctrl+F7	編寫項目	Ctrl+F7
Build & Download　F7	建立與下載	F7
Download Default Code	下載缺少程式碼	
Download Window...	下載視窗	
Terminal Window...	終端機視窗	
On-Line Window...	連線視窗	

表 2-35 Window 列

視窗管理列	說明	快速鍵
Block & C Programming	區域和C語言顯示	
Block Programming	區域顯示	
C Programming	C語言顯示	
Cascade	縮少程式視窗	
Tile	顯示程式大視窗	

表 2-36 Help

幫助說明列	說明	快速鍵
Help F1	eacyC說明內容	F1
Registration...	產品註冊	
Check For Updates	檢查是否有新版本	
About...	如何使用easyC說明	

2.9.3　功能模組介紹

一、輸入模組

(一) 碰撞感測器

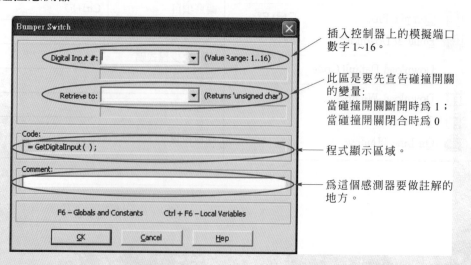

插入控制器上的模擬端口數字1~16。

此區是要先宣告碰撞開關的變量:
當碰撞開關斷開時為 1;
當碰撞開關閉合時為 0

程式顯示區域。

為這個感測器要做註解的地方。

圖 2-148　碰撞感測器程式範例

碰撞感測器是一個數字型感測器，共有兩種狀況，即開與關，通常以數字 1 表示感測器斷開情形，數字 0 表示感測器閉合情形，其使用方式如下範例所示：

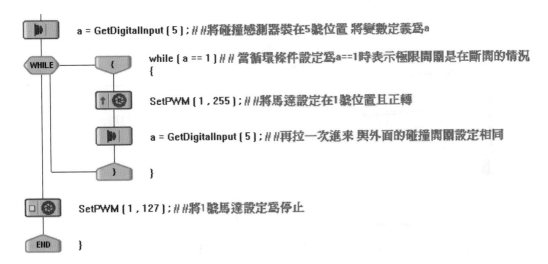

◎ 圖 2-149　碰撞感測器程式範例

首先定義變量 a，將碰撞感測器做位置與定義變數的設定，接著再拉入 While(循環) 模組，做些設定後，再加入馬達模組，並與外面的碰撞感測器作相同設定，最後以循環模組讓馬達運轉，再讓馬達停止動作，如圖 2-150 所示。一開始啟動時，因都沒有撞到東西，所以 $a = 1$，將一直循環使 1 號馬達作正轉，當有撞到東西時，亦即 $a = 0$ 時，將循環程式跳開，進入馬達停止狀態。

(二) 極限開關介面

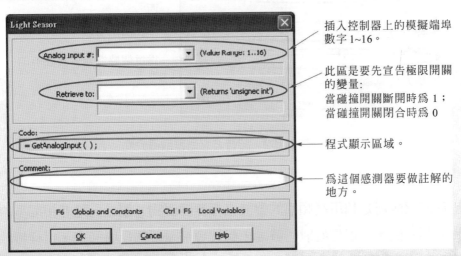

◎ 圖 2-150　極限開關介面

(三) 超音波感測器介面

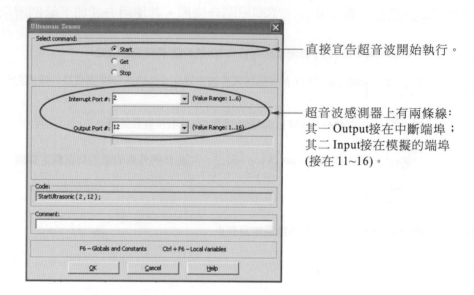

直接宣告超音波開始執行。

超音波感測器上有兩條線：
其一 Output 接在中斷端埠；
其二 Input 接在模擬的端埠
(接在 11~16)。

◀ 圖 2-151　超音波感測器開始介面

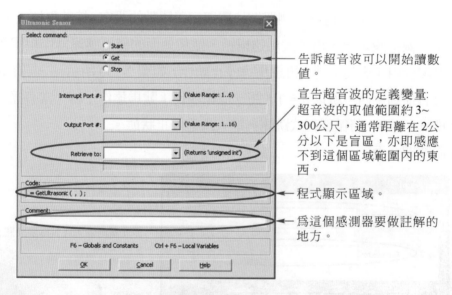

告訴超音波可以開始讀數
值。

宣告超音波的定義變量:
超音波的取值範圍約 3~
300 公尺，通常距離在 2 公
分以下是盲區，亦即感應
不到這個區域範圍內的東
西。

程式顯示區域。

為這個感測器要做註解的
地方。

◀ 圖 2-152　超音波感測器取值介面

　　超音波感測器是利用高頻率的聲波來探測障礙物，屬於一種非接觸型的感測器，
其偵測方法，一端是發射信號端，聲波會被障礙物反射回來，這樣接收端會根據
接受到的訊號時間和強弱來計算出障礙物的距離，其偵測範圍值為 3～300 公尺。

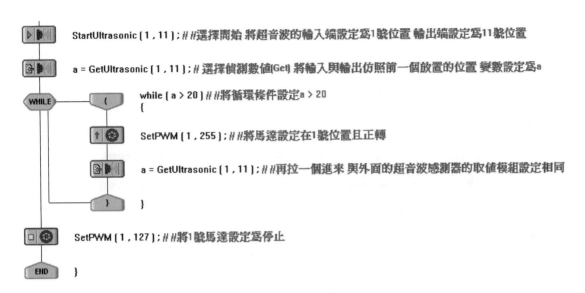

StartUltrasonic (1 , 11) ; ＃＃選擇開始 將超音波的輸入端設定爲1號位置 輸出端設定爲11號位置

a = GetUltrasonic (1 , 11) ; ＃ 選擇偵測數值(Get) 將輸入與輸出仿照前一個放置的位置 變數設定爲a

while (a > 20) ＃＃將循環條件設定a > 20
{

SetPWM (1 , 255) ; ＃＃將馬達設定在1號位置且正轉

a = GetUltrasonic (1 , 11) ; ＃＃再拉一個進來 與外面的超音波感測器的取值模組設定相同

}

SetPWM (1 , 127) ; ＃＃將1號馬達設定爲停止

}

◬ 圖 2-153 超音波感測器程式範例

首先定義變量 a，超音波感測器不同於前面兩種。它有開始執行的模組與取值的模組二種，在拉入 While(循環)模組時，設定的值不是 0 與 1，而是一個數值例如 20，是指偵測距離範圍，然後拉入馬達模組，最後讓馬達停止動作。其功能爲當 $a > 20$ 時表示障礙物距離還沒有達到 20 的設定值，會讓 1 號馬達做正轉，若當 $a \leq 20$ 時表示超音波與障礙物之間的距離已達到 20 或小於 20，則跳出迴圈，停止 1 號馬達。

(四) 循跡感測器

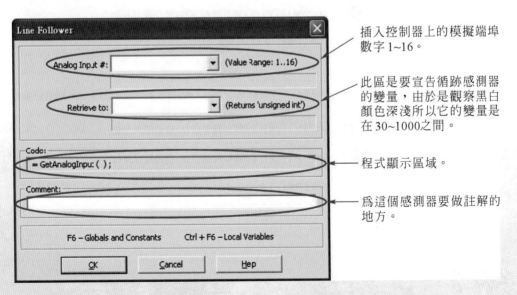

插入控制器上的模擬端埠數字 1~16。

此區是要宣告循跡感測器的變量，由於是觀察黑白顏色深淺所以它的變量是在 30~1000 之間。

程式顯示區域。

爲這個感測器要做註解的地方。

◬ 圖 2-154 循跡感測器介面

循跡感測器，是一種數字型的感測器，用來檢測顏色深淺的感測器，顏色的深淺由白到黑的範圍定義在 30～1000 之間，數值越小表示顏色越淺(越白)，反之數值越大表示顏色越深(越黑)。

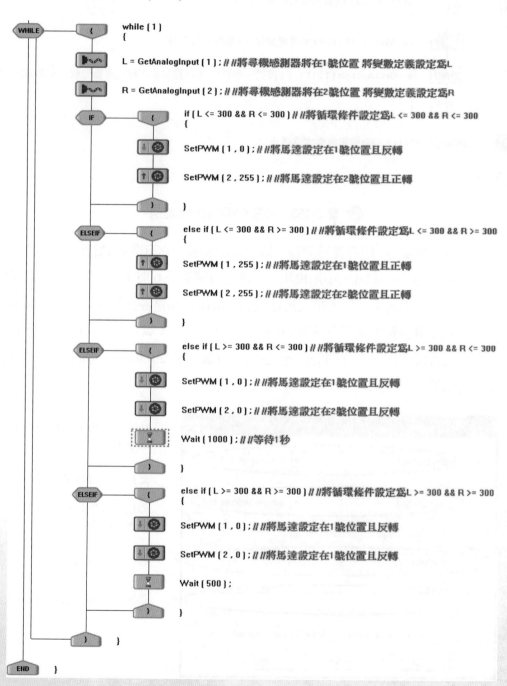

WHILE　{　　while (1)
　　　　　　　{

🔌〰　L = GetAnalogInput (1) ; //將尋機感測器將在1號位置 將變數定義設定寫L

🔌〰　R = GetAnalogInput (2) ; //將尋機感測器將在2號位置 將變數定義設定寫R

IF　{　　if (L <= 300 && R <= 300) //將循環條件設定寫L <= 300 && R <= 300
　　　　　{

↓⚙　SetPWM (1 , 0) ; //將馬達設定在1號位置且反轉

↑⚙　SetPWM (2 , 255) ; //將馬達設定在2號位置且正轉

}　　　}

ELSEIF　{　　else if (L <= 300 && R >= 300) //將循環條件設定寫L <= 300 && R >= 300
　　　　　　{

↑⚙　SetPWM (1 , 255) ; //將馬達設定在1號位置且正轉

↑⚙　SetPWM (2 , 255) ; //將馬達設定在2號位置且正轉

}　　　}

ELSEIF　{　　else if (L >= 300 && R <= 300) //將循環條件設定寫L >= 300 && R <= 300
　　　　　　{

↓⚙　SetPWM (1 , 0) ; //將馬達設定在1號位置且反轉

↓⚙　SetPWM (2 , 0) ; //將馬達設定在2號位置且反轉

⧗　Wait (1000) ; //等待1秒

}　　　}

ELSEIF　{　　else if (L >= 300 && R >= 300) //將循環條件設定寫L >= 300 && R >= 300
　　　　　　{

↓⚙　SetPWM (1 , 0) ; //將馬達設定在1號位置且反轉

↓⚙　SetPWM (2 , 0) ; //將馬達設定在1號位置且反轉

⧗　Wait (500) ;

}　　　}

}　　}

END　}

▲ 圖 2-155　循跡感測器程式範例

要使用循跡感測器，可以同時拉數個感測器，由使用者自己決定。目前範例是使用二個感測器，如圖 2-155 所示，二個感測器有四個判斷式，先將循跡感測器做各自的位置與變數定義，先拉入第一個條件為 $L \leq 300$、$R \leq 300$，設定為前進，並拉入 1 號馬達做正轉，2 號馬達做反轉。將 Else-If 模組拉進來三次。第二個條件就是 $L \leq 300$、$R \leq 300$，設定為右轉，拉入馬達 1 號做正轉，2 號也做正轉使機器人右轉。第三種情形就是 $L \geq 300$、$R \geq 300$，設定為左轉，拉入馬達 1 號做反轉，2號也做反轉，使機器人左轉，並等待 1 秒鐘。第四種情形就是 $L \geq 300$、$R \geq 300$，設定為左轉，拉入馬達 1 號做反轉，2 號也做反轉使機器人左轉，並等待 0.5 秒鐘時間，使機器人跑完全場。

(五) 光(敏)感測器

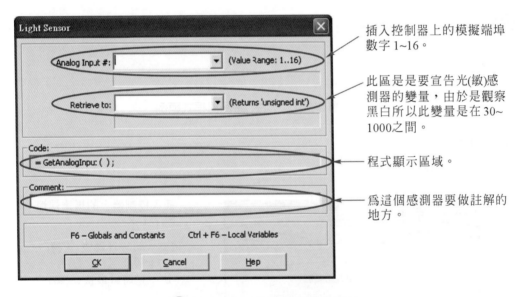

插入控制器上的模擬端埠數字 1~16。

此區是是要宣告光(敏)感測器的變量，由於是觀察黑白所以此變量是在 30~1000 之間。

程式顯示區域。

為這個感測器要做註解的地方。

▲ 圖 2-156 光(敏)感測器介面

光(敏)感測器是一種數字型的感測器，用來檢測周遭環境光度的感測器，光度由暗到亮的範圍定義在 30～1000 之間，數值越小表示周遭環境越亮，反之數值越大表示周遭環境越黑暗。其程式範例如圖 2-157 所示。

首先定義變量 a，將光(敏)感測器加入做位置與定義變數的設定，接著拉入循環 (While)模組，設定光度範圍為一個數值例如 800。然後再加入馬達模組，並拉入光(敏)感測器使與外面的光(敏)感測器設定相同，最後加上循環模組，並讓馬達停止動作。開始啟動時當 $a < 800$ 時表示周遭環境的亮度還沒有達到 800 的設定值，會

讓 1 號馬達做正轉,當達到 $a > 800$ 時表示周遭環境的亮度已達到或超過 800 的設定值,則跳出迴圈,停止 1 號馬達轉動 。

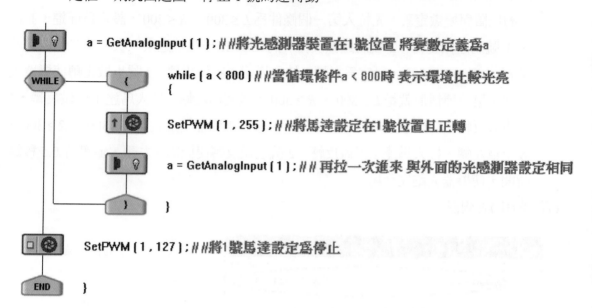

a = GetAnalogInput (1); ∥將光感測器裝置在1號位置 將變數定義為a

while (a < 800) ∥當循環條件a < 800時 表示環境比較光亮
{

SetPWM (1 , 255); ∥將馬達設定在1號位置且正轉

a = GetAnalogInput (1); ∥ 再拉一次進來 與外面的光感測器設定相同

}

SetPWM (1 , 127); ∥將1號馬達設定為停止

}

⬤ 圖 2-157　光(敏)感測器程式範例

二、輸出模組

(一) 馬達模組(Motor Module)

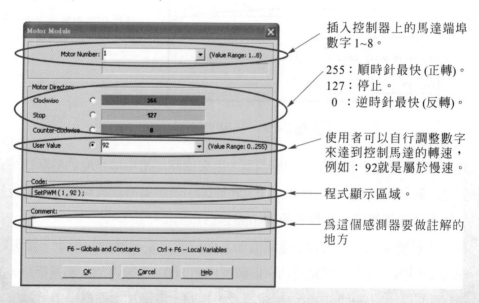

插入控制器上的馬達端埠
數字 1~8。

255:順時針最快 (正轉)。
127:停止。
　0 :逆時針最快 (反轉)。

使用者可以自行調整數字
來達到控制馬達的轉速,
例如:92就是屬於慢速。

程式顯示區域。

為這個感測器要做註解的
地方

⬤ 圖 2-158　馬達模組介面

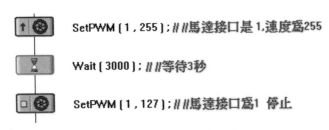

圖 2-159　馬達模組程式範例

如圖 2-158 所示，首先將馬達放置進來，調整它在控制器上的 1 號位置，並設定馬達要正轉轉速 255，為正轉最高速度，再來等待 3 秒鐘後，將馬達停止運轉。請注意上面範例只有啟動一個馬達，但機器人行走時不會只有一個馬達，也許是多個馬達，所以要停止這些馬達就要相對應停止多少個數。

2. 伺服模組(Server Module)

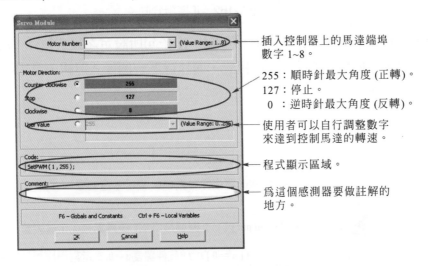

圖 2-160　伺服模組介面

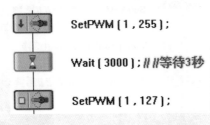

圖 2-161　伺服模組程式範例

注意普通直流馬達可以旋轉 360 度，而伺服馬達只有設定一個旋轉角度，範例中使用的角度為 120 度，上面的數字不是指速度而是指旋轉角度，255 是正轉最大角度，0 是逆轉最大角度。

三、程式模組

(一) If 模組

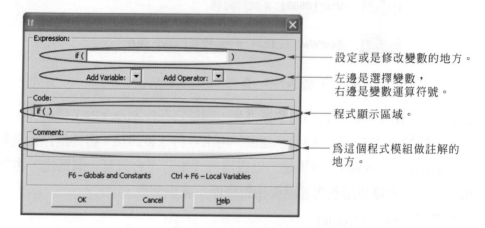

設定或是修改變數的地方。

左邊是選擇變數，
右邊是變數運算符號。

程式顯示區域。

為這個程式模組做註解的
地方。

△ 圖 2-162　If 模組介面

　　If 條件，只要符合設定的條件，將進行 If 子句所設定之程式執行，反之不符合條件時，他將會跳過這個 If 條件程式，而執行下一個程式邏輯，應用範例如下：

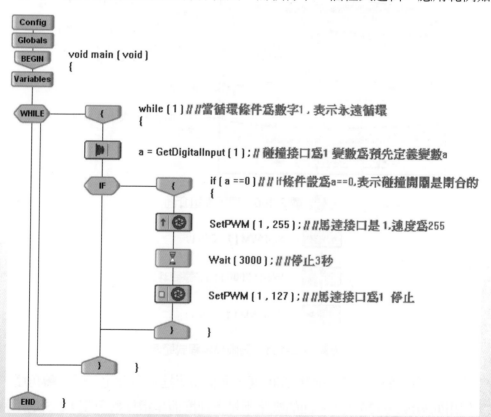

△ 圖 2-163　If 模組程式範例

上圖說明一個 If 程式模組如何使用，首先要定義一個變數爲 a，將變數 a 拉近循環模組中，條件設定爲數字 1，讓它永遠循環，接著再拉進來一個碰撞模組，將它設定好後，再加入 If 模組。並在 If 條件中設定 $a = 0$，在 If 模組中加入馬達，將馬達設定爲正轉，另外再加入 Wait 模組設定等待 2 秒，然後停止。如圖 2-164 所示，程式功能爲，當碰撞開關碰到東西時，馬達正轉 2 秒後就停止，不再作任何動作。

(二) Else-If 模組

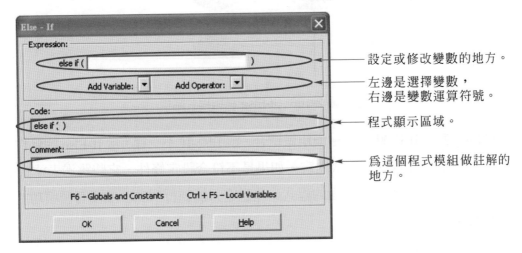

圖 2-164　Else-If 模組介面

Else-If 條件，必須與 If 模組結合才能使用，表示和 If 模組的條件相反，也可以自己定義條件，另外也有循環功能。

(三) Else 模組

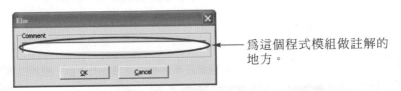

圖 2-165　Else 模組介面

Else 條件，必須與 If 模組結合才能使用，表示和 If 模組的條件相反，但不能自己定義條件。

(四) If-Else 模組

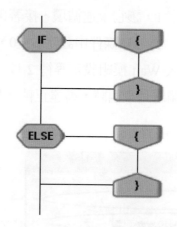

圖 2-166　If-Else 模組程式結構

If-Else 就是 If 模組與 Else 模組做結合，跟 Else-If 不一樣，當 If-Else 的條件設定好了，將執行 If 條件的程式內容，如果是不符合設定條件，它將跳過表達式 If 條件內容，直接執行 Else 裡面的程式，注意它只能執行一次，並沒有循環功能，應用範例如下：

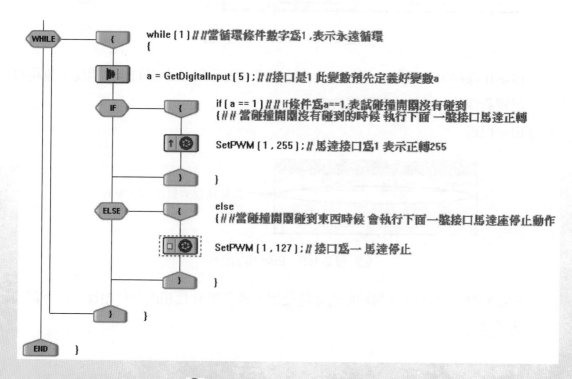

圖 2-167　If-Else 模組程式範例

(五) While Loop 模組

首先宣告變數 a，再將 While Loop 拉進來，將其條件設定爲數字 1，以構成永遠循環，再將碰撞感測器加入，並拖入 If-Else 模組，將 If 條件裏面設定 $a = 1$，再將馬達放進來，設定爲正轉，另外將 Else 程式中的馬達設定爲停止。如圖 2-168 所示，執行方式就是當碰撞感測器沒有撞到東西時馬達維持正轉，一旦有撞到將執行 Else 裏面的程式，就是將馬達停止。

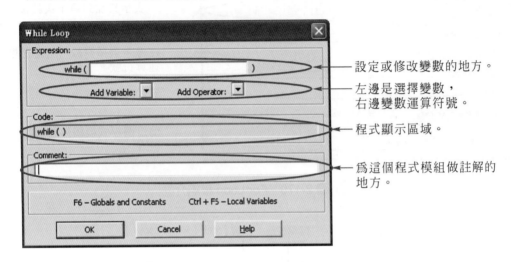

▲ 圖 2-168　循環模組(While Loop)介面

只要符合設定的條件，將不停重複執行這程式，反之不符合設定之條件，它將跳出這循環，執行循環程式外面的程式模組，通常將設定條件的數字設定爲 1 的時候，表示將永遠循環。當 While Loop 模組裏面所設定的數字爲 1 時，如圖 2-169 所示，表示永遠循環 While 裏面的程式，有一個正轉馬達將會一直循環執行。

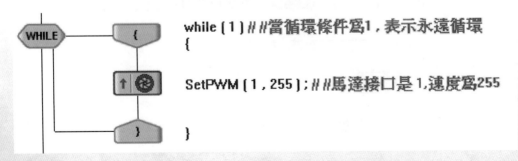

▲ 圖 2-169　While Loop 模組程式範例

(六) For Loop 模組

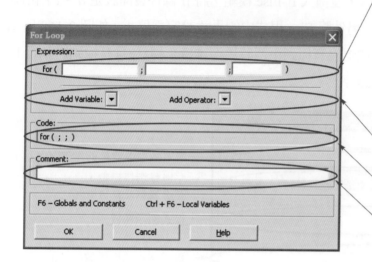

首先要先設定變量與初值，例如變量是 *a*，初始值是 0，表示式 *a*=0，再設定循環次數，表示在 For Loop 模組內要執行次數，如果變量 *a* 要執行 10 次，則表示為 $a<=10$，若要執行 10 次而在運算符號打上 ++表示累加到第十次就會停止，表示為 $a++$。

左邊是選擇變數，右邊是變數運算符號。

程式顯示區域。

為這個程式模組做註解的地方。

◎ 圖 2-170　For Loop 模組介面

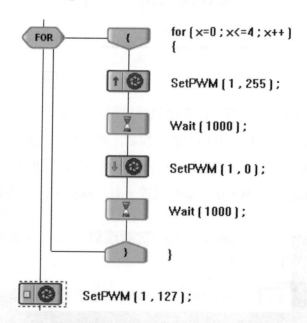

```
for ( x=0 ; x<=4 ; x++ )
{
SetPWM ( 1 , 255 );
Wait ( 1000 );
SetPWM ( 1 , 0 );
Wait ( 1000 );
}
SetPWM ( 1 , 127 );
```

◎ 圖 2-171　For Loop 模組程式範例

　　這是 For Loop 的範例，首先定義變數 *x* 初始值為 0，循環 4 次後，讓機器人走一圈，如果沒有用 For Loop，寫出來程式會很大，使用這個模組會降低程式規模。

2-102

(七) Wait 模組

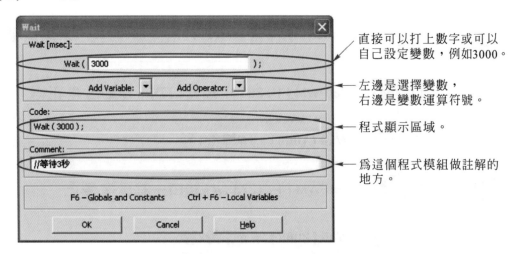

為 2-172　Wait 模組介面

——直接可以打上數字或可以
　　自己設定變數,例如3000。

——左邊是選擇變數,
　　右邊是變數運算符號。

——程式顯示區域。

——為這個程式模組做註解的
　　地方。

上面填入的數字單位指的是毫秒,例如 3000 = 3 秒鐘,500 = 0.5 秒鐘,依此類推。

Wait 模組程式範例

使用方式如範例所示,在兩個馬達中間放入 Wait 模組,表示馬達轉 3 秒後將停止。

(八) Break 模組

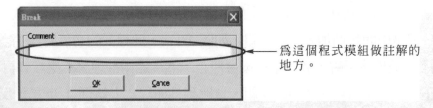

為 2-173　Break 模組介面

——為這個程式模組做註解的
　　地方。

中斷模組通常用在循環條件中或是在 If 模組中,表示當程式執行到那裏時要進行中斷,不論裏面程式是否要繼續執行或是條件不滿足,都要跳出來執行外面的程式。

下面例子為 While 循環與 If 過程中的中斷使用方法。

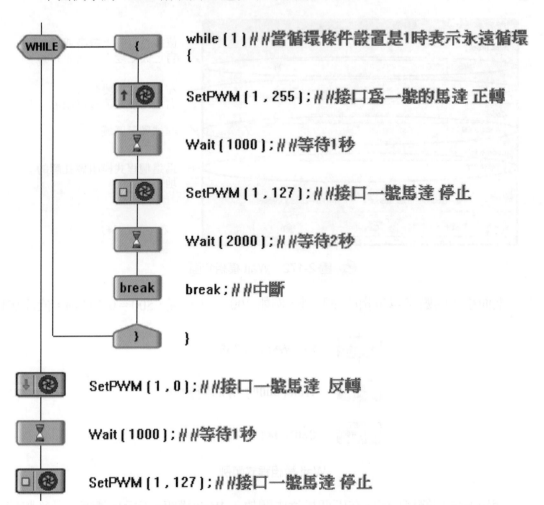

while [1] ## 當循環條件設置是1時表示永遠循環
{

SetPWM (1 , 255); ## 接口為一號的馬達 正轉

Wait (1000); ## 等待1秒

SetPWM (1 , 127); ## 接口一號馬達 停止

Wait (2000); ## 等待2秒

break; ## 中斷

}

SetPWM (1 , 0); ## 接口一號馬達 反轉

Wait (1000); ## 等待1秒

SetPWM (1 , 127); ## 接口一號馬達 停止

圖 2-174　Break 模組程式(While 範例)

理論上 while 循環模組一旦設定好，將會是永遠循環該模組內的程式，永遠跳不出來，但是中間我們加入中斷模組，如圖 2-174，此程式的功能將產生變化，首先會執行 1 號馬達正轉，過了兩秒後會停止，然後過兩秒理論上應該會再執行 1 號馬達正轉，但是因為有了中斷模組，會跳到外面程式去執行 1 號馬達反轉，過了 1 秒鐘才停止。

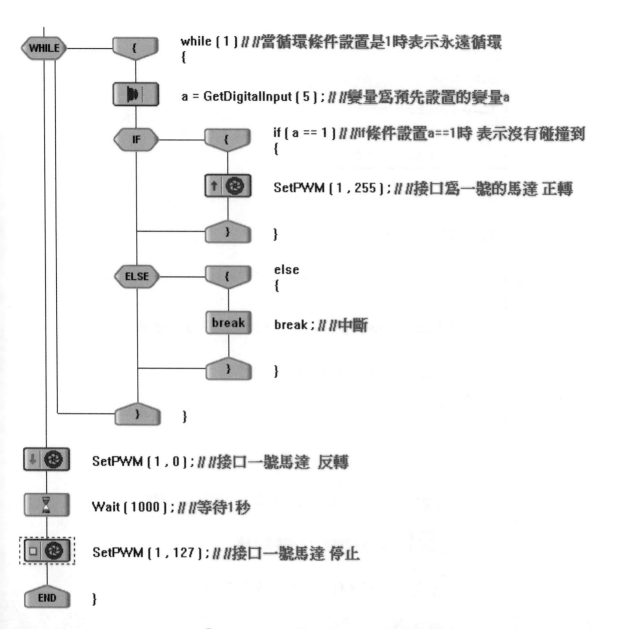

while (1) *//*當循環條件設置是1時表示永遠循環
{

a = GetDigitalInput (5) ; *//*變量寫預先設置的變量a

if (a == 1) *//* if條件設置a==1時 表示沒有碰撞到
{

SetPWM (1 , 255) ; *//*接口寫一號的馬達 正轉

}

else
{

break ; *//*中斷

}

}

SetPWM (1 , 0) ; *//*接口一號馬達 反轉

Wait (1000) ; *//*等待1秒

SetPWM (1 , 127) ; *//*接口一號馬達 停止

}

◎ 圖 2-175　Break 模組程式(If 範例)

理論上 while 循環模組一旦設定好，將會永遠循環該模組內的程式，永遠跳不出
來，但是當加入中斷模組，如圖 2-175 所示，此程式的功能將產生變化。為當程式
進入循環模組內，如果碰撞感測器沒有感測到撞到東西，就會啟動 1 號馬達正轉，
如果有撞到東西，將執行 Else 內的程式，但是在 Else 內程式中有中斷模組，會直
接跳到外面，執行 1 號馬達反轉，過了 1 秒鐘停止。上述兩個範例最後結果都是
一樣，只有過程中不一樣而已，提供參考。

(九) Continue 模組

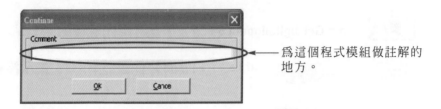

為這個程式模組做註解的
地方。

△ 圖 2-176　Continue 模組介面

功能在跳過循環條件判斷處，重新判斷。

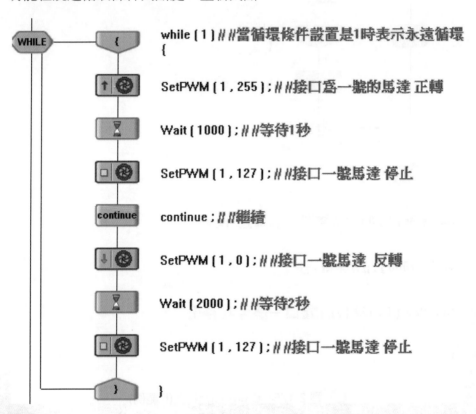

△ 圖 2-177　Continue 模組程式範例

圖 2-177 說明一個 If 程式模組的使用，首先定義一個變數為 *a*，將變數 *a* 拉近循環
模組中，條件設定為數字 1，讓它永遠循環，緊接著拉進馬達設定在 1 號使其正轉，
再拉入 Wait 模組讓他等待 1 秒後執行 1 號馬達停止，接著再加入 Continue 模組，
並將拉入馬達設定在 1 號使其反轉，再拉入 Wait 模組讓他等待 2 秒後執行 1 號馬
達停止。其功能執行當碰撞開關沒有碰到東西，就進入循環程式裏面，執行 1 號

馬達正轉，爾後旋轉 1 秒後停止，接著碰到 Continue 模組將會重新判斷程式，不會去執行後面的 1 號馬達反轉，2 秒後停止。

(十) Return 模組

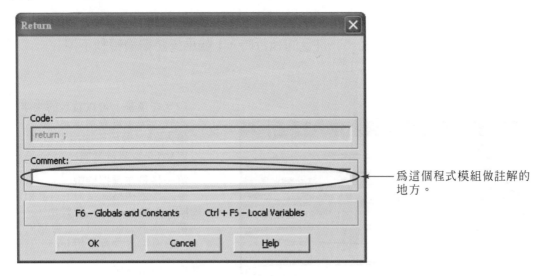

◎ 圖 2-178　Return 模組介面

Return 模組的功能就是直接跳到程式結尾處，不管後面有千百程式要執行，他都不執行，而直接跳到程式結束位置，範例如下：

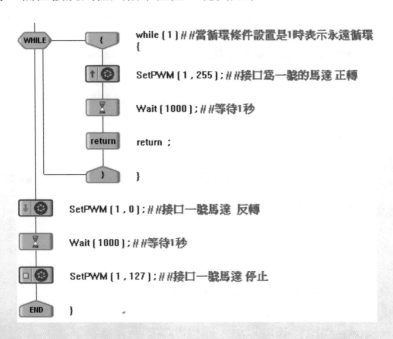

◎ 圖 2-179　Return 模組程式範例

理論上 while 循環模組一旦設定好，將會是永遠循環該模組內的程式，永遠跳不出來，但是中間我們加入 Return 模組，如圖 2-179 所示，此程式的功能將產生變化，當程式進入循環模組內將會啟動 1 號馬達作正轉約 1 秒鐘，執行 Return 模組，他會跳到程式結束位置，當然也不會執行循環模組外的程式，但由於返回前面沒有讓 1 號馬達停止的程式，一旦返回執行時，1 號馬達將繼續轉動不停。

(十一) Print To Screen 模組

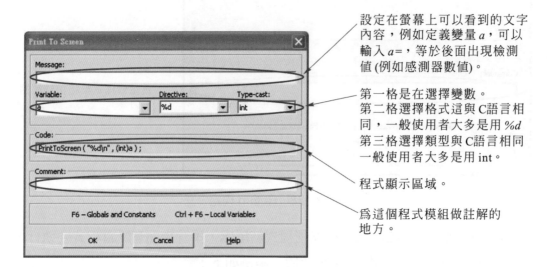

設定在螢幕上可以看到的文字內容，例如定義變量 a，可以輸入 $a=$，等於後面出現檢測值(例如感測器數值)。

第一格是在選擇變數。
第二格選擇格式這與 C 語言相同，一般使用者大多是用 %d
第三格選擇類型與 C 語言相同一般使用者大多是用 int。

程式顯示區域。

為這個程式模組做註解的地方。

圖 2-180　Print To Screen 模組介面

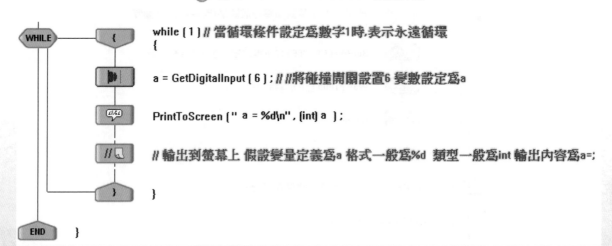

圖 2-181　Print To Screen 模組程式範例

Print To Screen 模組程式可以測到碰撞開關的數字，將其顯示在螢幕上。

(十二) Comment 模組

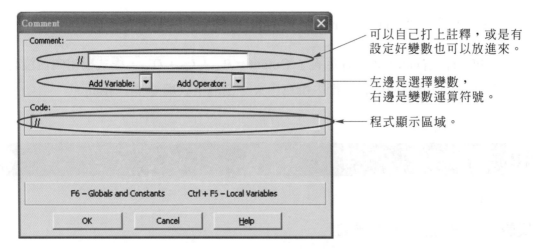

可以自己打上註釋，或是有設定好變數也可以放進來。

左邊是選擇變數，右邊是變數運算符號。

程式顯示區域。

△ 圖 2-182　Comment 模組介面

Comment 模組目的在輔助說明程式內容或給程式作註釋，註釋內容中文、英文皆可表示。

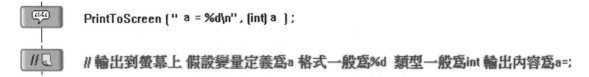

PrintToScreen (" a = %d\n" , (int) a) ;

// 輸出到螢幕上 假設變量定義寫a 格式一般寫%d 類型一般寫int 輸出內容寫a=;

△ 圖 2-183　Comment 模組程式範例

(十三) User Code 模組

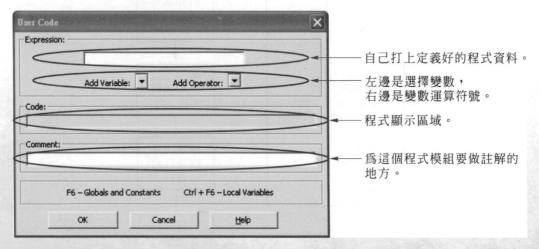

自己打上定義好的程式資料。

左邊是選擇變數，右邊是變數運算符號。

程式顯示區域。

為這個程式模組要做註解的地方。

△ 圖 2-184　User Code 模組介面

User Code 模組程式範例如下,讓使用者自己能瞭解該程式的意義。

C CODE   Output = Pout + Iout + Dout +127;

在 PID 程式裡面,使用者定義了 Output = P_{out} + I_{out} + D_{out},程式模組內並沒有相加的指令,只能靠使用者自行去撰寫出來,撰寫格式與 C 語言相同。

2.10 實驗練習

實驗一   馬達控制四輪轉動

本實驗的目的是利用兩顆馬達加上輪系的應用來規劃機器人行走路徑,達到自行駕駛的功能。以機器人能行走一個正方形的路徑為例,設計步驟如下,如圖 2-185 所示。Step1.機器人往前移動 2 秒、Step2.機器人右轉 1 秒、Step3.機器人往前移動 2 秒、Step4.機器人右轉 1 秒、Step5.機器人往前移動 2 秒、Step6.機器人右轉 1 秒,Step7.機器人往前移動 2 秒。

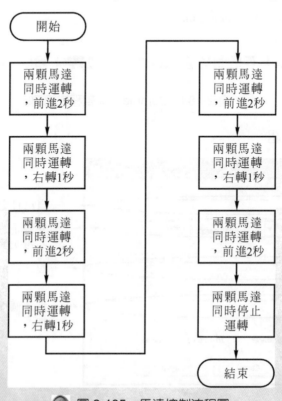

▲ 圖 2-185   馬達控制流程圖

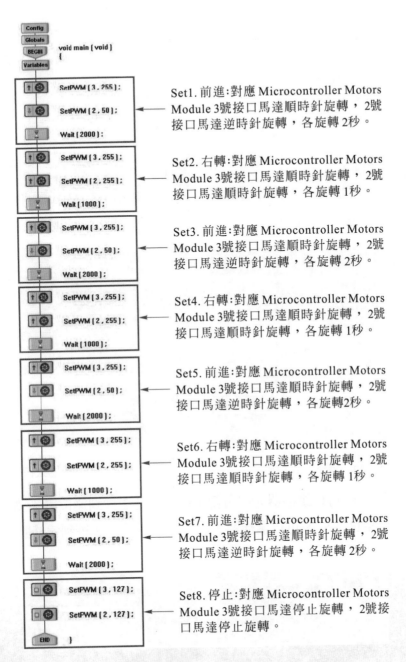

Set1. 前進：對應 Microcontroller Motors Module 3號接口馬達順時針旋轉，2號接口馬達逆時針旋轉，各旋轉 2秒。

Set2. 右轉：對應 Microcontroller Motors Module 3號接口馬達順時針旋轉，2號接口馬達順時針旋轉，各旋轉 1秒。

Set3. 前進：對應 Microcontroller Motors Module 3號接口馬達順時針旋轉，2號接口馬達逆時針旋轉，各旋轉 2秒。

Set4. 右轉：對應 Microcontroller Motors Module 3號接口馬達順時針旋轉，2號接口馬達順時針旋轉，各旋轉 1秒。

Set5. 前進：對應 Microcontroller Motors Module 3號接口馬達順時針旋轉，2號接口馬達逆時針旋轉，各旋轉2秒。

Set6. 右轉：對應 Microcontroller Motors Module 3號接口馬達順時針旋轉，2號接口馬達順時針旋轉，各旋轉 1秒。

Set7. 前進：對應 Microcontroller Motors Module 3號接口馬達順時針旋轉，2號接口馬達逆時針旋轉，各旋轉 2秒。

Set8. 停止：對應 Microcontroller Motors Module 3號接口馬達停止旋轉，2號接口馬達停止旋轉。

◉ 圖 2-186　馬達控制程式圖

由程式 Set1.可以讓機器人從起始位置前進 2 秒到達位置 2，如圖 2-188 所示。

由程式 Set2.跟 Set3.，可以讓機器人向右轉 1 秒並前進 2 秒到達位置 3，如圖 2-189 所示。

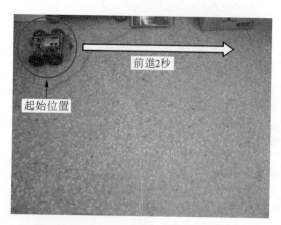

圖 2-187　機器人在起點位置

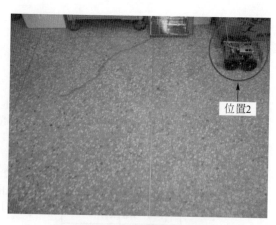

圖 2-188　機器人在位置 2

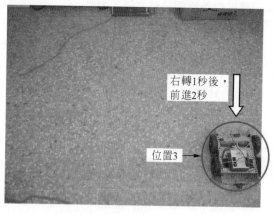

圖 2-189　機器人在位置 3

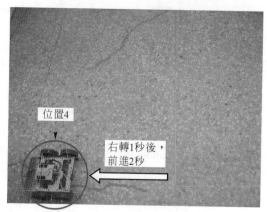

圖 2-190　機器人在位置 4

由程式 Set4.跟 Set5.可以讓機器人向右轉 1 秒並前進 2 秒到達位置 4，如圖 2-190 所示。

由程式 Set6.、Set7.、Set8.可以讓機器人右轉 1 秒並前進 2 秒到達終點位置並停止，如圖 2-191 所示。

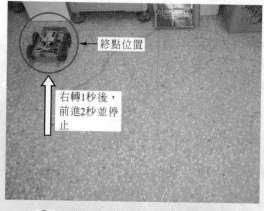

圖 2-191　機器人回到原位置

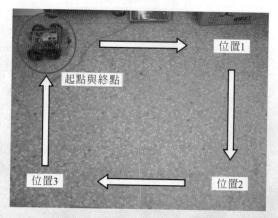

圖 2-192　路徑規劃圖

實驗二　碰撞實驗

本實驗的目的是利用碰撞感測器的基本 ON/OFF 功能，做為障礙物感測之用，使得機器人具有避開障礙物的能力，達到自動駕駛的功能，如圖 2-193、圖 2-194 所示。本實驗所設計之機器人具備有以下兩種功能:直線前進與後退右轉再前進。

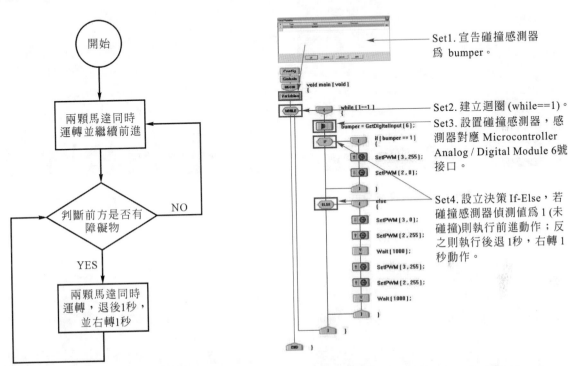

圖 2-193　碰撞感測器程式控制流程圖　　圖 2-194　碰撞感測器程式控制程式圖

由程式 while 迴圈可以讓機器人沿著直線前進，如圖 2-195 所示。

圖 2-195　機器人直行走

由程式 If-Eles 決策當碰撞感測器被觸碰時，程式偵測 bumper == 0，則執行後退 1 秒，右轉 1 秒動作，圖 2-196 所示。

圖 2-196　機器人撞到東西　　　　　圖 2-197　當機器人撞到東西往後退

由程式判定退後 1 秒並右轉 1 秒，圖 2-197、圖 2-198 所示。

圖 2-198　後退 1 秒後作右轉一秒鐘　　　圖 2-199　持續執行迴圈程式

接著繼續執行迴圈，機器人繼續前進直到碰到碰撞感測器再執行 If-Eles 決策，圖 2-199 所示。

實驗三 | 極限開關

本實驗的目的是利用極限開關的基本 ON/OFF 功能,讓機器人走過一條崎嶇的山路,左右兩旁不斷出現懸崖,一個轉彎後又見懸崖,為了機器人不會掉下去,就要一下往左一下往右,不斷改變方向達到自動駕駛與避障的功能。其控制流程如圖 2-200、圖 2-201 所示。本實驗控制機器人具備兩種功能:直線前進與後退右轉再前進。

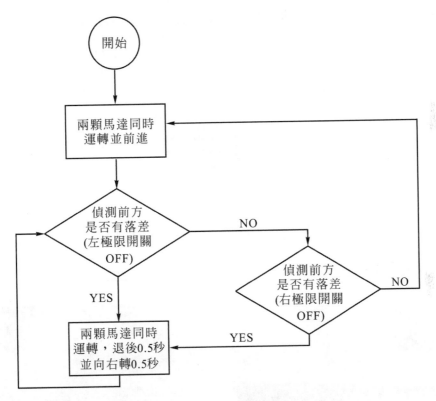

△ 圖 2-200 極限開關控制流程圖

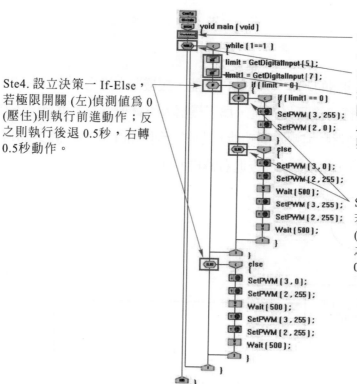

Ste4. 設立決策一 If-Else，
若極限開關 (左) 偵測值為 0
(壓住) 則執行前進動作；反
之則執行後退 0.5 秒，右轉
0.5 秒動作。

Set1. 宣告極限開關 limit
與 limit 1。

Set2. 建立迴圈 (while1==1)。

Set3. 設置極限開關，極限
開關對應 Microcontroller
Analog / Digital Module 5 號
與 7 號接口。

Set5. 設立決策二 If-Else，
若極限開關 (右) 偵測值為 0
(壓住) 則執行前進動作；反
之則執行後退 0.5 秒，右轉
0.5 秒動作。

◎ 圖 2-201　極限開關控制程式圖

由程式 while 迴圈可以讓機器人總是直線前進，如圖 2-202 所示。

◎ 圖 2-202　機器人在位置上開始啓動

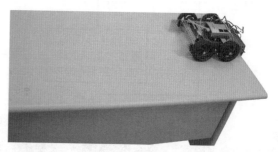

◎ 圖 2-203　機器人直走到懸崖邊時

由程式 If-Eles 決策二或一當極限開關觸彈開時，程式偵測 limit==1，則執行後退 1 秒，
右轉 1 秒動作，如圖 2-203 所示。

當極限開關彈開時，則退後 0.5 秒右轉 0.5 秒，如圖 2-204、圖 2-205、圖 2-206 所示。
右轉 0.5 秒後再繼續前進，如圖 2-209 所示。

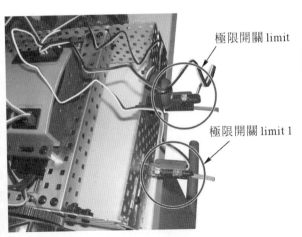

極限開關 limit

極限開關 limit 1

圖 2-204 極限開關已經跳開了

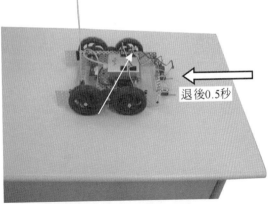

退後0.5秒

圖 2-205 機器人開始後退

右轉0.5秒

圖 2-206 機器人右轉

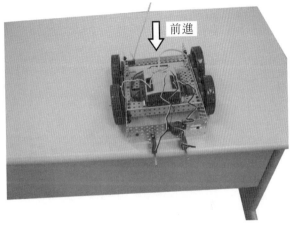

前進

圖 2-207 持續直行前進遇到懸涯

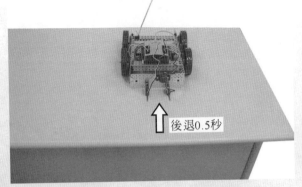

後退0.5秒

圖 2-208 機器人作後退動作

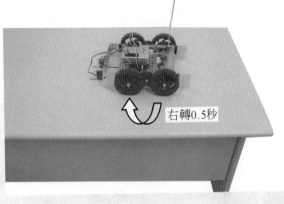

右轉0.5秒

圖 2-209 機器人右轉 0.5 秒持續作前進的動作

Chapter 3

智慧型機器人的系統晶片平台發展

本章大綱

學習重點

◆ 嵌入式系統平台

◆ 輸出入介面驅動程式

◆ 機器學習

◆ 小型機器人

蕭培墉　國立高雄大學電機系　教授

3.1 嵌入式系統平台與輸出入介面驅動程式模組

嵌入式系統的定義相當廣泛，只要是能為特定功能開發的裝置皆可稱為「嵌入式系統」。本節使用 Gene1270 嵌入式實驗平台對嵌入式系統做一個統合性的介紹，讓讀者更了解嵌入式系統的輸出入介面驅動程式模組的運作模式。

3.1.1 Gene1270 嵌入式系統平台簡介

嵌入式系統是一項電腦軟體與硬體結合的綜合體，強調「量身訂作」的原則，也就是所謂的「客製化」。其中除了軟體應用的開發外，挑選合適的硬體平台也是一項重要的課題。Gene1270 採用最新的嵌入式系統處理器，其高速的運算能力以及豐富的周邊硬體支援性，相當適合用來當開發嵌入式系統程式的實驗環境。如圖 3-1 所示。

圖 3-1　Gene1270 嵌入式系統平台

3.1.2 Gene1270 處理核心單元

Gene1270 嵌入式系統平台採用 Marvell XScale PXA270 核心 CPU，其為一精簡指令集 (RISC)處理器，擁有低功率消耗和高效能運算的優勢，可滿足各周邊設備模組和嵌入式系統應用的開發。

處理器模組包含兩個通訊端口(1RS-232，1RS-232/485)，四個 USB1.1 主介面(host)、一個 USB1.1 從介面(client)及多個數位輸出入(digital I/O)功能…等，可連接各相對應的周邊裝置與嵌入式系統作溝通。另支援 CF 和 SD 數位記憶卡，可用來當作擴充儲存媒介。如圖 3-2 所示。

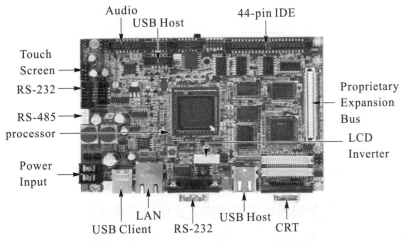

圖 3-2　Gene1270 周邊支援設備

　　該處理器時脈高達 520MHz，可展現高速運算效能，此外，處理器內部整合 Intel 2700G 顯示處理晶片，不僅提供 MPEG2/4 的解碼功能外，還可對於 2D/3D 運算進行加速。如圖 3-3 所示，提供嵌入式系統作更多元的運用。

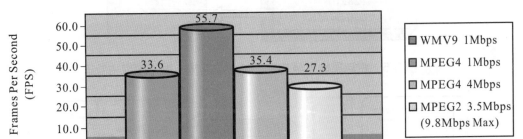

圖 3-3　Intel 2700G 在各種不同影像格式下的表現

3.1.3　Gene1270 主要周邊模組

　　Gene1270 主要周邊設備包含 128MB SDRAM 系統記憶體和 128MB Flash Disk 儲存記憶體可供使用，以及支援 10/100Base-Tx 網路設備。

　　128MB SDRAM 系統記憶體可讓程式執行時有較多的暫存空間，減少 Flash Disk 的存取次數，縮短程式執行的時間，提高系統運算的效率。例如當執行影像擷取程式時，可向系統宣告一對應影像大小的記憶體空間來暫存像素值，以供程式使用，如圖 3-4 所示。

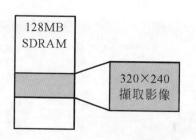

🔺 圖 3-4　擷取影像暫存於系統記憶體中供程式快速存取

　　128MB Flash Disk 儲存記憶體除了提供嵌入式作業系統使用外，同時也有較多的儲存空間來存放程式執行結束時的輸出結果，可供不同程式互相存取執行結果來達成彼此間資料的傳輸。例如當影像擷取程式擷取出影像時，可由另一程式來存取此輸出影像，如圖 3-5 所示。

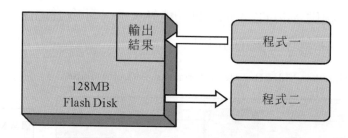

🔺 圖 3-5　將結果輸出至 Flash Disk 中存放，供不同程式使用

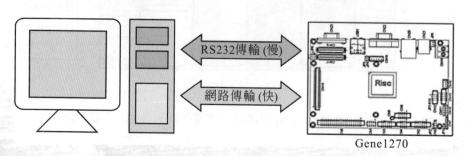

🔺 圖 3-6　嵌入式系統平台端與電腦端通訊

　　Gene1270 的 10/100Base-Tx 網路設備模組可提供嵌入式系統平台端與電腦端進行高速下載或傳輸資料。此與 RS-232 傳輸不同的是，RS-232 每秒僅最高可達 112 KB/sec，若是要

下載作業系統核心，以 Windows CE 5.0 來說，編譯完的核心所需容量平均大小為 60MB，約需十分鐘左右的時間。但以 10Base-Tx 網路傳輸(10Mbps)來下載，僅需約一分鐘左右的時間即可完成，大幅縮短系統開發測試時程，有效提升實驗進度，兩者傳輸結構的差異如圖 3-6 所示。

 ## 3.1.4 嵌入式平台作業系統

Gene1270 可支援 Windows CE 5.0 和 Linux 作業系統，提供開發者依不同使用習慣選擇所需系統環境。以 Windows CE 5.0 為例，Windows CE 為微軟研發的嵌入式作業系統，可以應用在各種嵌入式系統。其另可依照開發工具所提供的元件，建構一個適合目前裝置平台的作業系統，或是直接使用開發工具提供的範本。Windows CE 作為嵌入式作業系統的功能與穩定性逐漸受到市場的青睞。

其中開發工具是用來建置作業系統核心的程式，如要建置 Windows CE 5.0 環境就需使用同樣是微軟公司研發的 Platform Builder 5.0 程式來進行開發及編譯系統核心，如圖 3-7 所示。

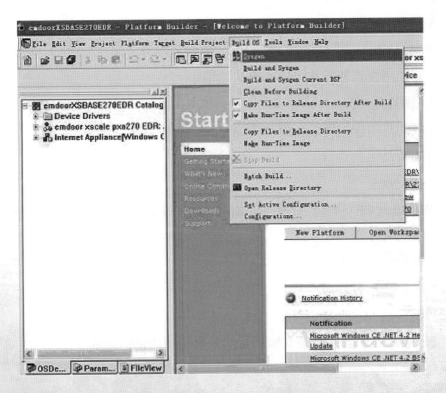

圖 3-7 Platform Builder 5.0 開發與編譯 Windows CE 5.0 系統核心

 3.1.5 Gene1270 嵌入式應用程式開發

最後，當要進行應用程式開發時，可使用 Embedded Visual C++ 4.0 或 Visual Studio 2005，如圖 3-8 所示，兩者的差異在於可支援 C#語言的程度略有不同，但都可適用於本平台。以下我們條列兩者的個別特性，供讀者比較並做爲挑選適用於不同應用程式開發的依據。

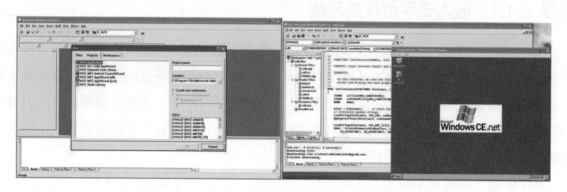

圖 3-8 開發嵌入式系統應用程式工具 Embedded Visual C++ 4.0

1. Embedded Visual C++ 4.0

   (1) 只能使用 C/C++程式語言。

   (2) 編譯後成爲 CPU 二進位碼。

   (3) 開發好的應用程式執行效率佳、程式體積小。

   (4) 適合開發驅動程式。

   (5) 開發完成的應用程式可以在所有的 Windows CE 平台上執行。

   (6) 學習時間較長。

2. Visual Studio 2005

   (1) 在 Windows CE 系統上必須裝有 Microsoft .NET 套件，應用程式才能順利執行。

   (2) 類別支援相當豐富。

   (3) 學習時間短，易上手。

   (4) 通訊功能支援豐富而完整。

   (5) 編譯後成爲 Microsoft 中間碼(MSIL)。

   (6) Microsoft .NET 套件並未支援所有的行動裝置所需的功能。

   (7) 只能開發 Pocket PC 和更新的行動裝置的應用程式。

   (8) 可以利用 C/C++寫好的動態連結函式做支援。

由以上可知，選擇適合所使用的嵌入式平台環境的工具，不僅更有效利用平台所提供的周邊設備模組，同時也可針對所需的應用功能進行更有效率的程式開發。

3.1.6　輸出入介面驅動程式模組

Gene1270 嵌入式系統平台可控制的周邊設備相當多，若需在嵌入式系統底下操作裝置時，則需與一般電腦進行相對應的程式安裝與啟動。

圖 3-9 顯示 Gene1270 支援的 Windows CE 架構，由下層至上層來說，硬體層主要由 OAL(OEM Adaptation Layer)來溝通作業系統與硬體設備間的調配。作業系統層由作業核心控制系統內部功能，讓 Core DLL 來為其他模組提供功能。應用層是與使用者溝通的介面，使用者在此執行程式。由此可知當新增裝置至嵌入式系統時，除了設計上層應用程式外，也需開發對應的動態連接程式庫(Dynamic-link library，DLL)供核心呼叫使用。

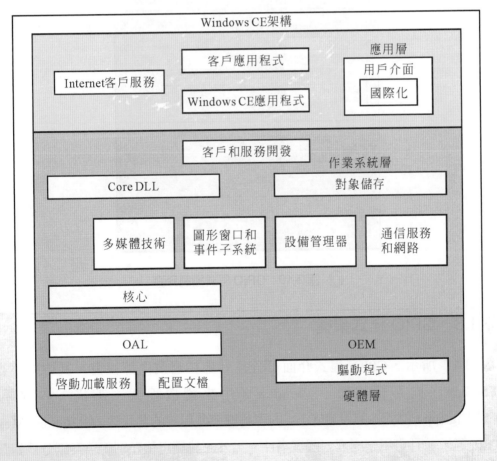

圖 3-9　Windows CE 架構

3.1.7 GPIO 應用程式介紹

以 Gene1270 平台上所附的數位輸出入(digital I/O)端口操作為例,程式可由 Embedded Visual C++撰寫而成,其目的為在 Windows CE 環境底下藉由載入「GPIO.dll」的動作來達成對 PXA270 的輸出入埠控制的目的。另外,透過控制介面程式設定輸出入腳位及輸出值,每個腳位皆可當輸出入,將十六進制轉成二進制值後,由 PXA270 的 General Purpose I/O 輸出或顯示該輸入值。

程式執行時,會看到如圖 3-10 所示的介面,使用者在 Pin Direction 中設定腳位 I/O,在 Pin Value 設定輸出值;若是輸入值則會直接顯示,設定完後按下 Set Value 按鈕,其結果會顯示在 Current Value 顯示框內,若有其他訊息會顯示在 Message 一欄。

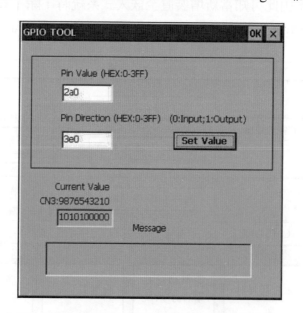

圖 3-10 GPIO 程式控制介面

3.1.8 GPIO 程式架構

如圖 3-11 所示,GPIO 程式介面可分為外部視窗及內部視窗,其中外部視窗 – GPIOTEST.cpp,向系統註冊一 Window,用來擺放程式主架構。內部視窗 – GPIOTESTDlg.cpp,位於外部視窗底下,內容為擺放此程式的各元件,如 Button、Message、Edit、Text 等,並且可用來處理各觸發事件。另外,我們可依類別將檔案劃分為如圖 3-12 所示的結構, 其中各檔案所擔任的功能,我們也把它們提列如下,以供參考使用。

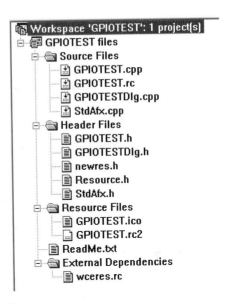

外部視窗 →

內部視窗 →

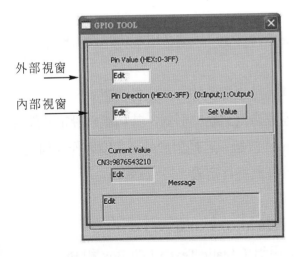

△ 圖 3-11　GPIO 程式架構

△ 圖 3-12　GPIO 程式檔案及其類別

一、Source Files

GPIOTEST.cpp　　　- CGPIOTESTApp(), InitInstance()。

GPIOTET.rc　　　　- Dialog, Icon, Version。

GPIOTESTDlg.cpp　- CGPIOTESTDlg(), DoDataExchange(), OnInitDialog(),

　　　　　　　　　　GPIOInit(), SETPORTWORD(), GETPORTWORD(),

　　　　　　　　　　OnTimer(), axtoi(), OnButtonSetval()。

StdAfx.cpp　　　　-預先編譯的文件，加快編譯速度。

二、Header Files

GPIOTEST.h　　　　- header file for GPIOTEST.cpp。

GPIOTESTDlg.h　　- header file for GPIOTESTDlg.cpp。

Newres.h　　　　　-給 Resource 使用，對應到程式介面的參數。

Resource.h　　　　-給 Resource 使用，對應到介面元件的參數。

StdAfx.h　　　　　-對應到 StdAfx..cpp 的標頭檔。

三、Resource Files

GPIOTEST.ico　　　-放置程式所要用到的 Icon。

GPIOTEST.rc2　　　-放置程式另外使用到的 Resource。

 3.1.9　GPIO 檔案說明

　　在 WINCE 底下，整個 GPIO 的功能在 Gene1270 平台下，其各檔案功能說明整理如下：

一、GPIOTEST.cpp

　　CGPIOTESTApp()　-向系統註冊視窗的函式，透過繼承的方式宣告視窗。

　　InitInstance()　　　-刻劃外部視窗，將視窗宣告為對話框形式。其功能為設定外部視窗下的 OK 按鈕及 Cancel 按鈕，若是對於外部視窗有作任何其他的事件觸發，也會一併在此進行定義。

二、GPIOTET.rc

　　以元件形式呈現，開發者可在此規劃所要呈現的內容，如圖 3-13 所示。

　　Dialog　　-程式介面的安排，在本程式中使用到了 Static Text、Edit Box 和 Button。

　　Icon　　　-設定程式的圖示。

　　Version　　-版本的宣告，如表 3-1 所示。

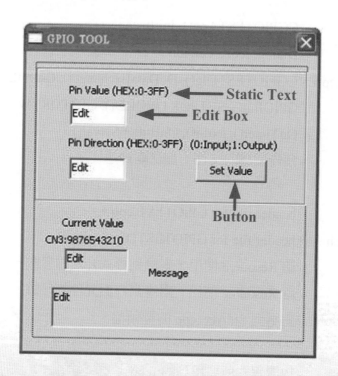

圖 3-13　GPIO 程式設計介面

表 3-1　WINCE 函數功能

GPIOTESTDlg.cpp	
函數	功能
CGPIOTESTDlg()	宣告內部視窗的設定，在此宣告了以對話框形式呈現，並將圖示設定為IDR_MAINFRAME。
DoDataExchange()	負責事件發生後資料的更新，由UpdateData函式控制。
OnInitDialog()	初始化內部視窗，在此設定了Timer的啟動，每0.5秒更新一次資料，以及Edit Box所要呈現的內容。
GPIOInit()	初始化GPIO埠，透過呼叫「GPIO.dll」內的init_GPIO來完成。
SETPORTWORD()	設定使用者輸入的值，透過呼叫「GPIO.dll」內的set_GPIO_Port來完成。
GETPORTWORD()	擷取外部輸入的值，透過呼叫「GPIO.dll」內的get_GPIO_Port t來完成。
OnTimer()	待計時時間到，會將外部擷取進來的值，經轉換後(BYTE to Binary)，顯示在Edit Box，包含兩個函式作狀態更新。 🔹 InvalidateRect() – 令當前視窗狀態無效化，等待WM_PAINT重繪。 🔹 UpdateWindow() – 主動呼叫WM_PAINT重繪。
axtoi()	字元轉成整數，每次判斷輸入值的一位數是否落在範圍內，如ASCII 30～39、61～66、41～46，再將之轉換成整數形態。
OnButtonSetval()	對應到Button觸發事件「按下」，當觸發時，會將使用者鍵入的輸入值讀入，並判斷是否合法，接著進行 SETPORTWORD輸出結果

StdAfx.cpp	
說明	針對預先編譯的檔案，由於編譯*.h文件需要花費大量的時間，因此把Stdafx.cpp文件先編譯成一個預編譯的文件。以後每一次編譯的時候，就直接從硬盤裡讀取進行讀取，以節省大量的時間。

 3.1.10　GPIO 程式流程說明

　　如圖 3-14 所示，當程式起動時，程式會向系統註冊一視窗介面。其內部包含程式的外部視窗和內部視窗，接著啟動計時器，固定時間讀取輸入值，包含內部輸入與外部輸入。內部輸入的字元會被轉換為二進制值輸出；外部輸入會將二進制值轉換為十六進制值顯示。時間到後，則更新腳位輸出值與視窗顯示值。

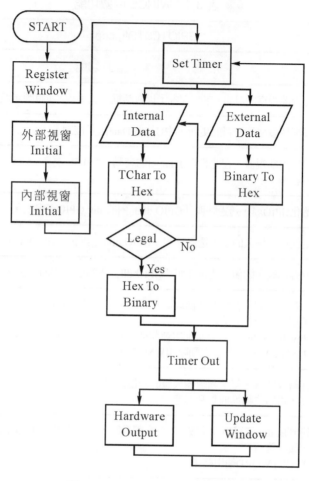

圖 3-14　GPIO 程式流程圖

本單元介紹使用者操作裝置的應用程式介面，並學習設計一套影像擷取演算法，以利後續影像處理程序所使用。

3.2.1　Pro5000 影像擷取驅動程式設計

一般在嵌入式系統上新增裝置時，除了需對應的動態連接程式庫(Dynamic-link library，DLL)以外，同時也需要撰寫呼叫動態連結程式庫中函式的應用控制程式。例如，在 Gene1270

嵌入式系統平台上新增影像擷取裝置 Logitech Pro5000 時，需撰寫可控制硬體底層 USB 端口輸入信號的動態連接程式庫，即裝置的驅動程式，以及提供使用者操作裝置的應用程式介面。

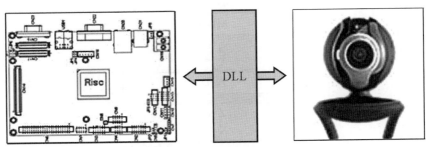

圖 3-15　Gene1270 透過動態連結程式庫連接 Pro5000

3.2.2　Pro5000 基本驅動程式設計基礎

以 Pro5000 的這支驅動程式 WebCam.dll 為例，其內分為模型設備驅動(Model Device Driver，MDD)的上層程式和平台相關驅動(Platform Dependent Driver，PDD)的下層程式。MDD 層包含給定類型所有驅動程式都公用的程式碼，而 PDD 層是由特定於給定硬體設備或平台的程式碼組成，MDD 層呼叫 PDD 層的函數來存取硬體或硬體特定的資訊，其相互結構可由圖 3-16 與圖 3-17 得知。

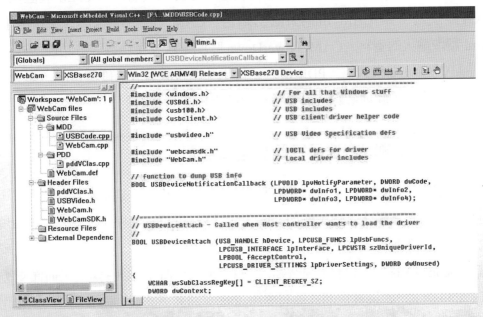

圖 3-16　Pro5000 基本驅動程式撰寫範例

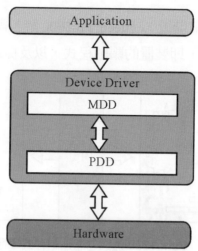

🔺 圖 3-17　Windows CE 裝置驅動連結關係圖

　　如上所述 MDD 層可再分為 USB 裝置觸發事件處理以及 CAM 裝置控制，也就是 USBCode.cpp 和 WebCam.cpp 這兩支程式。其中，USBCode.cpp 主要處理當平台接上 USB 裝置時，此時 USBDeviceAttach()會觸發系統尋找對應的驅動程式模組。若搜尋不到，USBDeviceNotificationCallback()會告知使用者安裝此驅動程式，待驅動程式載入後，USBInstallDriver()會從 PDD 層呼叫此裝置的資訊並登錄到系統註冊表中，直到裝置移除後，USBUnInstallDrive()才會清除此資訊。

　　另外，WebCam.cpp 程式還會與 PDD 層溝通，並提供撰寫好的 CAM 裝置控制函式供應用程式呼叫使用。如 CAM_Init()裝置初始化、CAM_Open 開啟與 CAM 連接通道、CAM_Read 讀取輸入的資料、CAM_PowerDown 呼叫系統支援⋯等等各功能函式。

　　經由 pddVClas.cpp 程式檔，PDD 層將會提供給系統該裝置的硬體資訊，如登錄機碼、硬體輸出入端口、硬體處理參數⋯等，各種與硬體相關的資訊。

3.2.3　影像擷取方法及其驅動程式設計

　　若與個人電腦做比較，在嵌入式系統開發過程中，如因不支援輸入影像格式，而欲額外增加與其相關的其它函式庫時，例如 OpenCV、FreeImage⋯等針對個人電腦環境開發所需的函式庫，則會遭遇到下述困難：

1.　Embedded Visual C++往往並不完全支援所有標準的 C/C++函式，而僅支援基本的 C/C++函式。如果其它函式裡有引用或呼叫到其不支援的函式的話，則會增加編譯過程中的困難度或根本無法使用。

2. Embedded Visual C++其編譯過程複雜，且使用特定格式。例如需使用寬字元時，不須採用 Unicode 顯示，而若強行使用 ASCII 則需額外處理等。此外，其可參考的資源不多，常常是必須利用嘗試錯誤的方式來除錯；若是因爲函式庫內部資料型態宣告導致程式錯誤，也會增加開發困難度。

3. 嵌入式環境的資源受到嚴格限制，若是函式庫內宣告太多記憶體空間則會導致嵌入式系統平台執行上的不穩定，甚至導致嵌入式系統當機狀況產生。

4. 無法確定在不同的嵌入式系統下皆支援所使用開發的函式庫。

根據上述各項因素，爲確保開發過程順利，往往需採用不同的變通方式，來確保不會發生因爲其它函式庫導致的錯誤。例如採行直接針對輸入的畫面進行擷取的技巧，其方法如下所示。

首先請參考圖 3-18 所示的流程圖，當螢幕上顯示輸入影像時，利用螢幕擷圖的方式將螢幕上資訊另存成 BMP 檔案格式。其中爲確保其圖像大小爲完整的影像大小，所以透過設定有效區域的方法，來擷取顯示在螢幕上的影像。此外，爲了考量 SDRAM 的存取時間遠小於 Flash Disk 的存取，以及系統必需偵測大量的輸入影像的需求，在偵測完成的影像輸出後即不具有繼續存在的意義的情形下，我們可以將螢幕上的像素值擷取至宣告好的 SDRAM 空間中存放，而每次處理完的資料則可暫存在 Flash Disk 中，用以減少 SDRAM 記憶體空間的使用。以上的處理流程主要可概分爲三部份，如圖 3-19 所示。

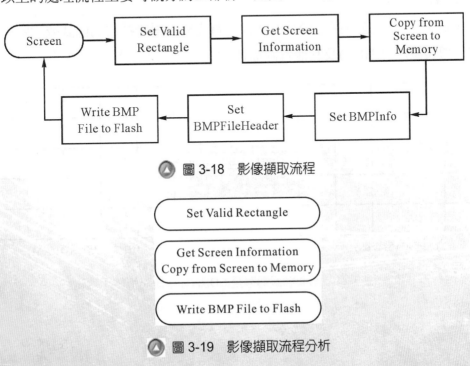

圖 3-18　影像擷取流程

圖 3-19　影像擷取流程分析

上述所提到的方法，配合其間所需撰寫影像擷取驅動程式的技巧，我們把它分成下列幾個操作步驟來完成：

一、設定有效區域

以輸出設備的螢幕解析度 640×480 為例，為了輸出畫面容易處理與辨識，我們降低所處理影像輸入解析度為 320×240，然後配合這個影像輸入大小，有效區域也設定為 320×240。如圖 3-20 所示，在有效矩形區域內(Valid Rectangle)的各像素點位置也就是我們所欲進行擷取影像的範圍。

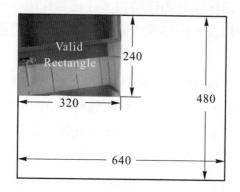

圖 3-20　設定有效區域以便進行影像擷取操作

二、擷取螢幕資訊

如圖 3-21 所示，在進行擷取螢幕資訊前，首先需針對所採用的函式或變數了解其所對應的各種硬體裝置內容(HDC)及其他資源描述。

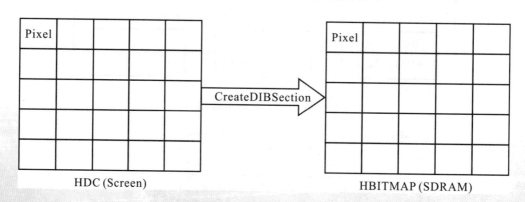

圖 3-21　影像擷取轉存至 SDRAM 系統記憶體示意圖

(一) HDC

- ♠ 其可對應爲一被 Graphics Device Interface (GDI)所呼叫使用的記憶體空間。
- ♠ 其主要存放設備內容中所描繪的點、直線或圖形。
- ♠ 當描繪視窗介面時，常被用來存放此介面的相關屬性設定。

(二) HBITMAP

- ♠ 爲一資源標識值，針對所載入的圖片進行標識。
- ♠ 如欲在視窗下顯示一圖片，則需使用到。
- ♠ 透過 CreateCompatibleDC 可創建一視窗的空間裝置內容(DC)。
- ♠ 透過 SHLoadDIBitmap 可將圖片載入至 HBITMAP。
- ♠ 透過 SelectObject 可將 HBITMAP 載入至 DC 視窗空間中，並使用 BitBlt 重繪視窗。

(三) CreateDIBSection

- ♠ 此函式用來創建一個與設備無關的 bitmap 檔(device-independent bitmap，DIB)以供程式使用。
- ♠ 該函式結構定義如下：

```
HBITMAP CreateDIBSection(
HDC hdc,                        //視窗內容空間
const BITMAPINFO *pbmi,         //指向 BITMAPINFO 指標
UINT iUsage,                    //設定 BITMAPINFO 內的顏色
void *ppvBits,                  //指標內容爲存放的像素值
HANDLE hSection,                //現已不支援，設爲 NULL
DWORD dwOffset                  //現已不支援，設爲 0
);
```

(四) BitBlt

- ♠ 此函式用來轉移從特定來源區域的像素值到特定的目標區域。
- ♠ 其函式結構定義如下：

```
BOOL BitBlt(
HDC hdcDest,                    //目標端裝置內容
int nXDest,                     //目標端區域內容起始 x 座標
int nYDest,                     //目標端區域內容起始 y 座標
int nWidth,                     //來源端及目標端區域寬度
int nHeight,                    //來源端及目標端區域高度
HDC hdcSrc,                     //來源端裝置內容
int nXSrc,                      //來源端區域內容起始 x 座標
int nYSrc,                      //來源端區域內容起始 x 座標
DWORD dwRop                     //結合來源端與目標端的顏色為最終呈現顏色);
```

三、轉存檔案格式

在檔案轉存過程中，可將執行結果輸出暫存在 Flash Disk 中，以便可利用此暫存圖像供其他程式進一步運用。故在存放時，需依 BMP 標準格式存放為 24-bit RGB 彩色圖像，如圖 3-22 所示。其大小為輸入影像的尺寸，在此為 320×240。

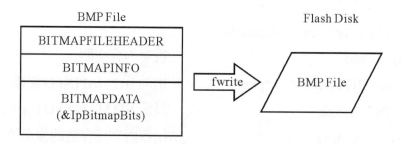

◭ 圖 3-22　影像擷取由 SDRAM 轉存至 Flash Disk

整個流程可以圖 3-23 來表示。而為了更進一步清楚描述，可將整體運作流程分為 a, b, c 三大步驟，每個步驟再以更詳細的解析說明如下：

步驟 a ：MJPEG 顯示在螢幕上(1、2)。

　　1. 從環境擷取 320×240 影像至 SDRAM 中(StartStreaming())。

　　2. 從 SDRAM 中顯示 320×240 影像至螢幕(ReadFrameThread())。

步驟 b ：擷取螢幕上的像素點(3、4、5)。

　　3. 從螢幕擷取 320×240 影像至 SDRAM 中(OnScreenSave())。

4. 替擷取影像宣告 BMPHeader 及 BMPInfo(亦即 BITMAPINFO 與 BITMAPFILEHEADER)。

5. 將宣告 BMP 檔頭及擷取好的像素(BMPData)寫入 SDRAM 中。

步驟 c ：將擷取到的像素點供演算法使用後顯示出來(6、7、8、9)。

6. CPU 從 SDRAM 中讀取 BMP File，執行範例演算法(LaneDetection())。

7. CPU 將運算結果寫回 SDRAM。

8. 將結果顯示在螢幕上(Draw())。

9. 將結果儲存回 Flash Disk 中(fwrite())。

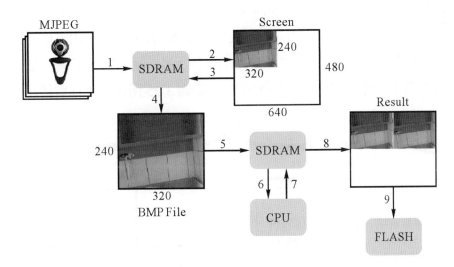

🔺 圖 3-23　影像擷取步驟流程圖

3.3 BMP 圖檔格式

本單元介紹 BMP 格式的研革，並訓練學生實做 BMP 檔案讀取與寫入程式設計的能力。

3.3.1 BMP 檔案格式研習

在各種圖檔格式中，BMP 圖檔格式相較於 JPG、PNG...等圖檔而言，其檔案格式較為簡單易掌握，且大部份圖檔採用未壓縮格式，故 BMP 圖檔並不像 JPG 圖檔因壓縮之故，而降低原圖檔畫質。

BMP 圖檔為 BitMaP 的縮寫，由美國微軟 Microsoft 公司所推出，是 Windows 平台上繪圖軟體所設計的儲存格式。它可以支援單色或彩色圖案，色彩模式共有四種 1bits、4bits、8bits 及 24bits(True Color)。由於 1bit 與 4bits 在目前來說已漸無價值，故本節將著重於未壓縮 BMP 8bits 與 24bits 色彩模式的檔案格式介紹。

3.3.2 BMP 檔案格式簡介

BMP 檔案格式分為四大部分，即檔頭資訊(File Header)、圖形描述資訊(Info Herder)、顏色表(Color Map)與圖形資料區塊(Bitmap Data)，如圖 3-24 所示，且 BMP 檔中的資料皆以十六進位的方式表現。其儲存格式被設定為先列(row)後行(column)，由下而上，起始點設定在左下角(紅點)。此與現行通用的影像座標略有不同，目前通用影像座標一般設定也是由先列後行，但由上而下，且起始點為左上角(紅點)。如圖 3-25 所示為兩種影像座標的示意圖。

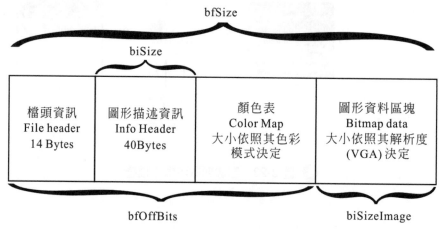

圖 3-24　BMP 檔案內部基本結構

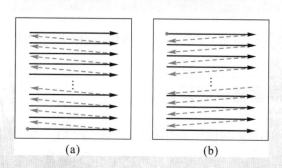

圖 3-25　影像座標　(a)BMP 圖檔的影像座標　(b)目前通用的影像座標

3.3.3 BMP 圖檔之檔頭資訊

BMP 圖檔檔頭資訊的大小共有 14bytes，表 3-2 為其所包含的各欄位資訊。當處理圖像的軟體要開啟 BMP 圖檔時，會優先判斷下列兩個欄位的數值。

1. 判斷 bfType 欄位是否儲存「BM」。
2. 判斷 bfSize 欄位與檔案大小是否相同，以避免開啟前兩個 bytes 時剛好為「BM」的檔案。

▽ 表 3-2　BMP 圖檔檔頭資訊欄位資訊

位移值 (16進位)	位移值 (10進位)	欄位名稱	大小 (byte)	內容
0,1	0,1	bfType	2	儲存「BM」當作識別碼，42 = 'B' 4D = 'M'
2～5	2～5	bfSize	4	儲存整個BMP檔案的大小(單位：byte)，因此，圖檔大小最大為 $((2^8)^4)-1 \cong 4\,GB$
6, 7 8, 9	6, 7 8, 9	bfReserved1 bfReserved2	2 2	保留，其值皆為 0
0A～0D	10～13	bfOffset	4	圖形資料區塊開始之前的位移值(單位：byte)

註：標註的紅色欄位為BMP圖檔格式中較為重要之欄位。

3.3.4 BMP 圖檔之圖形描述資訊

圖形描述資訊的大小通常為 40bytes(biSize)，但也有其他的格式，如 biSize 為 12 bytes，則其圖形描述資訊檔頭(Bitmap Info Header)以 Bitmap CORE Header 取代之，如此則只包含表 3-3 的前五個欄位資訊。

表 3-3　BMP 圖檔圖形描述資訊欄位資訊

位移值 (16進位)	位移值 (10進位)	名稱	大小 (bytes)	內容
0E～11	14～17	biSize	4	圖形描述資訊的大小。
12～15	18～21	biWidth	4	BMP圖檔的寬度(單位：像素)。
16～19	22～25	biHeight	4	BMP圖檔的高度(單位：像素)。
1A～1B	26～27	biPlanes	2	BMP的位元圖層數，因為BMP圖層只有一層，所以欄位必填1。
1C～1D	28～29	biBitCount	2	圖像中，每個像素使用bit數 (例：1、4、8、24)。
1E～21	30～33	biCompressive	4	壓縮方式有3種： 0：沒有壓縮(最常用) 1：RLE 8-bit/pixel 2：RLE 4-bit/pixel
22～25	34～37	biSizeImage	4	圖形資料區塊的大小(單位：byte)。
26～29	38～41	biXPelsPerMeter	4	水平解析度(單位：像素／公尺)。
2A～2D	42～45	biYPelsPerMeter	4	垂直解析度(單位：像素／公尺)。
2E～31	46～49	biClrUsed	4	圖形中所使用的顏色總數，0表示所用的顏色數量為顏色表總數。
32～35	50～53	biClrImportant	4	圖形中重要的顏色數量，0表示顏色一樣重要。

註：標註的紅色欄位為BMP圖檔格式中較為重要之欄位。

 ## 3.3.5　BMP 圖檔之顏色表

顏色表主要是紀錄每個顏色的 RGB 數值，並將每個顏色賦予一個代碼。顏色表中顏色的數量計算方式為：

顏色總數 ＝ 2 ^ biBitCount
顏色代碼為 0～2 ^ biBitCount-1

使用上面公式可得，8 bits 共有 2^8 = 256 個色彩(代碼為 0、1、2、…、FE、FF)，24 bits 共有 2^{24} = 16 M 個色彩。請特別注意 24 bits 色彩模式並沒有顏色表，這是因為 24 bits 模式採用圖形資料區塊取代顏色表功能，以降低圖檔空間的消耗。

顏色表中，一個顏色用 4 bytes 表示，依序為藍色 B、綠色 G 及紅色 R 所佔的單色彩強度，而第四個 Byte 為保留位元，其值為 0 。此種格式適用於 1、4、8 bits，如圖 3-26 所示，是以 8 bits 為例的顏色表表現方式。

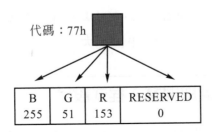

代碼：77h

B	G	R	RESERVED
255	51	153	0

🔺 圖 3-26　顏色表中，8 bits 表示顏色的方式

3.3.6　BMP 圖檔之圖形資料區塊

圖形資料區塊用來儲存圖片每一像素點(pixel)所表現的顏色強度，主要儲存方式分成兩大類：

一、儲存每一個像素點的顏色代碼於圖形資料區塊中(第一類為擁有顏色表的 1、4、8 bits 格式使用)。以 8 bits 為例，每一個像素點以 1 個顏色代碼表示，即以 1 個 byte 來表示該代碼。

二、每一個像素點以三個 bytes 表示，個別紀錄 R、G 與 B 的顏色強度，並儲存於圖形資料區塊中(第二類為沒有顏色表的 24 bits 格式使用)。其儲存方式如下圖 3-27 所示，可與圖 3-26 相互對照，其結構與有顏色表的格式差異不大。這種方式可降低 24 bits 圖檔圖形資料區塊空間的使用。

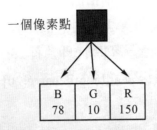

一個像素點

B	G	R
78	10	150

🔺 圖 3-27　24bits 圖檔顏色表示方式

 ### 3.3.7　BMP 圖檔之 long boundary 規則

所謂 long boundary 規則，即圖檔每列的 bytes 總數必須為 4 的倍數，如不為 4 的倍數，會以 zero padding bytes 填補至 4 的倍數，即將不足的地方補 0。故使用原始影像圖的寬乘高所計算出來的圖檔大小會小於或等於 BMP 圖檔大小。

 ### 3.3.8　BMP 檔案讀取與寫入程式設計

BMP 檔案的色彩模式共有四種 1 bits、4 bits、8 bits 及 24 bits(True Color)。由於 1 bit 與 4 bits 在目前來說已漸無人使用，故本節將著重於未壓縮 BMP 8 bits 與 24 bits 色彩模式的讀取與寫入程式設計介紹。在此我們介紹的讀取與寫入程式名稱分別為 ReadBMPImgFileToDataStruct() 與 WriteBMPImgToflie() 兩支函式。為使程式設計能夠更加結構化(Structural Design)與階層化(Hierachical Design)，我們將適度的將上述兩函式切割為數個副函式，並設有防禦性程式設計考慮，以增加程式的可靠度(Reliability)。

 ### 3.3.9　Read&Write 資料結構介紹

為了撰寫 BMP 圖檔的 Read&Write 功能函式，我們規劃了與 BMP 檔案讀寫有關的資料結構(Data Structures)。讀者可從下文中，更了解 BMP 圖檔架構，並了解所創造的資料結構中各個參數的資料型態與其所代表的涵意。以下將先介紹與 BMP 圖檔直接有關的最基本的三個資料結構。

以下第一個結構 struct BMPDataStructure 為 BMP 圖檔的總架構，內含 struct _BMPDataInfo * BMPDataInfo；為一結構指標。而 struct _BMPDataInfo 為第二個結構，其內容包含：對應 BMP 圖檔的檔頭資訊、圖形描述資訊及圖形資料區塊。此外，struct RGBQUAD ColorMap[256]；為一個結構陣列，即共有 256 個第三個結構 struct RGBQUAD，用來對應 BMP 圖檔的顏色表，最後 char bmpfilename[20]；一字串，用來儲存 BMP 圖檔名稱。

```
struct BMPDataStructure{
     struct _BMPDataInfo * BMPDataInfo;
     struct RGBQUAD  ColorMap[256];
     char  bmpfilename[20]; //輸入圖形程式內部名稱，外部名稱如 lena.bmp。
     } ;
```

　　接著第二個結構 struct _BMPDataInfo 內容如下，其包含 BMP 圖檔的檔頭資訊、圖形描述資訊及圖形資料區塊，其中，圖形資料區塊的資料儲存於一維陣列 unsigned char * bPixel; 中。

```
struct _BMPDataInfo{
      unsigned long bfType; //bmp file type 檔頭資訊 2Bytes, ='BM', 42h, 4Dh
      unsigned long bfSize;        //Size of file 檔頭資訊 4Bytes
      unsigned long bfReserved1;   //Reserved 檔頭資訊 2Bytes
      unsigned long bfReserved2;   //Reserved 檔頭資訊 2Bytes
      unsigned long bfOffBits;
      //Offset to bitmap data 檔頭資訊 4Bytes, bfOffBits=bfSize-biSizeImage

      unsigned long biSize;     //Size of info header 圖形描述資訊 4bytes
      long biWidth;             //Width of image 圖形描述資訊 4Bytes
      long biHeight;            //Height of image 圖形描述資訊 4Bytes
      unsigned long biPlanes; //Number of color planes 圖形描述資訊 2Bytes, =1
      unsigned long biBitCount;
      //Number of bits per pixel 圖形描述資訊 2Bytes, =1,4,8,24
      unsigned long biCompression;
      //Type of compression to use 圖形描述資訊 4Bytes*/
      unsigned long biSizeImage;
      /*2 Size of image data 圖形描述資訊 4Bytes, biSizeImage=bfSize-bfOffBits
      unsigned long biXPelsPerMeter; //X pixels per meter 圖形描述資訊 4Bytes
      unsigned long biYPelsPerMeter; //Y pixels per meter 圖形描述資訊 4Bytes
      unsigned long biClrUsed; //Number of colors used 圖形描述資訊 4Bytes, =0
      unsigned long biClrImportant;
      //Number of important colors 圖形描述資訊 4Bytes

      unsigned char * bPixel;  /*Pointer of image pixel 1D array 圖形資料區塊*/
      };
```

　　第三個結構 struct RGBQUAD 表述如下，每一個 RGBQUAD 結構對應一個顏色表編碼。本結構中，共包含了表示一個像素點的 R、G、B 值與一個保留位元。

```
struct RGBQUAD {
      int  rgbBlue;                //Color map Blue
      int  rgbGreen;               //Color map Green
      int  rgbRed;                 //Color map Red
      int  Reserved;               //Reserved=0

   };
```

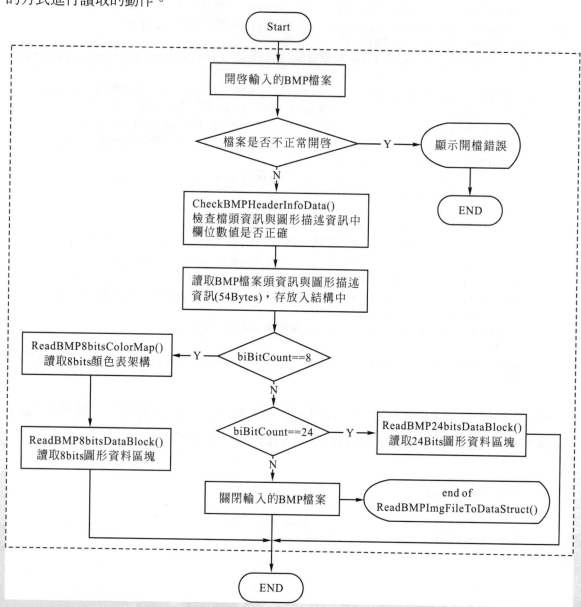

3.3.10 ReadBMPImgFileToDataStruct()函式介紹

ReadBMPImgFileToDataStruct()函式主要分為四大部分，即對應 BMP 檔案格式的檔頭資訊、圖形描述資訊、顏色表及圖形資料區塊。由於未壓縮的 BMP 8 bits 與 24 bits 色彩模式的檔頭資訊及圖形描述資訊格式相同，皆為 54 bytes(14 + 40)。故此兩部分可以使用相同的方式進行讀取的動作。

圖 3-28　簡易 ReadBMPImgFileToDataStruct()函式流程圖

　　由於未壓縮的 BMP 8 bits 與 24 bits 色彩模式最大的差異，即為顏色表的有無。故在顏色表與圖形資料區塊兩部分，我們將 8 bits 與 24 bits 兩種色彩模式分開討論。圖 2-28 為 ReadBMPImgFileToDataStruct()函式的流程圖。

　　由上述可知，ReadBMPImgFileToDataStruct()函式的第一步驟為讀取檔頭資訊與圖形描述資訊(54 bytes)的資料。在已讀取的欄位中，可由 biBitCount 欄位得知輸入圖檔的色彩模式。據此即可讀取此欄位數值以判斷輸入的色彩模式，並依據色彩模式的不同再進行不同的處理。

　　如圖 3-28 所示，當欄位 biBitCount ＝ 8 時，進行讀取顏色表與圖形資料區塊。當欄位 biBitCount ＝ 24 時，進行讀取圖形資料區塊(因為 24 bits 沒有顏色表)。如果欄位 biBitCount 不等於 8 或 24，則不進行讀取的動作。

3.3.11　讀取 BMP 8 bits 色彩模式顏色表與圖形資料區塊程式設計

　　在讀取顏色表方面，使用 fseek()函式尋找顏色表的開端(即第一個 byte)，並從輸入的圖檔依序讀取 1024bytes(4×256)，即顏色表的 256 色。將讀取的數值，儲存至已宣告的顏色表結構中。

　　讀取圖形資料區塊方面，需先配置圖形資料區塊的動態記憶體。並使用 fseek()尋找圖形資料區塊的開端(即第一個 byte)，從輸入的圖檔依序讀取 biSizeImage(即圖形資料區塊的大小)個 bytes。將讀取的數值，儲存至一維陣列 bPixel 中。

3.3.12　讀取 BMP 24bits 色彩模式圖形資料區塊程式設計

　　首先，需先配置圖形資料區塊的動態記憶體。並使用 fseek()尋找圖形資料區塊的開端(即第一個 byte)，從輸入的圖檔依序讀取 biSizeImage 個 bytes。將讀取的數值，儲存至一維陣列 bPixel 中。

3.3.13　WriteBMPImgToflie()函式介紹

　　WriteBMPImgToflie()函式所執行的步驟與 ReadBMPImgFileToDataStruct()函式相對應，程式內容中將 8 bits 與 24 bits 個別進行處理。首先，開啟一個新的 BMP 檔案，若正常開啟檔案，則寫入前 54 bytes(檔頭資訊與圖形描述資訊)。當欄位 biBitCount 等於 8 時，進

行顏色表與圖形資料區塊寫入的動作。當欄位 biBitCount 等於 24 時，進行圖形資料區塊寫入的動作。圖 3-29 所示為 WriteBMPImgToflie()函式的流程圖。

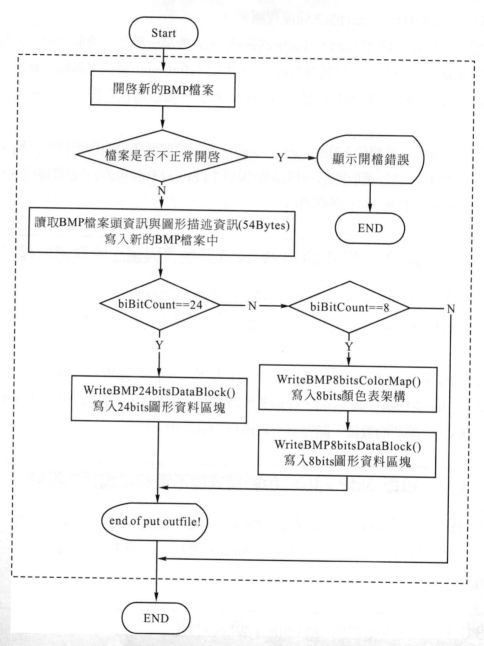

● 圖 3-29　簡易 WriteBMPImgToflie()函式流程圖

3.3.14　寫入 BMP 8bits 色彩模式顏色表與圖形資料區塊程式設計

在寫入 8 bits 顏色表方面，將顏色表結構中的數值，依序寫入 8 bits BMP 圖檔中。而寫入 8 bits 圖形資料區塊方面，從一維陣列 bPixel 中，依序擷取 biSizeImage(即圖形資料區塊的大小)個 bytes 寫入 BMP 8 bits 圖檔中，以完成輸出一張 BMP 8 bits 圖檔的工作。

3.3.15　寫入 BMP 24bits 色彩模式圖形資料區塊程式設計

將一維陣列 bPixel 中各像素點的顏色強度，依序擷取 biSizeImage 個 bytes 寫入 BMP 24 bits 圖檔中，以完成輸出一張 BMP 24 bits 圖檔的工作。其中，在寫入 24 bits 圖形資料區塊時，共包含四種模式，可依據使用者對 mode 的選擇，而產生不同色彩的圖檔。如下所示：

0：全彩模式(RGB)。
1：藍色模式(Blue，即只輸出圖檔中藍色的顏色強度，其餘顏色設定為 0)。
2：綠色模式(Green，即只輸出圖檔中綠色的顏色強度，其餘顏色設定為 0)。
3：紅色模式(Red，即只輸出圖檔中紅色的顏色強度，其餘顏色設定為 0)。

3.4　影像特徵提取

本單元將物件偵測分為：邊緣偵測、Moravec 角點偵測與人型偵測三個部份，並在最後介紹一個 LGT(Local and Global Thresholding)演算，建立影像偵測的基本觀念。

3.4.1　邊緣偵測

在基礎影像處理應用中，邊緣偵測主要目的是濾除物件內部資訊，並留下可靠的外部輪廓，藉此提供後端應用使用並可降低需要處理的資料量。本節會從影像處理基本知識迴旋運算與影像邊緣的概念開始介紹，並且引入一次微分與二次微分運算器，最後再介紹進階的 LGT 邊緣偵測演算法。

3.4.2 迴旋運算

所謂的迴旋運算就是以一個像素點(pixel)為中心，中心的像素 $f(x, y)$ 與周圍的八個像素點各自乘上一個對應位置的遮罩函式 $w(s, t)$，最後將九個運算結果加總運算得到該像素點的輸出結果 $g(x, y)$，如圖 3-30 所示。

$$g(x, y) = \sum_{s=-1}^{1} \sum_{t=-1}^{1} f(x+s, y+t)w(s, t)$$

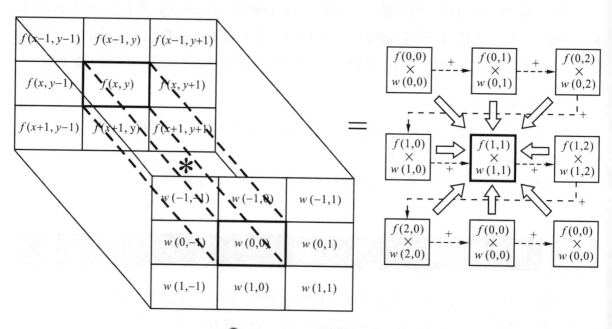

◢ 圖 3-30　迴旋運算流程

3.4.3 邊緣的定義

所謂影像的邊緣，必須滿足下列兩項條件：

1. 邊緣是到達區域最大值的影像強度函式之梯度，如圖 3-31 所示，邊緣點在原始影像中會有很高比率的強度變化。

2. 邊緣也可以是亮度迅速改變的曲線。

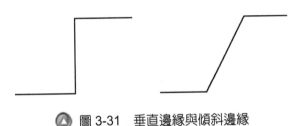

圖 3-31 垂直邊緣與傾斜邊緣

3.4.4 一次微分

一次微分適用於邊緣寬度較窄的影像。把數學具有連續性微分的概念應用到影像處理中由二維資訊構成的不連續資料,對於二維的影像資訊做一次微分會產生兩個 x 方向與 y 方向的梯度(Gradient),利用這兩個梯度我們可以取得像素的向量大小(Magnitude)與方向(Orientation)資訊,如圖 3-32 所示。一次微分的邊緣偵測通常只考慮像素的向量大小,而方向資訊通常是用來做線段的連接用途。

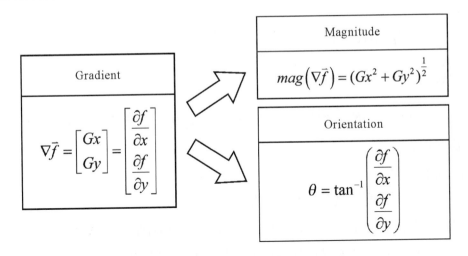

圖 3-32 梯度、大小與方向關係圖

圖片上的二維資訊是離散的,實際上該如何去計算圖片的微分呢?以 x 方向的偏微分為例,假設 $f(x, y)$ 為圖片 x-y 座標上的一個像素點,其範圍由 0 至 255。要計算該像素點 (x, y) 的梯度,即是把該位置後一點的像素 $f(x + 1, y)$ 減去像素 $f(x, y)$,再除以兩個點之間的距離 Δx。我們在此把 Δx 設為 1,可以用下列數學式來表示,並且對應到圖 3-33 的一次微分遮罩。

$$\frac{\partial f}{\partial x} = \frac{f(x+\Delta x, y) - f(x,y)}{\Delta x}$$

$$\frac{\partial f}{\partial y} = \frac{f(x\ y+\Delta y) - f(x,y)}{\Delta y}$$

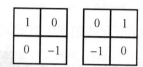

圖 3-33　一次微分遮罩

　　當計算出梯度 Gx 與 Gy 之後，我們就可以利用下面公式計算出向量的大小，即 Gx 平方加上 Gy 平方再開根號。為了增進運算的速度我們通常會採用近似的算法，取 Gx 與 Gy 的絕對值相加，將所有原始影像的像素計算完之後，得到的結果會構成一張邊緣影像圖，即為我們所求的邊緣資訊。

$$\text{mag}(\Delta \vec{f}) = (Gx^2 + Gy^2)^{\frac{1}{2}} = \left[\left(\frac{\partial f}{\partial x}\right)^2 + \left(\frac{\partial f}{\partial y}\right)^2\right]^{\frac{1}{2}}$$

$$\text{mag}(\Delta \vec{f}) = |Gx| + |Gy|$$

　　上述介紹的為最基本的一次微分邊緣偵測，還有其他也是屬於一次微分的不同邊緣偵測方法列舉如下：

1. Robert
   - 斜四十五度的微分，其遮罩如圖 3-34 所示。
   - 由於沒有明確的中心點，所以在實現上比較不容易。
   - 只用少量的像素點做梯度運算，易受到雜訊的影響。

圖 3-34　Robert mask

2. Sobel
   - 中心點會因為較大的加權值(Weighted value)，對最後的運算結果有較大的影響力。

◆ 對於抑制雜訊有較好的效果，其遮罩如圖 3-35 所示。

1	2	1
0	0	0
−1	−2	−1

0	1	2
−1	0	1
−2	−1	0

−1	0	1
−2	0	2
−1	0	1

圖 3-35　　Sobel mask

3.　Prewitt

◆ 中心部分沒有特別加權，較 Sobel 容易受到雜訊影響，其遮罩如圖 3-36 所示。

1	1	1
0	0	0
−1	−1	−1

0	1	1
−1	0	1
−1	−1	0

−1	0	1
−1	0	1
−1	0	1

圖 3-36　Prewitt mask

3.4.5　二次微分

　　二次微分適用於邊緣變化較為和緩的影像。採用拉普拉斯運算式，代表將像素點做二次微分，最後結果不具有方向資訊。二次微分的特性是中心點像素的反應(response)會高於周圍鄰居(neighborhood)的點，因此抗雜訊能力較差。

$$\nabla^2 f = \frac{\partial^2 f}{\partial x^2} + \frac{\partial^2 f}{\partial y^2}$$

利用前面一次微分所推導的公式，再做一次微分動作就可以得到二次微分式如下:

$$\frac{\partial^2 f}{\partial x^2} = f(x+1, y) + f(x-1, y) - 2f(x, y)$$

$$\frac{\partial^2 f}{\partial y^2} = f(x, y+1) + f(x, y-1) - 2f(x, y)$$

接著，將上兩式相加即可計算出 $\nabla^2 f$。

$$\nabla^2 f = [f(x+1, y) + f(x-1, y) + f(x, y+1) + f(x, y-1)] - 4f(x, y)$$

以下列出二次微分拉普拉斯邊緣偵測方法的特性：

Laplacian mask

1. 圖 3-37(左)是代表式的拉普拉斯遮罩。
2. 圖 3-37(右)是代表除了 x-y 方向之外，另外再多做一次斜 45 度的拉普拉斯運算所需的遮罩。

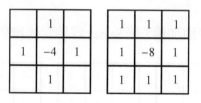

▲ 圖 3-37　Laplacian mask

3.4.6　LGT 演算法

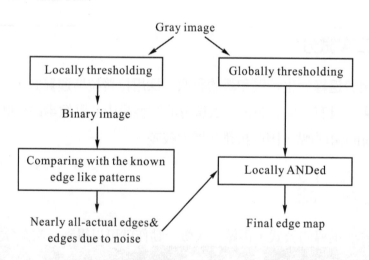

▲ 圖 3-38　LGT 演算法整體概念圖

　　並非所有的影像透過一次微分或是二次微分便可以得到完整的邊緣，因此，各種更好的邊緣偵測方法，各有其不同技術內涵及不同效果，例如，有一種具自我調適門檻值(adaptive thresholding)機能的的邊緣偵測演算法，稱為區域與全域門檻值互補法，簡稱 LGT(Local and Global Thresholding) 邊緣偵測演算法。它是一種利用區域與全域門檻值的檢測，做邊緣提取的演算法。在二值化過程中如何挑選適當的門檻值是個重要的挑戰。LGT 分別利用區域平均值與變異係數做為門檻，並且將區域與全域門檻的運算結果做 AND 邏輯運算，以消除雜訊取得乾淨的影像邊緣圖。其詳細演算流程如圖 3-39 所示。

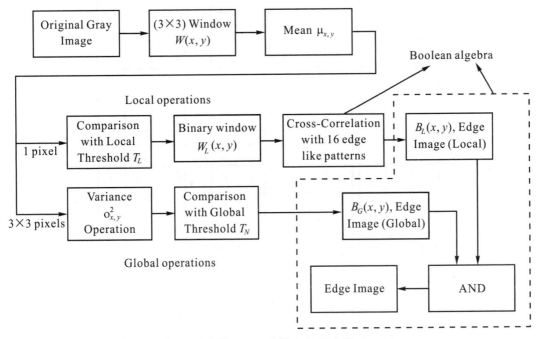

圖 3-39　LGT 演算法細部架構圖

本方法在做區域二值化時，門檻值會取原始影像 3×3 window 的平均值減去自訂常數 C。如下面公式所示。

$$T_L = \text{mean} - C = \mu_{x,y} - C$$

接著，將原始影像 $W(x, y)$ 與門檻值 T_L 做比較，若是大於門檻值，則二值化結果 $W_L(x, y)$ 設為 1；反之，若小於門檻值則二值化結果為 0。如圖 3-40 所示。

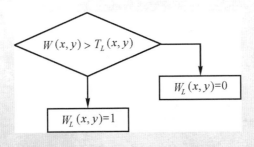

圖 3-40　區域二值化流程圖

再將 $W_L(x, y)$ 與圖 3-41 所示的 16 種邊緣樣板做比較，若迴旋運算後的結果符合其中一種，則會使 B_L 等於 1，反之則為 0。

0	1	1
0	1	1
0	1	1

0	0	0
1	1	1
1	1	1

1	1	0
1	1	0
1	1	0

1	1	1
1	1	1
0	0	0

0	1	1
0	1	1
0	0	1

1	0	0
1	1	0
1	1	0

1	1	1
0	1	1
0	0	0

1	1	1
1	1	0
0	0	0

1	1	1
0	1	1
0	0	1

1	0	0
1	1	0
1	1	1

0	0	1
0	1	1
0	1	1

1	1	1
1	1	0
1	0	0

0	0	0
0	1	1
1	1	1

0	0	0
1	1	0
1	1	1

0	0	1
0	1	1
0	1	1

1	1	0
1	1	0
1	0	0

▲ 圖 3-41　邊緣樣板

$$B_L(x, y) = !W_L(0, 0) \times W_L(0, 1) \times W_L(0, 2) \times !W_L(1, 0) \times$$
$$W_L(1, 1) \times W_L(1, 2) \times !W_L(2, 0) \times W_L(2, 2) \times W_L(2, 2)$$

而全域二值化的部分則利用全域門檻值 T_N 來移除受雜訊影響的錯誤邊緣，門檻值 T_N 的選取是視影像中的雜訊等級而定。我們先計算出 3×3 window 的變異數，再以 T_N 為門檻做二值化處理，最後取得 $BG(x, y)$，如圖 3-42 所示。最後的結果範例則顯示在圖 3-43 上，以供讀者參考

$$\sigma_{x, y}{}^2 = \frac{1}{N \cdot N} \sum_{x=0, y=0}^{x=N-1, y=N-1} [W(x, y) - \mu_{x, y}]^2$$

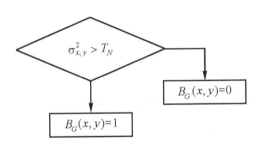

$$\sigma_{x,y}^2 > T_N$$

$$B_G(x,y)=0$$

$$B_G(x,y)=1$$

◎ 圖 3-42　全域二值化流程圖

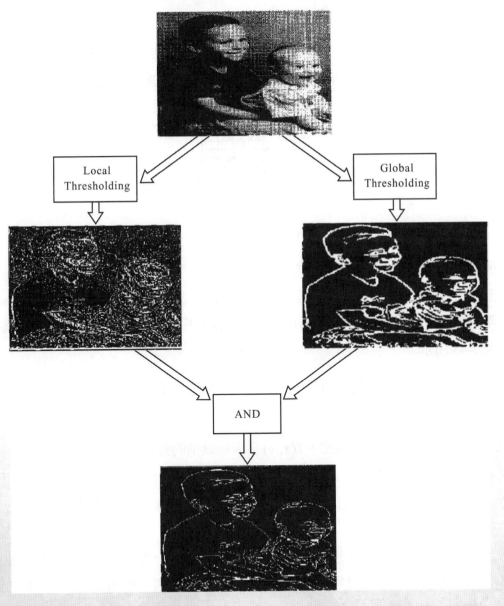

Local Thresholding

Global Thresholding

AND

◎ 圖 3-43　LGT 演算法實驗結果

3.4.7 Moravec Corner 偵測

計算機視覺系統中，角點檢測(Corner Detection)是常被用來提取特徵，以及了解圖片資訊的一種方法。Moravec 的運算即為較簡易的角落偵測器，因為它定義特徵點在每個方向皆有很大的強度變化，而符合這種情況即為角落(Corner)之所在。本節介紹 Moravec Corner 偵測的方法。

在欲進行偵測特徵點的圖案上，設定一個 3×3 或 5×5 的影像搜尋視窗。假設影像視窗中心點為 P 點，如圖 3-44 所示。將搜尋視窗分別向 8 個主要方位位移一個像素位置，即可以得到每一方向所計算出的 V 值(intensity variation，灰階值強度變化)。

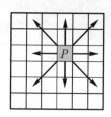

🔺 圖 3-44　欲尋找特徵點的圖像，P 點為影像視窗中心點，

箭頭方向為搜尋視窗搜尋的 8 個方向

灰階值強度變化 V 值的計算方式如下列公式所示。若 8 個 V 值皆比 T 值(Threshold，自訂的灰階門檻值)大，則表示該 P 點為角落。搜尋視窗相對於影像區塊大致上可分為四種情況，如圖 3-45 所示。

$$V(\Delta x, \Delta y) = \sum_{\substack{(x,\,y) \in N(3,\,3)\,\text{of} \\ 1,\,\text{centered at}\,P_0}} [I(x+\Delta x,\, y+\Delta y) - 1(x,\, y)]^2$$

其中 $I(x+\Delta x,\, y+\Delta y)$ 為位移的強度，$I(x,\, y)$ 為未移動前的強度。

第一種情況：當搜尋視窗全部落於影像區塊中。計算其 V 值，不管在任一方向(上、下、左、右、左上、左下、右上、右下)，此時所計算出來的 V 值強度的變異相當小甚至沒有變化，如圖 3-45(a)。

第二種情況：當搜尋視窗一邊緣位於影像區塊中，另一邊緣並不位於影像區塊內。此時計算出的 V 值在垂直方向變異大，水平方向變異小，這表示偵測出該視窗正位於圖片的邊緣上，如圖 3-45(b)。

　　第三種情況：搜尋視窗對應於圖像角點；及第四種情況：搜尋視窗對應於一隔離像素點(isolated pixel)。兩種情況所計算出的 V 值，不管在任一方向的 V 值變異都很大，如圖 3-45(c)(d)。由上可知，Moravec Corner 偵測會將隔離像素點誤判為角點，造成特徵點選取的誤差。

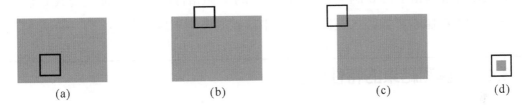

(a) (b) (c) (d)

🔺 圖 3-45　搜尋視窗相對於影像區塊的位置 (a) 當搜尋視窗全部落於影像區塊中 (b) 搜尋視窗一邊緣位於影像區塊中，另一邊緣並不位於影像區塊內 (c) 搜尋視窗對應於圖像角點 (d) 搜尋視窗涵蓋了一隔離像素點

		A7	A8	A9
	B7	B8 A4	B9 A5	A6
	B4	B5 A1	B6 A2	A3
	B1	B2	B3	

🔺 圖 3-46　搜尋視窗往左下方對角線搜尋

　　以下我們將說明左下方位像素點的 V 點運算操作，其餘的七個方位同理可推得。假設我們使用 3×3 的遮罩計算 P 點八個方向的 V 值，如圖 3-46 所示，若此時 P 點座標為(3, 3)。而又如圖 3-46 所示之紅色矩形框為 3×3 搜尋視窗，藍色矩形框為原始圖片的灰度值，我們以 P 點為中心做延伸。首先，利用下式計算 V 值 (注意：黑色的灰度值為 0，白色的灰度值為 255)，可得 V 左下 $= 3 \times 255^2$。

$$V = \sum_{i=0}^{0} (A_i - B_i)^2 = (A_1 - B_1)^2 + (A_2 - B_2)^2 + \cdots + (A_0 - B_0)^2$$
$$= 0 + 255^2 + 0 + 255^2 + 255^2 + 0 + 0 + 0 + 0 = 3 \times 255^2$$

將計算出的 8 個 V 值，個別與 T 值做比較，如比 T 值小則將 V 值設定為 0；比 T 值大則 V 值保留。並求出保留的 8 個 V 值的最小值，如下式所示。

$$C(x, y) = \min\{V(\Delta x, \Delta y)\}$$

將與 T 值比較過後所留下的 8 個 V 值，找出最小的 V 值當作該像素的強度變異 C 值。最後，將產出一張對應 C 值的影像圖，在此影像圖中非 0 的像素，即為角落。

3.4.8　偵測結果的特性討論

　　Moravec 演算法只檢測了八個基本方向上移動的強度變化，並不能準確提取出全部角點。而且對隔離的圖像點、雜訊(Noise)和邊緣(Edge)都較為敏感。由於在 Moravec 演算法中，使用 $C(x, y) = \min\{V(\Delta x, \Delta y)\}$ 公式擷取角點。因此，Moravec 演算法並不具有旋轉不變的特性(rotationally invariant)。而另一種稱為 Harris Corner 偵測方法為 Moravec 演算法的進階，其透過微分運算和自相關矩陣來偵測角點，故擁有旋轉不變的進階特性。Harris Corner 偵測將在本教材之後的章節中另做介紹。

3.5　機器學習與人形偵測

　　本單元介紹 Adaboost 演算法與 HOG 特徵所訓練出的行人偵測器，讓學生對 Adaboost 的應用有基本的了解。

3.5.1　HOG 特徵原理

　　所謂的 HOG(Histograms of Oriented Gradient)特徵是用來做物件偵測的眾多特徵之一，HOG 特徵是屬於區域特徵(Local Feature)，利用特徵對影像做分類的物件稱為分類器(Classifier)，使用單一 HOG 特徵只能辨識偵測部份的區域特徵，辨識結果容易受到複雜背景或是雜訊的影響，換言之，單一 HOG 特徵是相當不可靠，這類辨識率較差的特徵稱為弱特徵(Weak Feature)，而利用弱特徵產生的分類器稱為弱分類器(Weak Classifier)，事實上 HOG 還需要搭配其他機器學習(Machine Learning)的演算法，譬如 SVM 或 Adaboost，此類演算法能從眾多的弱分類器中篩選出較好的，並且將選出來的分類器集結成高偵測率的強分類器(Strong Classifier)。

3.5.2 偵測視窗

先不談影像處理中的物件比例問題，HOG 物件偵測過程中須假設欲偵測物件的尺寸，這個尺寸就會成為偵測視窗(Detecting Window)的長寬，利用偵測視窗從影像的最左上角，進行由左至右、由上而下的掃描(Scanning)，而掃描可以有不同的距離(step)，掃描距離的大小取決於計算速度與偵測準確率，距離越大準確率下降且計算速度加快。以行人偵測為例，假設行人在圖像中的站立姿態長寬會趨近於 64×128，這個大小就會是偵測視窗的大小，如圖 3-47 所示，360×240 比例的圖片中偵測視窗會從影像的最左上角開始移動掃描，先往右到底，再由下一列最左邊開始右移，依此類推，如果選擇偵測視窗每次只移動一個像素的距離，那麼掃描次數將會高達 33561 次，因此想保有速度又不犧牲太多偵測率的情況下，如何設定適當的掃描距離是很重要的議題。

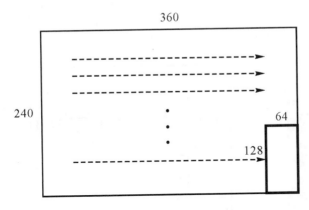

◎ 圖 3-47　影像掃描

3.5.3 特徵區塊

介紹完偵測視窗之後，深思熟慮的讀者會開始思考偵測視窗內究竟有什麼玄機，如何去區別行人(Pedestrian)與非行人(Non-Pedestrian)？接下來將介紹 HOG 特徵區塊(Feature Block)。特徵區塊是在偵測視窗內用來代表物件不同位置特徵的小矩形，這些小矩形的尺寸最大不會超過偵測視窗的大小，一個偵測視窗內可以有成千上萬個特徵區塊，而區塊的產

生是有規則性的，根據演算法規定區塊寬度範圍從 12 像素到 64 像素，高則是從 12 像素到 128 像素，除此之外所產生的區塊寬高還有三種比例，分別是 Ratio K_1 (1:1)、Ratio K_2 (1:2) 與 Ratio K_3 (2:1)，這三種比例的區塊會從最小比例的開始，K_1 (12, 12)、K_2 (12, 24)、K_3 (24, 12)，每次寬高會各自增長爲 1 乘上對應的比例，K_1 (13, 13)、K_2 (13, 26)、K_3 (26, 13)，循序產生規定的矩形直到等於寬或高的最大值爲止，K_1 (64, 64)、K_2 (64, 128)、K_3 (64, 32)，如圖 3-48 所示。

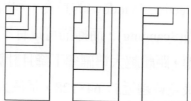

⬆ 圖 3-48　比例為 K_1、K_2 與 K_3 的特徵區塊

延續前述的規則，相同尺寸的特徵區塊在偵測視窗中的不同位置要視爲不同的特徵區塊，以 12×12 大小的特徵區塊爲例(圖 3-49)，在 64×128 大小的偵測視窗內所有位置共可以產生出 6201 種特徵區塊。因此經過計算後 K_1 比例可以產生 142623 種區塊，K_2 比例可以產生 100647 種區塊，K_3 比例可以產生 48727 種區塊。

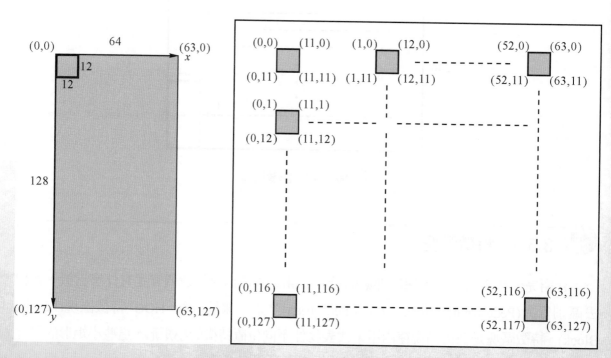

⬆ 圖 3-49　64×128 的偵測視窗(左圖)，偵測視窗中把所有的 12×12 特徵區塊展開(右圖)

3.5.4　單元與 36D 向量

每個特徵區塊又可切分為四等分，這四個矩形稱為細胞(Cell)，如圖 3-50 所示，為了方便起見我們用左上、右上、左下、右下細胞稱之。

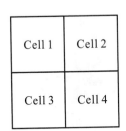

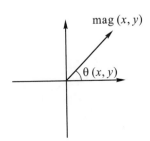

◎ 圖 3-50　四個細胞　　　　◎ 圖 3-51　像素點梯度的角度與大小

細胞內的像素經過梯度的運算 (1)(2)(3) 可以進而求出大小 (magnitude) 與方向 (orientation)，式(1)之 x 方向的微分於離散的影像資料上同等 $f(x+1, y)$ 減去 $f(x-1, y)$，而 y 方向的微分則是 $f(x, y+1)$ 減去 $f(x, y-1)$，每個像素位置會產生出由梯度計算出的方向與大小，如圖 3-51。

$$\nabla \vec{f} = \begin{bmatrix} Gx \\ Gy \end{bmatrix} = \begin{bmatrix} \dfrac{\partial f}{\partial x} \\ \dfrac{\partial f}{\partial y} \end{bmatrix} \tag{1}$$

$$\mathrm{mag}(\nabla \vec{f}) = (Gx^2 + Gy^2)^{\frac{1}{2}} = \left[\left(\frac{\partial f}{\partial x}\right)^2 + \left(\frac{\partial f}{\partial y}\right)^2 \right]^{\frac{1}{2}} \tag{2}$$

$$\theta = \tan^{-1}\left(\dfrac{\dfrac{\partial f}{\partial x}}{\dfrac{\partial f}{\partial y}} \right) \tag{3}$$

當計算完影像所有的像素點後，便要開始擷取 HOG 特徵，將前述產出的不同位置與尺寸的區塊乘上高斯加權函式(Gaussian-Weighted Function)，用以強調特徵區塊中心部位的像素之影響力，此時區塊內的所有加權後的像素值依方向的不同累加到一個橫軸區間(bin)為 10 度，共有 360 度的直方圖，如圖 3-52，取得直方圖中有最大量值的角度，將這個角度的

方向稱爲支配方向(Dominated Orientation)，將特徵區塊做支配方向與 0 度之間夾角的旋轉，這是爲了克服行人肢體的多變性，以圖 3-53 影像中的人物爲例，每個人的下肢可能會有不同的方向，所計算出的 HOG 特徵也有所不同，但是經過特徵方向旋轉的處理，可使得不同方向的人體物件呈現出來的特徵接近，換言之，把特徵區塊做支配方向的旋轉可以有效地使用較少的區塊來代表行人。

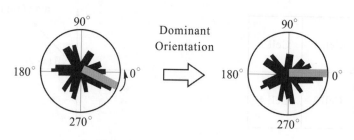

▲ 圖 3-52　支配方向的旋轉

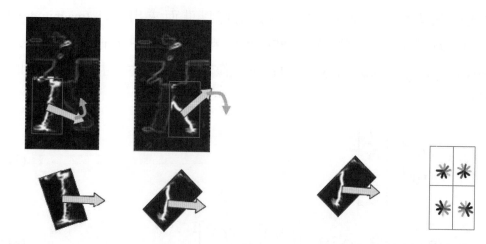

▲ 圖 3-53　人體下肢特徵區塊支配方向旋轉　　　▲ 圖 3-54　36D 的 HOG 特徵

　　支配方向旋轉後的特徵區塊中的四個細胞可以各自算出細胞內每個像素的方向與大小，並且將量值依據角度的不同累加到九個區間(每個區間爲 40 度)，而四個細胞每個各有九個區間，所以共可以得到 36 個向量，這就是我們所要的 HOG 特徵，如圖 3-54 所示。

3.5.5　HOG 產生實驗

　　使用 C 語言配合 OpenCV 資料庫設計程式，目標是能夠直接點擊圖片，以代表特徵區塊的四個紅色矩形框出計算範圍，透過滑鼠點擊對應位置取得影像座標(圖 3-55)，對將該區

域的值做 x 方向與 y 方向的微分，進一步地算出每個像素的角度與大小，最後把每個像素的
依照角度不同將其量值分配到 9 個區間(bin)，分別計算左上、右上、左下、右下單元，最
後得到 36D 資訊的直方圖，如圖 3-56。

圖 3-55 64×128 的特徵區塊

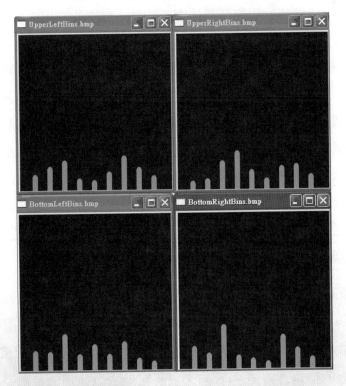

圖 3-56 36D 直方圖

3.5.6 Adaboost 機器學習人形偵測

對於影像人形偵測的方法，通常要透過一些人類的特徵，而特徵可以分為區域特徵 (Local feature)與全域特徵(Global feature)兩大領域。區域特徵指的是用一些比較低階的特徵，譬如垂直邊緣(vertical edge)、斜向邊緣(diagonal edge)、角點(corner)等，利用較小的特徵來代表人體的部分區塊；而全域特徵指的是用人形全身性的特徵來代表人類，例如人的全身輪廓、頭肩特徵(head and shoulder feature)、行人垂直特徵等，通常會以樣板比對的方式來進行偵測。本節專注於 Adaboost 行人偵測器，這裡的 Adaboost 演算法，是用來從許多區域特徵的產生的弱分類器(weak classifier)，選取出辨識率較高的一些，並集結成強分類器以辨別人形，本書沒有使用到全域特徵。

3.5.7 Adaboost 介紹

Adaboost 是一種機器學習(machine learning)的演算法，最初是由 Yoav Freund 與 Robert Schapire 所提出的，由於當時的電腦運算速度不夠快，實際的應用上有所侷限。而在電腦硬體發展進步快速的今日，已經開始將 Adaboost 搭配其他學習的演算法達到強化整體效能的目的。但是就影像偵測的應用方面，要從足夠數量的樣本與特徵來訓練出可靠的人形分類器，仍是相當費時。Adaboost 的基本概念是從一組含有正負樣板的訓練集合中，找出數個弱分類器來組成一個強分類器。其目的在於解決兩類別的分類問題，利用分類器融合的概念來提升分類的正確率。另外，弱分類器的選取是依據錯誤率(error rate)，即就同一個訓練回合而言，擁有最低的錯誤率的分類器將會被挑選出來。理論上選取的弱分類器的數目越多，則偵測率越能趨近於 100%，但所耗費的計算量則越大。

3.5.8 Adaboost 演算法

給定一組訓練集(x_1, y_1)，$\cdots$，(x_m, y_m)，x_i 代表訓練樣板，y_i 則代表該樣本是屬於正樣板或是負樣板，其值為 -1 或 $+1$。演算法一開始時，要初始化樣本的權重 $D_t(i)$。樣本權重是一種機率分布，有全部累加後其值為 1 的特性。舉例來說，若有五個正樣板與五個負樣板，他們一開始初始化後的權重皆會是 $\frac{1}{10}$。再來要訂定參數 T，這個參數是要選取的弱分類器之數量，也代表著演算法需要重複執行的次數。當進行 1、2、3 $\cdots$ T 回合的運算，第一步

驟利用 $D_t(i)$ 分佈來訓練弱分類器，接下來就是要配合 SVM(Support Vector Machine)來對樣本的空間做切割，取得能夠區分正負樣本的超平面(Hyperplane)，藉此得到弱分類器映成函式 h_t，$h_t(x_i) \in \{-1, +1\}$。再從 h_t 可以算出錯誤率 ε_t，利用錯誤率來計算出這個回合的弱分類器權重 α_t。其中，α_t 同等於分類器給予意見的分量，份量越大越能夠影響最後的結論。同一個回合的最後階段，要更新下一回合的樣本權重 $D_{t+1}(i)$。當全部的回合結束後，將所取得的弱分類器權重乘上弱分類器映成函式，並且做累加，即成為最後所要獲得的強分類器。

 ## 3.5.9 Adaboost 虛擬碼

將上述演算法的說明，寫成虛擬碼的表示方式，則如圖 3-57 所示：

$$\varepsilon_t = Pr_{i \sim D_t}[h_t(x_i) \neq y_i] = \sum_{i, h(x_i) \to y_i} D_t(i) \tag{1}$$

Given: $(x_1, y_1), \cdots, (x_m, y_m)$ where $x_i \in X, y_i \in Y = \{-1, +1\}$

Intinial $D_t(i) = \dfrac{1}{m}$

For $t = 1, \cdots, T$:

- Train weak classifier using distribution D_t.
- Get weak classifier's mapping function $h_i : X \to (-1, +1)$ with error

$$\varepsilon_t = Pr_{i \sim D_t}[h_t(x_i) \neq y_i]$$

- Choose $\alpha_t = \dfrac{1}{2}\ln\left(\dfrac{1-\varepsilon_t}{\varepsilon_t}\right)$

- Update :

$$D_{t+1}(i) = \frac{D_t(i)}{Z_t} \times \begin{cases} e^{-\alpha_t} & \text{if } h_t(x_i) = y_i \\ e^{\alpha_t} & \text{if } h_t(x_i) \neq y_i \end{cases} = \frac{D_t(i)\exp(-\alpha_i y_i h_t(x_i))}{Z_t}$$

where Z_t is a normalization factor (chosen so that D_{t+1} will be a distribution)

Output the strong classifier.

$$H(x) = \text{sign}\left(\sum_{t=1}^{T} \alpha_t h_t(x)\right)$$

🔺 圖 3-57 Adaboost 虛擬碼

3.5.10　Adaboost 實際範例

　　以下我們以實際範例來說明 Adaboost 是如何運作的。圖 3-58 為有十個點的訓練集合空間，訓練樣本以正負符號表示，首先設定要選出的弱分類器個數為三個($T = 3$)。初始化樣本的權重 $D_1(i)$ 時，設定每個樣本的權重均相同，皆為 $\frac{1}{10}$。

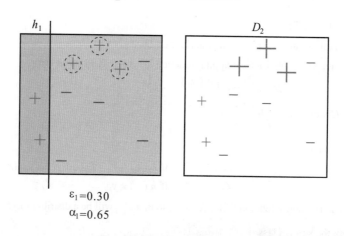

D_1

🔼 圖 3-58　訓練集合

h_1　　　　　　　　　　　　　　　D_2

$\varepsilon_1 = 0.30$
$\alpha_1 = 0.65$

🔼 圖 3-59　訓練第一回合

　　接下來的步驟如圖 3-59 所示，利用 SVM 演算法畫出一條線 $h_1(x_i)$，切開訓練集合的空間。$h_1(x_i)$ 是第一回合找出來的弱分類器，用以區分出正樣本與負樣本。從圖片中可以發現到 $h_1(x_i)$ 將三個正樣本錯誤劃分到負樣本區，這時候可以計算出這個弱分類器的錯誤率，從上一節所提到的公式(1)可以得知錯誤率是將弱分類器分錯的樣本權重做累加運算。在此分錯的三個正樣本的權重皆為 $\frac{1}{10}$，所以經過計算得到這個弱分類器的錯誤率 ε_1 為 0.3，而利用錯誤率則可以算出分類器權重 α_1 為 0.42。根據演算法被分錯的三個正樣本在下一個回合會增加樣本權重(0.166)，其餘正確分類的七個樣本則是降低樣本權重(0.071)，如此藉由權重的調整使得演算法在下一個回合計算時，能更重視於分類錯誤的樣本身上。

到了訓練的第二回合，同樣地，利用 SVM 劃分出一條直線 $h_2(x_i)$。如圖 3-60 所示，這時候有三個負樣本被錯分到正樣本區，所以錯誤率為這三個樣本權重的加總 0.21，再由錯誤率算出這個分類器的權重為 0.65，接下來就是更新權重值進行下一個回合計算。

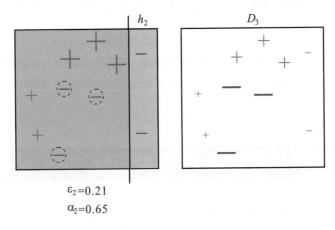

$$\varepsilon_2 = 0.21$$
$$\alpha_2 = 0.65$$

🔺 圖 3-60　訓練第二回合

第三個回合的運算方法相同於第一與第二個回合，在此就不贅述。如圖 3-61 所示，這個回合的錯誤率為 0.14，分類器的權重為 0.92。值得注意的是每回合 Adaboost 的訓練是從上個回合得到的資訊來做訓練，所以回合間的關係是密不可分的，若想要改進這個部份以加快運算速度，會是很大的挑戰。

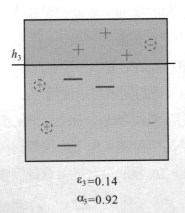

$$\varepsilon_3 = 0.14$$
$$\alpha_3 = 0.92$$

🔺 圖 3-61　訓練第三回合

最後階段我們集結所有的弱分類器，他們的權重各自為 0.42、0.65 與 0.92，將這三個弱分類器統整成為一個強分類器，並且每個弱分類器經過加權後投票影響最後的結論。

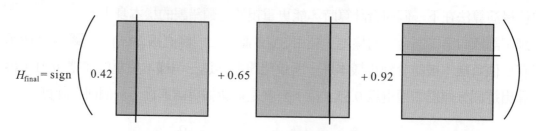

$$H_{\text{final}} = \text{sign} \left(0.42 \quad + 0.65 \quad + 0.92 \right)$$

◬ 圖 3-62　強分類器

圖片來源：Xin Li, Learning with AdaBoost, Temple University, 2007
http://www.cis.temple.edu/～latecki/Courses/RobotFall07/talksFall07/XinAdaBoost.ppt

3.6　資料緩衝與迴旋電路 FPGA 設計

　　由於仰賴視覺進行感知的機器人，在偵測物件時有著即時(Real-time)處理的需求，如何及時分析與處理大量的影像資訊是很大的挑戰，在本單元中改進迴旋運算(Convolution)的資料存取方法，以全緩衝電路來實現硬體加速。

3.6.1　FPGA 與 Verilog 簡介

　　Verilog 硬體描述語言(Hardware Description Language)與 FPGA 的關係是密不可分的，早期的電路開發是從頭安排電晶體的排列，然而這是相當耗時費力的苦工。現今的大型電路(LSI)開發就常常是數百萬邏輯元件個數的等級，過去舊時代的方法顯然已經不適用。配合電子設計自動化開發工具(CAD Tool)的進步，現在已經不用進行這種「從輪子開始製造」的工作，最常用的數位系統電路架構的開發可以使用 Verilog 硬體描述語言。當撰寫完描述電路的程式碼之後，使用開發工具來做合成(synthesis)與模擬(simulation)，以驗證該電路的正確性。開發工具軟體驗證成功的模擬結果還不能保證百分之百正確，因此，最後還須下載燒錄到 FPGA 晶片上並配合 FPGA 發展平台進行軟硬體整合操作，完成 FPGA 平台上驗證，才算是雛型電路設計達成。

3.6.2 硬體描述語言-Verilog

Verilog 是一種以 C 語言為基礎所發展出來的硬體描述語言,最早是由 Gateway Design Automation 公司於 1985 年所開發。其很多語法的使用方法與 C 語言非常相近,有 C 語言程式設計基礎者較容易能夠上手。另外,Verilog 與其他硬體描述語言最大的不同之處在於其具備有簡潔的 nonblocking assignment 運算子(≤)的功能。亦即,在一段程式區塊內的所有≤右方的數值會一起傳遞給左邊的訊號,也就是說訊號的傳遞是同時發生的。這種寫法通常很適合於使用在具有時脈信號的循序電路上,用以描述電路與時脈平行動作的行為。其語言本身容許設計者在同一個模組中混合使用不同層次的描述方法,這些層次分別包括:電晶體層次模型(Transistor Model)、邏輯閘層次模型(Gate Level Model)、暫存器轉移層次(Regsister Transfer Level)以及行為模型(Behavioral Model)等,也就是說 Verilog 語言可以允許設計者同時使用各種不同層次的表示方法來描述所擬設計的電路。

3.6.3 Verilog 電路設計範例

本小節以設計一個全加器(Full Adder)為例子說明如何使用 Verilog 語言進行電路設計,全加器電路圖請參閱圖 3-63。從該電路圖中,可以看出這個電路有三個輸入:X、Y 與前一級進位 Cin (Carry in);及兩個輸出:累加結果 Sum 與進位 Cout (Carry out)。電路用虛線包起來的部份,我們稱之為模組,每個不同的模組要給予不同的名稱。撰寫程式之初期,使用者必需依照欲完成的模組特性來宣告模組名稱,模組名稱的命名方式與所代表的意義類似 C 語言中函式名稱的命名方式與意義。如果 Verilog 撰寫的模組內有需要使用重複的結構,便可以將該結構撰寫成小模組,並且透過多次呼叫這個小模組來架構出這個模組的整個電路。

下列這段 Verilog 程式碼是用來描述全加器電路的動作,第一行的註解說明這支程式的檔案名稱為 fa_v01.v,而程式本體從第二行開始,至第七行結束。第二行宣告電路的模組名稱(fa_v01, 全加器第一版本)及其輸出輸入的引數(X, Y, Cin, Sum, Cout),引數的順序在嚴謹的 Verilog 程式撰寫上是有其規範的,通常控制權越高的引數就會擺在越前面,例如重置訊號(rst)、時脈訊號(clk)或選擇訊號(sel)。程式主要內容會從第二行保留字 module 的地方開始,第三行與第四行宣告電路的輸入與輸出,若宣告時沒有特別寫明幾 bit,會將之視為 1-bit。第五行是將輸入的 X、Y 與 Cin 做 XOR 後傳遞至輸出 Sum。第六行的描述方法同第

五行，皆為資料流描述，亦即，經過兩次 AND logic、一次 OR logic 與一次 XOR 後，再將最後運算結果傳到 Cout。第七行為保留字 endmodule，代表整個模組的結束。

```
1    //fa_v01.v
2    module fa_v01(X, Y, Cin, Sum, Cout);
3        input X, Y, Cin;
4        output Sum, Cout;
5        assign Sum = X ^ Y ^ Cin;
6        assign Cout = ( X & Y ) | ( Cin & ( X ^ Y ) );
7    endmodule
```

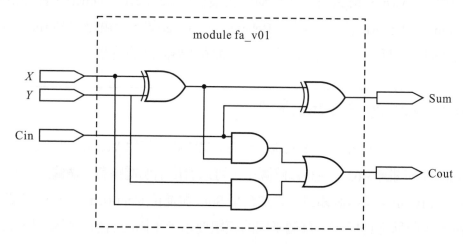

◭ 圖 3-63　全加器電路圖

　　進入測試的階段時，我們須透過另外撰寫的 testbench 程式(也是 Verilog 程式)給予輸入端(X、Y、Cin)一連串規畫好的測試訊號，進而模擬出電路運作時的逐步行為。本範例的輸出波形在 Cout 與 Sum，透過波形圖的觀察，如圖 3-64 所示，可驗證電路在預想的模擬運作動作下的正確性。想要寫出好的 testbench 程式，大部分情況下會比撰寫受測試的電路模組本身還要困難，尤其是愈複雜的電路模組，這個情形愈明顯。所以，優良的電路模組切割與優良的模組階層化規劃安排，在整體電路設計的品質與水準提升上，愈顯得其非常的重要。此外，有些開發環境可以直接跳過撰寫 testbench 的過程，而是透過直接設定輸入的值來得到波形圖。這是一種比較簡易的驗證方式，可以當作是一種輔助性的驗證操作。

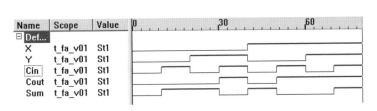

圖 3-64　電路模擬波形圖

3.6.4　場效可規劃邏輯陣列-FPGA

　　長久以來軟體程式語言都是採用循序的方式從上而下逐行執行，但是這種執行的方式無法描述出平行處理與共時性的硬體特性，因此電子設計自動化的領域發展出一套針對具有硬體共時性特性需求的硬體描述語言。用這種語言所撰寫的電路可以輕易的多次下載燒錄在現場可規劃邏輯陣列(Field-Programmable Gate Array, FPGA)晶片上，再進一步透過該 FPGA 的軟硬體整合平台做實際的驗證工作。如圖 3-65、3-66 所示為常見的 FPGA 軟硬體整合平台及其規格。FPGA 是一種由硬體繞線與邏輯閘所組成的可程式化邏輯元件(PLD, Programmable logic device)，小至由 AND 或 XOR 邏輯閘所組成的基本單元(cell)、暫存器、內嵌記憶體，或是大到複雜的各種矽智財(Intellectual Property)模組等，其中只要是能讓使用者組成邏輯電路的所有元件都可以稱為 PLD 元件。另外，規劃這些元件之間的連線除了可以用硬體描述語言撰寫程式來完成之外，還可以將邏輯元件圖示以編輯的方式來設計。

　　使用 FPGA 可以有效驗證數位電路設計及增進嵌入式系統的試驗性與擴充性，透過反覆強化設計的結果，會直接反應到所達成的整體的電路運算效能上。例如，在機器人的影像偵測的應用上，FPGA 可以加速最耗時的反覆運算功能模組，及解決大量影像資料的有效暫存與高速傳輸的問題，進而達成應用上所需的即時性(real time)的需求。

圖 3-65　DE2 FPGA 驗證用系統平台

Development and Education Board
- Altera Cyclone II (2C35) FPGA with 35,000 LEs
- 16Mbit Serial Configuration Device for AS mode
- Built-in USB Blaster with Enhanced API Link IP
- TV Decoder for NTSC/PAL/Multiformat systems
- 24-bit CD-Quality Audio CODEC
- VGA DAC (10-bit DAC)
- USB Host and Device
- Ethernet 100/10Mbps
- SRAM, SDRAM, Flash, SD Card Connector
- RS232, IrDA, PS/2
- 16x2 LCD Panel

圖 3-66　DE2 FPGA 平台規格

3.6.5　資料緩衝與迴旋電路設計

在影像辨識或偵測用途上常有即時(real-time)處理的需求，而記憶體的存取速度常常比CPU 指令執行速度慢好幾倍，所以在 FPGA 搭配嵌入式系統所擁有的有限資源中，如何選擇演算法中可轉為硬體的部份就非常重要，在本節中我們描述改進迴旋運算(Convolution)的資料存取方法，並且以緩衝器電路來實現其硬體加速的目的。

在迴旋運算中，同一筆影像像素(pixel)資料會被拿來重複使用好幾次，而在現今功能如此強大的個人電腦上通常是直接對影像資料直接做存取，但是運算效能與記憶體空間較少的嵌入式系統若採用與電腦運算相同的處理流程，便會拖垮整個嵌入式系統的效能。因此有必要將一些運算量龐大的演算法實現在硬體上，專為特定目的設計的 FPGA 電路可以有效地增進運算速度。利用迴旋運算對同一像素會連續使用好幾次的特性，可以用 FPGA 產生由一連串的 D 型正反器所構成的緩衝電路，資料會在緩衝電路內停留好幾個時脈(clock)之後再輸出，如此像素會在電路內循環好幾個回合。因此可以避免重複存取記憶體，達到運算加速的目的。從 Zhang 於 2007 年發表於 IEEE 期刊的文章可以了解到基本緩衝器架構，文章所列舉的好幾種架構中最容易實現的就是全緩衝架構(Full Buffering Schemes)，茲介紹如下。

3.6.6　全緩衝設計架構

全緩衝架構平行輸出陣列電路依其功能性的不同可以劃分為先進先出電路(FIFO)、延遲線(Delay Line)、迴旋視窗運算(Convolution)，如圖 3-67。先進先出電路是所有像素資料的入口，用來向外部記憶體抓取八位元的灰階像素資訊；延遲線則是用來緩衝並且將資料延遲輸出給迴旋視窗運算；迴旋視窗是一個矩形的陣列，目的在於一次輸出大量的像素給下一級的迴旋器做運算。

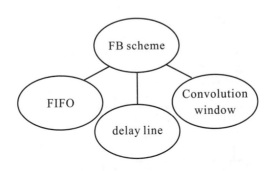

▲ 圖 3-67　全緩衝架構模組關係圖

 ## 3.6.7　全緩衝設計之記憶體定址演算法

　　為了說明資料傳遞，我們以一個 10×10 的輸入影像為例子，如圖 3-68 所示。其每一個小方格代表一個像素，編號從左上至右下，由 1 到 100 代表該位置像素的資料，在後面內容中，會使用到輸入影像中的各像素資料。

1	2	3	4	5	6	7	8	9	10
11	12	13	14	15	16	17	18	19	20
21	22	23	24	25	26	27	28	29	30
31	32	33	34	35	36	37	38	39	40
41	42	43	44	45	46	47	48	49	50
51	52	53	54	55	56	57	58	59	60
61	62	63	64	65	66	67	68	69	70
71	72	73	74	75	76	77	78	79	80
81	82	83	84	85	86	87	88	89	90
91	92	93	94	95	96	97	98	99	100

▲ 圖 3-68　10×10 輸入影像

　　將 10×10 的輸入影像之一百個像素依序從第一個到第一百個像素資料存入外部記憶體 (External Memory)。而外部記憶體會將編號由 1 到 100 的像素依序傳遞給資料緩衝電路，每一個機械週期(machine cycle)傳遞一個像素到先進先出電路。第一個週期傳遞第一個像素到

先進先出電路，第二個週期傳遞第二個像素，第四十六個週期傳遞第四十六個像素，依此
類推，如圖 3-69 至圖 3-72 所示。

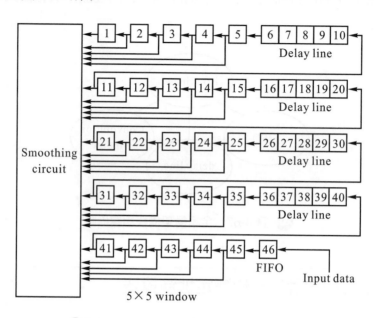

圖 3-69　　5×5 迴旋視窗第四十六週期

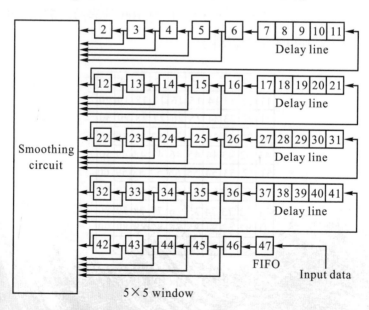

圖 3-70　　5×5 迴旋視窗於第四十七週期

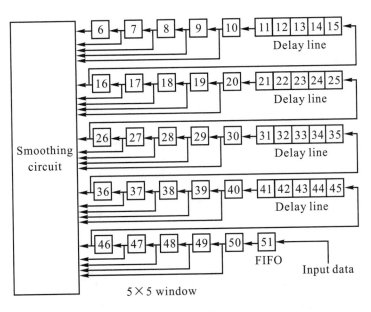

▲ 圖 3-71 5×5 迴旋視窗於第五十一週期

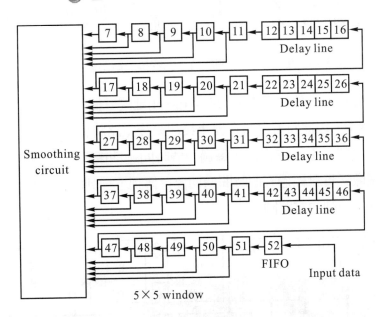

▲ 圖 3-72 5×5 迴旋視窗於第五十二週期

3.6.8 電路模擬與分析

先進先出(FIFO)電路是全緩衝架構中用來直接對外部記憶體做存取的暫存器,在這個架構下,資料流動的方式呈現單一資料流。因此只需要設計一個時脈同步的八位元暫存器來

實現先進先出電路，如圖 3-73 及圖 3-74 所示。為了符合真實世界的情況，滿足無論在任何時刻皆能重置的需求，接下來的電路設計可全部採用負緣(Negative edge)觸發且擁有最高優先權的重置訊號(Reset)。

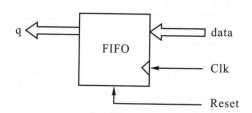

圖 3-73　先進先出電路圖

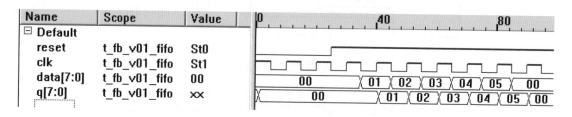

圖 3-74　fb_v01_fifo 測試時序的安排及電路模擬的執行結果

　　而延遲線電路會將前一列迴旋視窗的像素(pixel)延遲五個時間週期，並且回傳迴旋視窗以產生新的 5×5 像素。因此將五個暫存器串接起來後電路將會有八位元的輸入輸出以及同步的時間週期。當資料送進延遲線後，每過一個時間週期後暫存器內的資料會往下一個暫存器前進，同一個像素資料經過五個時間週期後會傳到下一列的迴旋視窗，如圖 3-75 所示為延遲線電路的其中一列的電路圖。

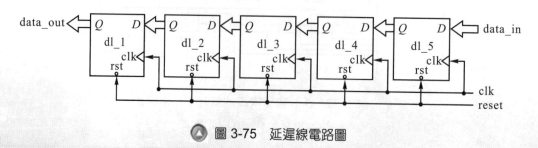

圖 3-75　延遲線電路圖

　　迴旋視窗運算電路是用來將 5×5 像素陣列的資料同時傳輸給下一級的電路，二維的 5×5 陣列可以視為五列的一維陣列，每列共有五個暫存器互相串接。列與列之間的傳遞是經由延遲線來達成，最初的輸入資料會經由先進先出電路傳遞至第五列的暫存器，每過一個時間週期，信號便會往前傳遞並輸出給下個階段的電路。進入迴旋視窗的資料經過五個時間週期後，會在延遲線中做五個時間週期的延遲，之後回到迴旋視窗的第四列，輸出給下一級，如圖 3-76 所示。

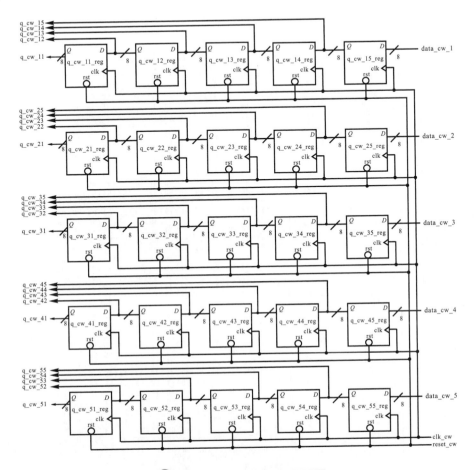

▲ 圖 3-76 迴旋視窗電路圖

　　接下來會將上述的三個模組，在輸出入的宣告上統一使用到 reset 為重置訊號的輸入端，clk 為震盪器訊號的輸入端，input_data 為八位元的像素輸入資料。而 data_cw_1 到 data_cw_5 負責連結迴旋視窗與延遲線，q_cw_11、q_cw_12 q_cw_13、...、q_cw_55 共二十五個輸出為迴旋視窗的輸出，如圖 3-77 所示。令先進先出電路輸入訊號為 input_data，輸出訊號為迴旋視窗的輸入訊號 data_cw_5。程式中呼叫四次延遲線的函式，並命名為 dl_n (n = 1, 2, 3, 4)，令迴旋視窗之輸出 q_cw_n1 (n = 2, 3, 4, 5)訊號為延遲線的輸入訊號，並且令延遲線的輸出訊號為迴旋視窗之輸入 data_cw_n (n = 1, 2, 3, 4)。最後，呼叫迴旋視窗模組的函式，輸入訊號 data_cw_x (x = 1, 2, 3, 4, 5)，輸出訊號 q_cw_xy (x = 1, 2, 3, 4, 5；y = 1, 2, 3, 4, 5)，將所有電路模組連結即完成整個全緩衝架構電路，如圖 3-78 及圖 3-79 所示。

Name						
□ Default						
reset_cw						
clk_cw						
data_cw_1[7:0]	00	01 02 03 04 05 06 07 08 09 10 11 12 13 14 15 16 17			00		
data_cw_2[7:0]	00	11 12 13 14 15 16 17 18 19 20 21 22 23 24 25 26 27			00		
data_cw_3[7:0]	00	21 22 23 24 25 26 27 28 29 30 31 32 33 34 35 36 37			00		
data_cw_4[7:0]	00	31 32 33 34 35 36 37 38 39 40 41 42 43 44 45 46 47			00		
data_cw_5[7:0]	00	41 42 43 44 45 46 47 48 49 50 51 52 53 54 55 56 57			00		
q_cw_15_reg[7:0]	00	01 02 03 04 05 06 07 08 09 10 11 12 13 14 15 16 17			00		
q_cw_25_reg[7:0]	00	11 12 13 14 15 16 17 18 19 20 21 22 23 24 25 26 27			00		
q_cw_35_reg[7:0]	00	21 22 23 24 25 26 27 28 29 30 31 32 33 34 35 36 37			00		
q_cw_45_reg[7:0]	00	31 32 33 34 35 36 37 38 39 40 41 42 43 44 45 46 47			00		
q_cw_55_reg[7:0]	00	41 42 43 44 45 46 47 48 49 50 51 52 53 54 55 56 57			00		
q_cw_14_reg[7:0]	00	01 02 03 04 05 06 07 08 09 10 11 12 13 14 15 16 17			00		
q_cw_24_reg[7:0]	00	t1=35 11 12 13 14 15 16 17 18 19 20 21 22 23 24 25 26 27			00		
q_cw_34_reg[7:0]	00	21 22 23 24 25 26 27 28 29 30 31 32 33 34 35 36 37			00		
q_cw_44_reg[7:0]	00	31 32 33 34 35 36 37 38 39 40 41 42 43 44 45 46 47			00		
q_cw_54_reg[7:0]	00	41 42 43 44 45 46 47 48 49 50 51 52 53 54 55 56 57			00		
q_cw_13_reg[7:0]	00	01 02 03 04 05 06 07 08 09 10 11 12 13 14 15 16 17			00		
q_cw_23_reg[7:0]	00	11 12 13 14 15 16 17 18 19 20 21 22 23 24 25 26 27			00		
q_cw_33_reg[7:0]	00	21 22 23 24 25 26 27 28 29 30 31 32 33 34 35 36 37			00		
q_cw_43_reg[7:0]	00	31 32 33 34 35 36 37 38 39 40 41 42 43 44 45 46 47			00		
q_cw_53_reg[7:0]	00	41 42 43 44 45 46 47 48 49 50 51 52 53 54 55 56 57			00		
q_cw_12_reg[7:0]	00	01 02 03 04 05 06 07 08 09 10 11 12 13 14 15 16 17			00		
q_cw_22_reg[7:0]	00	11 12 13 14 15 16 17 18 19 20 21 22 23 24 25 26 27			00		
q_cw_32_reg[7:0]	00	21 22 23 24 25 26 27 28 29 30 31 32 33 34 35 36 37			00		
q_cw_42_reg[7:0]	00	31 32 33 34 35 36 37 38 39 40 41 42 43 44 45 46 47			00		
q cw 52 reg[7:0]	00	41 42 43 44 45 46 47 48 49 50 51 52 53 54 55 56 57			00		
q_cw_11_reg[7:0]	00	01 02 03 04 05 06 07 08 09 10 11 12 13 14 15 16 17			00		
q_cw_21_reg[7:0]	00	11 12 13 14 15 16 17 18 19 20 21 22 23 24 25 26 27			00		
q_cw_31_reg[7:0]	00	21 22 23 24 25 26 27 28 29 30 31 32 33 34 35 36 37			00		
q_cw_41_reg[7:0]	00	31 32 33 34 35 36 37 38 39 40 41 42 43 44 45 46 47			00		
q_cw_51_reg[7:0]	00	41 42 43 44 45 46 47 48 49 50 51 52 53 54 55 56 57			00		
q_cw_15[7:0]	00	01 02 03 04 05 06 07 08 09 10 11 12 13 14 15 16 17			00		
q_cw_25[7:0]	00	11 12 13 14 15 16 17 18 19 20 21 22 23 24 25 26 27			00		
q_cw_35[7:0]	00	21 22 23 24 25 26 27 28 29 30 31 32 33 34 35 36 37			00		
q_cw_45[7:0]	00	31 32 33 34 35 36 37 38 39 40 41 42 43 44 45 46 47			00		
q_cw_55[7:0]	00	41 42 43 44 45 46 47 48 49 50 51 52 53 54 55 56 57			00		
q_cw_14[7:0]	00	01 02 03 04 05 06 07 08 09 10 11 12 13 14 15 16 17			00		
q_cw_24[7:0]	00	11 12 13 14 15 16 17 18 19 20 21 22 23 24 25 26 27			00		
q_cw_34[7:0]	00	21 22 23 24 25 26 27 28 29 30 31 32 33 34 35 36 37			00		
q_cw_44[7:0]	00	31 32 33 34 35 36 37 38 39 40 41 42 43 44 45 46 47			00		
q_cw_54[7:0]	00	41 42 43 44 45 46 47 48 49 50 51 52 53 54 55 56 57			00		
q_cw_13[7:0]	00	01 02 03 04 05 06 07 08 09 10 11 12 13 14 15 16 17			00		
q_cw_23[7:0]	00	11 12 13 14 15 16 17 18 19 20 21 22 23 24 25 26 27			00		
q_cw_33[7:0]	00	21 22 23 24 25 26 27 28 29 30 31 32 33 34 35 36 37			00		
q_cw_43[7:0]	00	31 32 33 34 35 36 37 38 39 40 41 42 43 44 45 46 47			00		
q_cw_53[7:0]	00	41 42 43 44 45 46 47 48 49 50 51 52 53 54 55 56 57			00		
q_cw_22[7:0]	00	11 12 13 14 15 16 17 18 19 20 21 22 23 24 25 26 27			00		
q_cw_12[7:0]	00	01 02 03 04 05 06 07 08 09 10 11 12 13 14 15 16 17			00		
q_cw_32[7:0]	00	21 22 23 24 25 26 27 28 29 30 31 32 33 34 35 36 37			00		
q_cw_42[7:0]	00	31 32 33 34 35 36 37 38 39 40 41 42 43 44 45 46 47			00		
q_cw_52[7:0]	00	41 42 43 44 45 46 47 48 49 50 51 52 53 54 55 56 57			00		
q_cw_11[7:0]	00	01 02 03 04 05 06 07 08 09 10 11 12 13 14 15 16 17			00		
q_cw_21[7:0]	00	11 12 13 14 15 16 17 18 19 20 21 22 23 24 25 26 27			00		
q_cw_31[7:0]	00	21 22 23 24 25 26 27 28 29 30 31 32 33 34 35 36 37			00		
q_cw_41[7:0]	00	31 32 33 34 35 36 37 38 39 40 41 42 43 44 45 46 47			00		
q_cw_51[7:0]	00	41 42 43 44 45 46 47 48 49 50 51 52 53 54 55 56 57			00		

圖 3-77　fb_v01_cw 測試時序的安排及電路模擬的執行結果

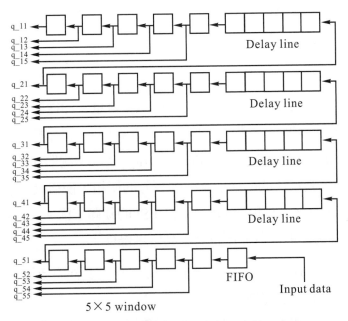

圖 3-78 全緩衝架購程式設計的電路架構圖

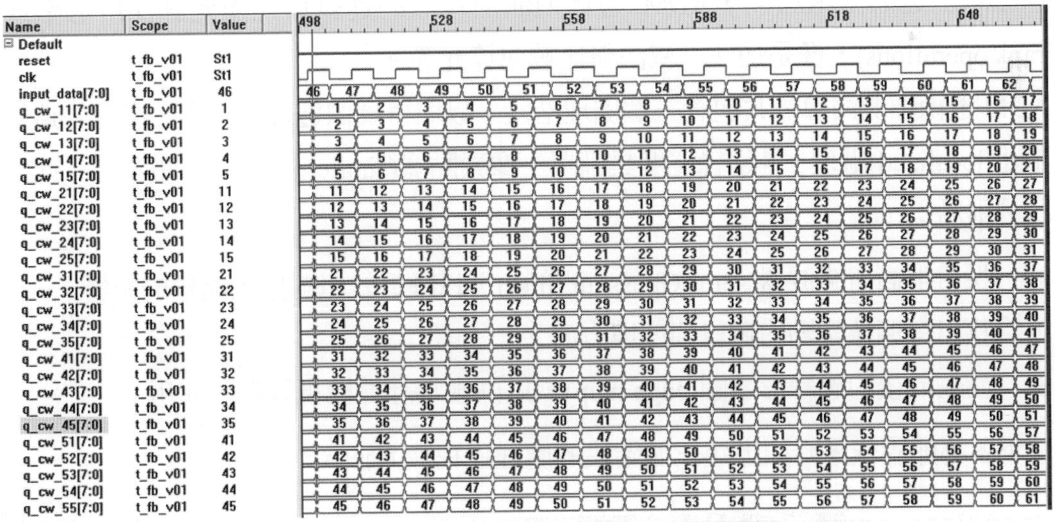

圖 3-79 fb_v01 測試時序的安排及電路模擬的執行結果

3.7 ADM 邊緣偵測器與 Harris 角點偵測器

本單元介紹 ADM 演算法如何以硬體架構實現，並利用演算法本身計算的規律性，將 Harris Corner 偵測與 FPGA 硬體化多層次迴旋做結合，用以加速角點偵測的效能。

3.7.1 ADM 邊緣偵測器

在基礎影像處理應用中，邊緣偵測主要目的是濾除物件內部資訊，並留下可靠的外部輪廓，藉此提供後端應用使用並可降低需要處理的資料量。即從原始影像資料中，擷取出邊緣特徵(features)並以特定的方法測量，取得其特徵值，以供後續樣本特徵比對相等的高階處理時使用。ADM(Absolute Difference Maximization)邊緣偵測器即為一種進階而簡明的低階影像處理功能。因為其規律的結構與基本運算元的使用，使得硬體架構更易實現。本節依序介紹 ADM 演算法及其可實現於 FPGA 或 VLSI 的硬體架構。

ADM 邊緣偵測演算法的設計原則符合下列兩項條件：

1. 不使用任何高階運算(high-rank operations)，但與其他廣泛被使用的演算法比較，仍然得到較優良的邊緣特徵結果。

2. 在數位的 FPGA 或 VLSI 設計中，將硬體化實現的彈性列入考量的因素。

基於以上述的兩項原則，ADM 邊緣偵測演算法的運算單元僅允許採用低階運算元(low-rank operations)，像是加法、減法與比較運算元等。

ADM 邊緣偵測演算法共包含三個處理階段，以取得圖像邊緣。其中，取得的邊緣已進行局部化(localized)處理，且邊緣寬度具備單一像素點寬(single-pixel wide)的特性。此三個處理階段分別為：

1. 採用半高斯濾波器(semi-Gaussian filter)，以降低雜訊對原始圖檔的影響。
2. 找出每個像素點的邊緣強度與方向。
3. 產生最後的邊緣影像圖(edge map)，以供後端計算機視覺階段使用。

以下各小節將依序介紹上述三個階段的處理過程與方法。

3.7.2 半高斯模糊遮罩

在現實情況中，大多數圖檔皆含有雜訊。為了降低雜訊對特徵提取的影響，大多採用高斯模糊遮罩來減緩雜訊的干擾，以達到獲得較精確且有用的邊緣特徵資料。但是，高斯模糊遮罩雖可減緩圖像中的高頻成分，同時也使得圖像的邊緣模糊化。故使用半高斯模糊遮罩來降低邊緣模糊化程度，同時也具有降低雜訊的功能。半高斯模糊濾波器使用相鄰的平均權重產生半高斯模糊遮罩。如下圖 3-80 所示，為一 5×5 模糊遮罩。遮罩中的係數愈接近中心像素點，次方數越高，即權重越大。

$\dfrac{1}{16}\times$

1	2	3	4	5
0.25	0.5	0.5	0.5	0.25
6	7	8	9	10
0.5	0.75	1	0.75	0.5
11	12	13	14	15
0.5	1	2	1	0.5
16	17	18	19	20
0.5	0.75	1	0.75	0.5
21	22	23	24	25
0.25	0.5	0.5	0.5	0.25

i
w

i=Mask pixel index
w=Mask pixel weight

圖 3-80　5×5 模糊遮罩

遮罩中的係數依據與中心像素的距離而有所不同。這裡將舉例說明距離的計算方法。以 $P(i, j)$ 表示座標 (i, j) 的灰度值，同理 $P(i+1, j)$ 為座標 $(i+1, j)$ 的灰度值。此兩點的水平距離 (horizontal distance) 為 1。又以 $P(i, j)$ 與 $P(i+1, j+1)$ 兩點為例，兩點間的對角線距離 (diagonal distance) 為 $\sqrt{2}$。則像素點權重可使用下面公式表示：

$$W_p = \frac{1}{d_p}$$

此處 W_p 為像素點權重，d_p 為與中心像素點的距離。

由於使用上式所計算出來的遮罩係數需應用於 VLSI 硬體電路中，故在此將遮罩係數做微量的修正，使其更易對應硬體設計電路。修正的方法運用 2 的次方相加來趨近原始的遮罩數值，例如當 $d_p = \sqrt{2}$ 時，由計算可得 $W_p = 0.707$，以 2 的次方進行趨近，得到的修正係數為 0.75(2-1+2-2)，其餘係數同理可推。由修正的遮罩中可計算出係數總和為 24，故遮罩中各個係數將乘以 2-4，以避免運算之後的數值超出正常範圍。

3.7.3　邊緣強度與邊緣方向的計算

所謂像素點的邊緣強度的計算，即使用同一方位上與中心像素相鄰的四個像素點灰階值做運算。圖 3-81 顯示 ADM 計算 $P(i, j)$ 像素的邊緣強度，所需使用到的相鄰像素點與四個方位。

$$
\begin{array}{ccccc}
\boxed{\begin{array}{c}1\\ Pd_u(2)\end{array}} & & \boxed{\begin{array}{c}3\\ V_u(2)\end{array}} & & \boxed{\begin{array}{c}5\\ Nd_u(2)\end{array}}\\[2mm]
 & \boxed{\begin{array}{c}7\\ Pd_u(1)\end{array}} & \boxed{\begin{array}{c}8\\ V_u(1)\end{array}} & \boxed{\begin{array}{c}9\\ Nd_u(1)\end{array}} & \\[2mm]
\boxed{\begin{array}{c}11\\ H_l(2)\end{array}} & \boxed{\begin{array}{c}12\\ H_l(1)\end{array}} & \boxed{\begin{array}{c}13\\ P(i.j)\end{array}} & \boxed{\begin{array}{c}14\\ H_r(1)\end{array}} & \boxed{\begin{array}{c}15\\ H_r(2)\end{array}}\\[2mm]
 & \boxed{\begin{array}{c}17\\ Nd_l(1)\end{array}} & \boxed{\begin{array}{c}18\\ V_l(1)\end{array}} & \boxed{\begin{array}{c}19\\ Pd_l(1)\end{array}} & \\[2mm]
\boxed{\begin{array}{c}21\\ Nd_l(2)\end{array}} & & \boxed{\begin{array}{c}23\\ V_l(2)\end{array}} & & \boxed{\begin{array}{c}25\\ Pd_l(2)\end{array}}
\end{array}
$$

◭ 圖 3-81　ADM 計算 $P(i, j)$ 像素邊緣強度時，所需使用到的相鄰像素點與四個方位

　　在此將四個方位進行編碼：負對角線方向(diagonal direction)設定為 1 (即 dir =1)、垂直方向(vertical direction)設定為 2 (即 dir =2)、正對角線方向(positive diagonal direction) 設定為 3(即 dir =3)及水平方向(horizontal direction)設定為 4 (即 dir =4)。故圖像中，每一像素點皆含有邊緣強度與方向。以下將列出計算邊緣強度與方向所需的三個步驟：

步驟 1.　定義使用的參數符號：

$$V_u = V_u(1) + V_u(2)，\qquad V_l = V_l(1) + V_l(2)$$
$$H_r = H_r(1) + H_r(2)，\qquad H_l = H_l(1) + H_l(2)$$
$$Pd_u = Pd_u(1) + Pd_u(2)，\qquad Pd_l = Pd_l(1) + Pd_l(2)$$
$$Nd_u = Nd_u(1) + Nd_u(2)，\qquad Nd_l = Nd_l(1) + Nd_l(2)$$

步驟 2.　計算 $P(i, j)$ 像素點的四個方位差值：

$$V = |V_u - V_l|，\qquad H = |H_u - H_l|$$
$$P_d = |Pd_u - Pd_l|，\qquad N_d = |Nd_u - Nd_l|$$

步驟 3.　決定邊緣強度與方向：

$$S_e = \max\{\, V,\ H,\ Pd,\ Nd \,\} / 2$$
$$dir_e = dir(\, \min\{\, V,\ H,\ Pd,\ Nd \,\} \,)$$

　　步驟 2.中，將計算所得的四個方位差值，選取方位差值的最小值方向表示像素點邊緣方向。以下將舉例說明邊緣方向的選取方式。如圖 3-82 所示，圖檔的上方三列灰度值為 100，其餘皆為 0，可計算出 $V = 200，H = 0，Pd = 200$ 及 $Nd = 200$。由此例可發現邊緣方向與最小方位差值的方向相同。

100	100	100	100	100	100	100
100	100	100	100	100	100	100
100	100	100	100	100	100	100
0	0	0	0	0	0	0
0	0	0	0	0	0	0
0	0	0	0	0	0	0
0	0	0	0	0	0	0

The ADM mask

▲ 圖 3-82　邊緣方向計算範例

由上述可知，像素 $P(i, j)$ 將以兩個數值表示，即邊緣強度與方向。由圖 3-82 的例子可計算出此兩個數值為(100, 4)，其中 100 為水平邊緣方向的邊緣強度，4 代表垂直方位的邊緣方向。由此也可觀察出邊緣強度的方向與邊緣方向成垂直關係。

3.7.4　邊緣偵測與局部化

ADM 邊緣偵測演算法同時進行偵測與局部化的處理。邊緣對於下一階段的影像分析是相當有用的，例如邊緣連結、樣式辨識…等，而單一像素寬的邊緣特性則是許多應用的基本需求。此外，由於圖像經過模糊化處理，這使得線性的邊緣失去了線性的特性。這會導致一些強度值出現在邊緣上會有一個局部極大值。以下為邊緣偵測與局部化的流程圖，如圖 3-83 所示。其中，邊緣方向使用比較器運算的方式產生。

假設邊緣方向為水平方向(dir =4)，則 $P5$ 需與垂直方向上的 $P2$ 與 $P8$ 做比較，如 $P5$ 的邊緣強度大於 $P2$ 與 $P8$ 的邊緣強度，則 $P5$ 的邊緣強度數值與方向將予以保留。並進一步與自訂門檻值比較，若大於門檻值，$P5$ 即被認定為邊緣。反之，兩數值將以歸零處理。

由於不同方案對邊緣的要求不同，故當像素點被認定為邊緣時，可依據使用者輸入 final 參數，決定輸出的地圖格式。當 final = 0 時，輸出二進位地圖，其中地圖中的「1」即表示邊緣像素，「0」即表示非邊緣像素；當 final =1 時，輸出邊緣強度影像圖，影像圖中的數值即為邊緣強度。

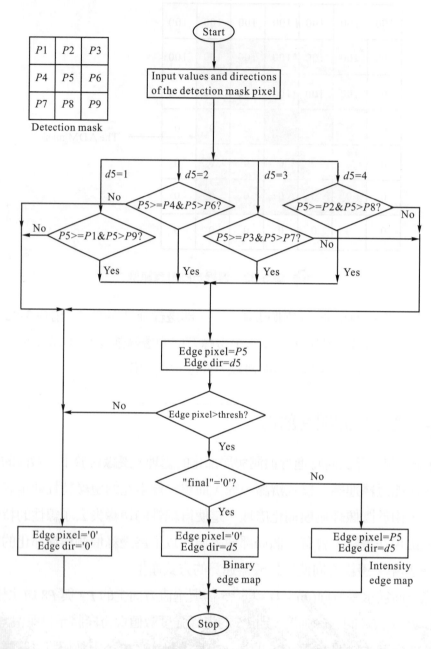

3.7.5　ADM 演算法的電路結構

　　如圖 3-84 所示，可觀察出邊緣偵測共分成三個單元：模糊單元、邊緣強度單元及偵測與局部化單元。以下將依序介紹此三個硬體單元。

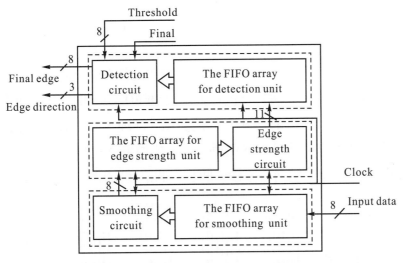

◎ 圖 3-84　邊緣偵測的電路方塊圖

3.7.6　模糊電路單元

　　由於模糊單元計算像素 $P(i,j)$ 時需使用到其相鄰的像素。在此假設圖檔解析度為 $m×n$，則要提供資料給模糊遮罩需先輸入 $(4n+5)$ 個像素值。圖 3-85 為模糊單元的 FIFO 陣列，其中矩形虛線框即為模糊遮罩。此電路從取得原始圖像資料至產生模糊化數值共延遲了 $[(2n+3)+5]$ 個計時週期個數(clock cycle count)。其中，$(2n+3)$ 為 latch 電路負責保存 $L(1,1)$ 至 $L(3,3)$ 的資料時，所需花費的 clocks 數，而 5 為管線結構起始時的延遲時間。請注意，原始圖像資料是藉由 8-bit 匯流排以串接方式傳入模糊單元。

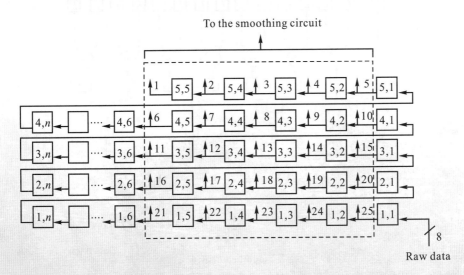

◎ 圖 3-85　模糊電路單元的 FIFO 陣列

模糊單元是由加法器與時間閂鎖(clock latch)組成，由於結構並不複雜，因此增加了高速硬體的彈性。模糊過程中，原始圖像資料需乘以對應的權重以計算出新的數值。而由於權重皆是 2 的次方或是數個 2 的次方相加而成，故在硬體方面可使用位元位移的簡易方式達到此效果，如圖 3-86 所示。例如，最中心的像素權重爲 2，則只要將像素數值左移一位元，即可達成乘以 2 的動作，產生一個 9 bit 的數值。同理，假如權重爲 0.25，則只需將像素數值右移二位元，即可達成乘以 0.25 的動作。又如權重爲 0.75(= 0.5 + 0.25)，此爲兩個 2 的次方相加，故只要將數值分別向右位移一個及二個位元，再將此兩數值相加，即可達成。

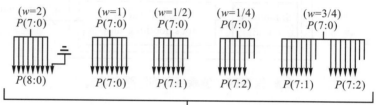

To the smoothing unit

◬ 圖 3-86　模糊權重的產生方式

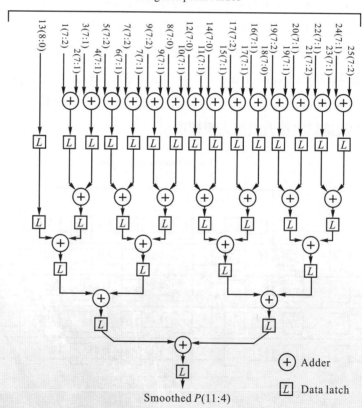

Smoothed $P(11:4)$

◬ 圖 3-87　模糊化細部電路圖

圖 3-87 為模糊電路圖，此電路的輸入為經過位元位移處理後的像素值，並將輸入的 25 個數值加總。由於 25 個權重的總和為 16(24)，其值可能會產生超出 8 bit 匯流排所能表現的數值，故模糊電路模組最後需將其除以 16，使得產生的數值落在正常的範圍內。

3.7.7 邊緣強度電路單元

邊緣強度單元中資料的位移，需透過與模糊單元相似的 FIFO 陣列協助達成，如下圖 3-88 所示。故此電路從已模糊化數值至 ADM 遮罩最中心像素共延遲了[(2n + 3) + 5]個計時週期個數，其中(2n + 3)用來為 latch 電路保存 L(1, 1)至 L(3, 3)的資料，所需花費的 clocks 數，而 5 為管線結構起始時的延遲時間。

邊緣強度電路(如圖 3-89 所示)使用 8 個加法器用來同時相加 16 個數值，並使用 4 個完全相差單元(absolute difference units) 來分別保存 V、H、Pd 與 Nd 四個數值，並取出二數相減後的最高有效位元(即可判斷數值正負的位元)作為控制訊號。如輸出 0 表示正數，其值不變；若輸出為 1 表示為負數，數值需做 2 的補數使其為正值。接著使用四個比較器來進行四個數值的相減，以求出最大值與最小值。將最大值輸出作為邊緣強度，最小值的方向則作為邊緣方向。

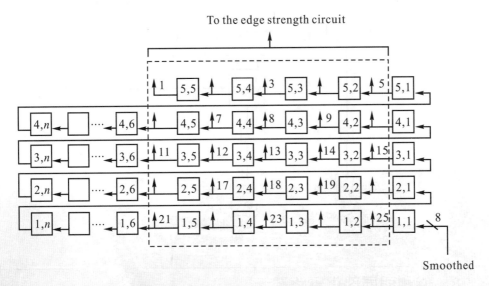

◉ 圖 3-88　邊緣強度電路單元的 FIFO 陣列

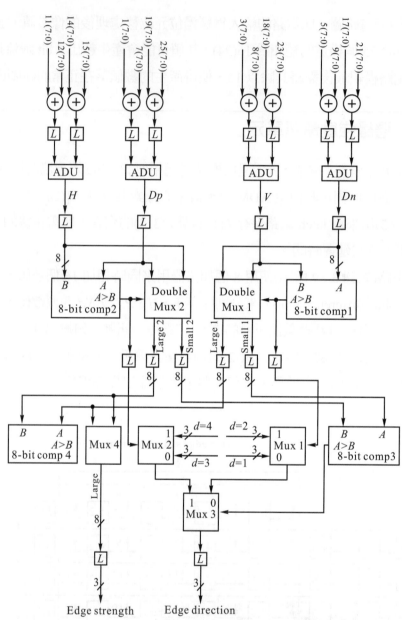

▲ 圖 3-89　邊緣強度細部電路

3.7.8　偵測與局部化電路單元

　　偵測與局部化單元中資料的位移方式，與前兩個階段方法相似，其結構如圖 3-90 所示。其中，由於電路所需餵入的像素較少，故此單元的延遲時間為$[(n+2)+1]$個計時週期個數。

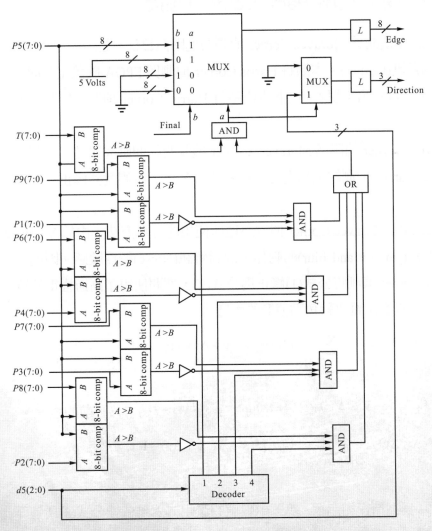

圖 3-90　偵測與局部化電路單元的 FIFO 陣列

圖 3-91　偵測與局部化細部電路

此偵測與局部化的細部電路(如圖 3-91 所示)其主要工作共有下列三個部份。

1.　P5 中心像素與門檻值做比較，若大於門檻值則輸出 1。

2.　依據 P5 的邊緣方向為訊號，使 P5 與其邊緣方向垂直方位的像素進行比較。例如當 dir=1 時，P5 將與 P1 與 P9 比較大小，若大於相鄰像素則輸出 1。

3.　輸入 final 參數當作多工器最高位元的控制訊號。並將以上輸出的訊號作 AND，用來作為多功器最低位元的控制訊號，以控制多工器的輸出格式。其中邊緣方向控制訊號也是由最低位元的控制訊號所控制。

3.7.9　多層次迴旋 Harris Corner 偵測器

Harris Corner 偵測為 Moravec Corner 偵測的進階演算法，此演算法採用微分運算和自相關矩陣來偵測角點(Corner)。本節將 Harris Corner 偵測與 FPGA 硬體化多層次迴旋做結合，用來加速角點偵測的運作過程。以下將依序對 Harris Corner 偵測與硬體化多層次迴旋做說明。

既然 Harris Corner 偵測為 Moravec Corner 偵測的延伸研究與進階演算法，那麼它究竟針對 Moravec Corner 偵測的缺點進行了哪些改善？以下我們就其修正的部分將之分為三個重點來說明。

1.　下列公式(1)為 Moravec Corner 偵測原理所使用的計算方法。由於 Moravec Corner 偵測並未做模糊(smooth and blur)的動作，故對雜訊(Noise)較為敏感。因此，為了改善此問題 Harris Corner 偵測將公式(1)修正為公式(2)，期間使用了高斯權重遮罩進行模糊化的迴旋計算，以抑制雜訊對角點偵測的影響。

$$V(\Delta x, \Delta y) = \sum_{\substack{(x, y) \in N(3, 3)\text{of} \\ 1, \text{centered at} P_0}} [I(x + \Delta x, y + \Delta y) - 1(x, y)]^2 \tag{1}$$

其中，$I(x + \Delta x, y + \Delta y)$ 為位移後的強度，$I(x, y)$ 為未移動前的強度。

$$V(\Delta x, \Delta y) = \sum_{\substack{(x, y) \in N(3, 3)\text{of} \\ 1, \text{centered at} P_0}} W_{x, y}[I(x + \Delta x, y + \Delta y) - 1(x, y)]^2 \tag{2}$$

其中，$W_{x,y}$ 為高斯模糊遮罩。遮罩中數值的產生方式是依據公式(3)所運算出來的數值，再取其整數。

$$W_{x,y} = \frac{1}{2\pi\sigma^2} e^{\frac{x^2+y^2}{2\sigma^2}} \qquad (3)$$

2. 由於 Moravec Corner 偵測原理只針對中心像素點周圍 8 個方位計算灰度值的變化，無法精確的提取出全部的角點。故 Harris Corner 偵測演算法採用微分運算來偵測角點。微分運算元能表現像素點任意方向上的灰度強度變化，因此能夠有效的區分角點和邊緣，所以將公式(2)重新定義為下列公式(4)。並且也使得角點檢測運算元具有旋轉不變特性。

$$V(\Delta x, \Delta y) = \sum_{\substack{(x,y)\in N(3,3)\text{of} \\ 1,\text{centered at}P_0}} W_{x,y}[\Delta x\, X + \Delta y\, Y + O(\Delta x^2 \Delta y^2)]^2$$
$$= A(\Delta x)^2 + 2C\Delta x\Delta y + B(\Delta y)^2 \qquad (4)$$

其中，公式(4)中各個參數分別為：

$$X = I \otimes [-1 \quad 0 \quad 1] = \frac{\partial I}{\partial x}$$

$$Y = I \otimes [-1 \quad 0 \quad 1]^T = \frac{\partial I}{\partial y}$$

$$A - X^2 \otimes W$$

$$B - Y^2 \otimes W$$

$$C - (XY) \otimes W$$

3. 由於 Moravec Corner 偵測對邊緣較為敏感，故 Harris 和 Stephen 將公式再一次進行修改為公式(5)，即如下所示。

$$V(\Delta x, \Delta y) = [\Delta x \quad \Delta y]M[\Delta x \quad \Delta y]^2 \qquad (5)$$

其中

$$M = \begin{bmatrix} A & C \\ C & B \end{bmatrix}$$

令 α 和 β 為 M 的特徵值 (eigenvalue)。由於 α，β 與圖像表面(image surface)的主曲率 (principal curvatures)成正比，故以下將依據 α 與 β 不同的數值狀態進行討論。亦即共可區分為三種情況，如圖 3-92 所示並分別闡述如下。

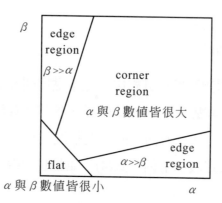

⬥ 圖 3-92　不同特徵值所對應的圖像區域

第一種情況：α 與 β 數值皆很小。表示曲率很小，而此時計算出的 V 值，無論在任一方向其數值強度皆沒有太大的變化，故代表此時位於圖像的平坦(flat)地帶。

第二種情況：α 與 β 其中一個數值遠大於另一個數值，即 $\alpha \ll \beta$ 或 $\beta \gg \alpha$ 兩種情形之一。表示圖像表面呈山脊狀，而此時計算出的 V 值，只有沿山脊方向數值強度有很大的變化，故代表此時位於圖像的邊緣地帶。

第三種情況：α 與 β 數值皆很大。表示圖像表面呈山峰狀，且此時計算出的 V 值，無論在任一方向數值強度皆有很大的變化。故代表此時位於圖像的角點地帶。

根據上述的討論，Harris 和 Stephen 進一步歸納出公式(6)，用來當作判斷角點的依據。

$$S(x, y) = \det(M) - k * \text{trace}(M) > \text{threshold} \tag{6}$$

其中　　　$\det(M) = \alpha\beta = AB - C^2$

　　　　　$\text{trace}(M) = \alpha + \beta = A + B$

上述公式中，$S(x, y)$ 為反應角落的數值，而 k 為常數。當一個像素點 (x, y) 計算出的 $S(x, y)$ 大於 0 時，則此像素點即為角點；若 $S(x, y)$ 小於 0，則此像素點為邊；若 $S(x, y)$ 數值很小，則此像素點位於平面上。最後，將可產出一張對應 S 值的影像圖，在此影像圖中非 0 的像素，即為我們所要的角落點。

3.7.10 FPGA 硬體化多層次迴旋運算

根據上一小節介紹了 Harris Corner 偵測的演算法，從中我們可以發現 Harris Corner 偵測中運用了多種(multiple)且大量重複的迴旋(Convolution)運算。由於迴旋運算相當規律，且這部分花費整個演算法的大部分執行時間。故我們將 Harris Corner 偵測使用的多層(multiple layer)迴旋運算，以硬體化的 FPGA 設計來完成，其中多層次迴旋硬體架構是加速 Harris 演算法的相當有效的設計。以下的圖文敘述將可說明多層次迴旋運算的原理與硬體架構。

假設我們的計算過程中有三個層次的連續迴旋摺積(Convolution)，而每一層中執行摺積的遮罩大小分別為 7×7、5×5 及 3×3。如圖 3-93(a)～(c)所示，虛線框為 7×7 遮罩，紅色的三角形表此刻正在傳入的像素。當像素被傳入第一個相鄰像素接收器，進行第一次摺積時，粉紅圓框(如圖 3-93(a)所示)為迴旋後產生更新的像素。當第一層運行到一定數量的像素時，即觸發第二個相鄰像素接收器，進行第二層次迴旋。圖 3-93(b)中，棕色的叉為第二次迴旋產生更新的像素。當第二層運行到一定數量的像素，即又觸發第三個相鄰像素接收器，第三層開始運作，藍色的標誌(如圖 3-93(c)所示)即為最後輸出的像素。因為不用等待前一層將影像完全處理完畢，再進行下一層的迴旋，因此，可以大量降低所需運算時間。整體多層次管線結構如圖 3-94 所示，而圖 3-94 中的相鄰像素接收器的內部結構則以圖 3-95 來表示。

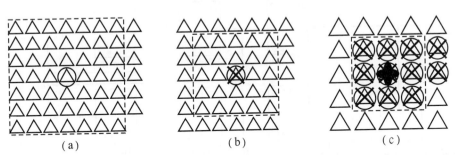

(a)　　　　　　　　　(b)　　　　　　　　　(c)

圖 3-93　三層次影像處理範例，其遮罩分別為 7×7, 5×5 及 3×3 (a)表第一層次摺積的結果 (b)表第二層次摺積的結果　(c)表第三層次摺積的結果。

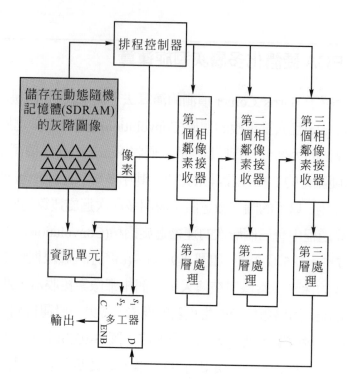

● 圖 3-94　FPGA 多層次管線結構

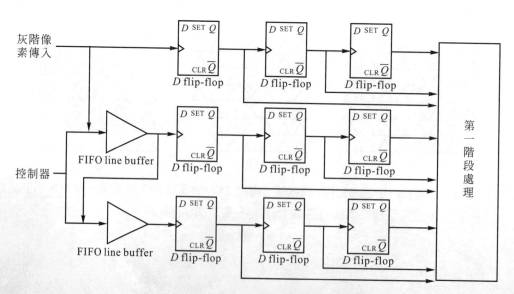

● 圖 3-95　相鄰像素接收器細部電路

3.8 微處理機與小型機器人

本單元說明微處理機系統的基礎功能，用實際範例解說如何撰寫 8051 單晶片系統程式，並且用這些指令控制小型機器人之輸出入，學習如何利用這些指令來直接存取微處理機內的特殊功能暫存器(Special Function Register)，以進行進階的處理。

3.8.1 微處理機系統

本節介紹微處理機系統的基礎功能，使用實際基本範例，說明如何在 8051 單晶片微處理機上撰寫系統函式，此可作為銜接小型機器人之輸出入控制使用。範例中並且可以學到，如何利用這些指令來直接存取微處理機內的特殊功能暫存器(Special Function Register)。

3.8.2 系統功能選單

下列 8051 組合語言是選單的主體功能，類似 C 語言中 switch 的寫法，先利用一段函式接收一個字元，並存放到 Acc 內。接收到字元後，使用絕對位址呼叫的方式(ACALL)跳到 label 為 DECODE 的選單功能模組去執行。這個 DECODE 模組程式以 Acc 內的值為依據，若 Acc 與比較的字元相等，則繼續往下執行，不進行跳躍動作；反之，則跳到下一段 CJNE 判斷式，繼續判斷。在執行結束時的 RET 指令會使得 PC(Program counter)回到原來呼叫 DECODE 的位址。如圖 3-96 所示為整支程式的流程圖，進入程式後會不斷的反覆執行，當一個功能結束後，就會回到最初系統選單指令輸入的地方，以不停斷的迴路繼續執行。

```
;字元接收函式
RECE1CH:
        JNB     RI, RECE1CH
        MOV     A, SBUF
        CLR     RI
        RET
```

選單程式主體

DECODE:

        CJNE   A, #'A', LP2

        (欲執行的指令或功能)

        RET

LP2:

        CJNE   A, #'B', LP3

        (欲執行的指令或功能)

        RET

LP3:

        (欲執行的指令或功能)

        RET

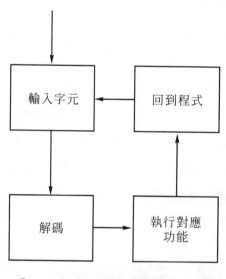

▲ 圖 3-96　系統選單功能流程圖

3.8.3　字串輸出功能

　　在實際進行微處理機系統實驗的過程中，常常需要知道單晶片內的暫存器是處於什麼狀況，這時候就要利用字串輸出的功能，並搭配其他副程式來監測整個系統是否正確運作。這樣設計可以建立使用者與微處理機的溝通橋樑。在下一段的副程式中，可以在螢幕上顯示出「HELLO WORLD!」字串，一開始先將#MSG1 的位址存放到 16 位元的 DPTR 暫存器，再來呼叫 SENDMSG 副程式。由於我們的字串將最後的結尾訂為 ASCII 碼的 NULL，而 SENDMSG 程式模組則利用 JNZ 的指令，則在尚未讀取到 NULL 的時候就都不會停止輸出。另外，在執行 SDMG1 模組程式的階段，每輸出一個字元，DPTR 的值就會加一，以指向下一個字元，如此反覆執行可列印出整行字串。

```
;字串輸出副程式
        MOV     DPTR, #MSG1
        ACALL   SENDMSG
SENDMSG:
        MOV     A, #0
        MOVC    A, @A+DPTR
        JNZ     SDMG1
        RET
SDMG1:
        ACALL   SEND1CH
        INC     DPTR
        AJMP    SENDMSG
SEND1CH:
        JNB     TI, $
        MOV     SBUF, A
        CLR     TI
        RET
MSG1:
        DB "HELLO WORLD!", 0DH, 0AH, 0
```

3.8.4 Program Counter 的操作

微處理機系統的基礎知識告訴我們，組合語言指令是無法直接對 PC 做存取的，因此，必須要利用比較迂迴的方式才能實現這個功能。常用的 LCALL 與 RET 指令便是達到此項功能的主角。從下列表 3-6 可以得知，這兩個指令的運作過程中會牽涉到十六位元的 PC 暫存器的存取操作，而在 LCALL 指令運作階段會將 LCALL 所在的位址加上 3 以後再儲存到 SP(Stack pointer)所指到的堆疊中。至於 RET 指令的行為則是相反，將儲存在堆疊的資料，存回到 PC 暫存器內。

▼ 表 3-6　LCALL 與 RET 指令動作

LCALL ADDR16	RET
$(PC) \leftarrow (PC) + 3$ $(SP) \leftarrow (SP) + 1$ $((SP)) \leftarrow (PC7–PC0)$ $(SP) \leftarrow (SP) + 1$ $((SP)) \leftarrow (PC15–PC8)$ $(PC) \leftarrow addr15-addr0$	$(PC15–PC8) \leftarrow ((SP))$ $(SP) \leftarrow (SP) - 1$ $(PC7–PC0) \leftarrow ((SP))$ $(SP) \leftarrow (SP) - 1$

利用前述的兩個特性，我們知道在程式呼叫(LCALL)與返回主程式(RET)過程中，主程式的位址資訊會被記錄在堆疊裡面，因此只要能夠改變堆疊內的資料，便可以達到操作 PC 的目的。而 PUSH 與 POP 功能則是用來做堆疊操作的指令，其指令動作如表 3-7 所示。我們只要使用 LCALL 呼叫一支副程式，主程式的位址(PC)就會被存放至堆疊暫存器中。此時只要使用 PUSH 指令把存進堆疊的資料推出，再來用 POP 推入所希望的數值，進而加上 RET 指令之後，便能透過 PC 的操作跳到相對應的位址。

▼ 表 3-7　PUSH 與 POP 指令動作

PUSH direct	POP direct
$(SP) \leftarrow (SP) + 1$ $(direct) \leftarrow ((SP))$	$(direct) \leftarrow ((SP))$ $(SP) \leftarrow (SP) - 1$

3.8.5　小型機器人設計範例

R/C(Ratio control)伺服馬達是一般機器人常用的零組件，用以驅動機器人的雙足、手臂及夾爪等肢體部件。本節所談論的小型機器人，是參考《王允上，機器人單晶片微電腦控制，全華圖書，2007》一書裡面的小型機器手臂設計範例而來。其所使用的伺服馬達主要有三條線，分別是 Vcc、Gnd 與控制線，控制線的部份只要傳入 PWM(Pulse-width modulation)訊號便可以驅使馬達的轉軸固定在同一個位置，因此，對一個小型機器人而言只要能夠用單晶片同時傳輸複數訊號，理論上就能夠達成獨立控制一個簡易的機器人。

3.8.6　小型機器人的機體結構

本節的簡易機器手臂是使用單晶片 AT89S51 來控制五軸的機械手臂，如圖 3-97 所示。整個機構體中總共使用到六個伺服馬達，每顆馬達在有負載的情況下消耗電流約 500～600 mA，因此，要使用八顆鹼性電池，在最高耗電時，才有充足的電流可以推動這個小型機器人的每個馬達同時作動。其中支撐整隻手臂的部分需要兩顆馬達，這兩個馬達有相同的轉動方向，並給予相同的輸入訊號。夾爪的部份則是用一個馬達驅動兩片齒輪狀的壓克力所做成的零件。整個機器手臂的機構體也都是使用壓克力所裁剪與裝配而成。使用壓克力材料是因為它有著堅固與透明美觀的優點，但是加工時卻比木材與鐵件共同構成的結構體來得耗時。因此，在一般製作小型機器人的課程上，我們比較建議在某些部分可以交叉使用木材、鐵件、塑膠片或厚紙板等容易加工的材料來替代。

圖 3-97　兩指夾爪簡易機器手臂

3.8.7　RC 伺服馬達

如圖 3-98 所示，RC 伺服馬達不同於一般交流馬達，它是使用 4～6V 的直流電源，並利用 PWM 波來控制。具有回授裝置，當用手指推動通電的伺服馬達軸心時，可以感受到馬達相反方向的扭力抵抗。伺服馬達可以精確的維持在某個角度，這是直流馬達沒有辦法做到的。由於體積較小，在應用上常見於小型機器人或是遙控飛機。

S03N　　　　S03T

▲ 圖 3-98　RC 伺服馬達的外觀

3.8.8　單晶片產生 PWM 波

使用單晶片設計來產生 PWM 波一般是採用控制其輸出腳位的電壓高低作動來達成。亦即，選取單晶片其中某個可用的埠(Port)，透過撰寫組合語言程式去輸出 high 與 low 的不同電位。如圖 3-99 所示，進一步再利用調整 High Time 的波寬度，使伺服馬達能夠精確的轉到我們指定的位置。整個產生 PWM 波的流程可以下列五個步驟來描述。

1.　輸出腳位設為高電位。
2.　叫延遲副程式(High Time)。
3.　輸出腳位設為低電位。
4.　叫延遲副程式(Low Time)。
5.　回步驟 1。

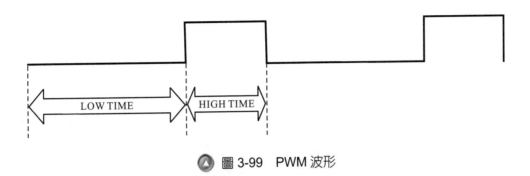

圖 3-99 PWM 波形

在下面一段範例程式中，我們使用晶體振盪頻率為 20 MHz，輸出端 P2.0 處在高電位的時間為 1.5 ms，而處於低電位的時間則為 20 ms 為例。此時，Acc 作為 DLY100US 模組的引數，藉以影響延遲時間的長短。只要調整高電位的時間長短就可以控制馬達轉軸落於不同的位置。但是這種設計方法會產生一個問題，也就是在產生 PWM 波的同時，單晶片沒有辦法做其它工作，所以我們在下一節介紹使用中斷的進階方法來克服這個問題。

```
;程式範例
ORG     0000H
START:  CLR     P2.0
        MOV     A,  #200
        ACALL   DLY100US
        SETB    P2.0
        MOV     A, #15
        ACALL   DLY100US
        AJMP    START
DLY100US:
        MOV     R6, A
DLY1:   MOV     R7, #80
DLY2:   DJNZ    R7, DLY2
        DJNZ    R6, DLY1
        RET
        END
```

 ### 3.8.9 計時器中斷控制的進階方法

　　以下所介紹的範例程式可分成兩個部份來說明，在主程式的部份，負責 Timer 0 中斷的相關設定，TH0 與 TL0 的值合起來轉換成十進位後是 65380，也就是說要 Timer 0 控制計時 156 次之後才會產生一次中斷。這段時間大約是 93.6 微秒，換句話說每次中斷的時間將近 1ms。接著在進入中斷副程式之後的部分，要先更新 TH0 與 TL0 的值，以保證下次的計時會從 FF64H 開始，而不是從 0000H 算到 FFFFH。在此引入了一個暫存器用以記錄中斷的次數，若暫存器的值為 200 則將輸出設為 1；若暫存器的值為 15 則將輸出設為 0。如此，每隔 0.1ms 進入這個副程式一次以產生輸出高低電位的變化，且能在還沒有執行中斷服務程式的其它時間，CPU 可以同時做其他的事，這也就是使用中斷功能的好處。

```
;程式範例
        ORG     0000H
        AJMP    START
        ORG     000BH
        AJMP    TIMER0
START:
        MOV     TMOD, #00000001B
        MOV     TH0, #0FFH
        MOV     TL0, #64H
        MOV     IE, #10000010B
        SETB    TR0
        AJMP    $
TIMER0:
        PUSH    A
        CLR     TF0
        MOV     TH0, #0FFH
        MOV     TL0, #64H
        INC     R0
```

CYCLE:

```
        CJNE    R0, #200, SERVO1
        MOV     R0, #0
        SETB    P2,0
        AJMP    GOBACK
```

SERVO1:

```
        MOV     A, R0
        XRL     A, #15
        JNZ     GOBACK
        CLR     P2.0
```

GOBACK:

```
        POP     A
        RETI
        END
```

　　以下我們將利用中斷產生 PWM 控制波的流程，分為兩個階段共條列十二個步驟來說明其細節。

設定階段：

1. 設定 TMOD。
2. 設定 Timer low-byte 與 Timer high-byte。
3. 設定中斷致能 IE。
4. 設定計時器控制暫存器 TCON。
5. 等待中斷。

進入中斷副程式階段：

1. 將 Acc 內容推入堆疊。
2. 清除中斷要求。
3. 重新設定 Timer low-byte 與 Timer high-byte。
4. 計數器加一。
5. 若計數器為 200，則輸出拉到高電位，否則跳到步驟 6。

6. 若計數器為 15，則輸出清除為低電位。

7. 將 Acc 內容推出堆疊，回到主程式。

單元練習

選擇題

( ) Q1. 本文中 Gene1270 能夠支援何種作業系統？
(A)Unix
(B)Windows CE 5.0
(C)Linux
(D)Windows CE 5.0 及 Linux 皆可支援。

( ) Q2. 邊緣偵測演算法(Edge Detection)的主要目的是濾除物件內部較不重要的資訊，並留下可靠的外部輪廓，藉此提供給後端應用有用的特徵，並可降低需要處理的資料量。下列哪一項並不屬於邊緣偵測演算法的一種？
(A)Histograms of Oriented Gradients (HOG)
(B)Absolute Different Mask (ADM)
(C)Sobel
(D)Local and Global Thresholding (LGT)

( ) Q3. 下列何者不是屬於一次微分特性的邊緣偵測方法？
(A)Robert
(B)Sobel
(C)Prewitt
(D)Laplacian

( ) Q4. 一般來說，以下何者不屬於全域特徵(Global Feature)？
(A)人的全身輪廓
(B)頭肩特徵(Head and Shoulder Feature)
(C)角點(Corner)
(D)行人垂直特徵

( ) Q5. 有關 Local and Global Thresholding (LGT)演算法，下列何者有誤？

(A)可進一步發展為具自我調適門檻值(Adaptive Thresholding)機能的邊緣偵測演算法

(B)利用區域平均值與變異數做為門檻，將區域與全域門檻的運算結果做 OR 邏輯運算

(C)區域二值化部分，門檻採用原始影像 3×3 視窗的平均值減去自訂常數 C(D)全域二值化部分，以 3×3 視窗的變異數搭配門檻值處理

問答題

( ) Q6. BMP 圖檔格式分為四大部份，分別為_____、_____、_____，以及圖形資料區塊。而 True Color 色彩模式前面三大部份則共使用了_____Bytes 大小來儲存。

( ) Q7. 所謂的 HOG(Histograms of Oriented Gradients)特徵是用來做物件偵測的眾多區域特徵(Local Features)之一，其位於一個偵測視窗(Detecting Window)中的特徵區塊(Block)，分為三種比例，分別為_____：_____、_____：_____及_____：_____三種。而特徵區塊的尺寸，最小的由_____×_____Pixels 可擴大至最大的_____×_____Pixels。

( ) Q8. 請寫出 ADM 邊緣偵測演算法可以實現於 FPGA 或 VLSI 的硬體架構，是依循哪兩個設計原則？

(1)_____

(2)_____

( ) Q9. 在嵌入式系統開發過程中，如因現有平台不支援輸入影像之格式，而若欲採自行設計程式，以便能額外增加與存取該輸入影像之格式相關的函式時，卻容易遭遇到太大的困難，則通常可直接採取什麼方法來迴避與解決？

_____

( ) Q10.影像擷取的流程主要可分為哪三個步驟？

(1)_____

(2)_____

(3)_____

Chapter 4

智慧型機器人的視覺系統發展

本章大綱

4.1 Opencv 環境建立

4.2 圖像座標及色彩轉換

4.3 影像像素值的轉換

4.4 抖色演算法(Dithering Algorithms)

4.5 型態學影像處理

4.6 空間域影像增強處理

4.7 環境偵測

4.8 物件追蹤

學習重點

◆ 機器視覺

◆ 影像辨認

◆ 環境偵測

◆ 物件追蹤

蘇崇彥　國立台灣師範大學　工教系　教授

4.1 Opencv 環境建立

本單元介紹機器視覺教學所需的核心軟體—OpenCV 影像函式庫,以及此函式庫在各種不同編譯器與環境上的設定方法。

4.1.1 機器視覺與 OpenCV 介紹

智慧型機器人的發展是結合了多項理論與實務基礎的產物,主要有機器人的結構、影像及語音處理等相關理論與實務,各系統間必須密切協調與配合,使智慧型機器人能在無人控制下擁有與人類相同的判斷力,在複雜的環境中執行各種高難度的任務。由於機器視覺的研究,涉及大量影像處理理論基礎,門檻較高,因此有不少學者致力於開發使用者更容易上手的學習方式,也陸續發展出相關輔助初學者的程式函式庫,而 OpenCV 即因此目的而建立的函式庫。

OpenCV 是 Intel 所資助的開放式程式碼(Open Source)計算機視覺相關原始碼程式庫,對非商業和商業應用都是免費的,使用者可在 sourceforge.net 網站下載取得。它由一系列 C 函數和部分 C++所構成,實現了許多影像處理和機器視覺方面的處理程式,可讓初學者輕鬆的利用其函式庫進行編碼。其優勢在於 OpenCV 擁有 300 多個 C/C++函數的跨平台(Windows、Linux 等)的中、高層 API(Application Programming Interface,API),擁有強勁的整合與相容性,可以自由的運用不同平台編寫。

OpenCV 主要的模組:

- ♠ cv   主要的 OpenCV 函數。
- ♠ cvaux   輔助的/實驗性的 OpenCV 函數。
- ♠ cxcore   數據結構與線性代數相關。
- ♠ ml   機器學習模組。
- ♠ highgui   圖形介面函數。

OpenCV 函式庫具有下列幾項功能:

- ♠ 影像的操作(分配、釋放、複製和轉換等)。
- ♠ 影像視頻的 I/O(由檔案輸入或是由攝影機取得)。
- ♠ 矩陣和向量的操作以及線性代數方程式的實現(矩陣乘積、方程式的解、矩陣的特徵值、特徵向量和奇異值等)。

♠ 各種動態數據庫結構(列表和集合等)。

♠ 基本的影像處理(濾波、邊緣偵測、色彩轉換和直方圖等)。

♠ 結構分析(輪廓處理、模板匹配和 Hough 變換等)。

♠ 運動分析(前景、背景分離等)。

♠ 基本的 GUI(鍵盤和滑鼠的應用等)。

♠ 圖像標註(線、圓、多邊形和文字等)。

OpenCV 亦可在多種環境及編譯器下使用，以下介紹其環境的設定。請學習者先由網站 http://sourceforge.net/projects/opencvlibrary 下載 openCV-1.0.0，解壓縮後依步驟安裝。

 ## 4.1.2 在 Dev C++下的環境建立

步驟 1 建立 OpenCV Project：(見圖 4-1 與 4-2)

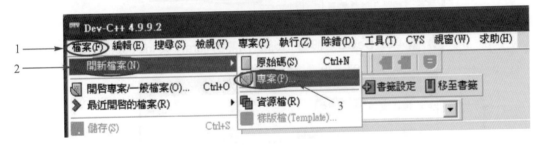

🔺 圖 4-1 Dev C++建立 OpenCV Project(1)

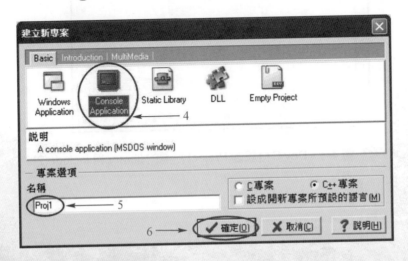

🔺 圖 4-2 Dev C++建立 OpenCV Project(2)

1. 在功能列中選取檔案；
2. 在拉下的表單內選取開新檔案；
3. 在彈出的右側選單中選取專案；
4. 在彈出建立新專案的視窗左側選取 Console Application；
5. 在下方名稱中輸入專案名稱；
6. 按下的確定完成新建 Project 設定。

步驟 2 **設置 Project 所需的 library 與 include：(見圖 4-3～4-5)**

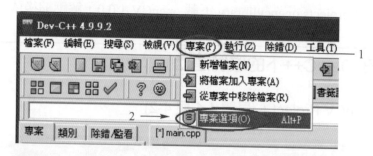

🔺 圖 4-3　Dev C++設置 Project 所需的 library 與 include(1)

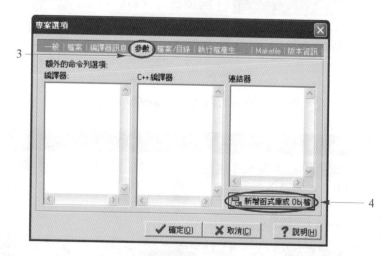

🔺 圖 4-4　Dev C++設置 Project 所需的 library 與 include(2)

○ 圖 4-5 Dev C++設置 Project 所需的 library 與 include(3)

1. 在功能列中選取專案；

2. 在拉下的表單內選取專案選項；

3. 在彈出專案選項的視窗選取參數標籤；

4. 在下方點選新增函式庫或 Obj 檔，加入 C:\Program Files\OpenCV\lib\底下的 lib 檔；

5. 選取專案選項視窗中的檔案/目錄標籤；

6. 點選引入標頭檔標籤；

7. 加入 OpenCV 標頭檔路徑：

   C:\Program Files\OpenCV\cxcore\include

   C:\Program Files\OpenCV\cv\include

   C:\Program Files\OpenCV\cvaux\include

   C:\Program Files\OpenCV\ml\include

   C:\Program Files\OpenCV\otherlibs\highgui

   C:\Program Files\OpenCV\otherlibs\cvcam\include

8. 按下確定完成設定。

4.1.3　在 Visual C++ 6.0 下的環境建立

步驟 1　全局設定：(見圖 4-6～4-9)

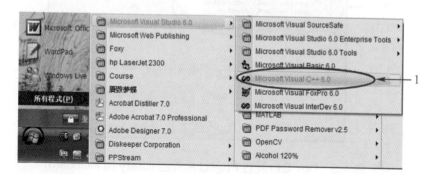

圖 4-6　VC6.0 的全局設定(1)

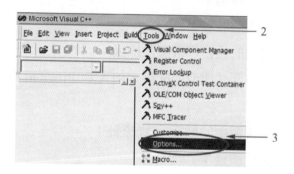

圖 4-7　VC6.0 的全局設定(2)

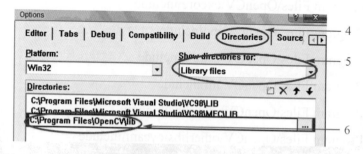

圖 4-8　VC6.0 的全局設定(3)

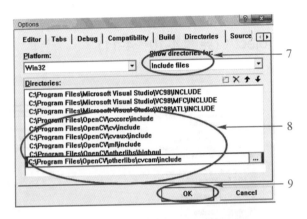

● 圖 4-9 VC6.0 的全局設定(4)

1. 開啟 VC 6.0；

2. 在功能列中選取 Tools；

3. 在拉下的表單內選取 Options；

4. 在彈出 Options 的視窗選取 Directories；

5. 在下面表單內的 Show directories for 的 list box 中選擇 Library files；

6. 在下方 Directories 按下 ，並新增 C:\Program Files\OpenCV\lib

   (C:\Program Files 為預設 OpenCV 安裝路徑)；

7. 在下面表單內的 Show directories for 的 list box 中選擇 Include files；

8. 在下方 Directories 按下 ，並新增下列 include 項目：

   C:\Program Files\OpenCV\cxcore\include

   C:\Program Files\OpenCV\cv\include

   C:\Program Files\OpenCV\cvaux\include

   C:\Program Files\OpenCV\ml\include

   C:\Program Files\OpenCV\otherlibs\highgui

   C:\Program Files\OpenCV\otherlibs\cvcam\include

9. 按下 OK 完成全局設定。

步驟 2 建立 OpenCV Project：(見圖 4-10～4-11)

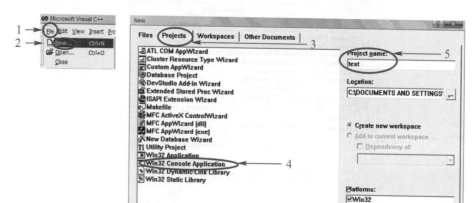

圖 4-10 VC6.0 建立 OpenCV Project(1)

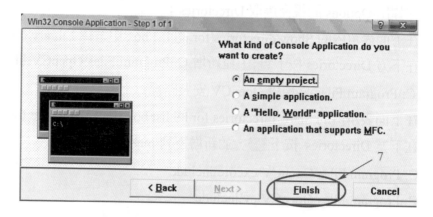

圖 4-11 VC6.0 建立 OpenCV Project(2)

1. 在功能列中選取 File；

2. 在拉下的表單內選取 New；

3. 在彈出的右側選單中選取 Project；

4. 在彈出 New 的視窗左側選取 Win32 Console Application；

5. 在右側表單 Project name 輸入檔名(預定為 test)；

6. 按下 OK 鍵；

7. 在 Win32 Console Application-step 1 of 1 中按下 Finish 完成 Project 設定。

步驟 3　設置 Project 所需的 lib：(見圖 4-12~4-13)

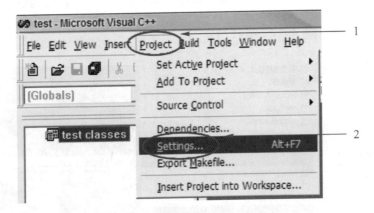

圖 4-12　VC6.0 設置 Project 所需的 lib(1)

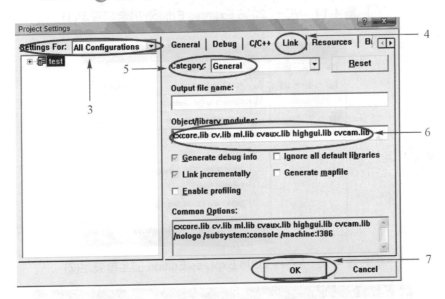

圖 4-13　VC6.0 設置 Project 所需的 lib(2)

1. 在功能列中選取 Project；
2. 在拉下的表單內選取 Settings…；
3. 在 Project Settings 內 Settings For：選取 All Configurations；
4. 在右側視窗選取 Link；
5. 在下方 Category 內選擇 General；
6. 在 Object/library modules 附加上 Project 所需的 *.lib 檔；
7. 按下　OK　鍵，完成設定。

4.1.4 在 VC++ 2008 /2005 Express Edition 下的環境建立

步驟 1　全局設定：(見圖 4-14～4-17)

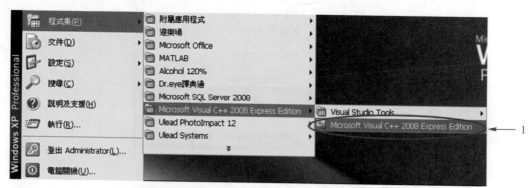

🔺 圖 4-14　VC++ 2008 Express Edition 的全局設定(1)

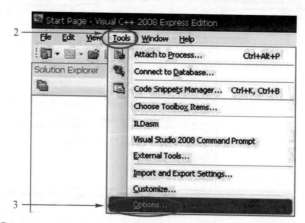

🔺 圖 4-15　VC++ 2008 Express Edition 的全局設定(2)

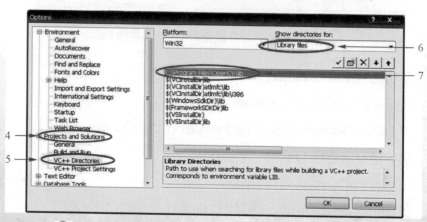

🔺 圖 4-16　VC++ 2008 Express Edition 的全局設定(3)

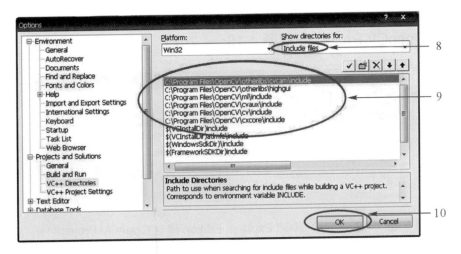

圖 4-17　VC++ 2008 Express Edition 的全局設定(4)

1. 開啟 VC++ 2008 Express Edition；

2. 在功能列中選取 Tools；

3. 在拉下的表單內選取 Options；

4. 在彈出 Options 的視窗左側選取 Projects and Solutions；

5. 在下拉式表單內選擇 VC++ Directories；

6. 在右側上方 Show directories for 的 list box 中選擇 Library files；

7. 選擇 ，新增 C:\Program Files\OpenCV\lib (C:\Program Files 為預設 OpenCV 安裝路徑)；

8. 在右側上方 Show directories for 的 list box 中選擇 Include files；

9. 選擇 ，並新增下列 include 項目

   (C:\Program Files 為預設 OpenCV 安裝路徑)

   C:\Program Files\OpenCV\cxcore\include

   C:\Program Files\OpenCV\cv\include

   C:\Program Files\OpenCV\cvaux\include

   C:\Program Files\OpenCV\ml\include

   C:\Program Files\OpenCV\otherlibs\highgui

   C:\Program Files\OpenCV\otherlibs\cvcam\include

10. 按下下方的 OK 完成全局設定。

步驟 2 建立 OpenCV Project：(見圖 4-18～4-20)

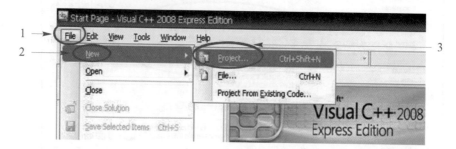

圖 4-18 VC++ 2008 Express Edition 建立 OpenCV Project(1)

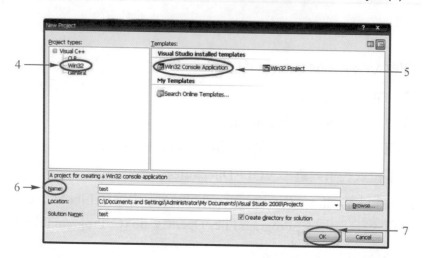

圖 4-19 VC++ 2008 Express Edition 建立 OpenCV Project(2)

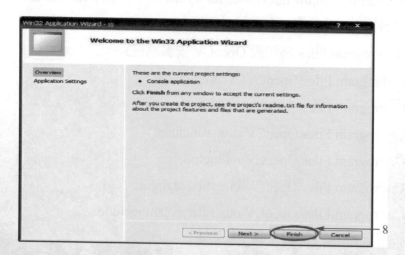

圖 4-20 VC++ 2008 Express Edition 建立 OpenCV Project(3)

1. 在功能列中選取 File；
2. 在拉下的表單內選取 New；
3. 在彈出的右側選單中選取 Project；
4. 在彈出 New Project 的視窗左側選取 Visual C++目錄下的 Win32；
5. 在右側表單內選擇 Win32 Console Application；
6. 在下方 Name 的地方輸入檔名(預定為 test)；

   註：下方的 Create directory for solution 為替 solution 創建一個目錄，建議勾選。

7. 按下下方的 OK 完成 Project 設定。
8. 接著在 Win32 Application Wizard – test 中按下 Finish 。

步驟 3 **設置 Project 所需的 library：(見圖 4-21～4-22)**

1. 在功能列中選取 Project；
2. 在拉下的表單內選取 Properties；
3. 在彈出 test Property Pages 的視窗左側選取 Configuration Properties；
4. 在下方目錄選取 Linker；
5. 在下方目錄選取 Input；
6. 在右側表單內的 Additional Dependencies 增加所需的*.lib 檔；
7. 按下下方的 OK 完成設定。

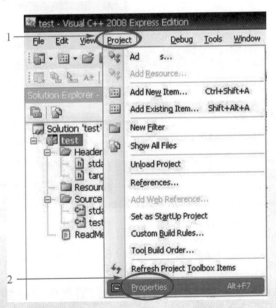

圖 4-21　VC++ 2008 Express Edition 設置 Project 所需的 library(1)

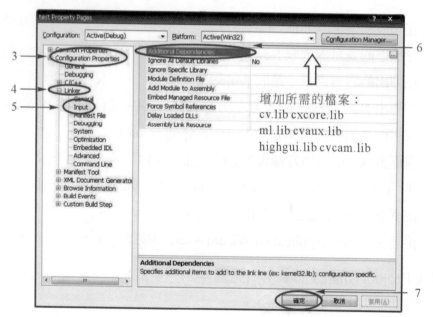

圖 4-22　VC++ 2008 Express Edition 設置 Project 所需的 library(2)

4.1.5　在 C++ Builder 6.0 下的環境建立

步驟 1　將*.lib(coff) 轉換為*.lib(omf) (見圖 4-23)

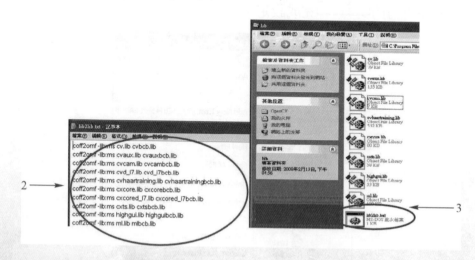

圖 4-23　C++ Builder 6.0 的安裝與配置

1. 用 Windows 的開始-->搜尋，在 BCB 的檔案夾下找到 coff2omf.exe，使用這個
檔案可以將用在 VC++的 library 轉換成 BCB 適合的 library；

2. 使用記事本輸入圖 4-23 內的文字，將*.lib(coff) 轉換為*.lib(omf)；

3. 將副檔名.txt 改為.bat 檔，將此.bat 檔放在原 OpenCV/lib 內執行，即可產生 *.lib(omf)。

步驟 2　將*.lib(omf)加入專案中 (見圖 4-24)

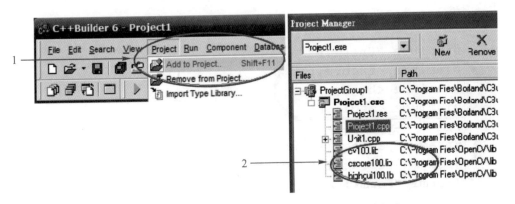

◬ 圖 4-24　C++ Builder 6.0 將*.lib(omf)加入專案中

1. 在功能列中選取 Project，且在下拉表單內選取 Add to Project，加入所需的*.lib；

2. 可從 View/Project Manager 內看見所加入的*.lib。

步驟 3　設立 include 檔的路徑(見圖 4-25)

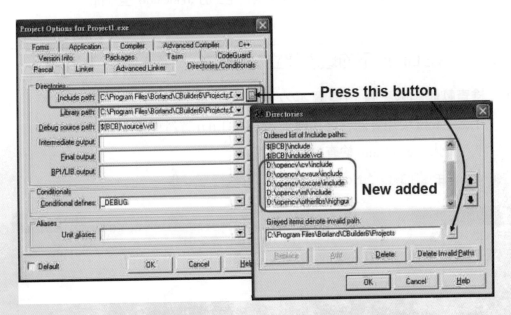

◬ 圖 4-25　C++ Builder 6.0 設立 include 檔的路徑

步驟 4　將使用到的*.h include 至*.cpp 中(見圖 4-26)

```
Unit1.cpp

//------------------------------------------------

#include <vcl.h>
#pragma hdrstop

#include "Unit1.h"
#include <cxcore.h>
#include <highgui.h>
#include <stdio.h>
//------------------------------------------------
#pragma package(smart_init)
#pragma resource "*.dfm"
TForm1 *Form1;
//------------------------------------------------
__fastcall TForm1::TForm1(TComponent* Owner)
            : TForm(Owner)
{
}
//------------------------------------------------
```

🔺 圖 4-26　C++ Builder 6.0 將使用到的*.h include 至*.cpp 中

4.1.6　在 Linux 下的環境建立

步驟 1　檢查軟體組態配置：(見圖 4-27～4-29)

1. 以 root 使用者開啟終端機到 opencv-1.0.0 資料夾下；
2. 鍵入 ./configure 檢查軟體組態配置；
3. 直到畫面顯示 Now run make … 可執行下一步。

🔺 圖 4-27　Linux 系統檢查軟體組態配置(1)

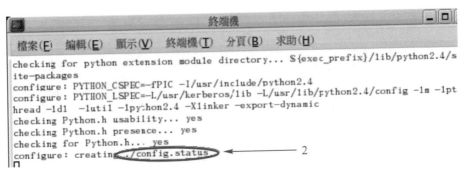

▲ 圖 4-28　Linux 系統檢查軟體組態配置(2)

▲ 圖 4-29　Linux 系統檢查軟體組態配置(3)

步驟 2　**編譯與安裝 OpenCV：(見圖 4-30～4-32)**

1. 於終端機鍵入 make；

2. 鍵入 make install；

3. 開啓/etc 底下 ld.so.conf 文件加入 /usr/local/lib；

4. 終端機輸入 ldconfig 更新動態連結庫。

▲ 圖 4-30　Linux 編譯與安裝 OpenCV(1)

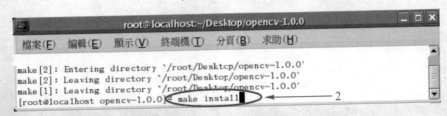

▲ 圖 4-31　Linux 編譯與安裝 OpenCV(2)

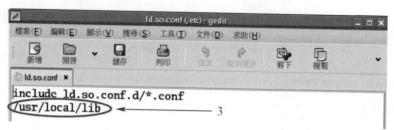

圖 4-32　Linux 編譯與安裝 OpenCV(3)

步驟 3　測試編譯 drawing.c：(見圖 4-33～4-35)

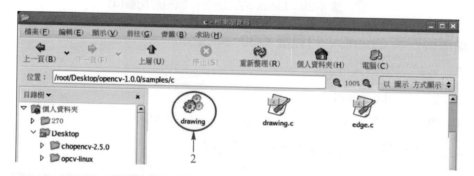

圖 4-33　Linux 測試編譯 drawing.c (1)

圖 4-34　Linux 測試編譯 drawing.c (2)

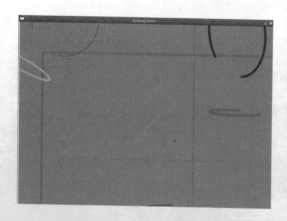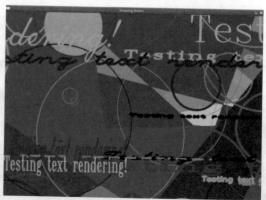

圖 4-35　Linux 測試編譯 drawing.c (3)

1. 終端機到/opencv1.0.0/samples/c/底下；輸入 g++ `pkg-config opencv --libs --cflags opencv` drawing.c -o drawing，既可編譯出 drawing 檔案；

2. 到/opencv1.0.0/samples/c/雙點 drawing，或到終端機鍵入./drawing 即可執行；圖 4-25 為 drawing 檔案執行結果。

附註：

若出現如圖 4-36 之錯誤，則需修改 PKG_CONFIG_PATH，於終端機輸入下列指令 export PKG_CONFIG_PATH=/usr/local/lib/pkgconfig；再重複先前編譯與安裝 OpenCV 中的步驟 4　ldconfig 更新動態連結庫，接著執行測試編譯 drawing.c 等各步驟。

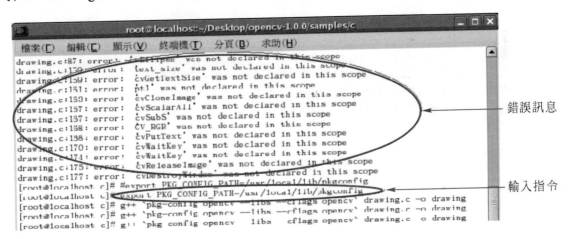

圖 4-36　Linux 錯誤訊息

 單元練習

Q　請選擇一個在本單元所介紹的編譯器，來執行下列的原始碼，測試是否可以完成編譯？(可替換其它圖片及檔名)

```
1  #include "stdafx.h"
2  #include <cv.h>
3  #include <highgui.h>
4  #include <math.h>
5
6  int main()
7  {
8      IplImage *src = 0;
9      IplImage *dst = 0;
10
```

```
11    double scale = 0.458;
12    CvSize dst_cvsize;
13
14    src = cvLoadImage("800uo8.jpg", 1);
15    dst_cvsize.width = (int)(src->width * scale);
16    dst_cvsize.height = (int)(src->height * scale);
17    dst = cvCreateImage(dst_cvsize, src->depth, src->nChannels);
18    cvResize(src, dst, CV_INTER_LINEAR);
19
20    cvNamedWindow("src", CV_WINDOW_AUTOSIZE);
21    cvNamedWindow("dst", CV_WINDOW_AUTOSIZE);
22    cvShowImage("src", src);
23    cvShowImage("dst", dst);
24
25    cvWaitKey(0);
26
27    cvReleaseImage(&src);
28    cvReleaseImage(&dst);
29    cvDestroyWindow("src");
30    cvDestroyWindow("dst");
31
32    return 0;
33  }
```

程式說明

2～3：所需的 OpenCV 標頭檔；

8～9：宣告 IplImage 資料型態；

12：宣告 CvSize 資料型態；

14：利用 cvLoadImage 來讀取圖片，直接讀取放在此專案底下的圖片，也可指定路徑去讀取；

15～16：宣告 dst_cvsize 的大小(寬、高)；

17：利用 cvCreateImage 來建立圖片資訊(寬、高、深度及通道數)；

18：利用 cvResize 來改變 src 大小，並將其存入 dst 中；

20～21：利用 cvNamedWindow 來建立顯示視窗；

22～23：利用 cvShowImage 來顯示圖片；

25：利用 cvWaitKey 來等待使用者按鍵輸入；

27～28：利用 cvReleaseImage 來釋放 IplImage 資料型態的記憶體空間；

29～30：利用 cvDestroyWindow 來釋放顯示視窗記憶體空間；

(a) 原圖尺寸800×600

(b) 結果圖為原圖的0.458倍

圖 4-37 在 VC++2008 Express Edition 成功編譯的結果

4.2 圖像座標及色彩轉換

本單元介紹圖像座標的定義，以及數位影像的內容與表示方法，並能夠配合座標的概念了解影像的取樣及量化；進而熟悉幾種常見的色彩空間的定義如：RGB、CMYK、HIS、YIQ、YUV、YCVC 等，並理解色彩空間轉換的方式與其應用範圍。

4.2.1 圖像座標及影像的取樣和量化

圖像座標用來表示圖像的位置，其中笛卡爾座標系統(Cartesian Coordinate Systems)是最為廣泛使用的定址系統，此系統又稱做右手座標系統(Right-handed System)或是直角座標系統，而任何一張圖像上的位置資訊均可藉由二維直角座標系統清楚定義為 (x, y)，而該位置上的振幅或是其它特性則可以表示成 $A(x, y)$。

4.2.2 常用的圖像座標系統

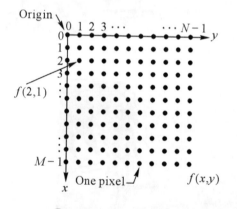

▲ 圖 4-38 常用的圖像座標系統–空間座標

一般影像處理所使用的座標系統以左頂點為原點 $(0, 0)$，稱為空間座標(Spatial Coordinates)，在沒有特別定義的情況下皆採取此慣例。但在部分軟體如 MATLAB 裡的 IPT(Image Processing Toolbox，影像處理工具箱)採用以左頂點為 $(1, 1)$ 的像素座標(Pixel Coordinates)，且座標組以 (r, c) 來表示，r 的範圍從 1 到 M，c 的範圍從 1 到 N，其餘皆遵守笛卡爾座標系統的規範。

4.2.3 影像的表示方法

藉由二維直角座標系統，任何一個影像中的任一點(x, y)的振幅(Amplitude)可以用一隱函數$f(x, y)$來表示，而此函數的數值則對應到該影像在這一點的振幅強度(Intensity)。舉例來說，在黑白單色影像中，此強度對應到的是灰階(Gray Level)；而在彩色影像如照片中，此強度需要由三種顏色R、G、B(紅、綠、藍)分別來描述，所以以此推論，我們需要三組隱函數$f_1(x, y)$、$f_2(x, y)$、$f_3(x, y)$來完整描述其強度。為了將影像轉變成為可處理及儲存的資訊，就要進行影像的數位化(Digitalize)。無論原先影像在空間分布(x, y)或是振幅強度f是否連續，我們都可以將其分別數位化。座標數位化之操作稱為取樣(Sampling)，而振幅值數位化稱為量化(Quantization)；數位化之影像振幅值為有限且離散，同樣的，其空間座標也經由有限的分割分成 M 列乘以 N 行，M×N 則定義成影像的大小(Size)。

經取樣和量化處理後的數位影像擁有 M×N 個彼此等距排列的元素$f(x, y)$，此特性正好可以用一 M×N 實數陣列清楚表示：

$$f(x, y) = \begin{bmatrix} f(0, 0) & f(0, 1) & \cdots & f(0, N-2) & f(0, N-1) \\ f(1, 0) & f(1, 1) & & f(1, N-2) & f(1, N-1) \\ \vdots & & \ddots & & \vdots \\ f(M-1, 0) & f(M-1, 1) & \cdots & f(M-1, N-2) & f(M-1, N-1) \end{bmatrix}$$

$f(x, y)$此處為一描述完整數位影像的陣列，此陣列可以有任意有限維度；而陣列中各個元素可稱為影像元素(Image Element)、圖像元素(Picture Element)、像素(Pixel)或像素點(Pel)。或者可以使用更簡潔的下標符號來表示一數位影像陣列：

$$A = \begin{bmatrix} a_{0, 0} & a_{(0, 1)} & \cdots & a_{(0, N-2)} & a_{(0, N-1)} \\ a_{(1, 0)} & a_{(1, 1)} & & a_{(1, N-2)} & a_{(1, N-1)} \\ \vdots & & \ddots & & \vdots \\ a_{(M-1, 0)} & a(M-1, 1) & \cdots & a_{(M-1, N-2)} & a_{(M-1, N-1)} \end{bmatrix}$$

4.2.4 數位取樣的範例

如圖 4-39 範例所示，我們將左圖視為一輸入的類比(Analog)影像，其影像的資訊複雜且離散，為了將其轉換為可快速存取與處理的數位影像，利用自訂的格線為影像訂定座標；

並且依據影像色塊在該格所占據的面積是否超過一半以上來決定是否保留該影像資訊(換句話說，即為設定一門檻值(Threshold Value)來濾除面積比率小於該值的影像，此處門檻值設為 50%面積)。而該格在數位化之後，其影像強度(在此為灰階值，單一數值)均值化，在此範例中取該格灰階值的平均值做代表。完成數位化的影像如圖 4-39 所呈現，處理過的影像變得簡單明瞭，資訊的解析度也因此下降，因此產生失真現象。

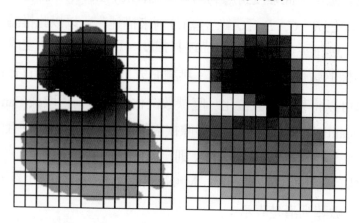

🔺 圖 4-39 連續影像投影到空間座標上之後， 經由取樣和量化後的結果

	對應像素值 255*0
	對應像素值 255*1/6
	對應像素值 255*2/6
	對應像素值 255*3/6
	對應像素值 255*4/6
	對應像素值 255*5/6

🔺 圖 4-40 用 C & OpenCV 撰寫之自動產生的 M 階光譜，此處 M = 6

一、自動生成 M 階光譜(原始程式碼)

```
1 #include "stdafx.h"
2 #include "cxcore.h"
3 #include <cv.h>
4 #include <highgui.h>
5 int _tmain(int argc, _TCHAR* argv[])
6 {
```

```
7      int i, j, M, num;
8      int t1, t2, *array;
9      int factor = 80;
10     IplImage* img = 0;
11
12     printf("首先，創建所需的M列灰階\n");
13       printf("請輸入列數M:\n");
14         scanf("%d", &M);
15
16     array = new int [M];
17
18     for (i=0; i<M; i++)
19     {
20         array[i] = i*255/M;
21     }
22     printf("你所創建的灰階光譜:\n");
23
24     img = cvCreateImage(cvSize(M*factor, M*factor), 8, 1);
25     for(i = 0; i < M; i++)
26     {
27         for(t1 = 0; t1 < factor; t1++)
28         {
29             for(t2 = 0; t2 < img->width; t2++)
30             {
31                 img->imageData[(i*factor+t1)*img->width+t2]
32                                         = (char)array[i];
33             }
34
35         }
36     }
37      cvNamedWindow( "Output Image", 1 );
38      cvShowImage( "Output Image", img );
39
40      cvWaitKey(0);
41
42      cvDestroyWindow( "Output Image" );
43      cvReleaseImage( &img );
44      return 0;
45  }
```

程式說明

1～4：所需的 C 和 OpenCV 標頭檔；

*主程式 Main：

7～9：宣告所需的迴圈變數、光譜階數 M、每階寬度 factor 等參數；

10：宣告圖像 img 用做處理與輸出圖像；

12～14：在命令視窗上顯示提示文字，並把輸入的階數利用 scanf 存入 M；

16：建立一 M 列陣列 array；

18～21：將灰度值 0～255 切成 M 份，並給予每一個對應的 M 陣列指標；

22：在命令視窗上顯示提示文字；

25～36：利用迴圈逐列將不同 M 值的灰度值，填入 img 中；

37：利用 cvNamedWindow 來建立輸出顯示視窗；

38：利用 cvShowImage 來顯示輸出圖片；

40：利用 cvWaitKey 來等待使用者按鍵結束；

42：利用 cvDestroyWindow 來釋放顯示視窗記憶體空間；

43：利用 cvReleaseImage 來釋放 IplImage 資料型態的記憶體空間；

| 對應像素值 30 |
| 對應像素值 240 |
| 對應像素值 100 |
| 對應像素值 150 |
| 對應像素值 200 |
| 對應像素值 0 |

圖 4-41　用 C & OpenCV 撰寫之使用者自訂像素值的 *M* 階光譜，此處 M=6

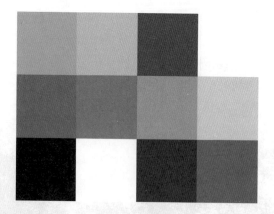

自定義 $M \times N$ 陣列

$$\begin{pmatrix} 180 & 200 & 60 & 255 \\ 100 & 120 & 160 & 220 \\ 0 & 255 & 30 & 90 \end{pmatrix}$$

圖 4-42　用 C & OpenCV 撰寫之使用者自訂像素值的 *M×N* 階光譜，此例為 3×4。

二、將使用者自訂的 M x N 陣列以圖像呈現(原始程式碼)

```
1  #include "stdafx.h"
2  #include "cxcore.h"
3  #include <cv.h>
4  #include <highgui.h>
5  int _tmain(int argc, _TCHAR* argv[])
6  {
7      int i, j, k, l, p, r1, r2, num;
8      int **array;
9      int M, N;
10     int factor = 100;
11     IplImage* img = 0;
12
13     printf("首先，創建所需的M列N行影像陣列\n");
14       printf("請輸入列數M:\n");
15             scanf("%d", &M);
16       printf("請輸入行數N:\n");
17             scanf("%d", &N);
18
19     array = new int *[M];
20     for(p = 0; p < M; p++){
21         array[p] = new int[N];
22     }
23
24     printf("接著，分別輸入影像陣列的陣列元素值\n");
25
26     for (i=0; i<M; i++)
27     {
28         for(j=0; j<N; j++)
29         {
30         printf("影像陣列的第%d列第%d行數值(0~255):", i+1, j+1);
31         scanf("%d", &num);
32
33             if (num<0 || num>255)
34             {
35                 printf("Please re-enter another number:");
36                 scanf("%d", &num);
37                 if (num<0 || num>255)
38                 {
39                     printf("Program shuts down\n");
40                     system("pause");
41                     exit(0);
42                 }
43                 else
44                 array[i][j] = num;
```

```
45              }
46              else
47              array[i][j] = num;
48          }
49      }
50
51      printf("所創建的影像陣列\n");
52      img = cvCreateImage(cvSize(N*factor, M*factor), 8, 1);
53
54      for(i = 0; i < M; i++)
55      {
56          for(j = 0; j < N; j++)
57          {
58              for(r1 = 0; r1 < factor; r1++)
59              {
60                  for(r2 = 0; r2 < factor; r2++)
61                  {
62                  img->imageData[(i*factor+r1)*img->width+
63                          (r2+j*factor)]=(char)array[i][j];
64                  }
65              }
66          }
67      }
68
69      cvNamedWindow( "Output Image", 1 );
70      cvShowImage( "Output Image", img );
71      cvSaveImage("Array_display01.jpg", img);
72      cvWaitKey(0);
73      cvDestroyWindow( "Output Image" );
74      cvReleaseImage( &img );
75      return 0;
76  }
```

程式說明

*建立一使用者自訂之 M×N 階光譜，並且可自行輸入各階像素值
   1～4：所需的 C 和 OpenCV 標頭檔；
*主程式 Main：
 7～10：宣告所需的迴圈變數、光譜 M×N、每階寬度 factor、儲存資料之陣列 array 等參數；
   11：宣告圖像 img 用做處理與輸出圖像；
13～17：在命令視窗上顯示提示文字，並把輸入的階數利用 scanf 存入 M 及 N；
19～22：建立一 M×N 陣列 array；
   24：顯示提示文字，讓使用者輸入灰階光譜的灰度陣列值；
26～49：利用迴圈逐列在命令視窗上顯示提示文字，並將使用者輸入的不同灰度值，由 num 存入
        二維陣列 array 中；

33～42：承上，此處用 `if` 判斷輸入數值是否介於 0～255，兩次輸入失敗則結束程式；

51：顯示提示文字「所創建的影像陣列」；

52：建立輸出的影像檔案，大小爲 $M×100×N×100$；

54～67：利用迴圈逐列將二維陣列 `array[ ]` 中所存使用者輸入的灰度值，以一維 x 方向逐列填入 `img` 中，並輸出圖像；

69：利用 `cvNamedWindow` 來建立輸出顯示視窗；

70：利用 `cvShowImage` 來顯示輸出圖片；

71：利用 `cvSaveImage` 來儲存輸出圖片；

72：利用 `cvWaitKey` 來等待使用者按鍵結束；

73：利用 `cvDestroyWindow` 來釋放顯示視窗記憶體空間；

74：利用 `cvReleaseImage` 來釋放 `IplImage` 資料型態的記憶體空間；

4.2.5 常見的色彩空間

人眼的光受體是由錐狀體(Cones)和桿狀體(Rods)所組成，其中錐狀體感受光的彩度，桿狀體感受光的亮度，而桿狀體比錐狀體數目多，所以我們對於光線的強弱會比彩度敏感。錐狀體有三種，分別對紅色(R)，綠色(G)和藍色(B)有反應，基於這三種顏色的組合來感受到其它色彩，所以人類爲三色感光動物。

色彩系統，也叫色彩空間或色彩模型，目的是便於利用某種標準來指定色彩，任何的顏色都可以用紅色(R)、綠色(G)和藍色(B)來組合而成，而當這三個顏色依照相同的比例混合加到最大時，可以混合成白色，我們稱這種光的彩色系統爲加色系統(圖 4-43)。

但是，在印刷設備中所使用的顏料是吸收光線來顯示色彩，而顏料的三原色爲青色、洋紅色、和黃色，它們越是混合，明亮度就會越低，越接近黑色，所以叫這系統爲減色系統(圖 4-44)。當我們使用水彩時，將一堆顏色混合後變成黑色的顏色。

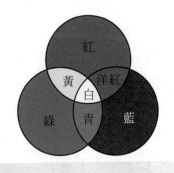

△ 圖 4-43　色光三原色

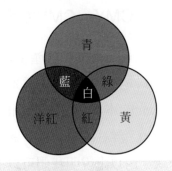

△ 圖 4-44　顏料三原色

以下介紹用於輸出輸入設備的 RGB 彩色系統，用於印刷設備的 CMYK 彩色系統，及用於影像處理的 HSI 彩色系統，和使用在影像壓縮方面的 YIQ、YC_bC_r 彩色系統。

4.2.6 RGB 色彩系統

紅色、綠色、藍色這三種顏色構成 RGB 色彩系統，數位相機、數位攝影機及液晶顯示器都是屬於 RGB 色彩系統的輸出入設備。RGB 色彩系統建立在直角座標系統的立方體上(圖 4-45)，其中 R、G、B 分別在立方體的三個頂點上，而各顏色的補色則在其對角點上，如紅色—青，綠色—洋紅，藍色—黃。其中黑色在原點上，白色在離原點最遠的頂點上，而灰階(有相同 RGB 值)則是從黑色連接到白色的直線。1931 年國際照明委員組織(CIE)訂出三原色的波長為紅色(700nm)、綠色(546.1 nm)、藍色(435.8nm)。

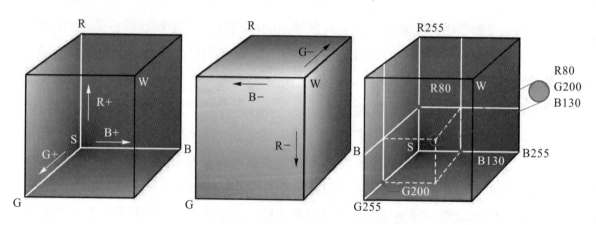

圖 4-45　RGB 色彩立方體圖示(來源：維基百科)

4.2.7 CMY，CMYK 色彩系統

光的三原色可以兩兩相加產生次色彩—青色(綠加藍)、洋紅(紅加藍)和黃色(紅加綠)，彩色印刷的顏料是吸收(減去)一種光的原色而反射其它兩種光，例如洋紅色是白光減去綠色而成的，而白光的本身是使用等量的紅光、綠光、藍光所組合而成的。因此顏料的原色通常採用青(Cyan)、洋紅(Magenta)、和黃色(Yellow)來當作三原色。青、洋紅、和黃色可以組成 CMY 系統。由以上說明我們可以很容易導出 RGB 和 CMY 系統的關係式：

$$\begin{bmatrix} C \\ M \\ Y \end{bmatrix} = \begin{bmatrix} 1 \\ 1 \\ 1 \end{bmatrix} - \begin{bmatrix} R \\ G \\ B \end{bmatrix}$$

但事實上在印刷時,把這三種顏色依照相同的比例混合加到最大時並不會產生純黑色,這是因為顏料中有雜質的影響,所以多加了黑色來彌補其它顏色的不足,而黑色的英文為 Black,為了和藍色(Blue)區分,黑色就使用 K 來代表,因此就有 CMYK 色彩系統的產生。

4.2.8 HSI 色彩系統

RGB 色彩系統的主要缺點是每一個成分有高的相關性,HSI 色彩系統則根據人類直覺的彩色描述而發展的影像處理工具,當人們要分辨出不同的顏色時我們主要使用色調(Hue)、飽和度(Saturation)和亮度(Intensity)來描述,因此稱為 HSI 色彩系統。色調是區分顏色的主要成分,也就是不同波長的光所對應的不同色彩(紅、橙、黃、綠、藍、靛、紫),而飽和度是量測純色彩添加白光的程度,高飽和度的色彩表示添加的白光較少,而低飽和度的色彩表示添加的白光較多。亮度是一個無法測量的主觀描述子,它包涵強度的無色概念,而且是一個描述色彩感覺的重要因素。HSI 色彩系統大量運用在日常生活中,例如可自行調節亮度的數位相機,就是根據 HSI 系統概念的應用,因為 HSI 系統可以很明確的表示亮度,而不被其它分量所影響。

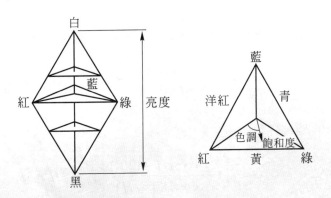

▲ 圖 4-46 HSI 色彩模型

HSI 色彩空間是由一垂直強度軸以及和此軸垂直的平面上彩色點軌跡所表示(如圖 4-46)。以 RGB 構成的色相和彩度關係圖的中心點為白色,也就是和垂直強度軸的交點;色

調用角度來表示，通常由紅色起算的角度0°代表 0 色調，並從此處依逆時針方向增加。飽和度是從該點到中心的距離，也就是和垂直軸的距離，並以百分比表示。純彩色的彩度為 100%，而白色為 0%。

將 RGB 系統轉換成 HSI 系統的轉換公式如下：

色調(Hue)成分為：

$$H = \begin{cases} \theta & B \leq G \\ 360 - \theta & B > G \end{cases}$$

其中

$$\theta = \cos^{-1} \left\{ \frac{\frac{1}{2}[R-G+(R-B)]}{(R-G)^2+(R-B)(G-B)^{\frac{1}{2}}} \right\}$$

飽和度(Saturation)為：

$$S = 1 - \frac{3}{(R+G+B)}[\min(R,G,B)]$$

亮度(Intensity)為：

$$i = \frac{1}{3}(R+G+B)$$

其中，假設 RGB 的值已先正規化在 0～1 之間，而 H 的值也可以除以360°正規化成 0～1 之間的值。

如果要將 HSI 轉回 RGB 時，可以用下列公式來表示。當 $0° \leq H < 120°$ 時，藍色(B)最小。

$$B = I(1-S) \qquad R = I\left[1 + \frac{S\cos H}{\cos(60°-H)}\right] \qquad G = 3I - (R+B)$$

同理當 $120° \leq H < 240°$ 時，紅色(R)最小。

$$R = I(1-S) \qquad G = I\left[1 + \frac{S\cos(H-120°)}{\cos(180°-H)}\right] \qquad H = 3I - (R+G)$$

同理當 $240° \leq H < 360°$ 時，綠色(G)最小。

$$G = I(1-S) \qquad B = I\left[1 + \frac{S\cos(H-240°)}{\cos(300°-H)}\right] \qquad R = 3I - (G+B)$$

4.2.9　YUV 及 YIQ 色彩系統

YUV 和 YIQ 色彩系統的目的是為了要讓彩色電視的訊號可以利用原先黑白電視傳送系統來傳送。黑白電視系統的頻寬為 4.5 MHz，黑白影像的頻寬為 4 MHz，而彩色影像的頻寬則需要 12 MHz，為了減少傳送影像時的色度頻寬，並降低影像品質劣化的程度，必須要用一些轉換方式把 RGB 的訊號來轉換成亮度和色彩的訊號，解決方法就是利用人眼對色彩變化比較不靈敏的特性，將色彩訊號用比較低頻的方式和亮度調變在一起，其中 Y 代表亮度向量，U 和 V 代表著色差向量，YUV 與 RGB 的關係如下：

$$Y = 0.299R + 0.589G + 0.114B$$
$$U = 0.493(B - Y) = 0.439(-0.29R - 0.587G + 0.886B)$$
$$V = 0.887(0.701R - 0.587G - 0.114B)$$

由上式可以發現 U 和 V 向量是正交的，也可表示成：

$$\begin{bmatrix} Y \\ U \\ V \end{bmatrix} = \begin{bmatrix} 0.299 & 0.587 & 0.144 \\ -0.147 & -0.289 & 0.114 \\ 0.615 & -0.515 & -0.100 \end{bmatrix} \begin{bmatrix} R \\ G \\ B \end{bmatrix}$$

RGB 和 YUV 的關係如下：

$$\begin{bmatrix} R \\ G \\ B \end{bmatrix} = \begin{bmatrix} 1 & 0 & 0.140 \\ 1 & -0.395 & -0.581 \\ 1 & 2.032 & 0 \end{bmatrix} \begin{bmatrix} Y \\ U \\ V \end{bmatrix}$$

YIQ 系統和 YUV 原理相同 I 和 Q 代表色差向量，但是 I，Q 的相位角和 U，V 的相位角相差 33° 他們的關係如下：

$$I = V\cos 33° - U\sin 33° = 0.839V - 0.545U$$
$$Q = V\sin 33° - U\cos 33° = 0.545V + 0.830U$$

即：

$$\begin{bmatrix} Y \\ I \\ Q \end{bmatrix} = \begin{bmatrix} 0.299 & 0.587 & 0.144 \\ 0.596 & -0.275 & -0.321 \\ 0.212 & -0.523 & 0.311 \end{bmatrix} \begin{bmatrix} R \\ G \\ B \end{bmatrix}$$

RGB 和 YIQ 的關係如下：

$$\begin{bmatrix} R \\ G \\ B \end{bmatrix} = \begin{bmatrix} 1 & 0.596 & 0.620 \\ 1 & -0.272 & -0.647 \\ 1 & -1.108 & 1.705 \end{bmatrix} \begin{bmatrix} Y \\ I \\ Q \end{bmatrix}$$

 ### 4.2.10　YC_bC_r 色彩系統

YC_bC_r 是由 YUV 色彩系統所開發出不同縮放及抵補版本，其中 Y 代表亮度，而 C_b 和 C_r 則是將 U 和 Y 做些調整而來的，YC_bC_r 最常用於影像資料壓縮。

YC_bC_r 和 RGB 的關係如下：

$$\begin{bmatrix} Y \\ C_b \\ C_r \\ 1 \end{bmatrix} = \begin{bmatrix} 0.2990 & 0.5870 & 0.1140 & 0 \\ -0.1387 & -0.3313 & 0.5000 & 128 \\ 0.5000 & -0.4187 & -0.0813 & 128 \\ 0 & 0 & 0 & 1 \end{bmatrix} \begin{bmatrix} R \\ G \\ B \\ 1 \end{bmatrix}$$

RGB 和 YC_bC_r 的關係如下：

$$\begin{bmatrix} R \\ G \\ B \end{bmatrix} = \begin{bmatrix} 1 & 1.40200 & 0 \\ 1 & -0.34414 & -0.7141 \\ 1 & 1.77200 & 0 \end{bmatrix} \begin{bmatrix} Y \\ C_b - 128 \\ C_r - 128 \end{bmatrix}$$

(a) 原始圖像　　　　　　(b) RGB 轉 HSI 的圖像　　　　　(c) RGB 轉 YC_bC_r 的圖像

◢ 圖 4-47　不同色彩空間中的轉換(續)

RGB 轉 HSI/YC_bC_r 的圖像：

實際使用 OpenCV 函數將原始 RGB 色彩空間的圖像轉換爲 HSI 的圖像及 YC_bC_r 的圖像可以更加了解這三種色彩空間上的差異。

 單元練習

Q1. 若將一數位影像上的某個像素點位置(218, 60)，由空間座標(以左頂點爲原點(0,0))轉換成(a)以 256×512 圖像中心點爲原點(0, 0)的座標表示法，(b)以傳統左下爲原點的座標表示法，則其轉換矩陣爲何？若該位置以(a, b)表示，則(c)重複(a)、(b)之結果，其轉換矩陣爲何？

Q2. 高畫質網路電視 HDTV 以 1125 條水平電視交錯線的解析度來呈現影像，影像的寬高比爲 16：9。而各水平線之間有著不同的電磁波場，因而交變產生不同的垂直解析度。若如今我們想要截取從 HDTV 輸出的影像，數位化之後以網路電視的方式，而假設此系統中每一條電視水平線的解析度正比於垂直解析度，則其比例就是影像的寬高比；而在彩色影像當中，每一像素有 24 位元強度的解析度，G、B、R 各用 8 位元，則試問儲存一部一小時四十分鐘 HDTV 的電影需要多少位元？

4.3 影像像素值的轉換

本單元探討如何應用影像座標的資訊並引入影像的直方圖轉換、二值化與簡單的線性轉換；並介紹誤差擴散的技術如何以有限的色階呈現圖像。

4.3.1 影像的點運算與直方圖

藉由輸入影像的數位化和設定適當門檻值，影像便可由一組組像素點決定其強度的分配方式，而各個像素點的位置，依所定義的空間座標決定；並且依據使用者的需求、考量影像傳輸的規格及影像處理的便利性，對不同影像的色彩呈現以多樣化的色彩空間表示。以下介紹數位影像的點運算(Point Operation)，並從點運算的基礎到灰度直方圖，提供影像像素值轉換的概念。

4.3.2 像素值轉換與點運算

一張數位影像是由許多像素或像素點構成(見圖 4-40)，所以依需求改變輸入數位影像的像素值就是一種轉換。概念上，此運算就是簡單的函數概念：假設輸入影像的像素值函數為 $f_{in}(x, y)$，經由一運算 P，得到輸出影像像素值，為 $f_{out}(x, y) = P[f_{in}(x, y)]$，其中若存在一函數 P 可以讓影像變的更可愛，則函數 P 就可以視作一種影像轉換；該函數本身可能是一對一映成，像是灰度直方圖、固定門檻值的二值化、涉及位置座標改變得幾何變換如平移、旋轉等；或是多對一的函數，例如誤差擴散以及濾波，根據目的不同而套用不同的運算。針對轉換函數為一對一映成函數的類型，依其特性稱之為點運算。

4.3.3 影像的灰度變換

通常由於彩色圖片的 RGB 可以視為獨立的三組像素點函數分開考慮，所以，運算只需要針對灰度去做處理，因此 $P(f)$ 又被稱為灰度變換(Gray Scale Transformation, GST)函數，而其轉換效果反應在對比度(Contrast)增強、對比度拉伸及灰度變換，而運算方式可能取像素點一對一轉換，或是取原始圖像的某一點及其附近鄰域(Neighboring Area)做處理，但是不會改變影像內的空間關係。

顧名思義，灰度直方圖是用來描述組成圖像的灰度分佈情況，有助於了解影像明暗程度與對比；灰度指的是灰階影像的像素值，而直方圖則是統計上常見的二維寬帶狀圖形。原始圖像在經過不同程度的灰階化之後，各個空間座標僅對應到單一的像素值，像是一座高低曲折的山脈峽谷地形圖，而灰度直方圖則是統計各灰度值/區間出現的次數，並將之製成統計圖。其在座標呈現上，橫軸代表灰度值，縱軸代表灰度出現的頻率，如圖 4-48 所示。

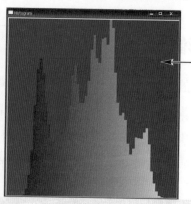

藍色顯示部份

⬘ 圖 4-48　灰度直方圖的製作與呈現，左為原始圖像

圖 4-49 為經過同樣轉換但是輸入圖像不同之結果。

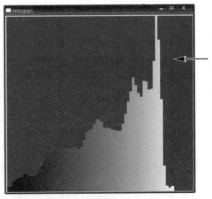

藍色顯示部份

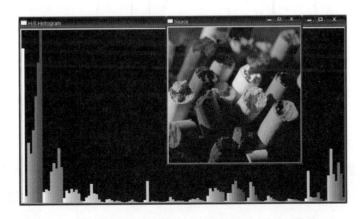

圖 4-49　另一張灰度直方圖的展示

　　圖 4-48 及圖 4-49 的做法為將 0 到 255 變化的灰度切成 64 等分，以其對應的灰度(此處呈現上以藍色顯示)做次數統計，統計之後找出次數最多者為最大值，依各灰度次數與最大值之相對比例做圖。

圖 4-50　HSV 彩色直方圖的製作與呈現，其中 V = const.=255

　　每張色彩繽紛的圖像都有三個色彩通道(Channel)，依序存放其色彩如 RGB、HIS、YIQ 等，依所選擇的色彩空間表示方式決定。在圖 4-50 中，我們選用 HSV 做為分析該圖像的通道；為了在二維空間表示三維另加統計次數共四維的圖形，在此取 V 為定值(255)，橫軸取 $H \times V \times$ 直方圖寬度以保存資訊。為了繪圖方便，將連續變化的 H 和 V 分取 16 等分與 8 等分，所以每一顏色群對應一 H (色調)，而每一群中又有不同 S (飽和度)的變化，如此才可把豐富的影像，變成直方圖呈現。

4.3.4 二值化與線性轉換

本單元探討幾種基本且重要的影像轉換：二值化(Binarization)轉換與線性轉換(Linear Transformation)。二值化即將複雜、五彩繽紛的影像轉換成兩種顏色，通常來說，以黑跟白雙色最為常用，因其反差與對比最大最顯眼。常見的二值化技巧：

➡ 技巧 1

以輸入影像灰階來說，藉由設定一個適當的門檻值(Threshold)，當超過此值則設定為白色(輸出像素值 255)，若低於此值則設為黑色(輸出像素值 0)。以數學式來表示即為：

$$T(f) = \begin{cases} 0, & f < T_0 \\ 255, & f \geq T_0 \end{cases} ; \; T_0 = \text{Const}$$

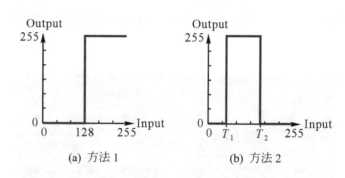

(a) 方法 1   (b) 方法 2

🔺 圖 4-51　常見的兩種二值化方法

T_0 是自定的常數值，最簡單的方式是設在最大值之半，即為 128，如此大於等於此值的變成白色，小於此值的則變成黑色。但是若影像顏色偏暗，像素值幾乎都落在 128 之下；或是影像很亮，最小的像素值都大於 128 的情況亦有可能，所以此時 T0 可以取平均(Average)、中位數(Median)、眾數(Mode)，依所需而靈活運用。以 $T_0 = 128$ 的二值化座標圖形見圖 4-52(c)。

由圖 4-52 可清楚看出，門檻值若設在灰度值密集分布的區段，門檻值稍有差異則圖片看起來就大大的不同。

(a) 原始圖像

(b) 灰階後的圖像

(c) 以門檻值 128 二值化的圖像

(d) 以門檻值 100 二值化的圖像

圖 4-52　不同門檻值的二值化比較

技巧 2

　　另一種常見的二值化方法為，依使用者需求設定兩個門檻值之後，判斷當輸入影像灰階像素值在此二門檻值範圍中，則設定為白色，反之則設為黑色。以數學式來表示即為：

$$T(f) = \begin{cases} 255, & T_1 \geq f \geq T_2 \\ 0, & \text{Otherwise} \end{cases} \; ; \; T_1, T_2 = \text{Const}$$

　　當然，也可以把 0 和 255 的值對調，或是換成其它組「二值」，只要運用的顏色限制在兩種，都叫做影像的二值化；也可以設定三個、四個、任意多個區間及門檻值來符合需求，在此例中門檻值設 $T_1 \times T_2$，在此區間中的灰度值取成白色，其餘的取黑色，如此可以將我們想要的物件或區塊突顯出來；試試看，寫一程式將盒子中的巧克力突顯出來。

此外，線性轉換無疑是最為常見且容易操作與理解的轉換方式。由於任何高次方多項式在變數項變化不顯著而可忽略時，皆可近似看成低維度線性方程式，所以線性方程式廣泛的出現在各類工程應用中；除此之外，線性的性質讓我們容易對其做疊加、平移、縮放等等操作，以下將以簡單的灰階圖像，介紹幾種常用的線性灰階轉換，如：影像負片、Log轉換及乘冪律轉換等。

4.3.5　負片轉換

負片轉換顧名思義就是將影像黑白倒置。以灰階影像來說，若各點的像素值皆落在範圍[0, 255]之間，此處 255 即為其上邊界 U，則有：

$$f_{\text{out}}(x, y) = U - f_{\text{in}}(x, y)$$

$f(x, y)$ 是各點灰階值的位置函數。用線性的概念來分析即為對 $f_{\text{in}}(x, y)$ 取斜率 -1 且負向位移 U 像素值。在應用上，經負片轉換後的影像適合突顯一些隱藏在黑暗區域中的白色或灰色細節，特別是背景主要被黑色/深色區塊覆蓋時，如圖 4-53 的胸部 X 光照片，利用負片可以將肺葉上原本難以分辨的細小脈絡一一觀察釐清，如此便可清楚判斷此為微血管、動脈還是癌細胞。

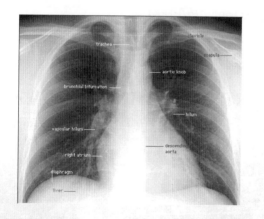 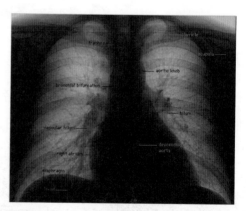

圖 4-53　胸部 X 光照片，健康檢查時最常用負片來仔細檢視細微的資訊

4.3.6　Log 轉換

Log 轉換為將輸入的像素值取對數後，再經過一適當的常數調整而輸出影像，轉換式：

$$f_{\text{out}}(x, y) = c \times \log\left[1 + f_{\text{in}}(x, y)\right] \; ; \; c = \text{Const}, f_{\text{in}}(x, y) \geq 0$$

此轉換的特點在於，若有一影像的灰階直方圖中低灰階值部分較窄，高灰階值部分占了大多數，換言之，對於一明亮的影像，Log 轉換的輸出結果會把低灰階值所佔的比例放大，而高灰階值所佔比例縮小；其反向操作(Input 與 Output 互換)的轉換則效果正好相反。

從 Log 函數的性質就能理解爲何能達到此效果，Log 函數在[0, 1]區間中快速變大，但是在大於 1 的時候迅速收斂到一定值，所以在低像素值對應的[0, 1]區間其線性轉換曲線的斜率變化率極大，反之其它的區間則極小，所以對應的變化也小。除此之外，Log 函數可以把極大的數值範圍對應到有限的小範圍。

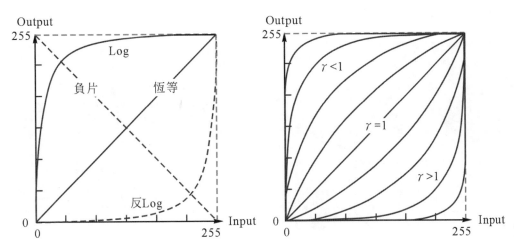

圖 4-54　左圖為 Log 轉換、恆等及負片，右圖為乘冪律轉換

4.3.7　乘冪律轉換

乘冪律轉換就是 Log 轉換的反運算，其乘冪對應到 Log 的基底，轉換型式如下：

$$f_{\text{out}}(x, y) = c\left[f_{\text{in}}(x, y)\right]^{\gamma} \; ; \; c, \gamma = \text{positive const}$$

其中 c 與乘冪 γ (gamma)都是正值常數，由圖 4-54 看，在 $\gamma = 1$ 時，乘冪的線性轉換即爲 $f_{\text{out}} = f_{\text{in}}$，或稱恆等(Equal)轉換；在 $\gamma > 1$ 時，特性和 Log 轉換一樣，都是將低灰階值(較暗)的區段映射至較寬的範圍，而高灰階值的區段則相反；在 $\gamma < 1$ 時，則如同 Log 的反轉換一樣運作。

在影像擷取、列印和影像顯示的各式裝置上都廣泛的運用到乘冪率轉換，除了因其簡單、線性的特性外，早期陰極射線管(CRT)裝置有一個強度對電壓的響應，可用 $\gamma = 1.8 \sim 2.5$ 的乘冪函數來描述，如先前所述，$\gamma > 1$ 的線性轉換會使得在 CRT 螢幕上輸出的影像比原始的影像暗很多，且不同 γ 值也改變了 R、G、B 之間相對比例。因此，爲了盡可能保持和來源影像一致，需要預先做一 γ 校正，若響應爲 2.5，則取 γ 校正 $\gamma = \dfrac{1}{2.5} = 0.4$，$f_{\text{out}} = [f_{\text{in}}]^{0.4}$，同樣的做法也可以運用到其它裝置如印表機、影印機、掃描器等的 γ 校正上。値得注意的是，一般在顯示器等裝置上看到的 γ 值調校和乘冪律轉換的指數乘冪 γ 正好取倒數顯示，因爲先前提到 γ 越小則顏色越亮，而這跟使用直覺相反，所以爲求方便起見，裝置上的 γ 值取指數乘冪 γ 之倒數，如此 γ 愈大則愈亮。

(a) 台北 101 空照圖原圖

(b) $\gamma = 0.5$

(c) $\gamma = 1.25$

(d) $\gamma = 2$

圖 4-55　不同乘冪 γ 轉換的效果。利用 γ 校正改變圖像亮度分布

　　如圖 4-55 所見，(b)經過 $\gamma = 0.5 < 1$ 的修正之後變的過亮，導致街道與建築物的區塊分辨不清楚；(c)取 $\gamma = 1.25$，修正過的影像比原圖還要清楚分明，建築物、街道、路名及陰影皆能明顯分辨；(d)取 $\gamma = 2$，過度強化陰影及暗色建築的結果使的兩者過於相近而混淆，細節上也較不清晰。

4.3.8 逐段線性轉換函數

　　　　逐段線性轉換函數是與前述三種線性轉換互補的一種做法，由於現今無需再以單一線段描述轉換曲線，而可以用多條任意線段拼湊成想要的轉換，所以形式上更加複雜且更貼近使用者的需求；當然，更複雜的內容意味著需要更精緻的函數設計與參數輸入。以下介紹兩個簡單的逐段線性轉換函數：對比度擴展(Contrast Extension)與灰階切片(Gray-Level Slicing)。

一、對比度擴展

　　一個簡單的逐段線性轉換函數便是對比度擴展。對比度是畫面黑與白的比值，也就是從黑到白的漸變層次。對比度越大，則從黑到白的漸變層次就越多，色彩表現越豐富。對比度對視覺效果的影響非常關鍵，一般來說對比度越大，圖像就越清晰醒目，色彩也越鮮明艷麗；而對比度小，則會讓整個畫面都灰濛濛的。尤其在動態的影像中，影像的明暗轉換比較快，對比度越高，人眼越容易分辨出轉換過程，而使視覺感受與清晰度提升。

　　影像的對比度不足，可能源自於拍照時照明不足(如背光、陰天)、影像感應器的動態範圍不夠，而不能敏銳的分辨顏色對比上的細微差異、或是錯誤的光圈設定等都有可能。對比度不足的影像，在灰度直方圖上，其灰度分布集中且缺少變化。為了改善影像對比度，主要利用特定區段的線型轉換，增加目標影像中灰階的動態範圍。

　　如圖 4-56 所示，將掃描式電子顯微鏡下觀察到的鏈黴菌圖片，以對比度擴展的方式改善影像對比程度。由(b)明顯可見增強後的效果。(c)為所使用的轉換曲線圖，大致上利用了三段逐段線性轉換，原本灰度集中的區塊利用大斜率的轉換曲線 line2 將其對應較大區域，原本較高、較低灰階值的區塊則利用 line1、line3 略為集中。若 $x_1 = x_2$ 且 $y_1 = y_2$，則變成單一線性轉換函數；若 $x_1 = x_2$ 且 $y_1 = 0$ (mm)、$y_2 = \max$ value，則該轉換為門檻值函數(Thresholding Function)轉換。

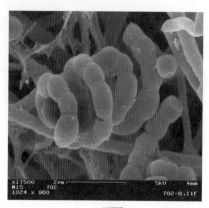

(a) 原圖

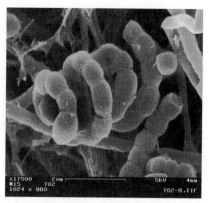

(b) 對比度擴展的結果

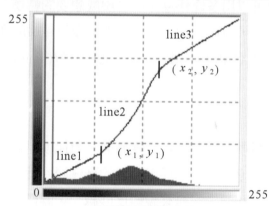

(c)為所使用的轉換曲線

🔺 圖 4-56 利用對比度擴展改善掃描式電子顯微鏡下鏈黴菌圖片的清晰程度

二、灰階切片

灰階切片簡單來說就是針對感興趣的灰階區段，利用轉換使之影像增強(給予高灰階值)，而其它部分維持原樣或是減弱(給予低灰階值)。應用上例如強調 X 光圖片中骨骼的部位、衛星空照圖中道路與湖泊的區塊或是相片裡人臉的強化等。

(a) 原圖

(b) 灰階切片的結果

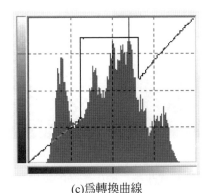

(c)為轉換曲線

 圖 4-57　利用灰階切片增強圖片特定灰階範圍

　　如圖 4-57 所示即為一典型的灰階切片，注意到只有對目標灰階範圍增強，以類似加上門檻值的方式將該區段全部對應到同一灰階值，其餘部分維持斜率為 1 的恆等線性轉換。

4.4　抖色演算法(Dithering Algorithms)

　　有豐富圖片的印刷物總是吸引人們的目光，為了將記者拍攝的照片翻印在報紙上，半色調(Halftone)印刷技術因而誕生，如圖 4-58 的簡單示意圖。由 William Fox Talbot 於 1850s 提出半色調印刷的構想：利用密度、大小不同的小點來模擬不同的灰度值／顏色。經過後人陸續的改良，第一幅利用此技術處理的圖片於 1873 年 12 月 2 號出現在紐約圖片日報(New York Daily Graphic)，從此之後，此技術被廣泛的運用在印刷與成像技術上。

　　抖色演算法(Dithering Algorithms)的精神即承繼半色調的想法而來，為了讓圖片在有限的色階下看起來更生動更有層次感，將影像色階降低或數位化影像時亮化過程的規律性誤差，採用預設的演算法，做隨機分散處理再輸出。最早的抖色演算法由 Robert W. Floyd 及 Louis Steinberg 於 1975 年提出，稱之為 Floyd-Steinberg Dithering Algorithm，此演算法之特色在於引入誤差擴散(Error Diffusion)的處理手法，將原本某一像素點的誤差以指定比例、額外分配到其周圍的像素點，此手法至今不斷被擴充與推廣，已有形形色色的誤差擴散抖色演算法被提出和運用，但皆秉持著相同的精神。抖色演算法可依其處理方式分成四類：1.門檻值(Thresholding)法、2.隨機抖色(Random Dithering)法、3.樣式(Patterning)法、4.誤差擴散(Error Diffusion)法。

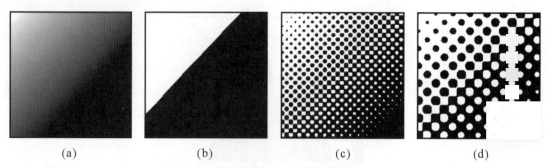

(a)   (b)   (c)   (d)

🔺 圖 4-58　利用半色調的方式改善二值化影像的視覺表現。(a)256 色灰階漸層圖像，(b)經過二值化後的圖像，(c)半色調處理後的圖像，(d)較(c)使用雙倍的點來做半色調處理後的圖像。

4.4.1　門檻值法(Thresholding Algorithms)

　　門檻值法即為二值化轉換的延伸。在二值化時，當我們將多個門檻值隔出的多重區段對應到不同的數值，而不再只有二值像是 255 和 0 時，此即為門檻值法。如圖 4-59，以原圖做不同層級的門檻值化，讓每個像素點依據對應的門檻值，而對應到有限的數值，方法十分簡單，但會失去畫面的細節，只保留畫面的灰度值大致分布。

(a)

(a) 原 256 色灰階漸層圖像。
(b) 二值化 (門檻值 128)。
(c) 四值化 (門檻值 64、128、192)。
(d) 六值化 (門檻值 32、64、128、160、192)。
(e) 十值化。

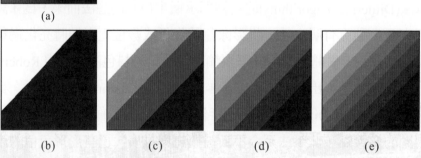

(b)   (c)   (d)   (e)

🔺 圖 4-59　不同門檻值化下的 256 色灰階漸層圖像輸出結果

4.4.2 隨機抖色法(Random Dithering Algorithms)

隨機抖色演算法約早在 1951 年就被提出，其目的是用來彌補門檻值法的不足，其想法很簡單：將之前門檻值法規律的對應方式改成隨機取樣，因此，每一個輸入的像素值都和一隨機產生的門檻值比較，比其大則產生白色，反之則取黑色，因而可以產生無規律的輸出值。雖然此方法將門檻值法的缺點－圖樣的規律性成功的消除，但是也因此產生大量不規則的噪點(Noise)而破壞了畫面的細節，見圖 4-60。此做法與印刷中的網線銅板術(Mezzotinting)有相似的效果。

圖 4-60　隨機抖色演算法的輸出結果，左側為原圖

4.4.3 樣板法(Patterning Algorithms)

樣板演算法顧名思義，就是在抖色等影像處理時，運用固定的樣板，該樣板區域內的數值就做為像素點的門檻值，因此選用不同的樣板會造成完全不一樣的效果。最常用的樣版法有兩種：半色調(Halftone)法與規律(Ordered)樣板法。

規律樣板法是產生出互相並行排列的樣板，矩陣大小決定了格子的大小，並以矩陣元素產生門檻值來二值化對應的像素點，像是將方格紙鋪在圖像上。其擴散程度更甚於半色調法，畫面顆粒狀的情形因此降低,但仍然難以避免規律條紋產生。最常見的規律法為 1973 年由 Bayer 提出的貝爾(Bayer)法，其遵循一貝爾門檻值矩陣來完成像素值的轉換，矩陣的大小可依所需調整，或是做任意平移，只須遵循一簡單的規則：先將矩陣各元素位置分別

填上從 1 開始的連續整數，接下來重新排列數值使得任意兩兩數值間的距離(數值差)平均值為最大，之後再將矩陣除以階數，並乘上數值範圍的最大值則可得到門檻值；為了使用上的方便，把貝爾矩陣做一(−1)的平移，圖 4-61 展示了兩者的區別。輸出結果比較如圖 4-62 所示。

$$\frac{1}{4}\begin{bmatrix}1 & 3\\ 4 & 2\end{bmatrix} \qquad \frac{1}{9}\begin{bmatrix}3 & 7 & 4\\ 6 & 1 & 9\\ 2 & 8 & 5\end{bmatrix} \qquad \frac{1}{4}\begin{bmatrix}0 & 2\\ 3 & 1\end{bmatrix} \qquad \frac{1}{9}\begin{bmatrix}2 & 6 & 3\\ 5 & 0 & 8\\ 1 & 7 & 4\end{bmatrix}$$

$$\frac{1}{16}\begin{bmatrix}1 & 9 & 3 & 11\\ 13 & 5 & 15 & 7\\ 4 & 12 & 2 & 10\\ 16 & 8 & 14 & 6\end{bmatrix} \qquad \frac{1}{16}\begin{bmatrix}0 & 8 & 2 & 10\\ 12 & 4 & 14 & 6\\ 3 & 11 & 1 & 9\\ 15 & 7 & 13 & 5\end{bmatrix}$$

圖 4-61　二、三、四階的貝爾矩陣
左半部為原始貝爾矩陣，右半部為一般常用以 0 為起始的矩陣。

(a) 原始灰階圖像　　　　(b) 半色調法處理　　　　(c) 貝爾法處理

圖 4-62　樣板法轉換後的輸出結果

4.4.4　誤差擴散法(Error Diffusion Algorithms)

誤差擴散能有效率的產生半色調圖片(halftone image)，在有限的顏色系統中(如為了節省空間而只使用 16 色表示 256 色圖片)，利用影像局部區域的顏色像素值做擴散，使得原先均勻的像素分布被打亂,加以人類視覺系統對小區域平均亮度的錯覺,就以模擬影像深淺不同的顏色,達到擴展色階、增加影像豐富度的效果。通常應用在進階的二值化處理上,但是也可以用在各式增進圖像視覺表現的轉換中。常見的誤差擴散演算法從最早的 Floyd-Steinberg、Jarvis, Judice and Ninke 跟 Stucki Dithering(Dithering,抖色法),到 Scolorq、Sierra、Atkinson、Riemersma Dithering 等,不勝枚舉。由於其擴散的特性,所以在處理時需要用到緩衝(Buffering)與平行運算(Parallel Processing)等技術輔助,此一技術目前被廣泛的運用在印表機、印刷工業、數位相機、掃描器、FAX 以及各式顯示技術上,而其擴散的特性也被運用在加密技術例如:浮水印、圖片加解密、資料隱藏等。

傳統的誤差擴散主要原理為將量化誤差擴散至相鄰的像素點,但此擴散矩陣的主要缺點為方向過於單一,誤差只朝固定方向擴散,所以會產生週期性的紋路與雜訊因而隨之產生。因此,為改善誤差擴散的效果,有許多針對演算法與轉換矩陣的改進方式陸續被提出,例如加入額外的雜訊如 Blue Noise、Green Noise 跟 White Noise 用來打散此規律性。不同的抖色演算(Dithering Algorithm)方式通常是針對不同類型的問題而設置,或是為了更快速的演算速度、更好的視覺呈現、或是針對某些影像類型有著更好的顯示效果。以下介紹最基本也最重要的幾個誤差擴散抖色法:Floyd-Steinberg Dithering、Jarvis, Judice and Ninke Dithering 跟 Stucki Dithering。

圖 4-63　Floyd-Steinberg dithering 輸出結果,左側為原圖

一、Floyd-Steinberg Dithering

Floyd-Steinberg dithering 是最早被提出的抖色演算法,於 1976 年由 Robert W. Floyd 及 Louis Steinberg 共同提出,其精神就是將圖像轉換或是數位化過程中所產生的量化誤差,以固定比例方式擴散到附近的像素點,其輸出結果如圖 4-63 所示。在 Floyd-Steinberg dithering

中，誤差只擴散到鄰接該像素點周圍的指定像素點。如同先前提到的貝爾法，由於色彩空間座標化的特性，因此，每一抖色演算法的誤差擴散都可以用一簡單的矩陣轉換來描述：

$$\text{Floyd-Steinberg Matrix}：\frac{1}{16} \times \begin{bmatrix} 0 & 0 & 0 \\ 0 & \odot & 7 \\ 3 & 5 & 1 \end{bmatrix}$$

其做法如圖 4-64 所示，演算法由圖像座標的原點(左上頂點)開始執行，逐步計算量化誤差之後向右下方各像素點擴散，每一點都經過量化誤差的計算以及接受其相鄰點傳遞過來的部分誤差，經過加總後，才進行最後的二值化、門檻值化或其它處理。因此，圖像因數位化或轉換時的量化誤差，經此擴散過程後幾乎等於 0，且此過程相當於把各點灰度值的一部分特性擴散到相鄰區域，因此打亂原本因量化誤差產生的重複性與規律條紋。舉例來說，在將圖像轉成 GIF 檔時，此方法就十分實用，因 GIF 檔案格式只能以有限的 256 色表示圖像。

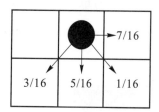 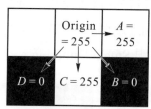

(a) 誤差分配方式　　　(b) 誤差計算與擴散　　　(c) 二值化後輸出結果

🔺 圖 4-64　利用 Floyd-Steinberg Dithering，對單一像素點二值化的操作過程
　　　　　注意到在圖(c)二值化的運算中有所簡化，並未考慮其它像素點的誤差擴散。

🔺 圖 4-65　Serpentine Error Diffusion(右圖)與原先做法(左圖)之比較

　　除此之外，若在演算時，以來回蛇狀蜿蜒的方式，逐列處理像素點取代循矩陣順序的方式，演算矩陣同 Floyd-Steinberg Matrix，此方法稱做 Serpentine Error Diffusion，由 Ulichney 於 1986 年提出，如圖 4-65 所示，其目的在運用處理順序的改變來改善雜點與規律條紋。

二、Jarvis, Judice and Ninke Dithering

　　Jarvis, Judice and Ninke Dithering(1976)此演算法是前述演算法的進階做法，其抖色演算矩陣不再只採用相鄰的點，而是擴大了取樣的範圍，產生的結果是雜訊跟規律圖樣大幅減少，但是缺點是運算量與 Floyd-Steinberg dithering 相比大幅提升，且畫面表現上看起來也較前者粗糙，處理 $\frac{1}{48}$ 為運算量龐大的主因(需要做數個 DIVs 運算)，且無法利用 bits 平移的方式減少計算量。輸出圖像如圖 4-66。其誤差擴散矩陣如下：

$$\text{Jarvis, Judice and Ninke Matrix：} \frac{1}{48} \times \begin{bmatrix} 0 & 0 & 0 & 0 & 0 \\ 0 & 0 & 0 & 0 & 0 \\ 0 & 0 & \odot & 7 & 5 \\ 3 & 5 & 7 & 5 & 3 \\ 1 & 3 & 5 & 3 & 1 \end{bmatrix}$$

圖 4-66　Jarvis, Judice and Ninke Dithering 的輸出結果，左側為原圖

三、Stucki Dithering

　　由 P. Stucki 於 1981 年依據 Jarvis, Judice and Ninke Dithering 修改而來，將原本為連續奇數排列的矩陣元素置換成 2 的倍數，其演算速度稍快，處理完的影像顯得更加乾淨且銳利。處理 $\frac{1}{42}$ 仍然是拖慢速度的主因(需要數個 DIVs)，但在前 $\frac{8}{42}$ 誤差擴散計算完畢後，可

以利用平移的方式減少計算量。另有一 Burkes 處理法依 Stucki 演算方式推廣而來,速度較快,但視覺表現不如 Stucki。此演算法的誤差擴散矩陣如下:

$$\text{Stucki Matrix}:\ \frac{1}{42}\times\begin{bmatrix} 0 & 0 & 0 & 0 & 0 \\ 0 & 0 & 0 & 0 & 0 \\ 0 & 0 & \odot & 8 & 4 \\ 2 & 4 & 8 & 4 & 2 \\ 1 & 2 & 4 & 2 & 1 \end{bmatrix}$$

其運算輸出結果和原先 Jarvis, Judice and Ninke 之比較如圖 4-67 所示,可明顯看出兩者之不同,且 Stucki 在顏色對比上表現較佳。

圖 4-67　Stucki (右)和 Jarvis, Judice and Ninke (左) Dithering 的比較

單元練習

Q1. 如圖 4-68,試著設定門檻值使:

(1) 白巧克力部分為白色、其餘為黑色。

(2) 除了白巧克力外的棕色巧克力變成白色,其餘為黑色(包含白巧克力)。

圖 4-68　將巧克力圖像作二值化轉換

Q2. 利用灰度拉伸將特定區段的灰度值拉伸或壓縮來改善影像的亮暗度，函數運算式如下：

$$f(x) = \begin{cases} \dfrac{y_1}{x_1}x & x < x_1 \\[2ex] \dfrac{y_2 - y_1}{x_2 - x_1}(x - x_1) + y_1 & x_1 \leq x \leq x_2 \\[2ex] \dfrac{255 - y_2}{255 - x_2}(x - x_2) + y_2 & x \geq x_2 \end{cases}$$

(1) 若以輸入影像座標的寬 W 高 H 來表示，令 $x_1 = \dfrac{1}{4}W$ ；$y_1 = \dfrac{1}{8}H$ ；$x_2 = \dfrac{3}{4}W$ ；$y_2 = \dfrac{7}{8}H$ ；若此時 $W = H = 255$ 像素，則此轉換方程式 $f(x)$ 的圖形為何？

(2) 將此轉換應用到圖 4-68，會有怎麼樣的效果？(提示：變暗、變亮或其灰階直方圖圖形如何改變？)

Q3. 利用單元附錄中的程式碼實現乘冪 γ 為 0.2、0.4、0.6、0.8 的轉換及其反轉換的圖組，並對圖 4-58 做灰度轉換，分別有何不同？

Q4. 利用單元附錄中的程式碼實現(1) Halftone、(2) Bayer、(3) Stucki Dithering 等轉換，利用圖 4-48 及圖 4-68，比較各演算法對不同圖像的差異與優缺點。

Q5. 若要實現 Serpentine Error Diffusion 轉換，則該針對 Floyd-Steinberg Dithering 做哪些修改？

4.5 型態學影像處理

　　型態學影像處理在機器視覺上有其應用價值，其技術包括膨脹(dilation)和侵蝕(erosion)，與兩種重要的型態運算—斷開(opening)與閉合(closing)。本單元介紹應用型態學運算的方法以找尋物件的邊界。

4.5.1　數學型態學及集合理論

　　數學型態學(Mathematical Morphology)是一種利用數學方法分析幾何形狀和結構，並利用集合論的方式來加以描述。1985 年之後，逐漸被應用在分析影像幾何特徵上，發展出膨脹(dilation)和侵蝕(erosion)等屬於數學型態學領域中最基本的型態學運算子。利用這些運算子本身或其組合，可用來進行影像結構和形狀的分析及處理。由於在特徵辨識和影像分析相關的影像前處理階段常會涉及到型態相關的處理，因此如影像濾波、特徵抽取和影像分割等方面的工作，常會使用此類的運算方法。

　　在數學型態學中，我們把一張影像 F 視為一個集合，如果點 i 在 F 的影像區域內的話，那麼就稱 i 為 F 的元素，記作 $i \in F$，若 i 不落在該區域內，則記作 $i \notin F$，見圖 4-69。若影像內沒有包含任何元素，則稱為無效(null)或空集合(empty Set)，符號記為 $\varnothing$。若集合 F 的每一個元素同時是另一個元素集合 I 所包含的元素，則稱 F 為 I 的子集合(subset)，表示為 $F \subseteq I$，如圖 4-70。而兩個集合 F 和 I 的聯集(union)記為 $F \cup I$，代表所有屬於 F 和 I 中所有的元素集合，而兩集合的交集(intersection)表示成 $F \cap I$，代表兩集合擁有共同的元素集合，而所有不屬於 F 的元素集合稱為 F 的補集(complement)，表示成 F^C，如圖 4-71。

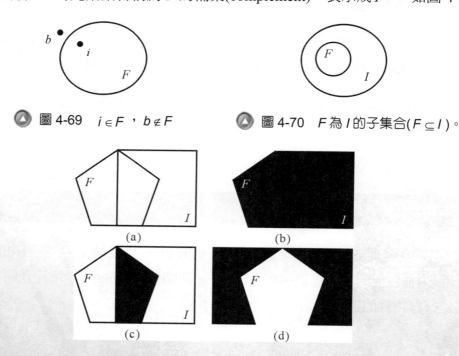

圖 4-69　$i \in F$，$b \notin F$ 　　　　圖 4-70　F 為 I 的子集合($F \subseteq I$)。

(a)　　　　(b)

(c)　　　　(d)

圖 4-71　(a)兩集合 F 和 I，(b)$F \cup I$，(c)$F \cap I$，(d)F^C

　　以型態學爲概念的影像處理方法，是以二值影像的應用爲主，而主要的邏輯運算有 AND、OR 和 NOT，其性質整理於表 4-1，並以圖例的方式顯示於圖 4-72。其基本運算以一個像素爲單位，因此若是在執行 AND 功能時，要兩個影像相對應的像素點都爲 1(或 255) 時才會在結果影像上產生 1(或 255)。

　　而對於邏輯運算和集合論來說，兩者存有相對應的關係，但是邏輯運算基本上僅限於用在二值影像上，而集合論並無此限制。因此，處理的影像若爲一個二值影像，那集合論中的交集運算即可簡化成 AND 運算來表示，一般文獻裡也常交互使用，所以必須從上下文來判斷所處理的影像是一般或二值影像。

▽ 表 4-1　基本邏輯運算

f	i	$f \cdot i$	$f + i$	$\bar{f}$
0	0	0	0	1
1	0	0	1	0
0	1	0	1	1
1	1	1	1	0

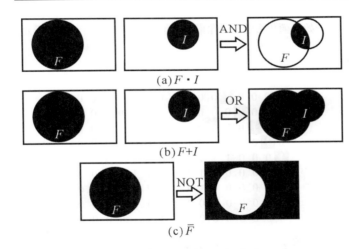

(a) $F \cdot I$

(b) $F + I$

(c) $\bar{F}$

△ 圖 4-72　基本邏輯運算圖例

4.5.2　膨脹與侵蝕

　　膨脹(Dilation)是一種將二值影像增厚或是變大的一種運算，此增厚的方式和程度由結構元素(Structuring Element)來決定，例如 F 和 I 爲兩個集合，若 F 藉由集合 I 來膨脹，則稱

I 為結構元素，表示為 $F \oplus I = \{z | (\hat{I})z \cap F \neq \varnothing\}$ ；膨脹運算具有交換性，意即 $F \oplus I = I \oplus F$ 。習慣上，將影像寫於前面，而結構元素寫在後面，且結構元素的集合往往比所處理的影像集合小得多。

　　膨脹的過程與方法參見圖 4-73 至圖 4-76，大致上利用結構元素的中心點與影像像素的交集與否，判斷是否對該點實施膨脹，而膨脹的方式則由結構元素決定。

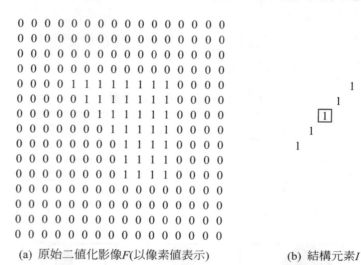

(a) 原始二值化影像F(以像素值表示)　　　　(b) 結構元素I

◎ 圖 4-73

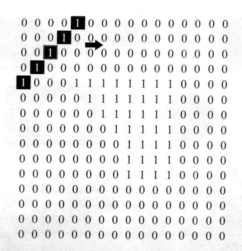

◎ 圖 4-74　以中央 1 為中心，結構元素依據座標由小到大做平移

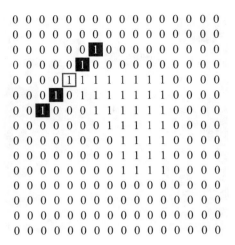

⊙ 圖 4-75　當結構元素 *I* 的中央 1 和原始圖 *F* 的像素值 1 交集，則膨脹發生

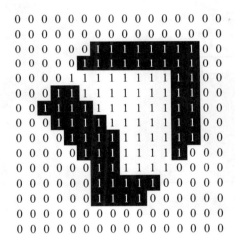

⊙ 圖 4-76　*F* ⊕ *I* 膨脹運算後的結果(黑底白字的部分為多出來的像素值)

　　圖 4-77 為一膨脹的實際範例，由圖 4-77(b)中的文字看出有一條條黑色細紋，經由膨脹處理後，由於沒有交集之處會歸回背景顏色，有交集之處則設成字體顏色，所以清除了原來的破壞性黑色細紋，且文字加粗，因而產生一個完整且清楚的圖像。

　　侵蝕(Erosion)運算的功能與膨脹的功能正好相反，但仍藉由一結構元素，將二值影像中的物體變薄或收縮，其符號表示方式為 *F* * *I*。

(a) 原始二值影像圖

(b) 受到破壞的圖片

(c) 經由膨脹運算後的結果

△ 圖 4-77　膨脹運算的應用

　　在此藉由圖 4-78～圖 4-81 來說明侵蝕的運算過程。圖 4-78 中，為原始圖片 F 的各像素值以及結構元素 I 及其中心點；圖 4-79 則說明 I 的平移方向，其平移過程和膨脹運算相同，均由左往右平移；圖 4-80 則說明當 I 的中心點和 F 像素值為 1 重疊時，侵蝕運算的輸出結果會因有無覆蓋到像素值為 0(背景)而有所不同，最後在圖 4-81 則顯示 F 經由 I 做侵蝕後的結果。

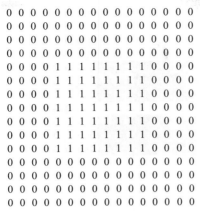

```
0 0 0 0 0 0 0 0 0 0 0 0 0 0 0 0
0 0 0 0 0 0 0 0 0 0 0 0 0 0 0 0
0 0 0 0 0 0 0 0 0 0 0 0 0 0 0 0
0 0 0 0 0 0 0 0 0 0 0 0 0 0 0 0                   1
0 0 0 0 1 1 1 1 1 1 1 1 0 0 0 0                   1
0 0 0 0 1 1 1 1 1 1 1 1 0 0 0 0                   1
0 0 0 0 1 1 1 1 1 1 1 1 0 0 0 0                  [1]
0 0 0 0 1 1 1 1 1 1 1 1 0 0 0 0                   1
0 0 0 0 1 1 1 1 1 1 1 1 0 0 0 0                   1
0 0 0 0 1 1 1 1 1 1 1 1 0 0 0 0                   1
0 0 0 0 0 0 0 0 0 0 0 0 0 0 0 0
0 0 0 0 0 0 0 0 0 0 0 0 0 0 0 0
0 0 0 0 0 0 0 0 0 0 0 0 0 0 0 0
0 0 0 0 0 0 0 0 0 0 0 0 0 0 0 0
```

(a) 原始二值化影像F(以像素值表示)　　　　(b) 結構元素I及中心點

🔺 圖 4-78

```
1 0 0 0 0 0 0 0 0 0 0 0 0 0 0
1 0 0 0 0 0 0 0 0 0 0 0 0 0 0
1 0 0 0 0 0 0 0 0 0 0 0 0 0 0
1 0➤0 0 0 0 0 0 0 0 0 0 0 0 0
1 0 0 1 1 1 1 1 1 1 0 0 0 0
1 0 0 1 1 1 1 1 1 1 0 0 0 0
1 0 0 1 1 1 1 1 1 1 0 0 0 0
0 0 0 1 1 1 1 1 1 1 0 0 0 0
0 0 0 1 1 1 1 1 1 1 0 0 0 0
0 0 0 1 1 1 1 1 1 1 0 0 0 0
0 0 0 1 1 1 1 1 1 1 0 0 0 0
0 0 0 0 0 0 0 0 0 0 0 0 0 0
0 0 0 0 0 0 0 0 0 0 0 0 0 0
0 0 0 0 0 0 0 0 0 0 0 0 0 0
0 0 0 0 0 0 0 0 0 0 0 0 0 0
```

🔺 圖 4-79　結構元素 I 平移方向

當結構元素中心平移至
此，結果會輸出 0，因
為結構元素和原始圖像
像素值為 0 (背景)的部分
重疊。

當結構元素中心平移至
此，結果會輸出 1，因為
整個結構元素可完全和
原始圖像像素值為 1 (前
景)的部分重疊。

```
0 0 0 0 0 0 0 0 0 0 0 0 0 0 0 0
0 0 0 0 1 0 0 0 0 0 0 0 0 0 0 0
0 0 0 0 1 0 0 0 0 0 0 0 0 0 0 0
0 0 0 0 1 0 0 0 0 0 0 0 0 0 0 0
0 0 0 0 1 1 1 1 1 1 1 0 0 0 0
0 0 0 0 1 1 1 1 1 1 1 0 0 0 0
0 0 0 0 1 1 1 1 1 1 1 0 0 0 0
0 0 0 0 1 1 1 1 1 1 1 0 0 0 0
0 0 0 0 1 1 1 1 1 1 1 0 0 0 0
0 0 0 0 1 1 1 1 1 1 1 0 0 0 0
0 0 0 0 1 1 1 1 1 1 1 0 0 0 0
0 0 0 0 0 0 0 0 0 0 0 0 0 0 0
0 0 0 0 0 0 0 0 0 0 0 0 0 0 0
0 0 0 0 0 0 0 0 0 0 0 0 0 0 0
0 0 0 0 0 0 0 0 0 0 0 0 0 0 0
```

🔺 圖 4-80　當結構元素 I 和原始圖 F 的不同位置的像素值 1 交集時的情形

```
0 0 0 0 0 0 0 0 0 0 0 0 0 0 0 0 0 0
0 0 0 0 0 0 0 0 0 0 0 0 0 0 0 0 0 0
0 0 0 0 0 0 0 0 0 0 0 0 0 0 0 0 0 0
0 0 0 0 0 0 0 0 0 0 0 0 0 0 0 0 0 0
0 0 0 0 0 0 0 0 0 0 0 0 0 0 0 0 0 0
0 0 0 0 0 0 0 0 0 0 0 0 0 0 0 0 0 0
0 0 0 0 0 0 0 0 0 0 0 0 0 0 0 0 0 0
0 0 0 0 0 1 1 1 1 1 1 1 1 0 0 0 0 0
0 0 0 0 0 0 0 0 0 0 0 0 0 0 0 0 0 0
0 0 0 0 0 0 0 0 0 0 0 0 0 0 0 0 0 0
0 0 0 0 0 0 0 0 0 0 0 0 0 0 0 0 0 0
0 0 0 0 0 0 0 0 0 0 0 0 0 0 0 0 0 0
0 0 0 0 0 0 0 0 0 0 0 0 0 0 0 0 0 0
0 0 0 0 0 0 0 0 0 0 0 0 0 0 0 0 0 0
```

圖 4-81　*F* * *I* 侵蝕運算後的結果(黑底白字的部分為少掉的前景部份)

如圖 4-82(b)圖片當中有胡椒鹽雜訊，而經由侵蝕運算處理後，可將其雜訊濾除，產生一個與原圖高相似性的圖像。

(a) 原始二值影像圖

(b) 受到胡椒鹽雜訊破壞的圖片

(c) 經由侵蝕運算後的結果

 圖 4-82

4.5.3　斷開與閉合

在前面單元中，介紹了膨脹與侵蝕兩種影像處理的運算，膨脹運算會使一幅圖像擴大，而侵蝕則是讓影像收縮，兩者都有去除雜訊的作用。而下面的單元中，將介紹膨脹與侵蝕的推廣與應用–斷開與閉合。

斷開(Opening)運算目的在使物件的輪廓變得較為平滑，且消除物件中細小的連接部分，圖像集合 F 被結構元素 I 斷開，其符號記作：$F \circ I$，定義為 $F \circ I = (F * I) \oplus I$，由定義中即可了解 F 被 I 斷開，為一組先侵蝕後膨脹的連續運算，F 被 I 侵蝕後又再次被 I 膨脹，其綜合的結果就像是保留被侵蝕的部分，而捨去未被侵蝕的地方；其數學形式的定義為：$F \circ I = \cup\{(I)_z \mid (I)_z \subseteq F\}$，其中 $\cup\{\}$ 代表大括號內含所有集合的聯集。

下面用一個簡單的幾何圖形來解釋斷開運算。如圖 4-83 所示，F 為原始圖像，而 I 為結構元素，以 I 在 F 內平移(滾動)，直到平移完整個區域，由圖 4-83(c)，而 F 的四個角的部分並無法和 I 完全密合，故在經由斷開運算後就會被捨棄，由圖 4-83(d)顯示。

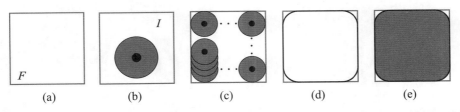

| (a) | (b) | (c) | (d) | (e) |

圖 4-83　(a)原始二值影像圖 F，(b)結構元素 I，(c) I 在 F 內平移，(d)較粗的邊線為經由斷開運算的外邊界，(e)完整的斷開結果(深色區域)

另外斷開運算也會滿足下列幾種性質：

1.　$F \circ I$ 是 F 的子集合。

2.　如果 P 是 Q 的子集合，則 $F \circ I$ 是 $Q \circ I$ 的子集合。

3.　$(F \circ I) \circ I = F \circ I$。

下面提供一個範例讓讀者進一步了解斷開運算在實際的二值影像上的結果。圖 4-84(b)中，加入一般稱為胡椒鹽的雜訊，經由斷開運算處理後，除了可將不規則的雜訊濾除，另外也將圖 4-85(a)中一些細微連接線及白點消除，產生的結果比單獨使用侵蝕運算(圖 4-82(c))的結果還要接近原圖像。

(a) 原始二值影像圖

(b) 受到胡椒鹽雜訊破壞的圖片

(c) 經由斷開運算後的結果

▲ 圖 4-84

　　閉合(Closing)運算的目的和斷開相同，一樣會將物件的輪廓變得較為平滑，但兩者最大的不同是斷開主要是消除物件中較為細微的連接部分，而閉合恰好相反，是將一些細微的缺口或是較為窄小的中斷部分連接起來，以消除圖像中細微的破洞。在數學記號表示上，圖像集合 F 被結構元素閉合，其符號記作 $F \cdot I$，定義為 $F \cdot I = (F \oplus I) * I$，由定義中即可瞭解 F 被 I 閉合的意思，另外再以文字來加以敘述，即為 F 被 I 膨脹後的結果又再次被 I 侵蝕。以下用一個簡單的幾何圖形來解釋閉合運算。如圖 4-85(a)(b)所示，F 為原始圖像，而 I 為結構元素，接著由圖 4-86(c)，I 在 F 外側平移(滾動)，直到平移完整個區域，而 F 的凹

角的部分並無法和 I 完全密合，故在經由閉合運算後就會將其比較平滑的邊緣所取代，如圖 4-85(d)。

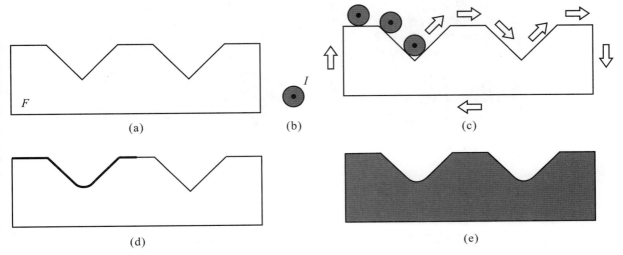

(a)

(b)

(c)

(d)

(e)

⊙ 圖 4-85 (a) 原始二值影像圖 F，(b) 結構元素 I，(c) I 在 F 外側平移(如箭頭所示)，
(d) 較粗的邊線為經由閉合運算的邊界，(e)完整的閉合結果(深色區域)

　　下面範例為閉合運算在一張二值影像上的運算結果。由圖 4-86(b)中可見文字上有一條條黑色的細紋，而經由閉合運算處理後，除了可將黑色細紋消除不見之外，還將圖中較為細小的缺口填補起來，使圖形看起來更加圓滑。和單純使用膨脹運算的不同在於字體大小和原圖並不會相差太多，故和原圖的相似性會比較高。

(a) 原始二值影像圖

⊙ 圖 4-86 閉合運算的應用

(b) 受到破壞的圖片   (c) 經由閉合運算後的結果

🔺 圖 4-86　閉合運算的應用(續)

4.5.4　邊界抽取的應用

　　本單元介紹運用型態學運算來做邊界抽取的應用。在一個圖形集合 F 的邊界 B_F 上，以結構元素 I 對 F 作邊界抽取的運算可表示為：$B_F = F - (F * I)$，亦即 F 對 I 做完侵蝕後，F 再對其侵蝕結果作差集，即可得到 B_F。而其呈現的結果就像是將邊界侵蝕掉，而保留中間地帶。

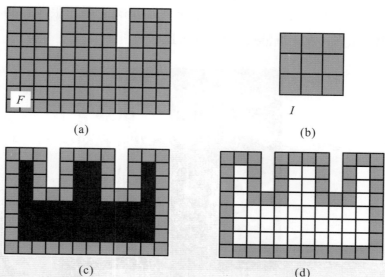

🔺 圖 4-87　(a)原始二值影像圖 F (b)結構元素 I (c) I 對 F 做侵蝕後的結果(黑色部分) (d)由(a)和(c)作差集後的結果(灰色部分)

如圖 4-87 所示，圖 4-87(a)為原始圖像 F，而圖(b)為結構元素 I，對 F 做侵蝕結果如圖(c)，黑色的部分即為做完侵蝕運算後所剩下來的區域，之後取與 F 作差集，結果便如圖(d)，整張原始圖像 F 運算後僅留存邊緣部分。

下面範例讓讀者進一步了解邊界抽取演算法，即在一張實際二值影像上的運作結果。圖 4-88(b)為原圖經過侵蝕運算後，在一些細節部分及文字字體較原圖變窄變細；而再將原圖 4-88(a)和(b)作差集後，僅殘留原圖像的邊界，即為邊界抽取的結果。

(a) 原始二值影像圖

(b) 經過侵蝕後的影像

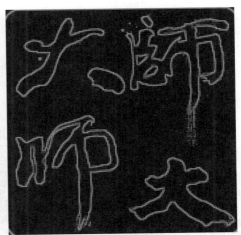

(c) 邊緣抽取後的結果

◯ 圖 4-88 邊界抽取的應用

運用 OpenCV 內建的函式庫，進行邊界抽取的運算，其原始程式碼如下：

邊界抽取的應用(原始程式碼)

```
1  #include "stdafx.h"
2  #include "cv.h"
3  #include "highgui.h"
4
5  //邊界抽取
6  int main( )
7  {
8      IplImage* frame = cvLoadImage("ntnu.bmp", 1);
9
10     int w = frame->width;
11     int h = frame->height;
12
13     IplImage* frame_gray = cvCreateImage(cvSize(w, h), IPL_DEPTH_8U, 1);
14     IplImage* frame_copy = cvCreateImage(cvSize(w, h), IPL_DEPTH_8U, 1);
15
16     cvCvtColor(frame, frame_gray, CV_BGR2GRAY);
17     cvCopy(frame_gray, frame_copy, 0);
18
19     cvErode(frame_copy,frame_copy, 0, 1);
20
21     unsigned char* graydata = (unsigned char*)frame_gray->imageData;
22     unsigned char* copydata = (unsigned char*)frame_copy->imageData;
23
24     for(int j=0; j<h; j++)
25     {
26        for(int i=0; i<w; i++)
27        {
28           graydata[j*w+i] = graydata[j*w+i] -  copydata[j*w+i];
29        }
30     }
31
32     cvNamedWindow( "frame_gray", 1 );
33
34     cvShowImage("frame_gray", frame_gray);
35
36     cvWaitKey(0);
37
38     cvReleaseImage(&frame);
39     cvReleaseImage(&frame_gray);
40
41     cvDestroyWindow("frame_gray");
42
43     return 0;
44 }
```

程式說明

*將影像轉成灰階之後，利用 OpenCV 內建函式做影像的邊界抽取：

　　　1～3：宣告所需之標頭檔

*主程式 Main：

　　　　8：讀取圖片 (檔名：ntnu.bmp)

　　　10：宣告圖形的寬度

　　　11：宣告圖形的高度

　13～14：創建 IplImage 資料型態的記憶體空間

　　　16：將原圖轉換至灰階

　　　17：利用 cvCopy 函式複製灰階化的原圖資料

　　　19：利用 cvErode 函式作侵蝕運算

　21～22：改變圖形資料的資料形態

　24～30：原圖灰階化後的圖 (frame_gray) 和做完侵蝕的圖 (frame_copy) 做相減

　　　32：建立一個顯示視窗的記憶體空間

　　　34：在顯示視窗上顯示出結果

　　　36：等待使用者輸入按鍵

　38～39：釋放 IplImage 資料型態的記憶體空間

　　　41：釋放顯示視窗的記憶體空間

 單元練習

Q1. 請運用 OpenCV 內建的函式庫，來讀取任意一張圖片(*.jpg、*.bmp 等)，並將其二值化後，親自實驗下列各種型態學運算：侵蝕、擴張、閉合和斷開。

Q2. 請自行產生一個方形的圖像，前景的灰階值為 a，背景的灰階值為 b，並在其中加入雜訊，並以 $T = \dfrac{a+b}{2}$ 為門檻值，將此影像做二值化處理，並重複利用侵蝕和擴張運算，看是否能將雜訊的影響降到最低。

4.6　空間域影像增強處理

　　本單元介紹空間域(spatial domain)影像增強處理，意即針對影像平面做增強處理，而不預先進行任何的轉換。主要包括濾波器以濾除雜訊、過亮或過暗的區域，並增加畫面細節的方法等化法。

4.6.1 平滑空間濾波

本單元所要介紹的影像處理方式是將周圍的灰度值考慮進來，進而因應各種特別需要做出合適的處理，像是影像平滑化、影像的銳化及邊緣偵測等，而這些方法基本上是建立在使用遮罩(Mask)，也稱濾波器(Filter)的基礎上，而遮罩可以看成是一個二維的矩陣，他的大小可以是 5×5 或 3×3 甚至是其它的大小，而影像濾波處理的方式如圖 4-89，我們要將 $f(x, y)$ 經過遮罩運算變成 $g(x, y)$ 的計算式如下：

$$g(x, y) = w_1 f(x-1, y-1) + w_2 f(x-1, y) + w_3 f(x-1, y+1) + w_4 f(x, y-1)$$
$$+ w_5 f(x, y) + w_6 f(x, y+1) + w_7 f(x+1, y-1) + w_6 f(x+1, y)$$
$$+ w_9 f(x+1, y+1)$$

其中濾波器每一點的係數(w_x)決定影像處理的方法。

平滑空間濾波包括：均值濾波、最大值濾波及最小值濾波，而平滑濾波最大的用途就是可以消除影像雜訊，尤其在數位影像的的應用上，為很常用的處理技術，在使用數位相機時，常會拍到含有許多雜訊的照片，這時候使用平滑濾波可以消除雜訊而使畫面變得比較柔和。

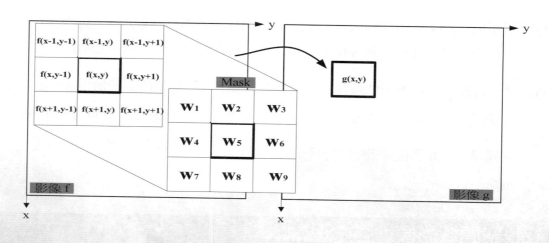

▲ 圖 4-89　遮罩運算示意圖

4.6.2 均值濾波

　　均值濾波也可以稱為低通濾波，它的主要原理就是將遮罩內的每一個像素值做平均來取代原來的像素值，這樣做的好處就是可以消除雜訊，將整張影像變得比較平滑，因為雜訊通常是在灰階上含有突然變化的值，可是邊緣也含有這種特性，所以在做均值濾波的副作用就是會使影像變得比較模糊。常用的均值濾波遮罩表示成矩陣如下所示：

1	1	1
1	1	1
1	1	1

1/9

(a)均值濾波遮罩

1	2	1
2	4	2
1	2	1

1/16

(b)加權平均(高斯)濾波遮罩

圖 4-90　均值濾波

　　均值濾波是先將濾波器範圍內的像素值相加之後再整個除以 9。加權平均(高斯)遮罩就是每一個像素點以不同的係數相乘，可以給特定的像素有比較多的權值，而犧牲其它比較不重要的像素點。

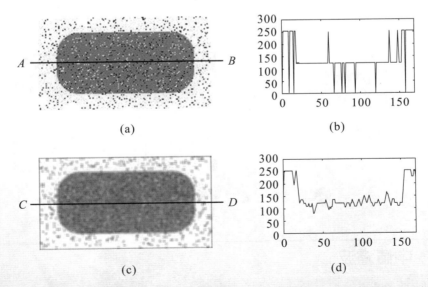

(a)　　　　　　　　　　　　(b)

(c)　　　　　　　　　　　　(d)

圖 4-91　含有雜訊的圖做均值濾波後的結果。(a)含有雜訊的圖，(b)從 *A* 點到 *B* 點的灰階值，(c)將原圖做均值濾波後的影像，(d)從 *C* 點到 *D* 點的灰階值

圖 4-91 是含有雜訊的圖做均值濾波的結果可以發現濾波之後的圖像雜訊變得比較少，但邊緣的部分變得比較模糊，從圖 4-91(b)(d)可以發現灰階值的起伏變得比較平滑。

 ### 4.6.3　最大值濾波及最小值濾波

消除雜訊的方法，除了均值濾波以外，還有以排序統計的方法來做的濾波器，包括：最大值濾波器、中值濾波器以及最小值濾波器，而這類濾波器是屬於非線性的濾波器，主要是將遮罩內所包圍的像素值做排序，然後以排序的結果來取代中央的像素值。最大濾波器就是取其中最大的值來取代中央的像素值，而最小濾波器就是取其中最小的值。例如一個 3×3 的遮罩內有(10, 30, 40, 60, 20, 100, 150, 130, 120)這些像素值，它們的排序為(10, 20, 30, 40, 60, 100, 120, 130, 150)，最大濾波就是取 150，而最小濾波則是取 10，它們不僅可以消除雜訊，也可以保留原影像邊緣的銳利度。最大濾波器也可以用來發現影像中最亮的點(像素值越高越亮)，而最小濾波器用來發現影像中最暗的點也是很有用的，如圖 4-92。

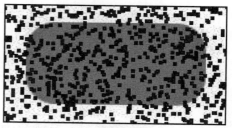

▲ 圖 4-92　最大、最小濾波後的結果

 ### 4.6.4　中值濾波

中值濾波是排序濾波器中最常被用到的，它的原理和前一節所提到的最大、最小濾波差不多，不過所取的值是以中間值做取代，例如在 3×3 的遮罩中像素值排序出來第五大的

值就是中間值，中值濾波的功能可以強迫不同灰階值的點更加接近其鄰近的點，所以中值濾波對於胡椒鹽式非常有效，它比起均值濾波所得到的濾除雜訊效果更好，而且邊緣模糊的現象也會改善很多，從圖 4-93 可以很明顯的發現中值濾波後的影像邊緣比較明顯，而且雜訊也改善很多，不過中值濾波器因為要將遮罩內的像素值做排序的動作，所以演算速度會較均值濾波慢。

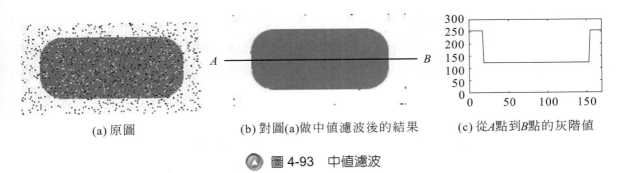

(a) 原圖　　　(b) 對圖(a)做中值濾波後的結果　　　(c) 從A點到B點的灰階值

▲ 圖 4-93　中值濾波

將含有胡椒鹽雜訊的影像做中值濾波。

(a) 有胡椒鹽雜訊的影像　　　　　　　(b) 中值濾波後的影像

▲ 圖 4-94　中值濾波

4.6.5 影像銳化

影像銳化可以保持影像低頻的部分，強化高頻的邊緣，在均值濾波是用平均的方式來做影像的平滑化，而平均的動作類似積分，相反的要做影像的銳化就可以微分來達成，事實上一個微分運算子的強度是正比於影像的不連續程度。

銳化主要是銳化物體的邊緣部分，因此在此銳化的演算法中，邊緣偵測扮演著不可或缺的角色。因為物體的邊緣是灰度不連續所產生的，邊緣一般而言可以分為兩種：一種是階躍性邊緣，兩邊是灰度值很大不同的平面；另一種稱為屋頂狀邊緣，它在灰度值變化的轉捩點處，如圖 4-95。

階躍性邊緣　　　　　　　　　屋頂狀邊緣

△ 圖 4-95　階躍性邊緣及屋頂狀邊緣示意圖

邊緣偵測的基本原理是偏導數運算子的運算，最重要的是梯度向量 ∇f 的計算，梯度向量指向 f 在座標(x, y)的最大改變率的方向。影像 f 在座標(x, y)的梯度向量為：

$$\nabla f(x, y) = \begin{bmatrix} G_x \\ G_y \end{bmatrix} = \begin{bmatrix} \dfrac{\partial f}{\partial x} \\ \dfrac{\partial f}{\partial y} \end{bmatrix}$$

其中 G_x、G_y 分別是 X 方向及 Y 方向的梯度分量。而要計算影像的梯度大小，首先要計算出在每一個像素點的偏導數 G_x 及 G_y。$f(x, y)$的 x 分量一階偏導數差分式定義如下：

$$G_x = \frac{\partial f}{\partial x} = f(x+1, y) - f(x, y)$$

y 分量一階偏導數的差分式定義為：

$$G_x = \frac{\partial f}{\partial y} = f(x, y+1) - f(x, y)$$

G_x、G_y 可以分別用以下 2×2 的遮罩來表示：

$$G_x = \begin{bmatrix} -1 & +1 \\ 0 & 0 \end{bmatrix} \qquad\qquad G_y = \begin{bmatrix} -1 & 0 \\ +1 & 0 \end{bmatrix}$$

這是 G_x、G_y 表示成遮罩最簡單的形式，有了梯度向量 ∇f 之後我們就可以找出梯度 $|\nabla f(x, y)|$，它可以用以下列公式求出：

$$|\nabla f(x, y)| = \sqrt{G_x^2 + G_y^2}$$

但上式所表示的方法在使用遮罩來獲取 G_x 及 G_y 時會有平方及平方根的計算負擔，所以一般是用近似梯度的方式求出：

$$|\nabla f(x, y)| = |G_x| + |G_y|$$

上述為一組最簡單的 G_x、G_y 遮罩，其中 G_x 可以找出水平方向的邊緣，而 G_y 可以找出垂直方向的遮罩。在 1965 年時 Roberts 提出了另一組遮罩定義：

$$G_x = \begin{bmatrix} -1 & 0 \\ 0 & +1 \end{bmatrix} \qquad\qquad G_y = \begin{bmatrix} 0 & -1 \\ +1 & 0 \end{bmatrix}$$

這些遮罩就稱為 Roberts 交叉梯度運算子(Roberts Cross-gradient Operator)，他執行的結果如圖 4-96，而大小 2×2 的偶數大小遮罩是比較難使用的，較為改進的方法則使用 3×3 遮罩的 Prewitt 運算子。

(a) 原始圖像　　　　　　　　　　(b) 做Roberts濾波後的影像

圖 4-96　Roberts 濾波後的影像結果

　　Prewitt 運算子是利用 3×3 遮罩的梯度分量來做每一點的卷積(convolution)運算，首先定義一個 3×3 區域的影像如圖 4-97，其中 f_5 表示 $f(x, y)$，f_1 表示 $f(x-1, y-1)$，f_2 表示 $(x-1, y)$，依此類推。

f_1	f_2	f_3
f_4	f_5	f_6
f_7	f_8	f_9

🔺 圖 4-97　3×3 區域的影像示意圖

　　我們以 f_5 為中心，Prewitt 的梯度被定義為：

$$|\nabla f(x, y)| = |(f_7 + f_8 + f_9) - (f_1 + f_2 + f_3) - (f_1 + f_4 + f_7) - (f_3 + f_5 + f_9)|$$

所以我們可以將 G_x、G_y 表示成遮罩為：

$$G_x = \begin{bmatrix} -1 & +1 & -1 \\ 0 & 0 & 0 \\ 1 & 1 & 1 \end{bmatrix} \qquad G_y = \begin{bmatrix} 1 & 0 & -1 \\ 1 & 0 & -1 \\ 1 & 0 & -1 \end{bmatrix}$$

　　比較進階的方法為加上中心係數的方法，Sobel 運算子和 Prewitt 運算子差不多，改進的地方在於兩個梯度分量的中心係數是用 2 的加權，其梯度分量定義為：

$$G_x = \begin{bmatrix} -1 & -2 & -1 \\ 0 & 0 & 0 \\ 1 & 2 & 1 \end{bmatrix} \qquad G_y = \begin{bmatrix} 1 & 0 & -1 \\ 2 & 0 & -2 \\ 1 & 0 & -1 \end{bmatrix}$$

Sobel 運算子和 Prewitt 運算子也可以偵測出斜方向的邊緣，只要將梯度矩陣改成如圖 4-98 的矩陣即可。

　　由圖(c)、(d)可以發現 Sobel 運算子因為中心加權係數 2 的效果，和 Prewitt 運算子的邊緣偵測效果差很多。

　　上述三個運算子中 Robert 運算子是 2×2 的運算子，對陡峭低雜訊的影像有比較好的處理效果，而 Prewitt 及 Sobel 運算子都是 3×3 的運算子，對於灰度漸變及雜訊較高的影像會處理得比較好。

0	1	1
−1	0	1
−1	−1	0

(a) Prewitt

−1	−1	0
−1	0	1
0	1	1

(b) Prewitt

0	−1	2
−1	0	1
−2	1	0

(c) Sobel

−2	−1	0
−1	0	1
0	1	2

(d) Sobel

圖 4-98 檢測斜向邊緣的 Prewitt 及 Sobel 遮罩

(a) 原圖

(b) 做Prewitt濾波後的影像

(c) 做Sobel濾波後的影像

圖 4-99 做 Prewitt 濾波及 Sobel 濾波後的影像結果

在對二維函數做二次導數並找出邊緣的方法，就屬 Laplace 邊緣偵測，有了上一段的基礎之後，接下來要了解 Laplace 邊緣偵測就會容易許多。首先我們定義 Laplace 對於影像 f 在座標(x, y)的二次導數：

$$\nabla^2 f = \frac{\partial^2 f}{\partial x^2} + \frac{\partial^2 f}{\partial y^2}$$

我們可以使用鄰域來定義二階導數的 x 分量及 y 分量。x 分量二階導數的差分式定義為：

$$\frac{\partial^2 f}{\partial x^2} = f(x+1, y) + f(x-1, y) - 2f(x, y)$$

y 分量二階導數的差分式定義為：

$$\frac{\partial^2 f}{\partial y^2} = f(x, y+1) + f(x, y-1) - 2f(x, y)$$

所以二維的拉普拉斯可以將 x 分量及 y 分量相加：

$$\nabla^2 f = [f(x+1, y) + f(x-1, y) + 2f(x, y)] + [f(x, y+1) + f(x, y-1) - 2f(x, y)]$$
$$= [f(x+1, y) + f(x-1, y) + f(x, y+1) + f(x, y-1)] - 4f(x, y)$$

而這個式子就可以用圖 4-100(a)的遮罩來表示，而圖 4-100(c)的遮罩為推廣之後的 Laplace 遮罩，圖 4-100(b)及圖 4-100(d)為 Laplace 遮罩的另一種表現方式，他們的效果和圖(a)及圖(c)的邊緣偵測效果相同。

0	1	0		0	-1	0		-1	-1	-1		1	1	1
1	-4	1		-1	4	-1		-1	8	-1		1	-8	1
0	1	0		0	-1	0		-1	-1	-1		1	1	1

▲ 圖 4-100　Laplace 遮罩

由於Laplace遮罩是二階導數的關係，它是沒有辦法判斷邊緣方向的。圖 4-101 為 Laplace 遮罩偵測邊緣效果，一般而言二階導數對細線及孤立的點的細節會有比較強的響應。

(a) 原始圖像　　　　　　(b) 做Laplace濾波後的影像，經過增強以方便觀察

▲ 圖 4-101　做 Laplace 濾波後的影像結果

　　在影像銳化的應用當中，二階的導數會比一階導數還適合，這是因為二階導數對細線及孤立點的細節會比一階導數有較強的響應，所以二階導數比一階導數在細節的地方增強效果較好。而最簡單的銳化應用就是結合 Laplace 遮罩來增強影像邊緣，至於一階導數的邊緣偵測在影像處理上的使用原則是為了邊緣的抽取。接下來就以二階導數為焦點來做影像的銳化。

　　Laplace 遮罩處理過後，在平滑的地方會呈現黑色(灰階值為 0)，只有在邊緣的地方會呈現其它的值。所以我們要銳化影像的話只要將原來的影像再疊加經過 Laplace 處理後的影像即可，這樣原來的影像就可以被保留而且有 Laplace 銳化的效果，表示成數學式即：

$$g(x, y) = \begin{cases} f(x, y) + \nabla^2 f(x, y) & \text{如果Laplace遮罩中心為正號} \\ f(x, y) - \nabla^2 f(x, y) & \text{如果Laplace遮罩中心為負號} \end{cases}$$

如果我們用上一節所提到的遮罩觀念來表示會更加清楚，圖 4-102 只表示 Laplace 遮罩中心為正的銳化示意圖，如果 Laplace 遮罩中心為負，只要將運算子改為負即可。

　　當影像過暗時，也可以將原始影像乘以一個增幅係數的方式來增加亮度，會使原始影像的平均灰階值增加，而使整張影像的效果變得比較亮，增加細節的可看度。因此可以把式子改寫成：

$$g(x, y) = \begin{cases} af(x, y) + \nabla^2 f(x, y) & \text{如果Laplace遮罩中心為正號} \\ af(x, y) - \nabla^2 f(x, y) & \text{如果Laplace遮罩中心為負號} \end{cases}$$

$f(x-1,y-1)$	$f(x-1,y)$	$f(x-1,y+1)$
$f(x,y-1)$	$f(x,y)$	$f(x,y+1)$
$f(x+1,y-1)$	$f(x+1,y)$	$f(x+1,y+1)$

(a) 3×3區域的影像示意圖

0	0	0
0	1	0
0	0	0

+

0	−1	0
−1	5	1
0	−1	0

=

0	−1	0
−1	6	−1
0	−1	0

(b) Laplace遮罩中心為正時銳化示意圖

0	0	0
0	1	0
0	0	0

+

−1	−1	−1
−1	8	−1
−1	−1	−1

=

−1	−1	−1
−1	9	−1
−1	−1	−1

(c) Laplace另一遮罩中心為正時銳化示意圖

圖 4-102　圖像銳化示意圖

以遮罩表示為：

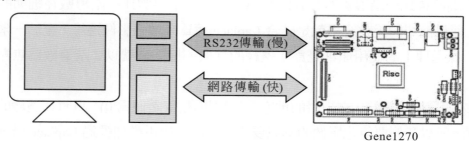

RS232傳輸 (慢)

網路傳輸 (快)

Gene1270

(a) 3×3區域的影像示意圖

0	0	0
0	a	0
0	0	0

+

0	−1	0
−1	5	−1
0	−1	0

=

0	−1	0
−1	$a+5$	−1
0	−1	0

(b) Laplace遮罩中心為正時銳化示意圖

0	0	0
0	a	0
0	0	0

+

−1	−1	−1
−1	8	−1
−1	−1	−1

=

−1	−1	−1
−1	$a+8$	−1
−1	−1	−1

(c) Laplace另一遮罩銳化示意圖

圖 4-103　圖像銳化示意圖

−1	−1	−1
−1	$a+8$	−1
−1	−1	−1

(a)使用增幅係數的銳化遮罩　　　　　　　　　　(b)較暗的圖

(c)用Laplac銳化的結果　　　　　　　　　(d)加了增幅係數後銳化的結果

 圖 4-104　使用增幅係數銳化遮罩濾波的結果

將影像做 Sobel 濾波，找出水平邊緣、垂直邊緣及全部的邊緣。

(a)原始圖像

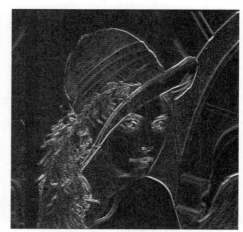

(b)做水平Sobel濾波後的水平邊緣影像

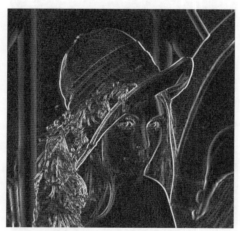

(c)做垂直Sobel濾波後的垂直邊緣影像

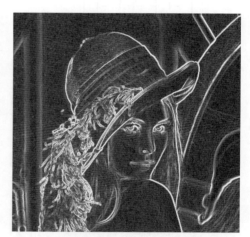

(d)將(b)及(c)相加之後的全部邊緣

圖 4-105　Sobel 濾波

4.6.6　直方圖等化

在影像增強中，除了將影像內的輪廓增強增加辨識度以外，若因為太亮或太暗情況而使得照片細節消失的情況下，也可以使用直方圖來做影像的增強；其中最常用的就是直方圖等化。圖片經過直方圖等化處理過後能有效調整明暗度，使可觀性增加，直方圖等化的精神在於把亮度的直方統計圖拉平，使每個亮度的像素點數約略相同，使圖片過暗處以及過亮處能夠有效完整重整。

　　直方圖等化是一種使用統計方法的影像處理程式設計，而要做直方圖等化之前，首先要先做統計學的機率密度函數(Probability Density Function,PDF)以及累積分配函數(Cumlative Distribution Function,CDF)相關的步驟。機率密度函數告訴我們，若灰階值分佈為0～255，從統計直方圖來看，X軸的範圍會落在 0 到 255 之間，而 Y 軸的範圍則代表著機率，如圖 4-106 所示。0～255 代表所有灰度值的範圍，而從 0 加到 255 的機率總和為 1。所以機率密度函數所代表的公式如下，其中 r_i 代表每一個灰階值：

$$\sum_{i=0}^{255} p(r_i) = 1$$

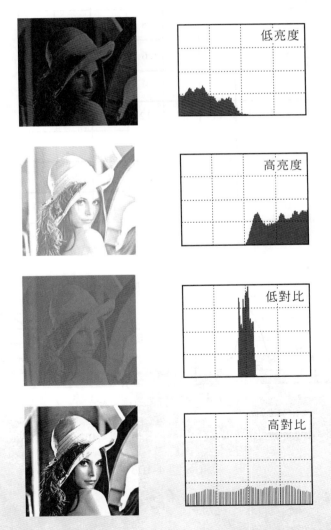

圖 4-106　四種基本影像形式，由上到下：低亮度，高亮度，低對比，高對比

累積分配函數就是把機率密度函數做累積的計算，所以當灰階值為 255 的時候它的機率會為 1，而曲線是由下往上的單調遞增，它的公式如下：

$$s = \sum_{i=0}^{n} p(r_i) \quad n = 0, 1, 2, \cdots, 255$$

以圖 4-107 的影像為例，它的統計直方圖如圖 4-108(a)所示，而累加機率圖如圖 4-108(b)所示。累加機率的數值變化如表 4-2 所示。

3	3	3	3	3	3	3	3
4	4	5	5	5	5	4	4
5	5	5	6	6	5	5	5
6	6	8	8	9	9	9	6
7	11	11	11	12	12	7	7
8	8	8	8	11	12	8	8
9	9	9	9	9	9	9	9
10	10	10	10	10	10	10	10

⬥ 圖 4-107　一張 8×8 影像示意圖

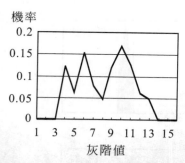

(a) 圖 4-107 的統計直方圖

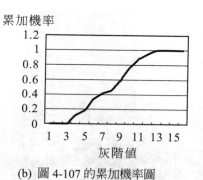

(b) 圖 4-107 的累加機率圖

⬥ 圖 4-108

🔻 表 4-2 直方圖的累加機率

原始灰階值	出現次數	機率密度	累加機率	對應灰階值
0	0	0	0	0
1	0	0	0	0
2	0	0	0	0
3	8	0.125	0.125	2
4	4	0.0625	0.1875	3
5	10	0.15625	0.34375	5
6	5	0.078125	0.421875	6
7	3	0.046875	0.46875	7
8	8	0.125	0.59375	9
9	11	0.171875	0.765625	11
10	8	0.125	0.890625	13
11	4	0.0625	0.953125	14
12	3	0.046875	1	15
13	0	0	1	15
14	0	0	1	15
15	0	0	1	15

我們將表格中第一行和最後一行拿出來比較，就可以知道直方圖等化後的數值變化了。

原始灰階值	0	1	2	3	4	5	6	7	8	9	10	11	12	13	14	15
對應(最終)灰階值	0	0	0	2	3	5	6	7	9	11	13	14	15	15	15	15

 單元練習

Q1. 試使用 cvFilter2D 來做 Sobel 的水平及垂直邊緣偵測。

Q2. 試以 H.S.I.色彩系統中的 H (hue)來做直方圖等化。首先必須使用 cvCvtColor 將 RGB 轉換為 H.S.I 色彩系統，再將 H (hue)做直方圖等化，最後再合成一張圖。

將彩色影像做直方圖等化(原始程式碼)

```
1
2  #include "stdafx.h"
3  #include <cv.h>
4  #include <highgui.h>
5  #include <stdio.h>
6
7  int main()
8  {
9      IplImage *Image1;
10     IplImage *Image2;
11     IplImage *RedImage;
12     IplImage *GreenImage;
13     IplImage *BlueImage;
14
15     Image1=
16         cvLoadImage("DarkClouds.jpg",1);
17     Image2=
18         cvCreateImage(cvGetSize(Image1),IPL_DEPTH_8U,3);
19     RedImage=
20         cvCreateImage(cvGetSize(Image1),IPL_DEPTH_8U,1);
21     GreenImage=
22         cvCreateImage(cvGetSize(Image1),IPL_DEPTH_8U,1);
23     BlueImage=
24         cvCreateImage(cvGetSize(Image1),IPL_DEPTH_8U,1);
25
26     cvSplit(Image1,BlueImage,GreenImage,RedImage,0);
27
28     cvEqualizeHist(BlueImage,BlueImage);
29     cvEqualizeHist(GreenImage,GreenImage);
30     cvEqualizeHist(RedImage,RedImage);
31
32     cvMerge(BlueImage,GreenImage,RedImage,0,Image2);
33
34     cvNamedWindow("Original",1);
35     cvNamedWindow("Equalize",1);
36
37     cvShowImage("Original",Image1);
38     cvShowImage("Equalize",Image2);
39
40     cvSaveImage("Equalize.jpg",Image2);
41
42     cvWaitKey(0);
43 }
```

程式說明

*讀入圖像，利用 OpenCV 內建函數將其做直方圖等化：

　　2～5：所需的 C 和 OpenCV 標頭檔；

*主程式 Main：

　　7～43：讀入圖像，將其做直方圖等化，將結果顯示出來並存檔；

　　9～13：IplImage* 為 OpenCV 的圖像資料型態；

　15～16：讀取圖像存於 Image1 空白圖像中；

　17～24：建立空白圖像 Image2，RedImage，GreenImage 及 BlueImage；

　　　26：利用 cvSplit 將彩色圖片分為藍、綠、紅三個 channel；；

　28～30：利用 cvEqualizeHist 分別將藍、綠、紅做直方圖等化，並分別存回 RedImage，
　　　　　GreenImage 及 BlueImage；

　　　31：利用 cvMerge 將三個 channel 合併，並存入 Image2 中；

　34～35：利用 cvNamedWindow 創建要顯示原圖及直方圖等化後的圖片的 Window 視窗；

　37～38：利用 cvShowImage 顯示原圖及直方圖等化後的圖片於視窗中；

　　　40：利用 cvSaveImage 儲存 Laplace 濾波後的圖片；

　　　42：利用 cvWaitKey 來等待使用者按鍵結束。

4.7 環境偵測

　　本單元介紹機器視覺的環境偵測，以程式範例實際應用 OpenCV 完成偵測動作。其中實用的偵測包括：滯留偵測、火焰偵測及移動偵測，並藉由實際的程式範例，了解環境偵測的概念與應用。

4.7.1　環境偵測簡介

　　環境偵測(Environmental monitoring)在機器視覺上已廣泛被利用，其處理流程如圖 4-4 所示；現今許多監視產品均已包含此一功能，以確定有無可疑人物。圖 4-109 為工研院與新光保全合作開發的保全機器人 SeQ-1，即利用環境偵測確定有無可疑的人物，再進行後續處理。

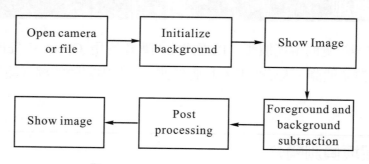

圖 4-109　保全機器人 SeQ-1

4.7.2　移動偵測

利用 OpenCV 內建的函式庫，從 camera 擷取並儲存圖片。其偵測流程如圖 4-110 所示。主要利用前景與背景的差值決定移動情況。

```
Open camera  →  Initialize  →  Show Image
or file          background
                                    ↓
Show image  ←  Post  ←  Foreground and
               processing      background
                               subtraction
```

圖 4-110　移動偵測程式流程

移動偵測(程式碼)：

```
1  #include "stdafx.h"
2  #include<stdio.h>
3  #include <cv.h>
4  #include <cxcore.h>
5  #include <highgui.h>
6  int _tmain(int argc, char* argv[])
7  {
8      IplImage* pFrame = NULL;
```

```
9    IplImage* pFrImg = NULL;
10   IplImage* pBkImg = NULL;
11   CvMat* pFrameMat = NULL;
12   CvMat* pFrMat = NULL;
13   CvMat* pBkMat = NULL;
14   CvCapture* pCapture = NULL;
15   int nFrmNum = 0;
16
17   cvNamedWindow("video", 1);
18   cvNamedWindow("background",1);
19   cvNamedWindow("foreground",1);
20
21   cvMoveWindow("video", 30, 0);
22   cvMoveWindow("background", 360, 0);
23   cvMoveWindow("foreground", 690, 0);
24
25   if( argc > 2 ){
26      fprintf(stderr,"Usage: bkgrd [video_file_name]\n");
27      return -1;
28   }
29
30   if (argc ==1) {
31     if( !(pCapture = cvCaptureFromCAM(-1))){
32        fprintf(stderr, "Can not open camera.\n");
33        return -2;
34     }
35   }
36
37   if(argc == 2)
38     if( !(pCapture = cvCaptureFromFile(argv[1]))){
39        fprintf(stderr, "Can not open video file %s\n", argv[1]);
40        return -2;
41   }
42
43   while(pFrame = cvQueryFrame( pCapture )){
44      nFrmNum++;
45
46      if(nFrmNum == 1)   {
47         pBkImg = cvCreateImage(
48            cvSize(pFrame->width,pFrame->height),IPL_DEPTH_8U,1);
49
50         pBkImg->origin = 1;
51
52         pFrImg = cvCreateImage(
53            cvSize(pFrame->width,pFrame->height),IPL_DEPTH_8U,1);
54
```

```
55          pFrImg->origin = 1;
56
57          pBkMat = cvCreateMat(pFrame->height,
58                              pFrame->width, CV_32FC1);
59          pFrMat = cvCreateMat(pFrame->height,
60                              pFrame->width, CV_32FC1);
61          pFrameMat = cvCreateMat(pFrame->height,
62                              pFrame->width, CV_32FC1);
63
64          cvCvtColor(pFrame, pBkImg, CV_BGR2GRAY);
65          cvCvtColor(pFrame, pFrImg, CV_BGR2GRAY);
66          cvConvert(pFrImg, pFrameMat);
67          cvConvert(pFrImg, pFrMat);
68          cvConvert(pFrImg, pBkMat);
69      }
70      else  {
71          cvCvtColor(pFrame, pFrImg, CV_BGR2GRAY);
72          cvConvert(pFrImg, pFrameMat);
73
74          cvAbsDiff(pFrameMat, pBkMat, pFrMat);
75
76          cvThreshold(pFrMat, pFrImg, 60, 255.0, CV_THRESH_BINARY);
77
78          cvErode(pFrImg, pFrImg, 0, 1);
79          cvDilate(pFrImg, pFrImg, 0, 1);
80          cvRunningAvg(pFrameMat, pBkMat, 0.003, 0);
81
82          cvConvert(pBkMat, pBkMat);
83          cvConvert(pBkMat, pBkImg);
84
85          cvShowImage("video", pFrame);
86          cvShowImage("background", pBkImg);
87          cvShowImage("foreground", pFrImg);
88          if( cvWaitKey(2) >= 0 )
89              break;
90      }
91  }
92  cvDestroyWindow("video");
93  cvDestroyWindow("background");
94  cvDestroyWindow("foreground");
95  cvReleaseImage(&pFrImg);
96  cvReleaseImage(&pBkImg);
97  cvReleaseMat(&pFrameMat);
98  cvReleaseMat(&pFrMat);
99  cvReleaseMat(&pBkMat);
100 cvReleaseCapture(&pCapture);
101 return 0;
102 }
```

程式說明

*移動偵測

　　1～5：加入所需的 include 檔案；

*主程式 Main：

　　　8：宣告 IplImage 資料形態；

　　11：宣告 CvMat 資料型態；

　　17：利用 cvNamedWindow 創建顯示 Window 視窗；

　　21：利用 cvMoveWindow 設立 Window 視窗左上角座標位置；

30～33：利用 cvCaptureFromCAM 從攝影機擷取影像；

37～40：利用 cvCaptureFromFile 從檔案擷取影像；

47～55：利用 cvCreateImage 新增一張圖像；

57～62：利用 cvCreateMat 創建矩陣；

64～65：利用 cvCvtColor 轉換色彩空間；

66～68：利用 cvConvert 轉換圖像與矩陣；

　　74：利用 cvAbsDiff 將前景跟背景圖作相減取絕對值；

　　76：利用 cvThreshold 來建立門檻值；

78～79：利用 cvErode、cvDilate 作型態學濾波；

　　80：利用 cvRunningAvg 設定權重累加圖像；

85～87：利用 cvShowImage 顯示圖片視窗；

　　88：利用 cvWaitKey 等待按鍵指示；

92～94：利用 cvDestroyWindow 銷毀視窗；

95～96：利用 cvReleaseImage 釋放圖像；

97～99：利用 cvReleaseMat 釋放矩陣；

　100：利用 cvReleaseCapture 釋放影像；

執行結果：

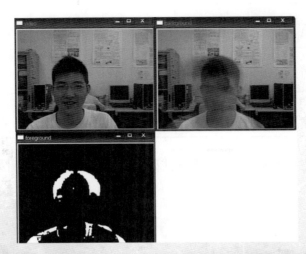

🔺 圖 4-111　移動偵測執行結果。左上圖攝影機攝入之動態影像；右上圖將讀入 Frame 灰階處理之後，做背景與移動物分別判定；左下圖將移動物捕捉並做邊緣強化

4.7.3 火焰偵測

利用 OpenCV 內建的函式庫以及火焰顏色表，偵測視訊所拍攝到的火焰位置，並繪上指定的顏色。其程式流程如圖 4-112 所示，表 4-3 為火焰顏色編碼。

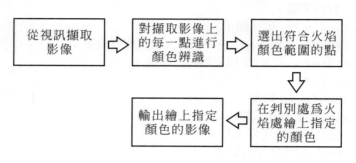

| 從視訊擷取影像 | ⇨ | 對擷取影像上的每一點進行顏色辨識 | ⇨ | 選出符合火焰顏色範圍的點 |
| 輸出繪上指定顏色的影像 | ⇦ | 在判別處為火焰處繪上指定的顏色 | ⇦ | |

🔼 圖 4-112　火燄偵測流程

🔽 表 4-3　火焰顏色編碼

顏色	R	G	B
	232	146	65
	248	195	89
	249	236	128
	249	247	189
	252	252	249

以 C 語言與 OpenCV 寫的火燄偵測程式碼，執行後的結果如圖 4-113 所示。由於程式甚長此處不予列出。

執行結果：

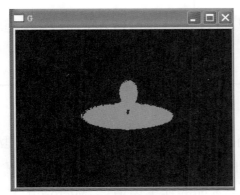

(a) R 通道影像的火焰範圍

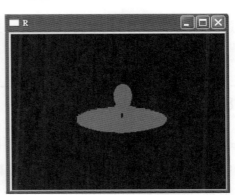

(b) G 通道影像的火焰範圍

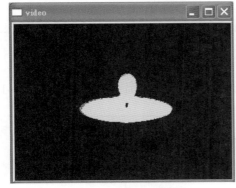

(c) B 通道影像的火焰範圍

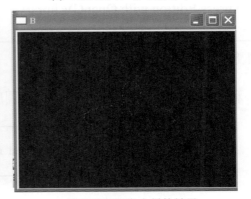

(d) 前面三個影像合併的結果

 圖 4-113

若把選定的火焰範圍繪上指定的顏色，則如圖 4-114 所示，粉紅色處即為火燄位置。

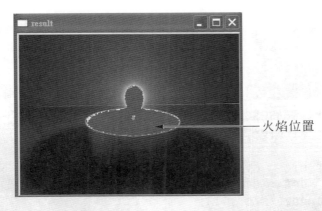

火焰位置

圖 4-114　火燄偵測的結果

4.8 物件追蹤

物件追蹤主要偵測判別物體的外輪廓,以進行追蹤,讓機器人跟隨目標前進或做必要的動作。

4.8.1 物件追蹤簡介

物件追蹤(Object tracking)在機器視覺應用上是屬於後段處理的部份,其處理流程如圖 4-3 所示;現今許多產品應用此一功能做後續的處理,例如透過圖形辨識功能確定目標之後,再利用物件追蹤的功能拿取鎖定的物件。本節的作業環境為 Microsoft Visual C++ 2005/08 Express Edition with OpenCV library。

4.8.2 動態圖形輪廓偵測

利用 OpenCV 內建的函式庫,讀入圖形並將其輪廓標出。程式流程如圖 4-115 所示。

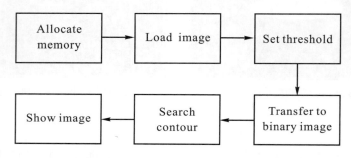

圖 4-115 輪廓偵測程式流程

動態輪廓偵測程式碼如下:

```
1  #include "stdafx.h"
2  #include "cv.h"
3  #include "cxcore.h"
4  #include "highgui.h"
5  int _tmain(int argc, char** argv)
6  {
7      IplImage* src = cvLoadImage("airplane.jpg",0);
8      IplImage* dst = cvCreateImage(cvGetSize(src), IPL_DEPTH_8U ,3);
9      cvNamedWindow("src", 1);
10     cvShowImage( "src", src);
```

```
11
12      CvMemStorage * storage = cvCreateMemStorage(0);
13      CvSeq * contour = 0;
14
15      cvThreshold(src , src , 200, 255 ,CV_THRESH_BINARY);
16
17      cvFindContours( src, storage, &contour, sizeof(CvContour),
18                      CV_RETR_LIST , CV_CHAIN_APPROX_SIMPLE );
19
20      for(; contour !=0  ; contour=contour->h_next)
21      {
22          CvScalar color = CV_RGB(255 , 255 , 255);
23          cvDrawContours(dst,contour,color,color,2,1,8,cvPoint(0,0));
24      }
25
26      cvNamedWindow("Components",1);
27      cvShowImage( "Components", dst);
28
29      cvWaitKey(0);
30
31      cvDestroyWindow( "src" );
32      cvDestroyWindow( "Components" );
33      cvReleaseImage( &src );
34      cvReleaseImage( &dst );
35      cvReleaseMemStorage(&storage);
36      return 0;
37  }
```

程式說明

　1～4：加入所需的 include 檔案；

*主程式 Main：

　　　7：宣告 IplImage 資料形態；

　　　7：利用 cvLoadImage 來讀取檔案；

　　　8：利用 cvCreateImage 新增一張圖像；

　　　9：利用 cvNamedWindow 創建顯示 Window 視窗；

　　10：利用 cvShowImage 顯示圖片視窗；

　　12：利用 CvMemStorage 來設置記憶體空間；

　　15：利用 cvThreshold 來建立門檻值；

　　17：利用 cvFindContours 在二值圖像中尋找輪廓；

　　23：利用 cvDrawContours 畫出輪廓；

　　26：利用 cvNamedWindow 創建顯示 Window 視窗；

　　27：利用 cvShowImage 顯示圖片視窗；

　　29：利用 cvWaitKey 等待按鍵指示；

31〜32：利用 cvDestroyWindow 銷毀視窗；

33〜34：利用 cvReleaseImage 釋放圖像；

35：利用 cvReleaseMemStorage 將記憶體釋放；

執行結果：

▲ 圖 4-116　動態圖形輪廓偵測執行結果

4.8.3　靜態圖形輪廓偵測

　　例如利用 OpenCV 內建的函式庫，建立一張橢圓圖片並將其輪廓標出。其程式流程如圖 4-117 所示：

▲ 圖 4-117　靜態圖形輪廓偵測程式流程

程式碼如下：

```
1  #ifdef _CH_
2  #pragma package <opencv>
3  #endif
4  #ifndef _EiC
5  #endif
6
7  #include "stdafx.h"
8  #include "cv.h"
9  #include "highgui.h"
10 #include <math.h>
11
12  int levels = 3;
13  CvSeq* contours = 0;
14
15 void on_trackbar(int pos)
16 {
17    IplImage* cnt_img = cvCreateImage( cvSize(512,512), 8, 1 );
18    CvSeq* _contours = contours;
19    int _levels = levels - 3;
20    if( _levels <= 0 )
21    _contours = _contours->h_next->h_next->h_next;
22    cvZero( cnt_img );
23    cvDrawContours( cnt_img, _contours, CV_RGB(255,0,0),
24          CV_RGB(0,255,0), _levels, 3, CV_AA, cvPoint(0,0) );
25
26    cvShowImage( "contours", cnt_img );
27    cvReleaseImage( &cnt_img );
28 }
29
30 int _tmain( int argc, char** argv )
31 {
32    int i, j;
33    CvMemStorage* storage = cvCreateMemStorage(0);
34    IplImage* img = cvCreateImage( cvSize(512,512), 8, 1 );
35    cvZero( img );
36    for( i=0; i < 6; i++ )
37    {
38      int dx = (i%2)*250 - 30;
39      int dy = (i/2)*150;
40
41      CvScalar white = cvRealScalar(255);
42      CvScalar black = cvRealScalar(0);
43
```

```
44    if( i == 0 )
45    {
46      for( j = 0; j <= 10; j++ )
47      {
48        double angle = (j+5)*CV_PI/21;
49        cvLine(img, cvPoint(cvRound(dx+100+j*10-80*cos(angle)),
50            cvRound(dy+100-90*sin(angle))),
51
52            cvPoint(cvRound(dx+100+j*10-30*cos(angle)),
53            cvRound(dy+100-30*sin(angle))),white, 1, 8, 0);
54      }
55    }
56
57    cvEllipse( img, cvPoint(dx+150, dy+100), cvSize(100,70),
58                        0, 0, 360, white, -1, 8, 0 );
59    cvEllipse( img, cvPoint(dx+115, dy+70), cvSize(30,20),
60                        0, 0, 360, black, -1, 8, 0 );
61    cvEllipse( img, cvPoint(dx+185, dy+70), cvSize(30,20),
62                        0, 0, 360, black, -1, 8, 0 );
63    cvEllipse( img, cvPoint(dx+115, dy+70), cvSize(15,15),
64                        0, 0, 360, white, -1, 8, 0 );
65    cvEllipse( img, cvPoint(dx+185, dy+70), cvSize(15,15),
66                        0, 0, 360, white, -1, 8, 0 );
67    cvEllipse( img, cvPoint(dx+115, dy+70), cvSize(5,5),
68                        0, 0, 360, black, -1, 8, 0 );
69    cvEllipse( img, cvPoint(dx+185, dy+70), cvSize(5,5),
70                        0, 0, 360, black, -1, 8, 0 );
71    cvEllipse( img, cvPoint(dx+150, dy+100), cvSize(10,5),
72                        0, 0, 360, black, -1, 8, 0 );
73    cvEllipse( img, cvPoint(dx+150, dy+150), cvSize(40,10),
74                        0, 0, 360, black, -1, 8, 0 );
75    cvEllipse( img, cvPoint(dx+27, dy+100), cvSize(20,35),
76                        0, 0, 360, white, -1, 8, 0 );
77    cvEllipse( img, cvPoint(dx+273, dy+100), cvSize(20,35),
78                        0, 0, 360, white, -1, 8, 0 );
79  }
80
81  cvNamedWindow( "image", 1 );
82  cvShowImage( "image", img );
83  cvFindContours( img, storage, &contours, sizeof(CvContour),
84        CV_RETR_TREE, CV_CHAIN_APPROX_SIMPLE, cvPoint(0,0) );
85
86  // The two lines below are for approximation
87  contours = cvApproxPoly( contours, sizeof(CvContour),
88                        storage, CV_POLY_APPROX_DP, 3, 1 );
89
```

```
90    cvNamedWindow( "contours", 1 );
91    cvCreateTrackbar("levels+3","contours",&levels,7,on_trackbar);
92    on_trackbar(0);
93
94    cvWaitKey(0);
95    cvReleaseMemStorage( &storage );
96    cvReleaseImage( &img );
97    return 0;
98  }
99
00  #ifdef _EiCmain(1,"");
01  #endif
```

程式說明

　1~13：加入所需的 include 檔案、參數及宣告數列；

*副函式 on_trackbar：

　　　17：宣告 IplImage 資料形態；

　　　17：利用 cvCreateImage 新增一張圖像；

　　　22：利用 cvZero 設定圖像像素值；

　　　23：利用 cvDrawContours 畫出輪廓；

　　　26：利用 cvShowImage 顯示圖片視窗；

　　　27：利用 cvReleaseImage 釋放圖像；

*主程式 Main：

　　　33：利用 CvMemStorage 來設置記憶體空間；

　　　34：利用 cvCreateImage 新增一張圖像；

　　　41：利用 cvRealScalar 設定數值；

　　　49：利用 cvLine 繪製直線；

　57~78：利用 cvEllipse 繪製橢圓圖形；

　　　81：利用 cvNamedWindow 創建顯示 Window 視窗；

　　　83：利用 cvFindContours 在二值圖像中尋找輪廓；

　　　87：利用 cvApproxPoly 指定精度逼近多邊行曲線；

　　　91：利用 cvCreateTrackbar 建立移動按鈕；

　　　94：利用 cvWaitKey 等待按鍵指示；

　　　95：利用 cvReleaseMemStorage 將記憶體釋放；

　　　96：利用 cvReleaseImage 釋放圖像；

執行結果：

◯ 圖 4-118　靜態圖形輪廓偵測執行結果

4.8.4　電池偵測(例)

　　首先利用 OpenCV 內建的函式庫，來建立正樣本、負樣本及測試樣本，並且　　　　　利用所建立的樣本訓練機器視覺，以達到辨識電池的功能。圖 4-119 為其建立樣本程式流程。由於程式較長，此處不予列出。

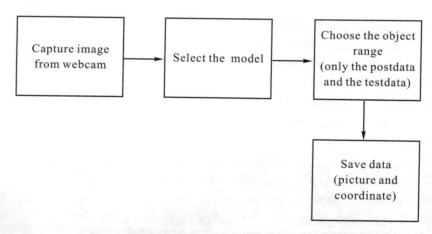

◯ 圖 4-119　建立樣本程式流程

一、執行步驟

　　(一) 程式執行之前必須在「Haartraining_battery」資料夾內先行建立「posdata」、「negdata」、「testdata」資料夾，此三資料夾為存取樣本資料用。

(二) 依序將「posdata」、「negdata」、「testdata」，的資料建立好，其中「negdata」的圖片中不可以有電池的出現，「posdata」、「negdata」測試樣本越多越好。

(三) 執行程式時按 M，來切換模式。

(四) 執行程式時按 S，來使畫面暫停。

(五) 選取物件範圍時務必從「左上」選到「右下」(只有 posdata 及 testdata)。

(六) 再按一次 S 來儲存選取的資料及圖片。

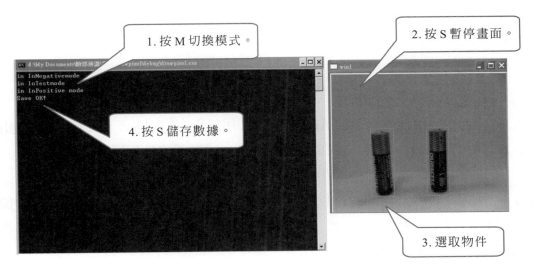

1. 按 M 切換模式。

2. 按 S 暫停畫面。

4. 按 S 儲存數據。

3. 選取物件

圖 4-120　操作步驟

二、Create samples

(一) 在「Haartraining_battery」資料夾內先行建立「data」資料夾，存放訓練後的結果。

(二) 在開始→所有程式→附屬應用程式→命令提示字元中，輸入 "C:\Program Files\OpenCV\bin\createsamples.exe" -info "A" –vec "B" -num C -w D -h E

A：「posdata」中「sample.txt」的位置。

B：「data」資料夾的位置。

C：正樣本數目。

D：目標 object 最佳寬度，單位為 pixel。

E：目標 object 最佳高度，單位為 pixel。

三、Haar Training

(一) 在開始→所有程式→附屬應用程式→命令提示字元中，輸入 "C:\Program Files\OpenCV\bin\haartraining.exe" -data "A" –vec "B" –bg "C" -npos D -nneg E -mem F -mode G -w H -h I

A：「cascade」資料夾位置。(存放訓練的資訊)

B：create samples 時所建立資訊檔的位置。

C：「negdata」中「sample.txt」的位置。

D：正樣本數量。

E：負樣本數量。

F：分配使用的記憶體。

G：BASIC (預設) | CORE | ALL，BASIC 用於正立的 object，ALL 旋轉也適用。

H：目標 object 的寬度，必須與 create samples 時設定的相同。

I：目標 object 的高度，必須與 create samples 時設定的相同。

(二) 執行程式 createSample.cmd 來創建「data」資料夾，訓練完畢的資料將會儲存到「data」資料夾中。

(三) 執行程式 haartraining.cmd。

(四) 執行完畢後執行 testing.cmd。

(五) 在「testdata」中可找到偵測出電池的圖片。

四、測試

(一) 在開始→所有程式→附屬應用程式→命令提示字元中，輸入 "C:\Program Files\OpenCV\bin\performance.exe" -data "A" -info "B" -w C -h D -rs E。

A：「cascade」資料夾位置。

B：「testdata」中「sample.txt」的位置。

C：目標 object 的寬度。

D：目標 object 的高度。

E：測試圖數量。

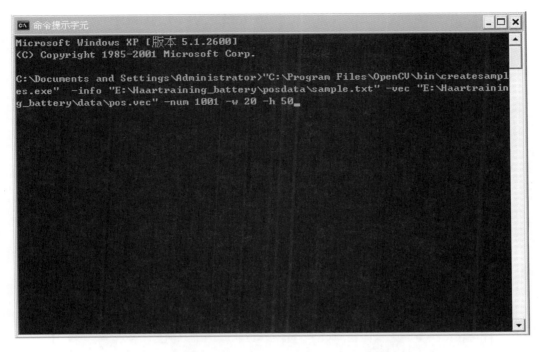

圖 4-121 輸入 Create samples 資料的畫面

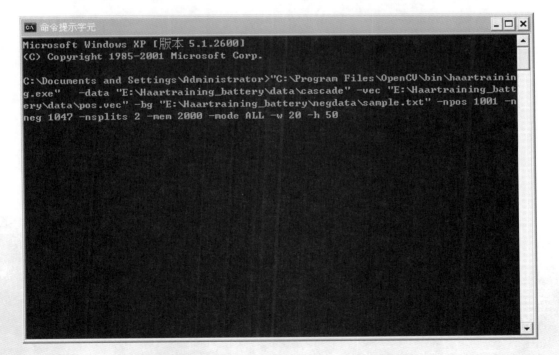

圖 4-122 輸入 Haar Training 資料的畫面

(二) 執行結果

▲ 圖 4-123　執行 haartraining.cmd 的畫面

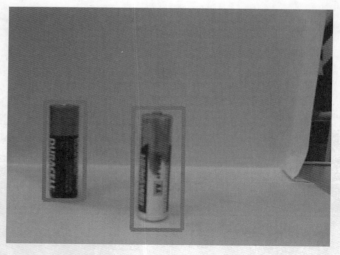

▲ 圖 4-124　偵測出電池的畫面

4.8.5 複雜環境中的物件追蹤

本節利用 OpenCV 內建的函式庫，在一個實際的道路場景下偵測騎機車的人移動狀況，並記錄其移動路線。其流程如圖 4-125 所示。

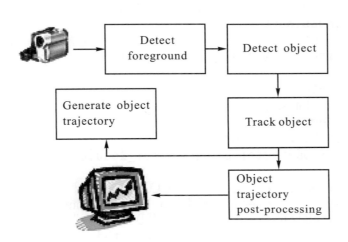

▲ 圖 4-125 移動物之物件追蹤流程

程式碼如下：

```
1  #include "stdafx.h"
2  #include "cvaux.h"
3  #include "highgui.h"
4  #include <stdio.h>
5
6  static CvFGDetector* cvCreateFGDetector0(){
7      return cvCreateFGDetectorBase(CV_BG_MODEL_FGD, NULL);}
8  static CvFGDetector* cvCreateFGDetector0Simple(){
9      return cvCreateFGDetectorBase(CV_BG_MODEL_FGD_SIMPLE, NULL);}
10 static CvFGDetector* cvCreateFGDetector1(){
11     return cvCreateFGDetectorBase(CV_BG_MODEL_MOG, NULL);}
12 typedef struct DefModule_FGDetector
13 {
14     CvFGDetector* (*create)();
15     char* nickname;
16     char* description;
17 } DefModule_FGDetector;
```

```
18  DefModule_FGDetector FGDetector_Modules[] =
19  {
20      {cvCreateFGDetector0,"FG_0","Foreground Object Detection from
21              Videos Containing Complex Background. ACM MM2003."},
22      {cvCreateFGDetector0Simple,
23      "FG_0S","Simplyfied version of FG_0"},
24      {cvCreateFGDetector1,"FG_1","Adaptive background mixture
25              models for real-time tracking. CVPR1999"},
26      {NULL,NULL,NULL}
27  };
28  typedef struct DefModule_BlobDetector
29  {
30      CvBlobDetector* (*create)();
31      char* nickname;
32      char* description;
33  } DefModule_BlobDetector;
34  DefModule_BlobDetector BlobDetector_Modules[] =
35  {
36      {cvCreateBlobDetectorCC,"BD_CC",
37              "Detect new blob by tracking CC of FG mask"},
38      {cvCreateBlobDetectorSimple,"BD_Simple","Detect new blob by
39              uniform moving of connected components of FG mask"},
40      {NULL,NULL,NULL}
41  };
42  typedef struct DefModule_BlobTracker
43  {
44      CvBlobTracker* (*create)();
45      char* nickname;
46      char* description;
47  } DefModule_BlobTracker;
48  DefModule_BlobTracker BlobTracker_Modules[] =
49  {
50      {cvCreateBlobTrackerCCMSPF,"CCMSPF",
51  "connected component tracking and MSPF resolver for collision"},
52      {cvCreateBlobTrackerCC,"CC",
53              "Simple connected component tracking"},
54      {cvCreateBlobTrackerMS,
55              "MS","Mean shift algorithm "},
56      {cvCreateBlobTrackerMSFG,"MSFG",
57              "Mean shift algorithm with FG mask using"},
58      {cvCreateBlobTrackerMSPF,"MSPF",
59              "Particle filtering based on MS weight"},
60      {NULL,NULL,NULL}
61  };
62  typedef struct DefModule_BlobTrackGen
63  {
```

```
64     CvBlobTrackGen* (*create)();
65     char* nickname;
66     char* description;
67 } DefModule_BlobTrackGen;
68 DefModule_BlobTrackGen BlobTrackGen_Modules[] =
69 {
70     {cvCreateModuleBlobTrackGenYML,"YML","Generate track record
71                     in YML format as synthetic video data"},
72     {cvCreateModuleBlobTrackGen1,"RawTracks","Generate raw track
73                     record (x,y,sx,sy),()... in each line"},
74     {NULL,NULL,NULL}
75 };
76 typedef struct DefModule_BlobTrackPostProc
77 {
78     CvBlobTrackPostProc* (*create)();
79     char* nickname;
80     char* description;
81 } DefModule_BlobTrackPostProc;
82 DefModule_BlobTrackPostProc BlobTrackPostProc_Modules[] =
83 {
84     {cvCreateModuleBlobTrackPostProcKalman,"Kalman",
85     "Kalman filtering of blob position and size"},
86     {NULL,"None","No post processing filter"},
87     {NULL,NULL,NULL}
88 };
89 CvBlobTrackAnalysis* cvCreateModuleBlobTrackAnalysisDetector();
90 typedef struct DefModule_BlobTrackAnalysis
91 {
92     CvBlobTrackAnalysis* (*create)();
93     char* nickname;
94     char* description;
95 } DefModule_BlobTrackAnalysis;
96 DefModule_BlobTrackAnalysis BlobTrackAnalysis_Modules[] =
97 {
98     {cvCreateModuleBlobTrackAnalysisHistPVS,"HistPVS",
99     "Histogramm of 5D feture vector analysis(x,y,vx,vy,state)"},
100    {NULL,"None","No trajectory analiser"},
101
102    {cvCreateModuleBlobTrackAnalysisHistP,"HistP",
103    "Histogramm of 2D feture vector analysis (x,y)"},
104    {cvCreateModuleBlobTrackAnalysisHistPV,"HistPV",
105    "Histogramm of 4D feture vector analysis (x,y,vx,vy)"},
106    {cvCreateModuleBlobTrackAnalysisHistSS,"HistSS",
107    "Histogramm of 4D feture vector analysis(startpos,endpos)"},
108    {cvCreateModuleBlobTrackAnalysisTrackDist,
109    "TrackDist","Compare tracks directly"},
```

```
110        {cvCreateModuleBlobTrackAnalysisIOR,"IOR",
111        "Integrator (by OR operation) of several analysers "},
112        {NULL,NULL,NULL}
113    };
114    static int RunBlobTrackingAuto( CvCapture* pCap,
115                CvBlobTrackerAuto* pTracker,char* fgavi_name = NULL,
116                char* btavi_name = NULL )
117    {
118        int                    OneFrameProcess = 0;
119        int                    key;
120        int                    FrameNum = 0;
121        CvVideoWriter*         pFGAvi = NULL;
122        CvVideoWriter*         pBTAvi = NULL;
123
124        //cvNamedWindow( "FG", 0 );
125
126        /* main cicle */
127        for( FrameNum=0; pCap && (key=
128                cvWaitKey(OneFrameProcess?0:1))!=27;FrameNum++)
129        {/* main cicle */
130            IplImage*    pImg = NULL;
131            IplImage*    pMask = NULL;
132            if(key!=-1)
133            {
134                OneFrameProcess = 1;
135                if(key=='r')OneFrameProcess = 0;
136            }
137
138            pImg = cvQueryFrame(pCap);
139            if(pImg == NULL) break;
140
141
142            /* Process */
143            pTracker->Process(pImg, pMask);
144
145            if(fgavi_name)//fgavi_name=NULL
146            if(pTracker->GetFGMask())
147            {/* debug FG */
148                IplImage*        pFG = pTracker->GetFGMask();
149                CvSize           S = cvSize(pFG->width,pFG->height);
150                static IplImage* pI = NULL;
151
152                if(pI==NULL)
153                pI = cvCreateImage(S,pFG->depth,3);
154                cvCvtColor( pFG, pI, CV_GRAY2BGR );
```

```
155
156            if(fgavi_name)
157            {/* save fg to avi file */
158                if(pFGAvi==NULL)
159                {
160                    pFGAvi=cvCreateVideoWriter(
161                        fgavi_name,
162                        CV_FOURCC('x','v','i','d'),
163                        25,
164                        S );
165                }
166                cvWriteFrame( pFGAvi, pI );
167            }
168
169            if(pTracker->GetBlobNum()>0)//GetBlobNum()=o
170            {/* draw detected blobs */
171                int i;
172                for(i=pTracker->GetBlobNum();i>0;i--)
173                {
174                 CvBlob* pB = pTracker->GetBlob(i-1);
175                 CvPoint p = cvPointFrom32f(CV_BLOB_CENTER(pB));
176                 CvSize s=cvSize(MAX(1,cvRound(CV_BLOB_RX(pB))),
177                             MAX(1,cvRound(CV_BLOB_RY(pB))));
178                 int c = cvRound(255*pTracker->
179                                 GetState(CV_BLOB_ID(pB)));
180                    cvEllipse( pI,
181                        p,
182                        s,
183                        0, 0, 360,
184                        CV_RGB(c,255-c,0),cvRound(1+(3*c)/255));
185  /*cvEllipse(img,center,半軸長度,偏轉角,圓弧起始角,圓弧終止角,
186                                    線條顏色,線條粗細)*/
187                }/* next blob */;
188            }
189            cvNamedWindow( "FG",0);
190            cvShowImage( "FG",pI);
191        }/* debug FG*/
192
193        /* draw debug info */
194        if(pImg)
195        /*pImg=cvQueryFrame(pCap)函數cvQueryFrame
196                            從攝像頭或者文件中抓取一幀*/
197        {/* draw all inforamtion about tets sequence */
198            char        str[1024];
199            int         line_type = CV_AA;
200            // change it to 8 to see non-antialiased graphics
```

```
201        CvFont      font;
202        int         i;
203        IplImage*   pI = cvCloneImage(pImg);
204
205        cvInitFont( &font, CV_FONT_HERSHEY_PLAIN, 0.7, 0.7,
206                                   0, 1, line_type );
207        for(i=pTracker->GetBlobNum();i>0;i--)
208        {
209            CvSize  TextSize;
210            CvBlob* pB = pTracker->GetBlob(i-1);
211            CvPoint p = cvPoint(cvRound(pB->x*256),
212                            cvRound(pB->y*256));
213            CvSize s = cvSize(MAX(1,
214                    cvRound(CV_BLOB_RX(pB)*256)),
215            MAX(1,cvRound(CV_BLOB_RY(pB)*256)));
216            int c = cvRound(255*pTracker->
217                            GetState(CV_BLOB_ID(pB)));
218            cvEllipse( pI,
219                p,
220                s,
221                0, 0, 360,
222                CV_RGB(c,255-c,0),
223                cvRound(1+(3*0)/255), CV_AA, 8 );
224            p.x >>= 8;
225            p.y >>= 8;
226            s.width >>= 8;
227            s.height >>= 8;
228            sprintf(str,"%03d",CV_BLOB_ID(pB));
229            cvGetTextSize( str, &font, &TextSize, NULL );
230            p.y -= s.height;
231            cvPutText(pI,str,p,&font,CV_RGB(0,255,255));
232            char*pS=pTracker->GetStateDesc(CV_BLOB_ID(pB));
233            if(pS)
234            {
235                char* pStr = strdup(pS);
236                char* pStrFree = pStr;
237                for(;pStr && strlen(pStr)>0;)
238                {
239                    char* str_next = strchr(pStr,'\n');
240                    if(str_next)
241                    {
242                        str_next[0] = 0;
243                        str_next++;
244                    }
245                    p.y += TextSize.height+1;
246                    cvPutText(pI,pStr,
```

```
247                                      p,&font,CV_RGB(0,255,255));
248                         pStr = str_next;
249                     }
250                 free(pStrFree);
251             }
252         }/* next blob */;
253         cvNamedWindow( "Tracking", 0);
254         cvShowImage( "Tracking",pI );
255         if(btavi_name && pI)
256         {/* save to avi file */
257             CvSize S = cvSize(pI->width,pI->height);
258             if(pBTAvi==NULL)
259             {
260                 pBTAvi=cvCreateVideoWriter(
261                     btavi_name,
262                     CV_FOURCC('x','v','i','d'),
263                     25,
264                     S );
265             }
266             cvWriteFrame( pBTAvi, pI );
267         }
268
269         cvReleaseImage(&pI);
270     }/* draw all inforamtion about tets sequence */
271     }/* main cicle */
272
273     if(pFGAvi)cvReleaseVideoWriter( &pFGAvi );
274     if(pBTAvi)cvReleaseVideoWriter( &pBTAvi );
275     return 0;
276 }/* RunBlobTrackingAuto */
277 /* read parameters from command line
278             and transfer to specified module */
279 static void set_params(int argc, char* argv[], CvVSModule* pM,
280                                 char* prefix, char* module)
281 {
282     int prefix_len = strlen(prefix);
283     int i;
284     for(i=0;i<argc;++i)
285     {
286         int j;
287         char* ptr_eq = NULL;
288         int    cmd_param_len=0;
289         char* cmd = argv[i];
290         if(strnicmp(prefix,cmd,prefix_len)!=0) continue;
291         cmd += prefix_len;
292         if(cmd[0]!=':')continue;
```

```
293         cmd++;
294         ptr_eq = strchr(cmd,'=');
295         if(ptr_eq)cmd_param_len = ptr_eq-cmd;
296         for(j=0;;++j)
297         {
298             int     param_len;
299             char*   param = pM->GetParamName(j);
300             if(param==NULL) break;
301             param_len = strlen(param);
302             if(cmd_param_len!=param_len) continue;
303             if(strnicmp(param,cmd,param_len)!=0) continue;
304             cmd+=param_len;
305             if(cmd[0]!='=')continue;
306             cmd++;
307             pM->SetParamStr(param,cmd);
308             printf("%s:%s param set to %g\n",
309                     module,param,pM->GetParam(param));
310         }
311     }
312     pM->ParamUpdate();
313 }/* set_params */
314
315 /* print all parameters value for given module */
316 static void print_params(CvVSModule* pM,
317                         char* module, char* log_name)
318 {
319     FILE* log = log_name?fopen(log_name,"at"):NULL;
320     int i;
321     if(pM->GetParamName(0) == NULL ) return;
322
323
324     printf("%s(%s) module parameters:\n",
325                     module,pM->GetNickName());
326     if(log)
327         fprintf(log,"%s(%s) module parameters:\n",
328                     module,pM->GetNickName());
329     for(i=0;;++i)
330     {
331         char*   param = pM->GetParamName(i);
332         char*   str = param?pM->GetParamStr(param):NULL;
333         if(param == NULL)break;
334         if(str)
335         {
336             printf("  %s: %s\n",param,str);
337             if(log)
338                 fprintf(log,"  %s: %s\n",param,str);
```

```
339            }
340        else
341        {
342            printf("   %s: %g\n",param,pM->GetParam(param));
343            if(log)
344            fprintf(log,"   %s: %g\n",param,pM->GetParam(param));
345        }
346    }
347    if(log)fclose(log);
348 }/* print_params */
349
350 int main(int argc, char* argv[])
351 {/* main function */
352    CvCapture*                  pCap = NULL;
353    CvBlobTrackerAutoParam1     param = {0};
354    CvBlobTrackerAuto*          pTracker = NULL;
355
356    float       scale = 1;
357    char*       scale_name = NULL;
358    char*       yml_name = NULL;
359    char**      yml_video_names = NULL;
360    int         yml_video_num = 0;
361    char*       avi_name = NULL;
362    char*       fg_name = NULL;
363    char*       fgavi_name = NULL;
364    char*       btavi_name = NULL;
365    char*       bd_name = NULL;
366    char*       bt_name = NULL;
367    char*       btgen_name = NULL;
368    char*       btpp_name = NULL;
369    char*       bta_name = NULL;
370    char*       bta_data_name = NULL;
371    char*       track_name = NULL;
372    char*       comment_name = NULL;
373    char*       FGTrainFrames = NULL;
374    char*       log_name = NULL;
375    char*       savestate_name = NULL;
376    char*       loadstate_name = NULL;
377    char*       bt_corr = NULL;
378    DefModule_FGDetector*           pFGModule = NULL;
379    DefModule_BlobDetector*         pBDModule = NULL;
380    DefModule_BlobTracker*          pBTModule = NULL;
381    DefModule_BlobTrackPostProc*    pBTPostProcModule = NULL;
382    DefModule_BlobTrackGen*         pBTGenModule = NULL;
383    DefModule_BlobTrackAnalysis*    pBTAnalysisModule = NULL;
```

```
384
385         cvInitSystem(argc, argv);
386
387         if(argc < 2)
388         {/* print help */
389             int i;
390             printf(
391     "blobtrack [fg=<fg_name>] [bd=<bd_name>]\n"
392     "   [bt=<bt_name>] [btpp=<btpp_name>]\n"
393     "   [bta=<bta_name>\n"
394     "   [bta_data=<bta_data_name>]\n"
395     "   [bt_corr=<bt_corr_way>]\n"
396     "   [btgen=<btgen_name>]\n"
397     "   [track=<track_file_name>]\n"
398     "   [scale=<scale val>][noise=<noise_name>][IVar=<IVar_name>]\n"
399     "   [FGTrainFrames=<FGTrainFrames>]\n"
400     "   [btavi=<avi output>] [fgavi=<avi output on FG>]\n"
401     "           <avi_file>\n");
402             printf(
403     "   <bt_corr_way> is way of blob position corrrection for
404     \"Blob Tracking\" module\n"
405     "   <bt_corr_way>=none,PostProcRes\n"
406     "   <FGTrainFrames> is number of frames for FG training\n"
407     "   <track_file_name> is file name for
408                                     save tracked trajectories\n"
409     "   <bta_data>is file name for data base of
410                                     trajectory analysis module\n"
411     "   <avi_file>is file name of avi to process by
412                                     BlobTrackerAuto\n");
413         system("pause");
414         puts("\nModules:");
415         system("pause");
416
417     #define PR(_name,_m,_mt)\
418         printf("<%s> is \"%s\" module name and can be:\n",
419                                     _name,_mt);\
420         for(i=0;_m[i].nickname;++i)\
421         {\
422             printf("  %d. %s",i+1,_m[i].nickname);\
423             if(_m[i].description)printf(" - %s",
424                             _m[i].description);\
425             printf("\n");\
426         }
427
428         PR("fg_name",FGDetector_Modules,"FG/BG Detection");
429         PR("bd_name",BlobDetector_Modules,
```

```
430                              "Blob Entrance Detection");
431          PR("bt_name",BlobTracker_Modules,"Blob Tracking");
432          PR("btpp_name",BlobTrackPostProc_Modules,
433                          "Blob Trajectory Post Processing");
434          PR("btgen_name",BlobTrackGen_Modules,
435                          "Blob Trajectory Generation");
436          PR("bta_name",BlobTrackAnalysis_Modules,
437                          "Blob Trajectory Analysis");
438  #undef PR
439          return 0;
440      }/* print help */
441
442      {/* parse srguments */
443          int i;
444          for(i=1;i<argc;++i)
445          {
446              int bParsed = 0;
447              size_t len = strlen(argv[i]);
448  #define RO(_n1,_n2) if(strncmp(argv[i],_n1,strlen(_n1))==0)
449                      {_n2 = argv[i]+strlen(_n1);bParsed=1;};
450              RO("fg=",fg_name);
451              RO("fgavi=",fgavi_name);
452              RO("btavi=",btavi_name);
453              RO("bd=",bd_name);
454              RO("bt=",bt_name);
455              RO("bt_corr=",bt_corr);
456              RO("btpp=",btpp_name);
457              RO("bta=",bta_name);
458              RO("bta_data=",bta_data_name);
459              RO("btgen=",btgen_name);
460              RO("track=",track_name);
461              RO("comment=",comment_name);
462              RO("FGTrainFrames=",FGTrainFrames);
463              RO("log=",log_name);
464              RO("savestate=",savestate_name);
465              RO("loadstate=",loadstate_name);
466  #undef RO
467              {
468                  char* ext = argv[i] + len-4;
469                  if( strrchr(argv[i],'=') == NULL &&
470                      !bParsed &&
471                      (len>3 && (stricmp(ext,".avi") == 0 )))
472                  {
473                      avi_name = argv[i];
474                      break;
475                  }
```

```
476              }/* next argument */
477          }
478      }/* parse srguments */
479
480      if(track_name)
481      {/* set Trajectory Generator module */
482          int i;
483          if(!btgen_name)btgen_name =
484                      BlobTrackGen_Modules[0].nickname;
485
486          for(i=0;BlobTrackGen_Modules[i].nickname;++i)
487          {
488              if(stricmp(
489                  BlobTrackGen_Modules[i].nickname,btgen_name)==0)
490                  pBTGenModule = BlobTrackGen_Modules + i;
491          }
492
493      if(bt_corr && stricmp(bt_corr,"PostProcRes")! = 0
494                                          && !btpp_name)
495      {
496          btpp_name = bt_corr;
497          if(stricmp(btpp_name,"none")!=0)bt_corr = "PostProcRes";
498      }
499      {
500          if(!bt_corr) bt_corr = "none";
501          if(!fg_name) fg_name = FGDetector_Modules[0].nickname;
502          if(!bd_name) bd_name = BlobDetector_Modules[0].nickname;
503          if(!bt_name) bt_name = BlobTracker_Modules[0].nickname;
504          if(!btpp_name) btpp_name =
505                      BlobTrackPostProc_Modules[0].nickname;
506          if(!bta_name) bta_name =
507                      BlobTrackAnalysis_Modules[0].nickname;
508          if(!scale_name) scale_name = "1";
509      }
510
511      if(scale_name)
512          scale = (float)atof(scale_name);
513      for(pFGModule=FGDetector_Modules;
514          pFGModule->nickname;++pFGModule)
515          if( fg_name && stricmp(fg_name,
516              pFGModule->nickname)==0 ) break;
```

```
517    for(pBDModule=BlobDetector_Modules;
518        pBDModule->nickname;++pBDModule)
519        if( bd_name && stricmp(bd_name,
520            pBDModule->nickname)==0 ) break;
521    for(pBTModule=BlobTracker_Modules;
522        pBTModule->nickname;++pBTModule)
523        if( bt_name && stricmp(bt_name,
524            pBTModule->nickname)==0 ) break;
525    for(pBTPostProcModule=BlobTrackPostProc_Modules;
526        pBTPostProcModule->nickname;++pBTPostProcModule)
527        if( btpp_name && stricmp(btpp_name,
528            pBTPostProcModule->nickname)==0 ) break;
529    for(pBTAnalysisModule=BlobTrackAnalysis_Modules;
530        pBTAnalysisModule->nickname;++pBTAnalysisModule)
531        if( bta_name && stricmp(bta_name,
532            pBTAnalysisModule->nickname)==0 ) break;
533
534    /* create source video */
535    if(avi_name)
536        pCap = cvCaptureFromFile(avi_name);
537
538    if(pCap==NULL)
539    {
540        printf("Can't open %s file\n",avi_name);
541        return -1;
542    }
543    {
544        int i;
545        FILE* log = log_name?fopen(log_name,"at"):NULL;
546        if(log)
547        {/* print to log file */
548        fprintf(log,
549        "\n=== Blob Tracking pipline in processing mode===\n");
550            if(avi_name)
551            {
552                fprintf(log,"AVIFile: %s\n",avi_name);
553            }
554        fprintf(log,"FGDetector:   %s\n", pFGModule->nickname);
555        fprintf(log,"BlobDetector: %s\n", pBDModule->nickname);
556        fprintf(log,"BlobTracker:  %s\n", pBTModule->nickname);
557        fprintf(log,"BlobTrackPostProc:  %s\n",
558                pBTPostProcModule->nickname);
559        fprintf(log,"BlobCorrection:  %s\n", bt_corr);
560        fprintf(log,"Blob Trajectory Generator:  %s (%s)\n",
561                pBTGenModule?pBTGenModule->nickname:"None",
562                track_name?track_name:"none");
```

```
563        fprintf(log,"BlobTrackAnalysis:  %s\n",
564            pBTAnalysisModule->nickname);
565        fclose(log);
566    }
567    printf("\n== Blob Tracking pipline in %s mode==\n",
568                                    "processing");
569    if(yml_name)
570    {
571        printf("ConfigFile: %s\n",yml_name);
572        printf("BG: %s\n",yml_video_names[0]);
573        printf("FG: ");
574        for(i=1;i<(yml_video_num);++i)
575        {printf(yml_video_names[i]);
576        if((i+1)<yml_video_num)printf("|");};
577        printf("\n");
578    }
579
580    if(avi_name)
581    {
582        printf("AVIFile: %s\n",avi_name);
583    }
584    printf("FGDetector:   %s\n", pFGModule->nickname);
585    printf("BlobDetector: %s\n", pBDModule->nickname);
586    printf("BlobTracker:  %s\n", pBTModule->nickname);
587    printf("BlobTrackPostProc: %s\n",
588            pBTPostProcModule->nickname);
589    printf("BlobCorrection: %s\n", bt_corr);
590    printf("Blob Trajectory Generator: %s (%s)\n",
591        pBTGenModule?pBTGenModule->nickname:"None",
592        track_name?track_name:"none");
593    printf("BlobTrackAnalysis:  %s\n",
594            pBTAnalysisModule->nickname);
595    }
596 {  /* create autotracker module and its components*/
597    param.FGTrainFrames =
598        FGTrainFrames?atoi(FGTrainFrames):0;
599    /* Create FG Detection module */
600    param.pFG = pFGModule->create();
601    if(!param.pFG)
602        puts("Can not create FGDetector module");
603    param.pFG->SetNickName(pFGModule->nickname);
604    set_params(argc, argv, param.pFG, "fg",
605                        pFGModule->nickname);
606
607    /* Create Blob Entrance Detection module */
608    param.pBD = pBDModule->create();
```

```
609    if(!param.pBD)
610        puts("Can not create BlobDetector module");
611    param.pBD->SetNickName(pBDModule->nickname);
612    set_params(argc, argv, param.pBD, "bd",
613                            pBDModule->nickname);
614    /* Create blob tracker module */
615    param.pBT = pBTModule->create();
616    if(!param.pBT)
617        puts("Can not create BlobTracker module");
618    param.pBT->SetNickName(pBTModule->nickname);
619    set_params(argc, argv, param.pBT, "bt",
620                            pBTModule->nickname);
621    /* create blob trajectory generation module */
622    param.pBTGen = NULL;
623    if(pBTGenModule && track_name &&
624                            pBTGenModule->create)
625    {
626        param.pBTGen = pBTGenModule->create();
627        param.pBTGen->SetFileName(track_name);
628    }
629    if(param.pBTGen)
630    {
631        param.pBTGen->
632                SetNickName(pBTGenModule->nickname);
633        set_params(argc, argv, param.pBTGen, "btgen",
634                            pBTGenModule->nickname);
635    }
636
637    /* create blob trajectory post processing module */
638    param.pBTPP = NULL;
639    if(pBTPostProcModule && pBTPostProcModule->create)
640    {
641        param.pBTPP = pBTPostProcModule->create();
642    }
643    if(param.pBTPP)
644    {
645        param.pBTPP->
646                SetNickName(pBTPostProcModule->nickname);
647        set_params(argc, argv, param.pBTPP, "btpp",
648                            pBTPostProcModule->nickname);
649    }
```

```
650        param.UsePPData =
651            (bt_corr && stricmp(bt_corr,"PostProcRes")==0);
652
653        /* create blob trajectory analysis module */
654        param.pBTA = NULL;
655        if(pBTAnalysisModule && pBTAnalysisModule->create)
656        {
657            param.pBTA = pBTAnalysisModule->create();
658            param.pBTA->SetFileName(bta_data_name);
659        }
660        if(param.pBTA)
661        {
662            param.pBTA->
663                    SetNickName(pBTAnalysisModule->nickname);
664            set_params(argc, argv, param.pBTA, "bta",
665                            pBTAnalysisModule->nickname);
666        }
667
668        /* create whole pipline */
669        pTracker = cvCreateBlobTrackerAuto1(&param);
670        if(!pTracker)
671            puts("Can not create BlobTrackerAuto");
672    }
673    { /* load states of each module from state file */
674        CvFileStorage* fs = NULL;
675        if(loadstate_name)
676            fs=cvOpenFileStorage(loadstate_name,
677                            NULL,CV_STORAGE_READ);
678        if(fs)
679        {
680            printf("Load states for modules...\n");
681            if(param.pBT)
682            {
683                CvFileNode* fn =
684                  cvGetFileNodeByName(fs,NULL,"BlobTracker");
685                param.pBT->LoadState(fs,fn);
686            }
687
688            if(param.pBTA)
689            {
690            CvFileNode* fn =
691              cvGetFileNodeByName(fs,NULL,"BlobTrackAnalyser");
692                param.pBTA->LoadState(fs,fn);
693            }
694
695            if(pTracker)
```

```
696          {
697              CvFileNode* fn =
698               cvGetFileNodeByName(fs,NULL,"BlobTrackerAuto");
699              pTracker->LoadState(fs,fn);
700          }
701          cvReleaseFileStorage(&fs);
702          printf("... Modules states loaded\n");
703      }
704  }/* load states of each module */
705
706  {/* print modules parameters */
707      struct DefMMM
708      {
709          CvVSModule* pM;
710          char* name;
711      } Modules[] = {
712          {(CvVSModule*)param.pFG,"FGdetector"},
713          {(CvVSModule*)param.pBD,"BlobDetector"},
714          {(CvVSModule*)param.pBT,"BlobTracker"},
715          {(CvVSModule*)param.pBTGen,"TrackGen"},
716          {(CvVSModule*)param.pBTPP,"PostProcessing"},
717          {(CvVSModule*)param.pBTA,"TrackAnalysis"},
718          {NULL,NULL}
719      };
720      int     i;
721      for(i=0;Modules[i].name;++i)
722      {
723          if(Modules[i].pM)
724              print_params(Modules[i].pM,
725                  Modules[i].name,log name);
726      }
727  }/* print modules parameters */
728
729  /* run pipeline */
730  RunBlobTrackingAuto( pCap, pTracker,
731                       fgavi_name, btavi_name );
732  {/* save state and release modules */
733      CvFileStorage* fs = NULL;
734      if(savestate_name)
735      {
736          fs=cvOpenFileStorage(savestate_name,
737                      NULL,CV_STORAGE_WRITE);
738      }
739      if(fs)
740      {
741          cvStartWriteStruct(fs,"BlobTracker",CV_NODE_MAP);
```

```
742        if(param.pBT)param.pBT->SaveState(fs);
743        cvEndWriteStruct(fs);
744        cvStartWriteStruct(fs,"BlobTrackerAuto",
745                                    CV_NODE_MAP);
746        if(pTracker)pTracker->SaveState(fs);
747        cvEndWriteStruct(fs);
748        cvStartWriteStruct(fs,"BlobTrackAnalyser",
749                                    CV_NODE_MAP);
750        if(param.pBTA)param.pBTA->SaveState(fs);
751        cvEndWriteStruct(fs);
752        cvReleaseFileStorage(&fs);
753     }
754     if(param.pBT)cvReleaseBlobTracker(&param.pBT);
755     if(param.pBD)cvReleaseBlobDetector(&param.pBD);
756     if(param.pBTGen)cvReleaseBlobTrackGen(&param.pBTGen);
757     if(param.pBTA)cvReleaseBlobTrackAnalysis(&param.pBTA);
758     if(param.pFG)cvReleaseFGDetector(&param.pFG);
759     if(pTracker)cvReleaseBlobTrackerAuto(&pTracker);
760  }/* save state and release modules*/
761
762  if(pCap)
763      cvReleaseCapture(&pCap);
764
765  return 0;
766 }/* main */
```

程式說明

*物件追蹤
1～4：加入所需的 include 檔案；
11～16：宣告前景偵測模組：
17～26：建立前景偵測模組物件，以輸入 FG_0、FG_0S、FG_1 選擇使用演算法：
27～32：宣告物體偵測模組：
33～40：建立物體偵測模組物件，以輸入 BD_CC、BD_Simple 選擇使用演算法：
41～46：宣告物體追蹤模組：
47～60：建立物體追蹤模組物件，以輸入 CCMSPF、CC、MS、MSFG、MSPF 選擇使用演算法：
62～67：宣告物體軌跡生成模組：
68～75：建立物體軌跡生成模組物件，以輸入 YML、RawTracks 選擇使用演算法：
77～82：宣告物體軌跡後處理模組：
83～89：建立物體軌跡後處理模組物件，以輸入 Kalman、None 選擇使用演算法：
92～97：宣告物體軌跡分析模組：
98～114：建立物體軌跡分析模組物件，以輸入 HistPVS、None、HistP、HistPV、HistSS、TrackDist、IOR 選擇使用演算法：
116～262：物體自動追蹤函式：

136〜139：擷取畫面，將畫面傳入 CvBlobTrackerAuto:Process 處理：

152〜184：建立前景影像檔案與顯示視窗，標示追蹤到的物體邊框並儲存於前景影像檔案與顯示畫面：

186〜262：由攝影機或影像檔案中擷取畫面，標示追蹤到的物體邊框與標示文字資料，儲存於物體追蹤檔案與顯示畫面：

264〜298：參數設定函式，由程式執行時輸入引數設定自動追蹤模組各項參數：

300〜329：參數列印函式，將自動追蹤模組下各項子模組參數儲存與 log 檔案中：

*主程式 Main：

   331：main 函式：

368〜388：列印各項程式執行輸入引數格式與功能：

393〜408：列印各項子模組可選擇之不同模組物件：

411〜447：Parse 輸入引數字串：

449〜489：對於未輸入引數，設定為預設選擇模組物件：

491〜497：讀取檔案影像：

499〜545：將各項子模組所選擇物件列印到 log 檔案：

547〜600：建立自動追蹤模組，呼叫函式 set_param() 設定模組內各項子模組參數：

   597：傳遞 CvBlobTrackerAutoParam1 結構建立 CvBlobTrackerAuto 類別：

602〜627：由輸入引數決定參數是否由文件檔案讀取設定：

629〜649：呼叫函式 print_params()，將自動追蹤模組中各項子模組參數列印到 log 檔案：

   650：執行自動追蹤函式：

651〜680：將自動追蹤模組之子模組參數儲存於檔案中，及釋放所有記憶體空間：

執行結果：

由 Windows 開始→附屬應用程式，執行命令提示字元，到「blobtrack.exe」資料夾下執行，會出現圖 4-126 之輸入引數說明。

引數輸入範例：blobtrack fg=FG_1 bd=BD_CC bt=MSFG btgen=RawTracks log=logname.txt 屋頂 320_240.AVI，執行結果如圖。程式結束後會輸出設定參數到 logname.txt 檔。

```
C:\WINDOWS\system32\cmd.exe                                          - □ ×

C:\Documents and Settings\BBXP\桌面\blobtrack\debug>blobtrack
blobtrack [fg=<fg_name>] [bd=<bd_name>]
          [bt=<bt_name>] [btpp=<btpp_name>]
          [bta=<bta_name>
          [bta_data=<bta_data_name>
          [bt_corr=<bt_corr_way>]
          [btgen=<btgen_name>]
          [track=<track_file_name>]
          [scale=<scale val>] [noise=<noise_name>] [IVar=<IVar_name>]
          [FGTrainFrames=<FGTrainFrames>]
          [btavi=<avi output>] [fgavi=<avi output on FG>]
          <avi_file>
  <bt_corr_way> is way of blob position corrrection for "Blob Tracking" module
     <bt_corr_way>=none,PostProcRes
  <FGTrainFrames> is number of frames for FG training
  <track_file_name> is file name for save tracked trajectories
  <bta_data> is file name for data base of trajectory analysis module
  <avi_file> is file name of avi to process by BlobTrackerAuto.
請按任意鍵繼續 . . .

Modules:
請按任意鍵繼續 . . .
<fg_name> is "FG/BG Detection" module name and can be:
  1. FG_0 - Foreground Object Detection from Videos Containing Complex Backgroun
d. ACM MM2003.
  2. FG_0S - Simplyfied version of FG_0
  3. FG_1 - Adaptive background mixture models for real-time tracking. CVPR1999
<bd_name> is "Blob Entrance Detection" module name and can be:
  1. BD_CC - Detect new blob by tracking CC of FG mask
  2. BD_Simple - Detect new blob by uniform moving of connected components of FG
 mask
<bt_name> is "Blob Tracking" module name and can be:
  1. CCMSPF - connected component tracking and MSPF resolver for collision
  2. CC - Simple connected component tracking
  3. MS - Mean shift algorithm
  4. MSFG - Mean shift algorithm with FG mask using
  5. MSPF - Particle filtering based on MS weight
<btpp_name> is "Blob Trajectory Post Processing" module name and can be:
  1. Kalman - Kalman filtering of blob position and size
  2. None - No post processing filter
<btgen_name> is "Blob Trajectory Generation" module name and can be:
  1. YML - Generate track record in YML format as synthetic video data
  2. RawTracks - Generate raw track record (x,y,sx,sy),()... in each line
<bta_name> is "Blob Trajectory Analysis" module name and can be:
  1. HistPVS - Histogramm of 5D feture vector analysis (x,y,vx,vy,state)
  2. None - No trajectory analiser
  3. HistP - Histogramm of 2D feture vector analysis (x,y)
  4. HistPV - Histogramm of 4D feture vector analysis (x,y,vx,vy)
  5. HistSS - Histogramm of 4D feture vector analysis (startpos,endpos)
  6. TrackDist - Compare tracks directly
  7. IOR - Integrator (by OR operation) of several analysers

C:\Documents and Settings\BBXP\桌面\blobtrack\debug>
```

圖 4-126　移動物之物件追蹤輸入引數說明

```
BlobTracker:  MSFG
BlobTrackPostProc:  Kalman
BlobCorrection:  none
Blob Trajectory Generator:  None (none)
BlobTrackAnalysis:  HistPVS
FGdetector(FG_1) module parameters:
  DebugWnd: 0
  NG: 5
BlobDetector(BD_CC) module parameters:
  DebugWnd: 0
  Latency: 10
  HMin: 0.02
  WMin: 0.01
  MinDistToBorder: 1.1
  Clastering: 1
  ROIScale: 1.5
  OnlyROI: 1
BlobTracker(MSFG) module parameters:
  DebugWnd: 0
  FGWeight: 2
  Alpha: 0.01
  IterNum: 10
  Collision: 1
  BGImageUsing: 50
PostProcessing(Kalman) module parameters:
  DebugWnd: 0
  ModelNoise: 1e-006
  DataNoisePos: 1e-006
  DataNoiseSize: 0.00025
TrackAnalysis(HistPVS) module parameters:
  DebugWnd: 0
  AbnormalThreshold: 0.02
  SmoothRadius: 1
  SmoothKernel: L
  BinNum: 32
```

圖 4-127　物件追蹤執行結果

Chapter 5

智慧型機器人的通訊系統

學習重點

◆ 自走車感測器

◆ 無線感測器

◆ 無線傳輸模組

◆ BASIC Stamp 應用

莊謙本　國立台灣師範大學

技術職業教育研究中心　主任

5.1 BASIC Stamp 自走車組裝及軟體安裝

此單元為機器人通訊之準備工作，組裝將使用到的機器人自走車。

透過此單元的學習，可以預先了解機器人自走車的基本設備、所需的控制軟體及相關的知識。由於現今市面上機器人控制軟體發展迅速，許多軟硬體已經有完善的成品，但大多軟體撰寫時程式過於龐大，且硬體組裝過於複雜，故經多方實驗考量，此套教材係以 BASIC Stamp 撰寫機器人通訊方面的內容。BASIC Stamp 最主要的優點在於其應用領域甚廣，許多電子、電機與資工相關科系，皆接觸過此相關軟體。BASIC Stamp 不論在軟體及硬體方面的開發工具及指令皆讓學習者容易上手。

5.1.1 機器人自走車的結構簡介

圖 5-1 為機器人自走車的完整結構，共分兩部分。第一部分為 Parallax 的 BASIC Stamp，如圖 5-2，第二部分為自走車機體結構，分為機殼及伺服馬達，如圖 5-5。

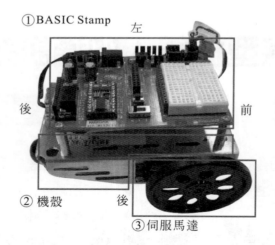

① BASIC Stamp
左
後
前
② 機殼　　後
③ 伺服馬達

▲ 圖 5-1　機器人自走車完整結構

第一部份如圖 5-2(a)為 Parallax 的 BASIC Stamp，內建有一個微處理器，用來組成 BASIC Stamp。而圖 5-2(b)為主要實驗中裝置各類感測器甚至是通訊模組的地方，此塊板稱作 BOE 實驗板，而其中白色麵包板部分可自由加裝所需之元件或感測器，我們稱做實驗電路板 (HomeWork Board)。

(a) BASIC Stamp (b) BOE實驗板

🔺 圖 5-2　BASIC Stamp 及實驗板

　　圖 5-3 為 Parallax 的 BASIC Stamp，內建為一個微處理器的架構，上方一塊標示為 PIC16C57 的晶片。其他用來組成 BASIC Stamp 的零件，其實也都能在日常生活用品中找到。將它們全部組合在一起，有個正式的名稱叫 Embedded computer system，也可稱為嵌入式系統，更多的人將它叫做微處理器。

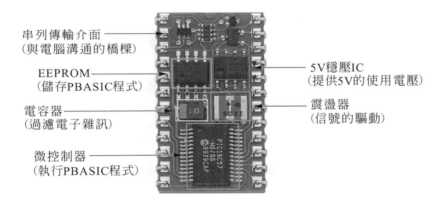

串列傳輸介面
(與電腦溝通的橋樑)

EEPROM
(儲存PBASIC程式)

電容器
(過濾電子雜訊)

微控制器
(執行PBASIC程式)

5V穩壓IC
(提供5V的使用電壓)

震盪器
(信號的驅動)

🔺 圖 5-3　BASIC Stamp 基本架構圖

開關顯示燈

伺服馬達
連接處

電腦連接端

實驗電路版

重置開關　開關

🔺 圖 5-4　BOE 實驗板

BOE 實驗板，如圖 5-4 所示，左邊可以看到建構於表面的各式元件，其中 HomeWork Board 可選擇單獨使用，類似市面上普遍通用的麵包板。但在實驗中，必須搭配 BASIC Stamp 共同使用，以達更完善的學習成果。

第二部分爲機器人自走車的機殼及最重要的伺服馬達，此處將簡單介紹伺服馬達的相關結構。如圖 5-5 所示爲一台標準伺服馬達。插頭①是用來連接電源(V_{ss} 與 V_{dd})和訊號源(BASIC Stamp 的 I/O 點)。導線②是用來從 BASIC Stamp 傳輸 V_{dd}、V_{ss} 和訊號線至伺服馬達。轉盤③是伺服馬達的一個零件，形狀像四角星。當伺服機運作時，轉盤會藉由 BASIC Stamp 的控制進行轉動。外殼④的內部裝載著伺服機的控制線路、直流電馬達和齒輪組。這些零件會把 BASIC Stamp 傳送的高低訊號，轉換成轉盤的旋轉方向。

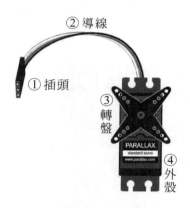

🔺 圖 5-5 標準伺服馬達

5.1.2 BASIC Stamp 基本介紹

BASIC Stamp 微處理器模組係由 Parallax, Inc.公司所製造，目前有很多種不同的 BASIC Stamp 模組，它們之間以顏色做爲區分如圖 5-6 所示。BASIC Stamp 爲綠色，BASIC Stamp 2e 爲紅色，BASIC Stamp 2SX 爲藍色，而 BASIC Stamp 2p 爲金色。它們之間都有著些微的差別，有的著重在處理速度，有的著重在記憶體的多寡，有的附加特殊功能，甚至有的包含上述全部特色，而本教材內容以 BASIC Stamp(綠色)爲主。

首先將 BASIC Stamp 安裝至 BOE 實驗板上，確定 BASIC Stamp 腳位是否有接好，其中微處理器上有一參考凹槽，該參考凹槽的一端應該朝上。並將所需的電源線及電腦連接埠(RS-232)安裝妥善，以方便接下來的單元使用。將 BASIC Stamp 與 BOE 板連結後，並將 RS232 與電源線跟 BOE 板串列連接如圖 5-7 所示。

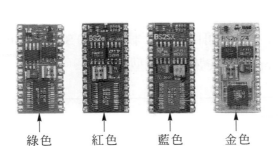

綠色　　　紅色　　　藍色　　　金色

🔺 圖 5-6　各種 BASIC Stamp 模組

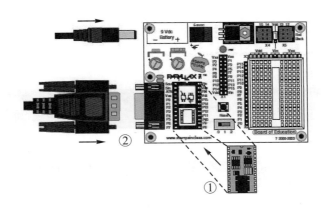

🔺 圖 5-7　RS232 串列連接圖

　　BOE 板上有一個三段式開關，如圖 5-8 所示。欲使用 BOE 板撰寫程式時，請將開關移至 2 的位置。當撰寫完畢後，欲執行程式時，請將開關移至 1 的位置。若將關閉機器人自走車之電源時，要切斷 BOE Rev C 的電源，只需要三段開關向左移，移動到位置 0 的位置。

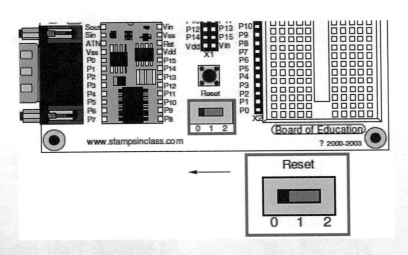

🔺 圖 5-8　電源開關

接下來介紹使用軟體的部分，可由網路下載 BASIC Stamp Software 以執行 BASIC Stamp 程式。首先將 BASIC Stamp 程式安裝在筆記型電腦中。

 5.1.3 軟體安裝

到 www.parallax.com 網址如圖 5-9 所示，按下 BASIC Stamp Software 連結圖，按 "Downloads"以進入下載選單頁面，接著點選 BASIC Stamp Software 此選項，下載 2.0 版本或更新的版本。

圖 5-9　Parallax 網頁(www.parallax.com)

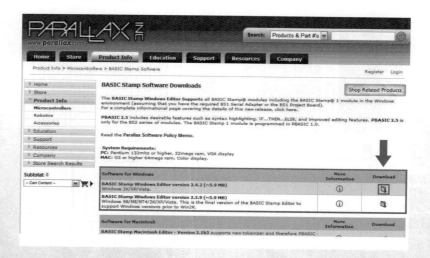

圖 5-10　Parallax 網站下載頁面

或者到 http://www.parallax.com/tabid/441/Default.aspx 中" BASIC Stamp Windows Editor version 2.0 Beta 1（6MB）"的右邊點選圖 5-10 中下載圖像。

若從 Parallax 光碟片上安裝軟體，當光碟機讀取光碟資料時，Parallax 光碟的安裝畫面將如圖 5-11 所示，並點選 Software 進入。

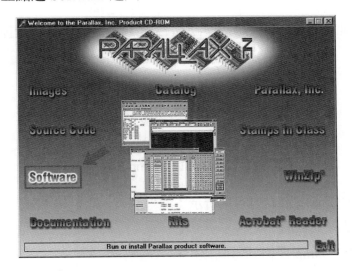

圖 5-11　Parallax 光碟瀏覽器安裝首頁

接著點選圖 5-12 中的 BASIC Stamp 資料夾旁邊顯示的" ＋"，接著點選 Windows 資料夾旁的" ＋"，最後點選寫著" Stamp Editor(stampw.exe) "的磁片圖像，方能從安裝頁面選擇 BASIC Stamp 編輯器來完成軟體的安裝。

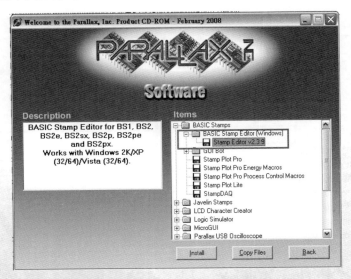

圖 5-12　Parallax 光碟瀏覽器安裝選項

5.1.4 連接 BASIC Stamp 模組到電腦以供程式編寫

Board of Education 或是 BASIC Stamp HomeWork Board 必須藉由串列纜線(RS-232)或是 USB 轉串列轉換器來與電腦連接。如果使用的是串列纜線，則可直接連結到電腦的通訊埠。編寫 PBASIC 程式時，首先，尋找與圖 5-13 此類似捷徑，點選捷徑以執行你的 BASIC Stamp Editor。

⊘ 圖 5-13　BASIC Stamp Editor 捷徑

撰寫程式時，主要流程如下列四點所示：

1. 下載並安裝程式軟體。
2. 連接 BASIC Stamp 模組到電腦以供程式編寫。
3. 編寫 PBASIC 程式。
4. 完成時切斷電源。

首先必須確定 BASIC Stamp 已經連接到主機(電腦)上，此時先按下 Run 選單並選擇 Identify 如圖 5-14 所示。

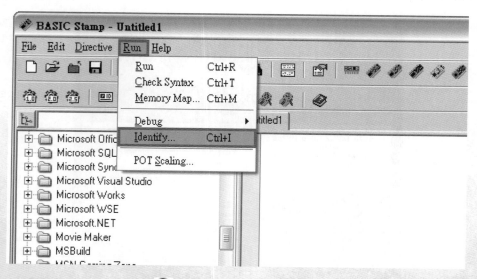

⊘ 圖 5-14　確定連結選項

　　此時 BASIC Stamp 在 COM Port(例如：COM4)上被偵測到，顯示方式如圖 5-15 所示，則代表 BASIC Stamp 已連接到電腦上。

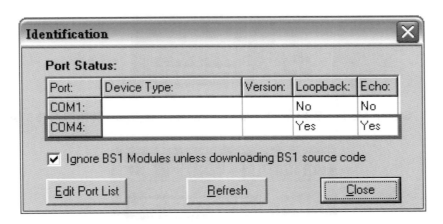

圖 5-15　偵測連結顯示圖

　　用 Identification 視窗查看 BASIC Stamp 模組是否已經被其中一個通訊埠偵測到。如果已經偵測到，則繼續進行下列的程式，透過簡短的程式來學習撰寫程式的流程，如圖 5-16 所示。

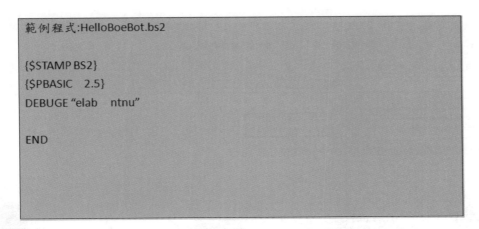

圖 5-16　程式範例

　　首先要把程式輸入至 BASIC Stamp Editor 裡，會有幾行文字在點選工具列時自動出現，但其它的就必須用鍵盤輸入。一開始先在工具列中按下 Stamp Mode：BS2 按鈕，如果游標停在上面，則會顯示如圖 5-17 的" Stamp Mode：BS2 "。

接著按下標有 PBASIC Language：2.5 的齒輪如圖 5-18，如果游標停留在上面，會顯示 " PBASIC Language：2.5 "的字樣。

🔺 圖 5-17　Stamp Mode：BS2 圖像(按此按鈕會自動在程式的一開始放入'{$STAMP BS2})

🔺 圖 5-18　PBASIC Language：2.5 圖像按此(按鈕會自動在程式一開始放入'{$PBASIC 2.5})

輸入剩下的程式至 BASIC Stamp Editor，實際上如圖 5-19 所示。請注意型別即為以框圈起來的兩行指令，而型別以下的指令則為主要的完整程式。

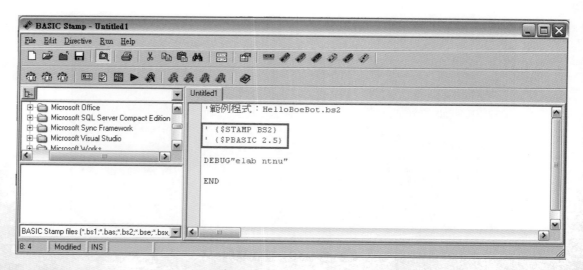

🔺 圖 5-19　將 HelloBoeBot.bs2 輸入至 BASIC Stamp Editor

按下 File 選項並選擇 Save 來儲存完成的成果如圖 5-20 所示。

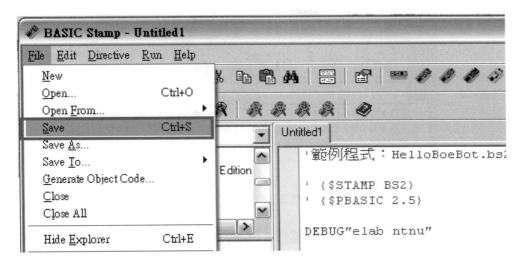

圖 5-20 儲存程式 HelloBoeBot.bs2

按下 Run 選項並且選擇選單中出現的 Run，如圖 5-21 所示，或者使用快捷按鈕如圖 5-22 所示。

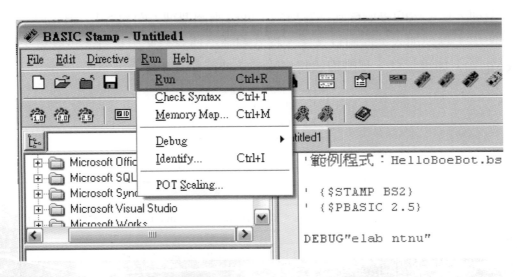

圖 5-21 執行程式 HelloBoeBot.bs2

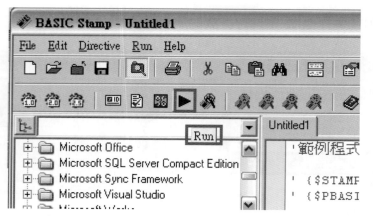

圖 5-22　快捷按鈕

　　接下來介紹上述的程式範例是如何運作。在範例程式中,附註的文字會被 BASIC Stamp Editor 忽略,因為這是讓人解讀程式用的,而不是給 BASIC Stamp。在 PBASIC 裡,左邊有加上頓號的句子都會被 BASIC Stamp 視為附註。第一行附註說明程式的名稱汲取自於哪裡,第二行附註則是一個解釋說明,告訴我們這個程式的功用為何。

　　有許多特別的訊息你都可以藉由在左邊加上一個頓號來傳送至 BASIC Stamp Editor,這些都叫做型別,且之後的每個程式都會用到下面這兩個型別,如表 5-1。請記得在每個程式開始前,使用工具列加入下面兩行文字。程式編譯器運算只使用{ },也許會不小心使用到( )或是[ ]。如果這樣,那麼程式將無法正常執行程式及指令。

```
'{$STAMP Bs2}
'{$PBASIC 2.5}
```

表 5-1　型別類別之解釋

型別	解釋
'{$STAMP BS2}	叫做$STAMP型別,它會告訴BASIC Stamp Editor你將會載入程式至 BASIC Stamp。
' {$PBASIC 2.5}	叫做$PBASIC型別,它會告訴BASIC Stamp Editor你現在使用的是2.5 PBASIC程式語言。

　　指令是一個文字,可以讓你要求 BASIC Stamp 執行一件事情。在這程式中最先使用到的指令叫做 DEBUG 指令:這是一條讓 BASIC Stamp 藉由串列纜線傳送訊息給電腦的指令。

```
DEBUG "elab ntnu"
```

　　第二條指令叫做 END 指令：這條指令非常有用因為它讓 BASIC Stamp 處在一個待機狀態，例如跑完某個程式以後，以低功率待機，當按下 Reset 鍵便能重新執行此程式或者是新的程式從 BASIC Stamp Editor 載入。當程式載入時，載入的程式將會執行一次。如果有新的程式載入，則舊的會被消除，並且執行新的程式。

$$\boxed{\text{END}}$$

　　當完成程式時，將電源開關如圖 5-8 所示，從位置 1 移至位置 0，切斷電源。依照程式撰寫後，透過 Debug 指令顯示在電腦上，如圖 5-23 所示。

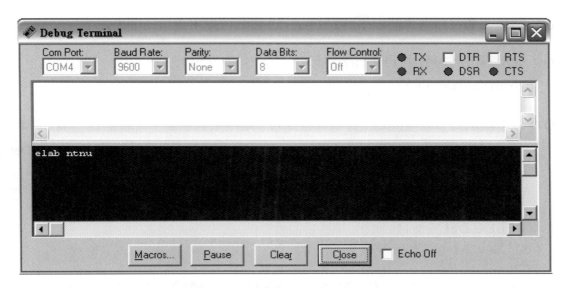

圖 5-23　程式範例結果

 單元練習

選擇題

(　) Q1. 當 BASIC Stamp 傳送文字至你的電腦時，BASIC Stamp 使用什麼樣種類的數字來透過串列纜線進行傳送？
(A)十進位數字
(B)十六進位數字
(C)三進位數字
(D)二進位數字

( ) Q2. 用來顯示 BASIC Stamp 傳送至電腦的訊息的視窗的名字是？

(A) Identification

(B) Debug Terminal

(C) BASIC Stamp

(D) Welcome to the Parallax. Inc. Product CD-ROM

問答題

Q3. 什麼裝置是 Boe-Bot 的大腦？

Q4. 你在這個章節中學到哪些 PBASIC 指令？

Q5. 請說明你在這個章節中學到的 PBASIC 指令可以用來做什麼事情？

Q6. 請解釋下列指令中，" * "的功能。

DEBUG DEC 7 * 11

Q7. 以下兩個指令有些問題：當執行程式時，這兩個數字顯示時會黏在一塊，看起來像是一個較大的數字而不是兩個數字。請修改這兩個指令讓它的答案可以在 Debug Terminal 分行顯示。

DEBUG DEC 7 * 11

DEBUG DEC 7 + 11

5.2 BASIC Stamp 基本程式控制

本單元目的在於練習 BASIC Stamp 的各種語法及使用方式，並做多元化的變化。將組裝完成的機器人自走車，進行簡單的校正及測試。同時利用簡單的數學模式校正機器人自走車的馬達控制，增加對程式指令的熟悉度。

5.2.1 機器人自走車馬達控制的設定

BASIC Stamp 語法簡介：下列為一些較常使用到且簡單的功能指令，如圖 5-24 及圖 5-25 所示，其使用方式將在後續介紹。

高階語言指令結構
迴路： 　　　DO...LOOP 分支： 　　　SELECT...CASE 　　　BRANCH 判斷： 　　　IF...THEN 跳躍： 　　　GOTO

圖 5-24　高階語言指令結構

功能指令完整
聲音： 　　　FREQOUT 通訊： 　　　SERIN 　　　SEROUT 亂數： 　　　RANDOM 除錯： 　　　DEBUG

圖 5-25　功能指令

　　本節首先介紹 FOR…NEXT 迴圈，利用 FOR…NEXT 迴圈控制伺服馬達運作的時間，這是一種相當簡單用來控制伺服馬達速度與方向的方法。下列程式為一個簡短的 FOR…NEXT 迴圈範例，圖 5-26 的指令可用來控制伺服馬達的運作。

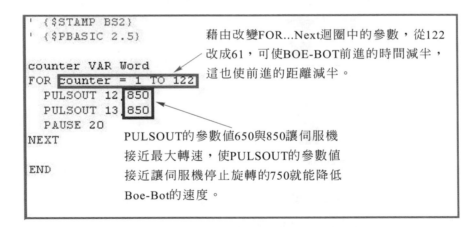

```
' {$STAMP BS2}
' {$PBASIC 2.5}

counter VAR Word
FOR counter = 1 TO 122
   PULSOUT 12,850
   PULSOUT 13,850
   PAUSE 20
NEXT

END
```

藉由改變FOR...Next迴圈中的參數，從122改成61，可使BOE-BOT前進的時間減半，這也使前進的距離減半。

PULSOUT的參數值650與850讓伺服機接近最大轉速，使PULSOUT的參數值接近讓伺服機停止旋轉的750就能降低Boe-Bot的速度。

圖 5-26　FOR…NEXT 迴圈

　　若要知道伺服馬達的速度，可經由許多方式測知，其中最簡單的方式之一是將機器人自走車放在一標準度量衡(例如：直尺)的旁邊，讓它前進 1 秒鐘，藉此測量機器人自走車所走的距離如圖 5-27 所示，即可算出機器人自走車的速度。

　　另一種方法為利用 FOR…NEXT 迴圈測試伺服馬達的速度。先設定伺服馬達前進的方向，再加入簡單數學公式，即可算出機器人自走車的行走速度。如圖 5-28 所示的 EndValue 參數即能測出機器人自走車的速度。

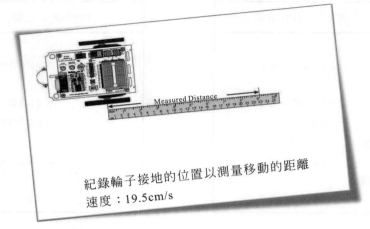

紀錄輪子接地的位置以測量移動的距離
速度：19.5cm/s

圖 5-27　測量機器人自走車行走速度

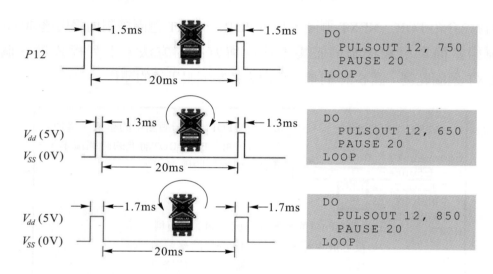

```
DO
  PULSOUT 12, 750
  PAUSE 20
LOOP
```

```
DO
  PULSOUT 12, 650
  PAUSE 20
LOOP
```

```
DO
  PULSOUT 12, 850
  PAUSE 20
LOOP
```

圖 5-28　FOR...NEXT 迴圈中 EndValue 參數

因為一個伺服馬達的 PULSOUT 與一個 PAUSE 指令在 FOR...NEXT 迴圈中執行一次的時間為 24.6 毫秒(0.024 秒)。這個值的倒數為每秒鐘多少個脈衝，因此從迴圈傳送到伺服馬達每秒脈衝數為：1 ÷ 0.024 s/pulse = 41.66 pulse/s。假設我們要前進 43.29 cm，所需時間就是 43.29 ÷ 19.5 = 2.22 秒。

既然知道 Boe-Bot 前進所需的時間(2.22 秒)與每秒鐘有多少個脈衝從 BASIC Stamp 傳送到伺服馬達(41.66 脈衝／秒)，就可以利用這些數值算出需要傳送多少個脈衝到伺服馬達(2.22s×41.66 = 92.48，約 92 pulses)，此數值就是 FOR...NEXT 迴圈中 EndValue 參數所要的值。

接下來介紹 DO…LOOP 迴圈，利用 FOR…NEXT 迴圈讓伺服馬達運作幾秒鐘，但如果須要持續運作時，則可利用 DO…LOOP 迴圈。

DO…LOOP 迴圈只會執行迴圈內的指令，如圖 5-29 所示，此程式的結果將使伺服馬達持續運動，與 FOR…NEXT 迴圈差異在於 DO…LOOP 迴圈維為持續執行迴圈內的指令，而 FOR…NEXT 迴圈則為有選擇性的使用或是多個指令時，依照所需的指令條件內容執行。表 5-4 說明 DO…LOOP 特別條件。

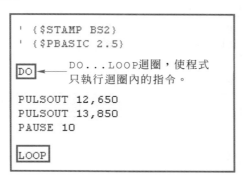

▲ 圖 5-29　DO…LOOP 迴圈程式範例

➡ 實驗一　機器人自走車方向控制

先將伺服馬達接至 BOE 實驗板上的伺服馬達連接處。透過簡單指令調整伺服馬達的旋轉方向，如圖 5-30 所示。其相關的對應參數值如表 5-2 所示，這些基本操作要先熟悉，才能作較複雜的控制，使機器人自走車能照設計者的意思行走。

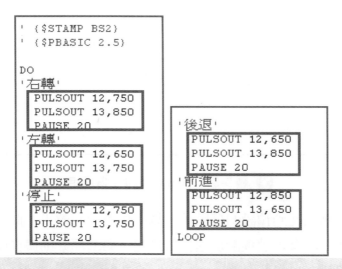

▲ 圖 5-30　伺服馬達驅動程式

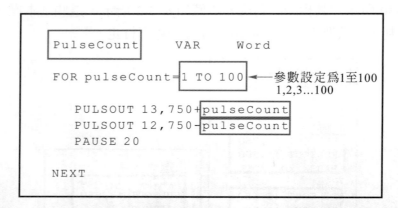

表 5-2　參數對應表

伺服參數		伺服馬達旋轉方向	機器人自走車結果行為
P12	P13		
850	750	P13 伺服馬達逆時針旋轉 P12 伺服馬達靜止不動	機器人自走車原地向右旋轉
750	850	P13 伺服馬達靜止不動 P12 伺服馬達順時針旋轉	機器人自走車原地向左旋轉
850	850	P13 伺服馬達逆時針旋轉 P12 伺服馬達順時針旋轉	向前
650	650	P13 伺服馬達順時針旋轉 P12 伺服馬達逆時針旋轉	向後
750	750	經過校正，應維持靜止	靜止不動

實驗二　Ramping 控制練習

Ramping 控制目的在避免伺服馬達瞬間加速，它是一種斜坡式逐漸增加或逐漸降低伺服馬達速度的程式，用來取代突然開始或停止伺服馬達的操作。這種技巧可以增加機器人自走車的電池和伺服馬達的壽命。設計 Ramping 的關鍵，在於宣告一個變數伴隨著 PULSOUT 指令中的 Duration 參數，如圖 5-31 所示，藉由此預設的參數來達到需要的效果。

```
PulseCount      VAR      Word

FOR pulseCount=1 TO 100  ←——參數設定為1至100
                             1,2,3...100
    PULSOUT 13,750+pulseCount
    PULSOUT 12,750-pulseCount
    PAUSE 20

NEXT
```

圖 5-31　pulseCount 參數設定

　　為使伺服馬達逐漸加速到預設的參數值，以產生不同的效果。此實驗的程式分成兩部分，第一部分透過預設的參數值逐漸加速伺服馬達，第二部分則使伺服馬達逐漸減速直至靜止為止，其程式如圖 5-32 所示。

```
' {$STAMP BS2}
' {$PBASIC 2.5}
DEBUG "program running "
pulsecount VAR Word
FREQOUT 4,2000,3000

FOR pulsecount 1 TO 100
PULSOUT 13,750+pulsecount
PULSOUT 12,750+pulsecount
PAUSE 20
NEXT

FOR pulsecount 1 TO 75
PULSOUT 13,850
PULSOUT 12,850
PAUSE 20
NEXT

FOR pulsecount 100 TO 1
PULSOUT 13,750+pulsecount
PULSOUT 12,750+pulsecount
PAUSE 20
NEXT
```

'逐漸加速至最大速度，維持一段時間後

'逐漸減速到靜止。

圖 5-32　Ramping 指令應用範例

5.2.2　機器人自走車的顯示控制

本單元利用 BASIC Stamp 的特性暫存空間—EEPROM 及 Memory Map，作燈光閃爍的指示控制。

▶ 實驗三　LED 指示燈閃爍實驗

利用 BASIC Stamp 控制 LED 使其閃爍之步驟：首先將 220Ω 的電阻與一顆 LED 串接，將接腳接至實驗電路板的 pin 11 處，另一端接至 V_{ss}，此 V_{ss} 須供給直流電源，如圖 5-33 所示。

$$P11 \quad \underset{220\Omega}{\text{—}\wedge\wedge\wedge\text{—}} \quad \underset{\text{LED}}{\text{—}\blacktriangleright\text{|}\text{—}} \quad V_{ss}$$

圖 5-33　LED 閃爍程式電路接線圖

再利用 DO...LOOP 迴圈，控制 LED 的閃爍情況。其中 HIGH、LOW 這兩行，分別為控制 LED 導通(HIGH)及斷路(LOW)，使其達到閃爍效果，並透過 PAUSE 控制其延遲時間。程式如圖 5-34 所示。

```
' {$STAMP BS2}
' {$PBASIC 2.5}
DO
  HIGH 11       '設定11之接腳為high"1"
  PAUSE 250     '延遲1/4秒
  LOW 11        '設定11之接腳為low"0"
  PAUSE 250     '延遲1/4秒
LOOP            '無窮迴圈
```

圖 5-34 LED 閃爍程式範例

若要控制兩顆 LED 使其交互閃爍。只要加入一段小程式來做控制，使得兩顆 LED 達到交互閃爍的目的，如圖 5-35 所示。

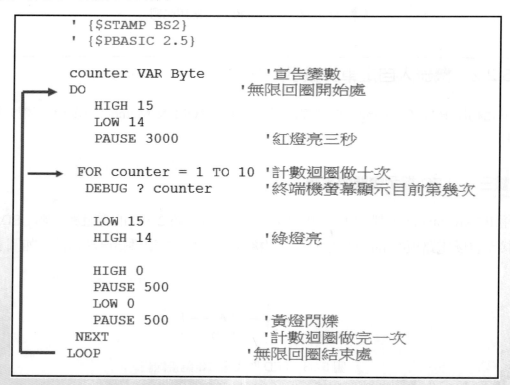

```
' {$STAMP BS2}
' {$PBASIC 2.5}

counter VAR Byte        '宣告變數
DO                      '無限回圈開始處
   HIGH 15
   LOW 14
   PAUSE 3000           '紅燈亮三秒

 FOR counter = 1 TO 10  '計數迴圈做十次
  DEBUG ? counter       '終端機螢幕顯示目前第幾次

   LOW 15
   HIGH 14              '綠燈亮

   HIGH 0
   PAUSE 500
   LOW 0
   PAUSE 500            '黃燈閃爍
 NEXT                   '計數迴圈做完一次
LOOP                    '無限回圈結束處
```

圖 5-35 LED 交互閃爍程式範例

實驗四　使用子程式呼叫簡化運作

　　BASIC Stamp 的子程式主要分為兩個部分。一個部分是 subroutine call(呼叫子程式)，呼叫子程式的程式碼為 GOSUB 指令，在執行完這段程式碼後再跳回來繼續執行原程式。另一個部分是子程式本身，它開始於一個標頭檔(例如：My_subroutine)也就是子程式的名稱，然後結束於 RETURN 指令。在標頭檔與 RETURN 指令中間的程式碼就是希望子程式所進行的工作，如圖 5-36 所示。

```
DO
  DEBUGE"Before subroution",CR
  PAUSE 1000
  GOSUB My_subroutine           呼叫子程式
  DEBUGE"After subroution",CR
  PAUSE 1000
LOOP

                                子程式標頭檔
My_subroutine :
  DEBUGE"Command in subroution",CR
  PAUSE 1000
  RETURN
```

◎ 圖 5-36　子程式簡介

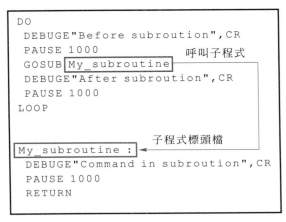

```
' {$STAMP BS2}
' {$PBASIC 2.5}
DEBUG "program running "
counter VAR Word
FREQOUT 4,2000,3000

GOSUB Forward
GOSUB Left
GOSUB Right
GOSUB Backward
END

Forward:
  FOR  counter=1 TO 64
    PULSOUT 12,850
    PULSOUT 13,850
    PAUSE 20
    NEXT
    PAUSE 200
RETURN

Left:                           '左轉1/4圈
  FOR  counter=1 TO 24
    PULSOUT 12,850
    PULSOUT 13,650
    PAUSE 20
    NEXT
    PAUSE 200
RETURN
```

```
Right:                          '右轉1/4圈
  FOR  counter=1 TO 24
    PULSOUT 12,650
    PULSOUT 13,850
    PAUSE 20
    NEXT
    PAUSE 200
RETURN

Backward:
  FOR  counter=1 TO 64
    PULSOUT 12,650
    PULSOUT 13,650
    PAUSE 20
    NEXT
    PAUSE 200
RETURN
```

◎ 圖 5-37　子程式呼叫程式範例

　　再寫入伺服馬達各個方向運動的控制子程式，以控制其前、後、左、右四種運動模式，分別寫成四個子程式，而其名稱可自行設定，使子程式可以完成呼叫動作，詳細程式如圖 5-37 所示。該程式亦可再簡化如圖 5-38 所示。

```
' {$STAMP BS2}
' {$PBASIC 2.5}
DEBUG "program running "

counter VAR Word
pulseleft VAR Word
pulseright VAR Word
pulsecount VAR Word

FREQOUT 4,2000,3000

pulseleft=850:pulseright=850:pulsecount=64      '向前
GOSUB Navigate
pulseleft=650:pulseright=850:pulsecount=24      '向左
GOSUB Navigate
pulseleft=850:pulseright=650:pulsecount=24      '向右
GOSUB Navigate
pulseleft=650:pulseright=650:pulsecount=64      '向後
GOSUB Navigate
END

Navigate:
FOR   counter=1 TO pulsecount
    PULSOUT 12,pulsecount
    PULSOUT 13,pulsecount
    PAUSE 20
    NEXT
    PAUSE 200
RETURN
```

◎ 圖 5-38　子程式簡化範例

▶ 實驗五　在 EEPROM 中建立操作程式

　　當編寫程式到 BASIC Stamp 後，BASIC Stamp Editor 會將程式轉換成數值，BASIC Stamp 就是使用這些數值執行程式，而將其儲存在一個標記為 24LC16B 的晶片上。程式中用變數取代 FOR...NEXT 迴圈中的 EndValue 參數。由於預設值的設定，DATA 資料型態將資料以 byte 的形式存在。為了儲存一個字元大小的資料，可以在每一項 DATA 指令的數字前面加上 word，每一個字元大小的資料會使用 2 個 byte 存在 EEPROM 中，如此資料的存取將會間隔一個位置。當使用超過一個DATA指令時，可以將每一個資料型態製作標記，如此READ指令可以直接參考標記進行讀取，而不須要去找尋所需的字串資料是從 EEPROM 中的哪個儲存位置開始。其中各個參數有不同的位元大小，宣告變數時須視所需儲存數值的大小設定宣告指令，如表 5-3 所示。

▼ 表 5-3　EEPROM 中儲存數值宣告指令

大小	Bit	Nib	Byte	Word
儲存數值範圍	0 to 1	0 to 15	0 to 255	0 to 65535 or −32768 to +32767

機器人每個操作都可用一個字母作為代表，一連串的字母可被儲存在 EEPROM 中，然後當程式執行時這些字母就會被讀取，並且被編譯。這樣可以避免單調地重複一長串的子程式，或在每一個 GOSUB 指令前不斷地換變數。每一個基本操作都可用一個字母作為代表，而每個字母對應到一個子程式。複雜的運動方式可以快速地使用這些字母作出排列，字串的最後一個字母必須是 Q，表示離開(Quit)，這時運作就會停止。各個動作所對應的字母如下：

```
F表示前進
B表示後退
L表示左轉
R表示右轉
```

以 DO...LOOP 迴圈為例，其跳出迴圈或進入迴圈的條件，如表 5-4 所示。

▼ 表 5-4　DO...LOOP 迴圈條件的指令

指令	解釋
DO UNTIL(condition)...LOOP	允許迴圈不斷重複，一直到條件式(condition)成立才跳出迴圈。
DO WHILE(condition)...LOOP	當條件式(condition)成立時才允許迴圈不斷重複。

現在利用 DO...LOOP 的指令，在 EEPROM 中建立控制機器人 F、B、L、R 動作的程式如圖 5-39 所示。依照 Address 當中的變數表示 EEPROM 中每一個 byte 的位置，每一個 byte 存著一個字母，Instruction 變數保留 byte 中儲存的值，也就是字母。每經過迴圈一次，Address 中的數值就會增加 1，如此就能讓 EEPROM 中的所有字母連續的被讀取。

```
' ($STAMP BS2)
' ($PBASIC 2.5)

DEBUG"Program Running!"
counter VAR Word
address VAR Byte
instruction VAR Byte
DATA "FRLBQ"
FREQOUT 4,2000,3000

DO UNTIL(instruction="Q")
  READ address,instruction
  address = address+1
  SELECT instruction
    CASE "F":GOSUB Forward
    CASE "L":GOSUB Left
    CASE "R":GOSUB Right
    CASE "B":GOSUB Backward
  ENDSELECT
LOOP

END

Forward:
  FOR counter = 1 TO 64
    PULSOUT 12,850
    PULSOUT 13,850
    PAUSE 20
  NEXT
RETURN
```

儲存指令動作。

DO UNTIL
(Condition)...LOOP
允許迴圈不斷重複，直到字母"Q"從EEPROM中被讀取。

當程式執行時，會用READ指令把暫存在EEPROM中的字母讀出來。

每一個字母佔用一個byte儲存在EEPROM中，起始位置是address 0。

```
Left:
  FOR counter = 1 TO 24
    PULSOUT 13,650
    PULSOUT 12,850
    PAUSE 20
  NEXT
RETURN

Right:
  FOR counter = 1 TO 24
    PULSOUT 13,850
    PULSOUT 12,650
    PAUSE 20
  NEXT
RETURN

Backward:
  FOR counter = 1 TO 64
    PULSOUT 12,650
    PULSOUT 13,650
    PAUSE 20
  NEXT
RETURN
```

圖 5-39　在 EEPROM 中建立操作指示

　　程式中 SELECT…CASE…ENDSELECT，是被用來描述選擇一個特定的變數，然後開始評估它屬於哪種情形，之後才執行某種情形下的相對應程式，例如程式中將會判斷 instruction 中的字母，選擇適當的子程式回應。

　　上述程式範例中，將各個子程式的內容暫存於 BASIC Stamp 中的 Memory Map，而 Memory Map 儲存的指令會出現於 Detailed EEPROM Map 的藍色區域，如圖 5-40 所示。這些數字表示 16 進位的 ASCII 程式碼，這些程式碼會對應到輸入於 DATA 資料型態的字母。圖 5-41 為 EEPROM Memory Map 中儲存的程式。

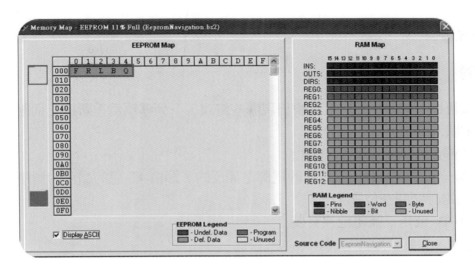

圖 5-40　EEPROM Map 與 Memory Map 狀態

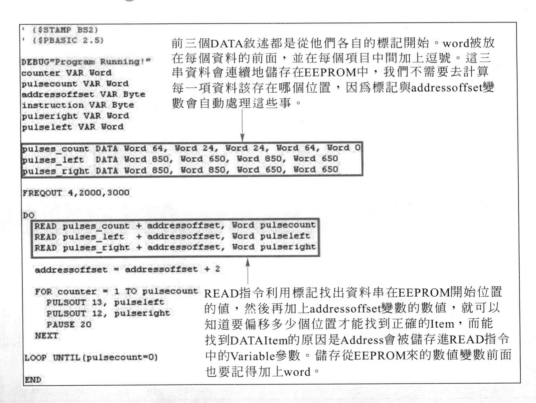

```
' {$STAMP BS2}
' {$PBASIC 2.5}

DEBUG"Program Running!"
counter VAR Word
pulsecount VAR Word
addressoffset VAR Byte
instruction VAR Byte
pulseright VAR Word
pulseleft VAR Word

pulses_count DATA Word 64, Word 24, Word 24, Word 64, Word 0
pulses_left  DATA Word 850, Word 650, Word 850, Word 650
pulses_right DATA Word 850, Word 850, Word 650, Word 650

FREQOUT 4,2000,3000

DO
   READ pulses_count + addressoffset, Word pulsecount
   READ pulses_left  + addressoffset, Word pulseleft
   READ pulses_right + addressoffset, Word pulseright

   addressoffset = addressoffset + 2

   FOR counter = 1 TO pulsecount
      PULSOUT 13, pulseleft
      PULSOUT 12, pulseright
      PAUSE 20
   NEXT

LOOP UNTIL(pulsecount=0)

END
```

前三個DATA敘述都是從他們各自的標記開始。word被放在每個資料的前面，並在每個項目中間加上逗號。這三串資料會連續地儲存在EEPROM中，我們不需要去計算每一項資料該存在哪個位置，因為標記與addressoffset變數會自動處理這些事。

READ指令利用標記找出資料串在EEPROM開始位置的值，然後再加上addressoffset變數的數值，就可以知道要偏移多少個位置才能找到正確的Item，而能找到DATAItem的原因是Address會被儲存進READ指令中的Variable參數。儲存從EEPROM來的數值變數前面也要記得加上word。

圖 5-41　Memory Map 儲存的程式

單元練習

選擇題

( ) Q1. 重新接上伺服馬達時可能會出現哪些錯誤，下列哪項為重新接上伺服馬達時的正確狀況？
(A)伺服馬達的線路被對調了
(B)一個或是兩個伺服馬達的電源是插反的，即白-紅-黑的顏色的順序錯誤
(C)電源開關在位置 –2
(D) 9V 或是三號電池沒有裝上

問答題

Q2. 壓電揚聲器如何被用來偵測 brownout？

Q3. 請說明 Reset？

Q4. 請問什麼是初始化？

Q5. Boe-Bot 發生 brownout 時的症狀是什麼？

Q6. 在用 RightServoTest.bs2 測試左輪(非右輪)時必須要做什麼改變？

5.3 自走車感測器應用

本單元目的在於學習光電阻的使用方法和加速度計的改變及其配置模式。

藉由程式範例，可學習到偵測陰影的應用，亦可使自走車具有避障功能，增加自走車行走的流暢度。同時學習加速度計的使用方法，以及加速度計於機器人自走車上的用途。利用機器人自走車在行走時，去判斷路面的平衡度，如遇到傾斜的角度時，可讀出傾斜的角度，並做適當的調整及應用。

5.3.1 機器人結合光電阻導航

首先簡單介紹何謂光電阻及其原理，由於光子能促使半導體內電子(電洞)的遷徙，並打破載流電子平衡的局面，進而影響半導體的導電能力(稱為光電導)，利用此性質將某一類半

導體製成特殊的<u>電阻</u>器件就是<u>光敏電阻</u>。所謂光敏就是對光反應敏感,光敏電阻,簡稱光電阻,是一個依光性電阻(Light Dependent Resistor,LDR)。光電阻主要是由硫化鎘(CdS)所組成,當光進入半導體時,能使半導體內的電子移動而形成電子流。光電阻偵測的範圍與一般正常人類眼睛看到光的範圍相近,也就是一般所稱的可見光。

光電阻主要是隨入射光的強弱(光子的多寡)來改變光電阻(R)大小,而光的強度又和其電阻值成反比。如圖 5-42 所示,電位 V_o 會隨著 R 改變,當 R 很大時,V_o 會變小;當 R 很小時,V_o 就會變大。電位 V_o 就是當 BASIC Stamp I/O 端作為輸入端時的電壓。另外,以鍺(Ge)為例,它對波長在 0.6 mm (微米)～1.5 mm (微米)範圍內的光,有很多的光電導效應,只有超過 1.5 mm (微米)的波段,光電導才會突然下降,通常不同半導體具有不同的光敏特性。

若將光電阻器放在室溫和無光照的黑暗環境下,測得光電阻的電阻值稱為暗電阻,此時在固定電壓時所測得光電阻的電流稱為暗電流;而當受到光照時光電阻器所具有的電阻值稱為亮電阻,同時在固定電壓下測得通過光電阻的電流稱為亮電流。

光電流($I\phi$)為亮電流減去暗電流,也就是暗電流要小,亮電流要大,這樣光電阻的靈敏度就會高。而光電阻在一定照度下,兩端所加的電壓與流過光電阻的電流之間的關係,稱為伏安特性。當光電阻受到光照射時,光電流要經過一定時間才能達到穩定值;同樣當光照射停止後,光電流也要經過一定的時間才能恢復到暗電流。光電流隨光強度變化的特性用時間常數(γ)來表示,而一般定義時間常數為從光照到亮電阻時開始算起,直至達到穩定亮電流的 63%時的這段期間,即為時間常數。

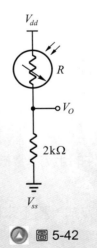

▲ 圖 5-42

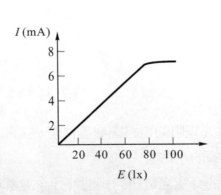

▲ 圖 5-43　光電特性

光電阻的光電流與照射光通量之間的關係稱為光電特性，對於不同波長的入射光，光電阻的相對靈敏度是不相同的，如圖 5-43 所示，圖中為典型的光電阻光電特性曲線，由圖中可看出光電特性為非線性，因此不適合做為檢測元件，這是光電阻的缺點之一。但在自動控制中仍常用來做開關式光電感測器。

光電阻的優缺點如表 5-5，由於光電阻常用硫化鎘(CdS)製成，故常應用於樓梯間的照明、路燈照明，即光線較暗時路燈就會亮起。利用光電阻搭配 LED 燈，來產生在夜晚時能自動發出燭光度較大的汽機車大燈。

▼ 表 5-5　光電阻的優缺點

優點	缺點
靈敏度和半導體材料及入射光的波長有關。	受溫度影響較大，且為耗材。
內部的光電效應和電極無關，可以使用直流電源。	響應速度不快，在ms到s之間，延遲時間受入射光的光照度影響。

光電阻材料的光譜特性如圖 5-44 所示。圖中的 X 軸為波長(nm)，Y 軸為相對靈敏度(%)，從圖中可看出硫化鎘(CdS)的峰值在可見光區域，而硒化鎘(CdSe)的峰值在紅外線區域，因此在選用光電阻時應當把材料、元件和光源的種類結合起來考慮，才能獲得較好的結果。

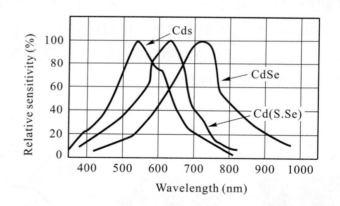

▲ 圖 5-44　光譜特性

圖 5-45 為光電阻的電路圖與零件圖，偵測光源在光電阻零件的上方，當被強光照射時，可能只有幾歐姆的小電阻。

上述簡單的介紹光電組的相關特性，並解釋光電組的使用方式。接下來將利用學習到的光電阻與機器人自走車做結合，並依照學習到的相關特性來做不同的實驗。

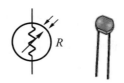

圖 5-45 光電阻的電路圖與零件圖

 實驗一 機器人會朝偵測到陰影的方向移動

首先將接腳接至實驗電路板的 pin 6 處並與 220 Ω 的電阻及一顆 1 kΩ 的電阻串聯至 V_{ss} (接地線)，並透過 V_{dd} (直流電源)接上光電阻，另一邊則為相似接法，但需將接腳接至實驗電路板的 pin 3 處，詳細接圖如圖 5-46 所示。

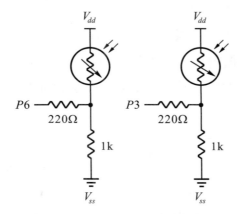

圖 5-46 偵測陰影的接線圖

```
' {$STAMP BS2}
' {$PBASIC 2.5}
DEBUG "Program Running!"
FREQOUT 4, 2000, 3000
DO
IF (IN6 = 0) AND (IN3 = 0) THEN ' 當左右兩邊都偵測到陰影 則機器人向前移動.
PULSOUT 13, 850
PULSOUT 12, 650
ELSEIF (IN6 = 0) THEN ' 左邊偵測到陰影,
PULSOUT 13, 750 ' 機器人向左移動 .
PULSOUT 12, 650
ELSEIF (IN3 = 0) THEN ' 右邊偵測到陰影,
PULSOUT 13, 850 ' 機器人向右移動
PULSOUT 12, 750
ELSE
PULSOUT 13, 750 ' 沒有偵測到陰影
PULSOUT 12, 750
ENDIF
PAUSE 20
LOOP
```

圖 5-47 機器人會朝偵測到陰影的方向移動的程式範例

此實驗中，我們將驗證機器人自走車是否會朝偵測到的陰影方向移動。首先光電阻會先偵測陰影，當左右兩邊同時都偵測到陰影時，機器人自走車會向前移動，若左邊偵測到陰影時就會向左移動，反之如果是右邊偵測到陰影則向右移動，如果都沒有偵測到陰影，機器人自走車就會停止。在 DO…LOOP 迴圈中透過 IF…THEN 指令，分別寫入偵測陰影的四種可能，並依照狀況執行動作。詳細程式如圖 5-47 所示。

實驗二　使機器人趨向光源移動

首先將接腳接至實驗電路板的 pin 6 處並與 220 Ω 的電阻及一顆 1 kΩ 的電阻串聯至 V_{ss} (接地線)，並透過 V_{dd} (直流電源)接上光電阻，另一邊則為相同接法，但須將接腳接至實驗電路板的 pin 3 處，詳細電路如圖 5-46 所示。

本實驗將機器人自走車改變為趨向光源移動。首先會偵測機器人左右兩邊的陰影強度，若左邊的陰影比較強，機器人自走車就會向右轉；若右邊的陰影比較強，機器人自走車則會向左轉；如果非上述兩種情況，或當兩邊的陰影強度相等時，機器人自走車會向前移動。詳細程式如圖 5-48 所示。

```
' {$STAMP BS2}
' {$PBASIC 2.5}
DEBUG "Program Running!"

timeLeft VAR Word
timeRight VAR Word
average VAR Word
difference VAR Word

FREQOUT 4, 2000, 3000

DO
GOSUB Test_Photoresistors

GOSUB Average_And_Difference
GOSUB Navigate
LOOP

Test_Photoresistors:
HIGH 6
PAUSE 3
RCTIME 6,1,timeLeft
HIGH 3
PAUSE 3
RCTIME 3,1,timeRight
RETURN
```

```
Average_And_Difference:
average = timeRight + timeLeft / 2
difference = average / 6
RETURN

Navigate:
' 左邊的陰影較強 則機器人向右移動
IF (timeLeft > timeRight + difference) THEN
PULSOUT 13, 850
PULSOUT 12, 850

' 右邊的陰影較強 則機器人向左移動
ELSEIF (timeRight > timeLeft + difference) THEN
PULSOUT 13, 650
PULSOUT 12, 650
' 兩邊的陰影強度相同 則機器人向前移動
ELSE
PULSOUT 13, 850
PULSOUT 12, 650
ENDIF
PAUSE 10
RETURN
```

圖 5-48　使機器人趨向光源移動的程式範例

5.3.2 機器人自走車之雙軸座標加速度值的顯示讀取方式

首先對加速度計做一些基本介紹，加速度計是一種用來量測瞬間速度變化的量表，可測出加速度、傾斜與傾角、旋轉、彎曲度、振動、碰撞、衝擊及重力變化等各項值，因此對機器人工程和精密敏感的設計都非常有用。目前加速度計被廣泛的應用在多種機器、特殊裝備和電子產品上，例如：機器人與器具的平衡系統、傾角遊戲機的控制、飛機自動導航、汽車警報器、碰撞事故察覺、自漬方向盤與安全氣囊、維持工件水平、物件運動監控、手柄振動、搖晃補償，儀器儀表、地震檢測，報警系統、環境監視、工程測振、地質勘探、鐵路、橋樑、大壩的振動測試與分析、高層建築架構動態特性和安全保衛振動偵察等地方。

加速度計是一種慣性感測元件(Inertial Sensors)，主要功用為測量物體速度變化率，而得知物體的加速力。MEMS(Micro Electro Mechanical Systems)慣性感測元件的主要類別，一為估算線性速率變化的 MEMS 加速度計，二為角度速率變化的 MEMS 陀螺儀。被廣泛應用在車用電子領域，例如提供撞擊緩衝保護功能的安全氣囊以及防止車輛打滑的車身穩定系統。像任天堂(Nintendo)推出的遊戲機 Wii，蘋果(Apple)推出的 iPhone 也是 MEMS 慣性感測元件的相關產品。2009 年加速計應用市場快速成長，由於應用上的創新，使得在通訊應用與消費性應用均有很大的成長，最後終端的應用則以手機產品為主，完整發展流程如圖 5-49 所示。

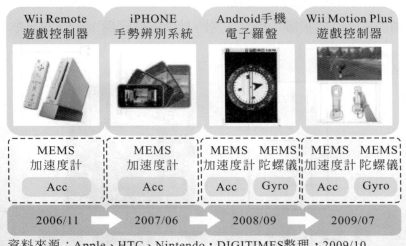

圖 5-49 加速度計完整發展流程

所謂的加速度力就是當物體在加速過程中，作用在物體上的力，例如地心引力，也就是重力。加速力可以是個常量，比如 g，也可以是變量。MEMS 加速度計就是使用 MEMS 技術製造的加速度計。由於採用了微機電系統技術，使得其尺寸大大地縮小，一個 MEMS 加速度計只有指甲幾分之一的大小。MEMS 加速度計具有體積小、重量輕、可靠度高及耗能低等優點。

本實驗所使用的加速度計是 Parallax 公司的 Memsic 2125 雙軸加速度計(前後、左右)，其尺寸小於 1/2"×1/2"×1/2"，核心加速度晶片更小於 1/4"×1/4"×1/4"，這與以往外表龐大又昂貴的儀器，且無法應用到個人化電子設備和機器人工程上有很大的差異。由於 MEMS 微電子機械系統技術，將以前的機械設備轉到輕便且較小的矽晶片上，如圖 5-50 所示，以發揮更多的應用。

圖 5-50　Memsic2125 雙軸加速度計

實驗三　雙軸加速度值之範例程式

此實驗中所使用的 Memsic2125 雙軸加速度計，共有六支接腳，如圖 5-51 所示，其中 Memsic2125 雙軸加速度計的接腳的標註，逆時針依序標記為 1～6，以下的電路圖將以相同模式接線。

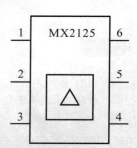

圖 5-51　Memsic2125 雙軸加速度計詳細接腳對應圖

首先將接腳 2 與接腳 5 分別串接一顆 220Ω 的電阻，然後將接腳 3 接地，並把接腳 6 接至 V_{dd} (直流電源)，接腳圖如圖 5-52 所示。

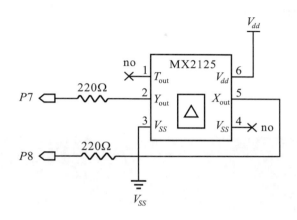

◉ 圖 5-52 雙軸加速度值詳細接腳圖

本實驗將透過加速度計顯示 X、Y 軸座標值。觀察前後、左右的變化值：X 與 Y 軸的測量範圍值為 1775 至 3125，水平角度約在 2500。由於此實驗中將以數值的型態顯示 X、Y 軸結果，故透過前幾單元的學習，得知在此須先對 X、Y 軸宣告，PULSIN 則是依照 X、Y 軸對應電路圖上的接腳寫入，最後將所得結果透過 DEBUG 指令顯示出 X、Y 軸的數值，詳細程式如圖 5-53 所示。

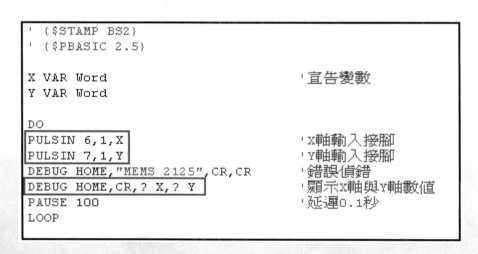

```
' {$STAMP BS2}
' {$PBASIC 2.5}

X VAR Word                         '宣告變數
Y VAR Word

DO
PULSIN 6,1,X                       'x軸輸入接腳
PULSIN 7,1,Y                       'y軸輸入接腳
DEBUG HOME,"MEMS 2125",CR,CR       '錯誤偵錯
DEBUG HOME,CR,? X,? Y              '顯示x軸與y軸數值
PAUSE 100                          '延遲0.1秒
LOOP
```

◉ 圖 5-53 顯示 X、Y 軸座標值程式範例

螢幕上顯示 X、Y 軸座標值畫面，如圖 5-54 所示，顯示出的數值則爲水平狀態的結果。

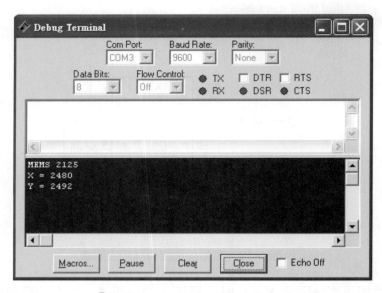

 圖 5-54　水平狀態的 X、Y 軸

實驗四　**加速度計應用於翹翹板的平衡**

　　利用上一實驗的結果，用機器人自走車來辨別傾斜的角度，當判別傾角小於水平的話，機器人自走車會**向前行**，當判別傾角大於水平的話，機器人自走車會**向後行**。詳細程式如圖 5-55 所示。

```
'   {$STAMP BS2}
'   {$PBASIC 2.5}

X              VAR     Word               '宣告變數
Y              VAR     Word

DO
 PULSIN 6,1,X                             'x軸輸入接腳
 PULSIN 7,1,Y                             'Y軸輸入接腳
 DEBUG HOME,"MEMSIC 2125",CR,CR           '錯誤偵錯
 DEBUG HOME,CR,?x,?y                      '顯示x軸與Y軸數值
 IF Y>2550 THEN                           '傾角大於水平
 PULSOUT 12,850
 PULSOUT 13,650
 ELSEIF Y<2500 THEN                       '傾角小於水平
 PULSOUT 12,650
 PULSOUT 13,850
ENDIF
LOOP
```

 圖 5-55　加速度計應用於翹翹板平衡的控制範例

實驗五 顯示相對位置值之程式

本實驗中加速度計會依照所在位置，偵測是否傾斜，若偵測到水平則繼續移動。若偵測到傾斜角度時，則顯示"＊"在預設的程式內，並顯示相對位置於顯示螢幕中。詳細程式如圖 5-56 所示。

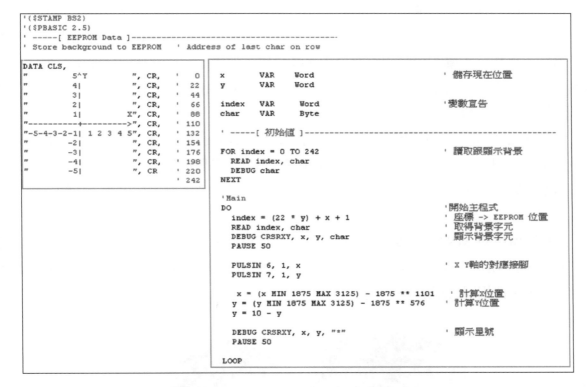

```
'{$STAMP BS2}
'{$PBASIC 2.5}
' -----[ EEPROM Data ]-----------------------------------
' Store background to EEPROM   ' Address of last char on row

DATA CLS,
"        5^Y        ", CR,  ' 0        x      VAR     Word              ' 儲存現在位置
"        4|         ", CR,  ' 22       y      VAR     Word
"        3|         ", CR,  ' 44
"        2|         ", CR,  ' 66       index  VAR     Word              '變數宣告
"        1|        X", CR,  ' 88       char   VAR     Byte
"-----------+------>", CR,  ' 110
"-5-4-3-2-1| 1 2 3 4 5", CR, ' 132     ' -----[ 初始值 ]----------------------------------
"       -2|         ", CR,  ' 154
"       -3|         ", CR,  ' 176      FOR index = 0 TO 242             ' 讀取跟顯示背景
"       -4|         ", CR,  ' 198        READ index, char
"       -5|         ", CR   ' 220        DEBUG char
                           ' 242      NEXT

                                      'Main
                                      DO                                '開始主程式
                                        index = (22 * y) + x + 1        ' 座標 -> EEPROM 位置
                                        READ index, char               ' 取得背景字元
                                        DEBUG CRSRXY, x, y, char        ' 顯示背景字元
                                        PAUSE 50

                                        PULSIN 6, 1, x                  ' X Y軸的對應接腳
                                        PULSIN 7, 1, y

                                        x = (x MIN 1875 MAX 3125) - 1875 ** 1101  ' 計算x位置
                                        y = (y MIN 1875 MAX 3125) - 1875 ** 576   ' 計算Y位置
                                        y = 10 - y

                                        DEBUG CRSRXY, x, y, "*"          ' 顯示星號
                                        PAUSE 50

                                      LOOP
```

圖 5-56 顯示相對位置值的程式範例

 ## 5.3.3 加速度計在機器人行動上的應用

加速度的原理是在長、寬、高三維所組成的空間加入時間的維度，就形成了四度空間。就數學理論上來說，空間的維度可以有無限多，當只能在一條直線上(前後)自由移動時，稱為「一度空間」；如果可以在一個平面上(前後、左右)自由移動，就叫做「二度空間」；人類處於「三度空間」，因為我們可以在一個立體的世界中(前後、左右、上下)移動。

本節利用加速度計了解機器人自走車現在身處的環境，是在上坡或是在走下坡。另外像飛行類的機器人，對於控制姿態也是相當重要。目前在一些行動硬碟、外接硬碟上也使

用了這項技術。例如 IBM Thinkpad 筆記型電腦裡就內置了 MEMS 加速度計,能夠動態的監測出筆記型電腦在使用中的振動狀況,系統會根據這些振動數據選擇關閉硬碟還是繼續運行,這樣可以保護電腦在太顛簸的工作環境不受傷害,或者不小心摔到電腦時能降低硬碟的損害。此外在數位相機和攝影機裡,用 MEMS 加速度計來量測在測拍攝時的手部振動,根據這些振動自動調節相機的聚焦。汽車安全氣囊的啓動也可以由 MEMS 加速度計控制,在行進中判斷碰撞衝擊的情況,進而啓動安全氣囊。此外,機器人與器具的平衡系統、飛機自動導航、汽車警報器、維持工件水平及物件運動監控、地震檢測、環境監視、地質勘探、鐵路、橋樑、大壩的振動測試與分析、高層建築架構動態特性和安全保衛振動偵察上也都有廣泛的應用。加速度計被廣泛應用於各種領域裡,由此可見 MEMS 加速度計已經在我們的生活中發揮重要的功用。

Memsic 2125 為雙軸加速度計,平放時可用來量測(前後,左右),當換一個方式固定時,它便可用來感測(上下、前後)。一般雙軸加速度計對於大多數的應用都能充分的發揮,不過也可藉由安裝第二個加速度計來彌補所需感測的第 3 軸,或者直接採用新一代的三軸加速度計。

此實驗所用的 MX2125 設計極其簡單。其原理為利用熱空氣上升冷空氣下沉的物理定律。如圖 5-57 所示,在一密閉空間的中心放置加熱器產生熱空氣,並於四邊放置溫度計,使與加熱源保持相同的距離。

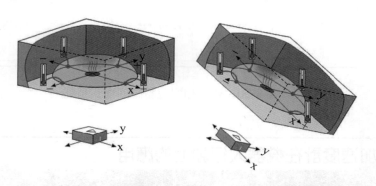

🔼 圖 5-57　熱空氣上升冷空氣下沉原理

當電流流過加熱電橋時,周遭的空氣被加熱並產生溫度梯度。由於兩個溫度傳感器是對稱放置,所以它們感受到相同的溫升,並不產生差分輸出信號。加速運動時,相應的對流傳熱打破了這一對稱場,在兩個溫度傳感器間造成了溫度差,這一差異被轉換為與加速度成正比的輸出電信號。

當靜止放置加速度計時，感應到的是一個重力加速度(1g)，而當傾斜一個角度時則可量測靜態的加速度值。這是因爲當加速度計水平放置時，空腔內的熱空氣會均勻的匯集在中心點上方，此時各方的溫度感測器將讀出一樣的溫度。同樣的，若加速度計傾斜時，腔內的熱空氣將會較靠近某一或兩個溫度計，藉此計算溫度的變化即可換算求得加速度的變化。

靜態的加速度(重力和傾斜)和動態的加速度(乘坐小汽車)，兩者的感應都靠量測溫度變化。例如當乘坐車輛有加速度變化時，腔壁四周會因冷熱空氣的移動而產生溫度變化，這種情形就像盒子內的水因重力的變化而傾向集中於一方。

實驗六   上坡加速行走下坡停止之控制

本實驗依照機器人自走車行走之路徑，判斷是否遇到坡度，在此設定一個環境給機器人自走車，分別判斷其上下坡；若判斷上坡坡度超過 30 度則馬達加速行走，若判斷下坡坡度超過 30 度則馬達靜止行走，若皆無符合上述之條件則持續判斷坡度。詳細程式如圖 5-58 所示。

```
' {$STAMP BS2}
' {$PBASIC 2.5}
 x              VAR    Word         '宣告變數
 y              VAR    Word
 counter        VAR    Word

DO
  PULSIN 6, 1, x                    '設定加速度計
  PULSIN 7, 1, y
  DEBUG HOME, DEC4 ? X, DEC4 ? Y    '偵錯
  FOR counter = 1 TO 100
   IF Y > 2600 THEN                 'Y軸判斷傾斜角度
   FOR counter = 1 TO 100
   PULSOUT 12,850                   '馬達控制
   PULSOUT 13,650
  NEXT
   ELSEIF Y < 2300 THEN             'Y軸判斷傾斜角度
   FOR counter = 1 TO 100
   PULSOUT 12,750                   '馬達控制
   PULSOUT 13,750
   PAUSE 20
NEXT
  ELSE                              '其他
   FOR counter = 1 TO 100
   PULSOUT 12,800
   PULSOUT 13,600
NEXT
ENDIF
NEXT
LOOP
```

圖 5-58　上坡加速行走下坡停止之程式的程式範例

實驗七　上坡加速行走亮綠燈、下坡減速行走亮紅燈之控制

本實驗增加些微變化，若判斷上坡坡度超過 14 度，則馬達加速行走並亮起綠燈；若判斷下坡坡度超過 14 度，則馬達靜止並亮起紅燈。若非上述兩種情況則持續判斷傾斜坡度，詳細程式如圖 5-59 所示。

```
' {$STAMP BS2}
' {$PBASIC 2.5}

X VAR Word                          '宣告變數
Y VAR Word
COUNTER VAR Word

DO
PULSIN 6,1,X                        'X軸輸入接腳
PULSIN 7,1,Y                        'Y軸輸入接腳
DEBUG HOME,"MEMS 2125",CR,CR        '錯誤偵錯
DEBUG HOME,CR,? X,? Y               '顯示X軸與Y軸數值
IF Y<2400 THEN                      '傾角大於14度
PULSOUT 12,650
PULSOUT 13,850
HIGH 1
LOW 2
ELSEIF Y>2600 THEN                  '傾角小於14度
FOR COUNTER = 1 TO 10
PULSOUT 12,750 + COUNTER
PULSOUT 13,750 - COUNTER
PAUSE 10
HIGH 2
LOW 1
NEXT
ELSE
PULSOUT 12,730                      '其他
PULSOUT 13,770
LOW 1
LOW 2
ENDIF
LOOP
```

🔺 圖 5-59　上坡加速行走亮綠燈、下坡減速行走亮紅燈的程式範例

單元練習

選擇題

(　) Q1. 請問實驗「機器人會朝偵測到陰影的方向移動」中，使機器人向左移動的指令為何？
  (A) PULSOUT 13,850
  (B) PULSOUT 12,750
  (C) PULSOUT 13,750
  (D) PULSOUT 12,650

(　) Q2. 請問 Memsic 2125 雙軸加速度計的輸出訊號為何種？
  (A)數位 serial 輸出訊號
  (B) PWM 輸出訊號
  (C)類比電壓輸出訊號
  (D)數位 PWM 輸出訊號

(　) Q3. 請問 Memsic 2125 的工作原理為何？
  (A)熱脹冷縮原理
  (B)熱空氣上升冷空氣下降原理
  (C)位移原理
  (D)角度原理

(　) Q4. 請問 Memsic 2125 當水平角度為 2500，X 軸仰角量測值如果為 3125，當仰角為 60°時，X 軸超過多少值便會發出警示音？
  (A) 2916
  (B) 2917
  (C) 2918
  (D) 2919

(　) Q5. 請問下圖程式代表何種含意？

```
PULSIN 6,1,x
```

  (A)判斷 X 軸及 Y 軸的輸入腳位
  (B)判斷 X 軸及 Y 軸的輸出腳位
  (C)定義 X 軸及 Y 軸的輸入腳位
  (D)定義 X 軸及 Y 軸的輸出腳位

( ) Q6. 請問何者爲座標轉換公式？
   (A) $X_{after} = (K \times X_{before}) + C$
   (B) $X_{before} = (K \times X_{after}) + C$
   (C) $X_{after} = (C \times X_{before}) + K$
   (D) $X_{before} = (C \times X_{after}) + K$

( ) Q7. 請問 Memsic 2125 如果要接 LED 燈的時候，需要什麼元件？
   (A)須要接一顆電晶體
   (B)須要接一顆電阻
   (C)須要接一個電源
   (D)不須要任何元件，LED 直接接腳位即可

( ) Q8. 請問伺服馬達如果要停止的話，需要何種指令？
   (A) PULSOUT 12,850；PULSOUT 13,650
   (B) PULSOUT 12,650；PULSOUT 13,850
   (C) PULSOUT 12,750；PULSOUT 13,750
   (D) PULSOUT 12,800；PULSOUT 13,600

問答題

Q9. 請說明光電組線路如何運作，分別說明 BASIC Stamp I/O 端作爲輸出端或輸入端的情況。

Q10. 光電阻的電阻值會如何改變？

Q11. 假設 R 爲 10 kΩ 的電阻，試計算圖中 V_o 的電壓？

Q12.承上題，假設圖中的 V_o 爲 1V，試求電阻值？如果 V_o =1.6V 時，電阻又是多少？

Q13. 請設計一套程式，其執行內容爲直線行走亮綠燈，上坡 30 度時亮紅燈。

5.4 無線感測器在自走車的應用

本單元介紹紅外線，超音波等無線感測器在自走車行動控制上的應用。透過程式範例的學習，可以利用紅外線感測實行機器人在桌上走動避免掉落，且沿著軌道移動。另外，利用超音波感測器實行機器人自走車的避障功能。最後介紹無線電波的原理，並使用 RF 系統與機器人自走車做連結，達到自走車之間的通訊。

5.4.1 利用紅外線感測器實施機器人避障

在機器人的避障功能裡，有些使用雷達(Radar)或聲納(Sonar)等感測器來達成，而使用紅外線偵測機器人移動路徑並接收反射回來的紅外線系統並不困難。本單元將透過 BASIC Stamp 接收並傳送紅外線訊號，而無線感測避障不像機械視覺(例如：影像擷取、視訊等)需要較複雜的理論。現在紅外線(Infrared，簡稱為 IR)遙控的發展越來越盛行，因此 IR 照明器和感測器相當容易取得且不昂貴。

本單元所應用的紅外線光感測器是利用光敏元件將光訊號轉換為電訊號的感測器。現在常用光敏元件的感應波長在可見光波長附近，如紅外線波長和紫外線波長。光感測器不只是應用於光的測量，更常用於作為探測元件，組成其它類型的感測器，對非電量(如溫度等)進行檢測，只要將這些非電量轉換為光訊號的變化，便可實現對非電量的檢測，主要用在防盜上較多，如紅外線偵測照明燈、紅外線攝影機等，如圖 5-60 所示。

圖 5-60 紅外線照明燈與紅外線攝影機

　　紅外線的波長較紅光長。如表 5-6 所示為較常見的顏色和波長，本單元所使用的紅外燈 (IR LED)和感測器是使用 980(nm)波長的紅外光，在近紅外光區。

▼ 表 5-6　紅外線的波長

顏色	波長(單位：nm)	顏色	波長(單位：nm)
紫	400	紅	700
藍	470	近紅外光	800～1000
綠	565	紅外光	1000～2000
黃	590	遠紅外光	2000～10000
橘	630		

　　在機器人自走車上加裝 IR LED 感測器如圖 5-61 所示及 IR 感測器如圖 5-62 所示。首先 IR LED 感測器會發出紅外線，當紅外線從障礙物反射時，部分反射的紅外線會以原來路徑反射回機器人自走車上的接收器，而機器人自走車的接收器則是 IR 感測器。IR 感測器會送出訊號，並且偵測是否有從障礙物反射回來的紅外線如圖 5-63 所示。然後 BASIC Stamp 會作出判斷並且根據 IR 感測器輸出的訊息控制伺服馬達的運動。

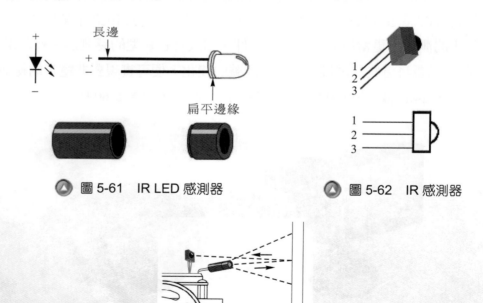

🔺 圖 5-61　IR LED 感測器　　　　　🔺 圖 5-62　IR 感測器

🔺 圖 5-63　IR LED 的發射與 IR LED 感射器的接收

　　IR 感測器內建光學濾鏡，只讓 980 nm 的紅外光通過濾鏡，同時利用電子濾鏡只讓 38.5 kHz 附近的頻率訊號通過。換句話說，此 IR 感測器只尋找每秒亮暗 38500 次的紅外光，目的在於避免與相近的光源例如太陽光或是室內光源的紅外線產生干擾。而室內光源根據每個地區的主電源不同，每秒亮暗次數約在 100 Hz 或是 120 Hz 左右(這是光源亮暗的次數，與光本身的頻率無關)。而 120 Hz 在電子濾鏡 38.5 kHz 的限制以外，所以它產生的干擾會被 IR 感測器完全忽略。

　　此處將介紹一個簡單的小指令“ **FREQOUT** ”，直接使用預設的 Freq1 參數來控制 32768 Hz 以上的諧音。這個動作會使用 FREQOUT 8 ,1，38500 這個指令來控制，主要是透過接線連接至接腳 8 來產生維持 1 微秒(ms)的 38.5 kHz 諧波，而連接到接腳 8 的 IR LED 線路則會發射這個諧波。當紅外線反射回機器人自走車時，IR 感測器會向 BASIC Stamp 傳送訊號，表示反射回來的紅外線已經被偵測到了。其指令寫法如下：

```
FREQOUT 8,1,38500
irDetectLeft=IN9
```

　　以上指令可以使接腳 8 傳送 1 微秒(ms)的 38.5 kHz 諧波，並且很快的將 IR 感測器的輸出並儲存在變數裡，輸出的數值則會儲存在 irDetectLeft 的變數裡。

　　然後利用 FREQOUT 技巧來測試 IR 對，此處的 IR 對指的是一組 IR LED 感測器及 IR 感測器，如圖 5-64 所示。其中分為兩組，一組為左 IR 對，另一組為右 IR 對。而 FREQOUT 指令主要用來合成音調，其實際範圍在 1 至 32768 Hz。其實數位合成的音調包含諧音 (Harmonic)，而諧音是設定頻率的倍數音調，且會伴隨欲得到的音調一起出現。這些音調會超過人類聽覺的範圍，大約在 20 Hz 到 20 kHz，諧音可以用 FREQOUT 指令從 32769 Hz 往上提高來產生。

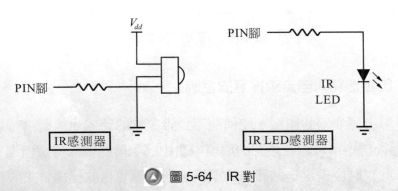

△ 圖 5-64　IR 對

當使用 FREQOUT 指令傳送音調，它就會包含隱藏的音調(諧音)，諧音的公式為

諧音頻率 = 65536 − Freq1, Freq1 ≦ 32768

既使在 FREQOUT 指令中，使用超過 32768 的 Freq1 參數去傳送諧音，它還是會包含基頻，基頻的公式為

基頻 = 65536 − Freq1, Freq1 > 32768

IR 感測器的輸出狀態在沒有接收到 IR 訊號時為高電位，當 IR 感測器接收到從障礙物反射的 38500 Hz 的諧波時，輸出會變成低電位。IR 感測器的輸出只會在 FREQOUT 指令傳送出諧波後 1 微秒(ms)的間隔內變成低電位。此時「立刻」使用變數儲存 IR 感測器的資料，這些資料可以透過 DEBUG 指令來顯示於 PC 上或是讓機器人自走車作出判斷進行移動。

> **實驗一** 偵測到障礙物並顯示輸出結果

本實驗目的在於透過紅外線所偵測到的數值，透過 DEBUG 指令來顯示於 PC 上，並利用機器人自走車自動偵測 IR 感測器偵測範圍。當確認障礙物位置於 IR 對前方時，則會顯示 0 於 PC 上；當將障礙物移開或前方並無障礙物時，將顯示 1 於 PC 上，詳細程式如圖 5-65。

```
' {$STAMP BS2}
' {$PBASIC 2.5}
irDetectLeft VAR Bit
DO
FREQOUT 8, 1, 38500
irDetectLeft = IN9
DEBUG HOME, "irDetectLeft = ", BIN1 irDetectLeft
PAUSE 100
LOOP
```

圖 5-65　障礙感測範例程式

> **實驗二** 防止機器人自走車掉落的控制

本實驗變更障礙感測器的應用，使偵測不到障礙物的時候也能要進行迴避動作。如圖 5-66 所示，機器人自走車可以在設定的環境中藉由感測器的偵測持續前進，而不會使機器人自走車掉落。此實驗中設定一個簡單的環境，利用深黑色的絕緣膠來製作一個簡單封閉的場地如圖 5-67 所示，在邊緣貼上至少三條絕緣膠帶寬的距離，並讓邊緣的膠帶之間看不到縫隙。在此環境中，機器人自走車則會依照黑色的部分持續行走，如果超過此寬度範圍時，則會尋找設定好的黑色路徑持續行走，詳細程式如圖 5-68 所示。

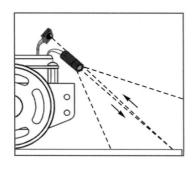

◎ 圖 5-66　掉落感測示意圖

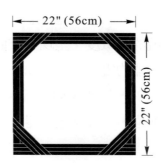

◎ 圖 5-67　自製模擬環境

```
' {$STAMP BS2}
' {$PBASIC 2.5}
DEBUG "Program Running!"
irDetectLeft VAR Bit        ─── 宣告變數
irDetectRight VAR Bit
pulseLeft VAR Word
pulseRight VAR Word
loopCount VAR Byte
pulseCount VAR Byte
FREQOUT 4, 2000, 3000
DO
  FREQOUT 8, 1, 38500       ─── 設定IR LED發射與接收的頻率與
  irDetectLeft = IN9            感測器輸出的變數
  FREQOUT 2, 1, 38500
  irDetectRight = IN0

  IF (irDetectLeft = 0) AND (irDetectRight = 0) THEN
  pulseCount = 1
  pulseLeft = 850
  pulseRight = 650
  ELSEIF (irDetectRight = 1) THEN   ─── 左側沒偵測到時的動作
  pulseCount = 10
  pulseLeft = 650
  pulseRight = 650
  ELSEIF (irDetectLeft = 1) THEN    ─── 右側沒偵測到時的動作
  pulseCount = 10
  pulseLeft = 850
  pulseRight = 850
  ELSE                              ─── 都沒偵測到時的動作
  pulseCount = 15
  pulseLeft = 650
  pulseRight = 850
  ENDIF
FOR loopCount = 1 TO pulseCount ' 送出Count pulse
PULSOUT 13,pulseLeft
PULSOUT 12,pulseRight
PAUSE 20
NEXT
LOOP
```

◎ 圖 5-68　掉落感測範例程式

5.4.2 紅外線感測器應用於自走車導航控制

在 IR LED 感測器及 IR 感測器的應用中,IR LED 感測器所發射的紅外線閃爍頻率與 IR 感測器接收訊號的靈敏度,呈現了一個非線性的關係。如果當紅外線的閃爍頻率為 40 kHz 時,紅外線感測器的靈敏度會是 38.5 kHz 的 50%;但若當紅外線的閃爍頻率為 42 kHz 時,靈敏度則剩下 20%,如圖 5-69 所示。所以對於靈敏度較低的閃爍頻率,就要把距離拉近使反射的紅外線增強,紅外線感測器才容易偵測到反射回來的訊號。

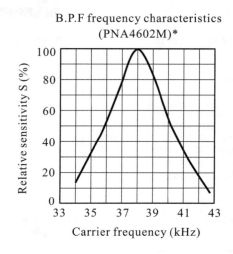

◉ 圖 5-69　靈敏度與使用頻率之間的關係

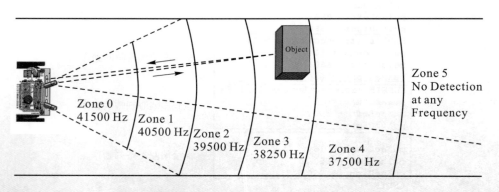

◉ 圖 5-70　不同紅外線頻率對應的偵測範圍

利用以上原理讓機器人自走車利用頻率測試不同的距離。如圖 5-70 所示,當物體的位置在第 3 個區域時,如果頻率表示為 37500 Hz 與 38250 Hz,紅外線可偵測到此物體,但當頻率為 39500 Hz、40500 Hz、41500 Hz 時,紅外線則無法偵測到物體。當物體移動到第 2

個區域內，若頻率為 35700 Hz、38250 Hz、39500 Hz，紅外線都可測到物體，但頻率為 40500 Hz 與 41500 Hz 時則偵測不到，以此類推。

　　在圖 5-71 中，針對右側的 IR LED/感測器與伺服馬達，設定的常數值為 2，表示希望機器人自走車與跟隨的物體維持在 2 個單位的距離，但是實際偵測到與物體的距離是 4 個單位的距離，表示實際與設定的值差太遠了，這時需要計算誤差值(error) 2 − 4 = −2 並且顯示在迴圈的左側，這個迴圈稱為 summing junction。

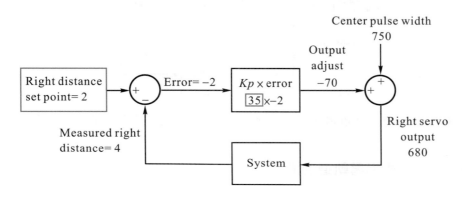

▲ 圖 5-71　Proportional Control 方塊圖(右側的伺服機、IR LED/感測器)

　　接著將誤差值傳入下一個計算方塊內，如圖 5-72 所示。方塊中顯示將誤差值乘上一個比例常數(K_p) = 35，方塊的輸出結果 −2 × 35 = −70 是一個調整過後的輸出值。再進入另一個 summing junction 與伺服馬達的中心脈衝 750 相加，最後的輸出脈衝為 680 讓伺服馬達以順時針 $\frac{3}{4}$ 的轉速運轉，機器人自走車便能朝著物體前進。

$$Error = Right\ distance\ set\ point - Measured\ right\ distance$$
$$= 2 - 4$$
$$Output\ adjust = error \times Kp$$
$$= -2 \times 35$$
$$= -70$$
$$Right\ servo\ output = Output\ adjust + Center\ pulse\ width$$
$$= -70 + 750$$
$$= 680$$

▲ 圖 5-72　誤差值傳入下一個計算方塊

左側的 IR LED/感測器與伺服馬達也使用的了相似的方程式，唯一的差異是常數 K_p 從 35 改成−35，如圖 5-73 所示。假設此時偵測到的物體距離與右側的相同，最後的輸出值則為 820。

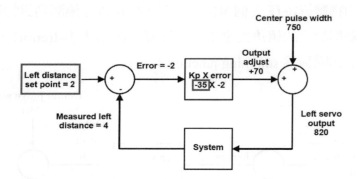

圖 5-73　Proportional Control 方塊圖－左側的伺服機、IRLED/感測器

實驗三　自走車沿著軌道前進

　　首先建立一個簡易的環境，在這環境中設置一軌道，此軌道由 3 條寬度為 19 mm 的黑色絕緣膠帶(vinyl electrical tape)黏貼在白色板子上，軌道上完全不需要放置紙張，如圖 5-74 所示。然後撰寫程式讓機器人自走車沿著此軌道前進。將機器人自走車放置在軌道上的起始點(Start)，讓機器人自走車的左右輪橫跨於軌道上，此時紅外線感測器的方向要輕微地向外，如圖 5-75 所示。確認兩邊的紅外線感測器測到的距離是 0 或 1，若測到的距離較大，那表示紅外線感測器的方向要再輕微地向外調整，以遠離軌道的邊界。

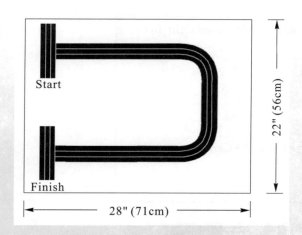

圖 5-74　環境軌道

圖 5-75　IR LED 與感測器的特寫

將機器人自走車放在起始點(start)的位置，機器人自走車會待機直到你將手放在 IRLED 與感測器的前面，讓機器人自走車偵測到近距離內有物體而前進。當離開起始點位置的橫向軌道後就移開你的手，此時機器人自走車則會沿著軌道前進，直到走至結束(finish)的橫向軌道才停止，並在那裡待機，詳細程式範例如圖 5-76 所示。

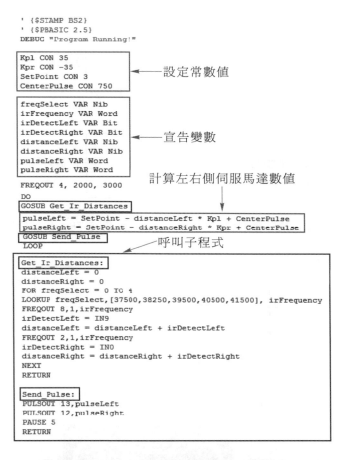

```
' {$STAMP BS2}
' {$PBASIC 2.5}
DEBUG "Program Running!"

Kpl CON 35
Kpr CON -35                        ← 設定常數值
SetPoint CON 3
CenterPulse CON 750

freqSelect VAR Nib
irFrequency VAR Word
irDetectLeft VAR Bit
irDetectRight VAR Bit              ← 宣告變數
distanceLeft VAR Nib
distanceRight VAR Nib
pulseLeft VAR Word
pulseRight VAR Word

FREQOUT 4, 2000, 3000              計算左右側伺服馬達數值
DO
GOSUB Get_Ir_Distances
pulseLeft = SetPoint - distanceLeft * Kpl + CenterPulse
pulseRight = SetPoint - distanceRight * Kpr + CenterPulse
GOSUB Send_Pulse
 LOOP                              呼叫子程式

Get_Ir_Distances:
distanceLeft = 0
distanceRight = 0
FOR freqSelect = 0 TO 4
LOOKUP freqSelect,[37500,38250,39500,40500,41500], irFrequency
FREQOUT 8,1,irFrequency
irDetectLeft = IN9
distanceLeft = distanceLeft + irDetectLeft
FREQOUT 2,1,irFrequency
irDetectRight = IN0
distanceRight = distanceRight + irDetectRight
NEXT
RETURN

Send_Pulse:
PULSOUT 13,pulseLeft
PULSOUT 12,pulseRight
PAUSE 5
RETURN
```

▲ 圖 5-76 自走車沿著軌道前進的程式範例

 ## 5.4.3 超音波感測器於自走車上的避障應用

一般超音波感測器依照其應用方式分為三大類：

(1) 單一發射型：此類型僅使用超音波發射器來完成，通常被使用於音波震動來達到效果的設備，例如：洗衣機、驅蚊器、美容儀器…等，如圖 5-77。

(2) 分離反射型：將超音波發射器與接收器擺在同一方向，藉由發射出去遇到障礙物反射傳回接收器，利用其音波所經歷的時間作為距離遠近的計算，如汽車倒車雷達…等，如圖 5-78。

(3) 對射型：將超音波發射器與接收器置於相對方向，如果有物體介入，接收器就收不到訊號，依此判定是否有障礙物出現，如圖 5-79。

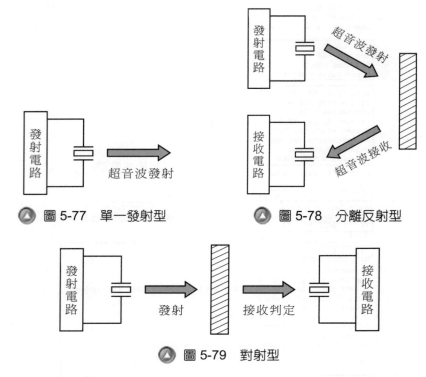

▲ 圖 5-77　單一發射型　　　　　　▲ 圖 5-78　分離反射型

▲ 圖 5-79　對射型

以下實驗所用的超音波感測器為分離反射型，其感測器與配線圖如圖 5-80 所示。

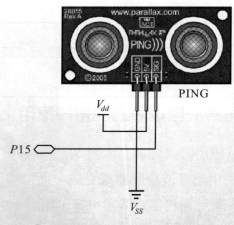

▲ 圖 5-80　超音波感測器(改)

利用超音波感測器之發射器，發出超音波至接收器，收到由目標物體反射之回應所需的時間(t)來得知被測物與測量源之間的距離，超音波距離量測之基本測量原理，其關係式如下：

$$距離 = 音速(C) \times 飛行時間\left(\frac{t}{2}\right)$$

在一大氣壓、操作溫度為 20°C 時音波在空氣中之波速為 343 m/s，然而音速會隨溫度而變，其關係為如下面公式所示：

$$C = 331.31\sqrt{1 + \frac{T}{273.15}}$$

T：操作溫度(°C)

C：波速(m/s)(操作在 1 大氣壓，20°C 時，波速 $C = 343$ m/s)

超音波之強度隨傳送之距離而衰弱，主要原因是由於能量的散失；另外，超音波的頻率越高，則其衰減越嚴重，所能傳送的距離也越短。超音波的反射時間為固定的，不受目標物體反射率的影響，只要反射波被檢測出就可以在某種程度上的精準度下測出對象物體的距離，這是超音波感測器的最大特徵。整體來說，超音波的應用範圍，依超音波屬性可以歸納如表 5-7。

表 5-7　超音波應用歸納

屬性歸類	應用	介紹
資訊應用(探測)	測距 溫度計 魚群探測 海底探勘 流速流量計 超音波影像掃描	由於其波動的特性，將超音波打入各種媒介，再藉著回波的接收，來搜尋物體。例如打入水中來探測魚群，這又叫聲吶(Sonar)。
超音波動力的應用	超音波碎石機 超音波金屬銲接 超音波塑料熔接 超音波霧化器 超音波加濕器 超音波洗淨機 超音波馬達。	超音波震動純粹為物理震動，其震動頻率可以引發其他金屬材料與其共振。液體引入超音波，會在水中產生許多小真空泡(直徑大約是幾萬分之一公分)，而這些真空泡碎裂時，可以在局部產生相當於1000大氣壓的壓力，這種極大的壓力可以做各種應用。
其他應用	蟲害驅離	超音波雖然人耳聽不到，但有些生物卻可以聽到，例如：老鼠、昆蟲等，因此，可以用來製造吵雜的環境，使這些害蟲忍受不了而離開。

超音波的應用範圍極為廣泛，使用的頻率為數 10 kHz 至幾 10 MHz，其應用分類如圖 5-81 所示。

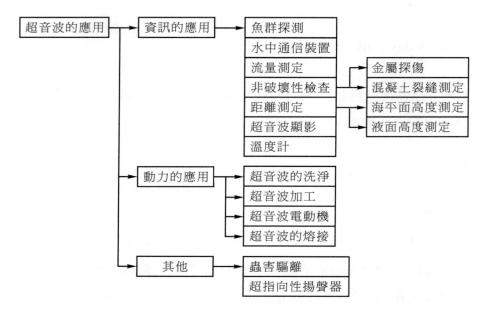

⬣ 圖 5-81　超音波的應用分類

以下實驗以 BASIC Stamp 為核心整合感測器及控制器，並利用程式語言來設計控制程式，最後透過電路來達到其自走、避障之功能。

實驗四　利用超音波感測距離再透過蜂鳴器發出不同音階的聲響

首先利用超音波感測器，先將不同的音調(蜂鳴器)輸出值設定在不同的變數中，然後使用超音波感測得到與障礙物的距離，再利用 IF...ELSE IF 迴圈，使得蜂鳴器會因為感測距離不同發出不同音階的聲響，詳細程式如圖 5-82 所示。

```
' {$STAMP BS2}
' {$PBASIC 2.5}

toneSelect VAR Byte
duration VAR Word

time VAR Word       duration = 400
DO_ VAR Word        DO_ = 1047
RE_ VAR Word        RE_ = 1175
MI_ VAR Word        MI_ = 1319
FA_ VAR Word        FA_ = 1396
SO_ VAR Word        SO_ = 1568
LA_ VAR Word        LA_ = 1760
SI_ VAR Word        SI_ = 1976
DOO_ VAR Word       DOO_ = 2093
```

—— 先將不同距離的數值預設成不同的音階。

```
Main:
PULSOUT 15, 5
PULSIN 15, 1, time
time = time **2251
IF (time <10) THEN
toneSelect=0
ELSEIF (time>=10)&(time <15) THEN
toneSelect=1
ELSEIF (time>=15)&(time <20) THEN
toneSelect=2
ELSEIF (time>=20)&(time <25) THEN
toneSelect=3
ELSEIF (time>=25)&(time <30) THEN
toneSelect=4
ELSEIF (time>=30)&(time <35) THEN
toneSelect=5
ELSEIF (time>=35)&(time <40) THEN
toneSelect=6
ELSEIF (time>=40)&(time <45) THEN
toneSelect=7
ELSE
toneSelect=8
ENDIF
BRANCH toneSelect, [exe_DO, exe_RE, exe_MI,
exe_FA, exe_SO, exe_LA, exe_SI, exe_DOO]
GOTO Main
```

利用IF...ELSEIF迴圈，將透過遇到障礙物時得到的數值去選取預設的音階。

```
exe_DO:
FREQOUT 11,duration,DO_
GOTO Main
exe_RE:
FREQOUT 11,duration,RE_
GOTO Main
exe_MI:
FREQOUT 11,duration,MI_
GOTO Main
exe_FA:
FREQOUT 11,duration,FA_
GOTO Main
exe_SO:
FREQOUT 11,duration,SO_
GOTO Main
exe_LA:
FREQOUT 11,duration,LA_
GOTO Main
exe_SI:
FREQOUT 11,duration,SI_
GOTO Main
exe_DOO:
FREQOUT 11,duration,DOO_
GOTO Main
```

圖 5-82　利用超音波感測距離發出不同音階程式範例

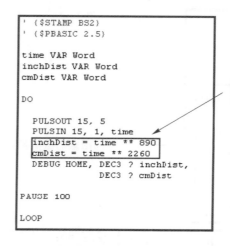

實驗五　利用超音波感測器計算障礙物距離

本實驗將透過超音波來偵測障礙物，並將偵測到的結果顯示在 PC 上，首先將宣告所需的變數，透過 PULSOU T 與 PULSIN 兩個指令透過超音波顯示器讀取所需的數值，並透過計算式將數值利用 DEBUG 顯示出來，詳細程式範例如圖 5-83 所示。

```
' {$STAMP BS2}
' {$PBASIC 2.5}

time VAR Word
inchDist VAR Word
cmDist VAR Word

DO

  PULSOUT 15, 5
  PULSIN 15, 1, time
  inchDist = time ** 890
  cmDist = time ** 2260
  DEBUG HOME, DEC3 ? inchDist,
              DEC3 ? cmDist

PAUSE 100

LOOP
```

將讀取到的數值透過計算式做運算。

⬆ 圖 5-83　利用超音波感測器計算障礙物距離程式範例

實驗六　**機器人自走車避障實驗**

　　當機器人上的超音波偵測到障礙物時，即接收到反射訊號時，則先後退預設的距離後，再向右轉並向前行走，進而實行避障功能。詳細程式如圖 5-84 所示。

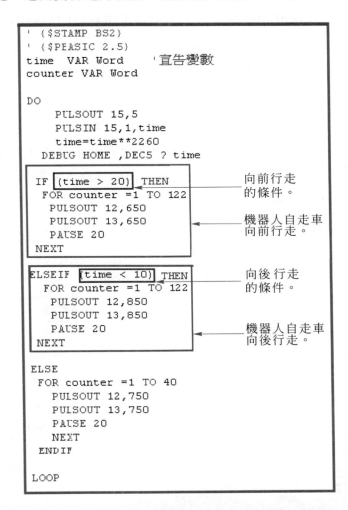

```
' {$STAMP BS2}
' {$PEASIC 2.5}
time   VAR Word     '宣告變數
counter VAR Word

DO
    PULSOUT 15,5
    PULSIN 15,1,time
    time=time**2260
  DEBUG HOME ,DEC5 ? time

  IF  (time > 20)  THEN          向前行走
   FOR counter =1 TO 122         的條件。
    PULSOUT 12,650
    PULSOUT 13,650               機器人自走車
    PAUSE 20                     向前行走。
   NEXT

  ELSEIF  (time < 10)  THEN      向後行走
   FOR counter =1 TO 122         的條件。
    PULSOUT 12,850
    PULSOUT 13,850
    PAUSE 20                     機器人自走車
   NEXT                          向後行走。

  ELSE
   FOR counter =1 TO 40
    PULSOUT 12,750
    PULSOUT 13,750
    PAUSE 20
    NEXT
   ENDIF

LOOP
```

　圖 5-84　機器人自走車避障程式範例

5.4.4 RF 發射與接收器在機器人字串傳輸的應用

由於在地球大氣層中有電離層的存在，它可以像鏡子般，把無線電折射回地球，而不致於直奔太空，這種折射回返的訊號，使得遠方的電台得以互相通訊。遠從 1925 年開始，許多科學家便開始進行電離層的探堪工作，經由向電離層發射無線電脈衝訊號，然後從電離層折反的回聲(Echo)中，可以了解到電離層的自然現象，所得到的結果就是：地球上空的電離層涵蓋了地球。隨著白天、夜晚或季節的變化而變動，發現某些頻率可以穿過電離層，而有些頻率則以不同角度折返地表，並以不可見的電、磁場能量存在，雖然眼睛看不見，但是仍然可以描述及預測無線電的行為，其中以頻率、波長、波段等名詞最常用到。

目前無線電波所指的範圍是從極低頻 10 kHz 到極超高頂點 30 GHz(Giga Hertz)，因為超出這個範圍以外的無線電頻譜，其特性便有差異，例如光線、X 射線等。而在上述 10 kHz 到 30 GHz，通常劃分成七個區域，詳細的頻率範圍如表 5-8 所示，應用於機器人自走車上的 Parallax RF Transceiver 使用的頻段為 433.92 MHz，屬於超高頻 UHF(Ultra High Frequency)。

▼ 表 5-8 無線電頻譜的劃分

頻率名稱	頻率範圍
極低頻 VLF(Very Low Frequency)	10 kHz～30 kHz
低頻 LF(Low Frequency)	30 kHz～300 kHz
中頻 MF(Medium Frequency)	30 kHz～3000 kHz
高頻 HF(High Frequency)	3 MHz～30 MHz
極高頻 VHF(Very High Frequency)	30 MHz～300 MHz
超高頻 UHF(Ultra High Frequency)	300 MHz～3000 MHz
極超高頻 SHF(Super High Frequency)	3000 MHz～30000 MHz

本單元使用的 RF 模組－Parallax RF Transceiver 的發射器(Transmitter)，如圖 5-85 所示，接受器(Receiver)，如圖 5-86 所示。

RF 發射端與接收端的接腳皆僅使用到三個接腳，其中分別為 PIN 接腳、V_{DD}、接地線三個接腳，如圖 5-87 所示。

產品編號:U27980
名稱:433MHz發射器
　　(Transmitter)

產品編號:U27981
名稱:433.92MHz接收器
　　(Receiver)

PCB Size	0.9"×1.9"(without antenna)
Overall Size	0.9"×3.6"(with antenna)
輸入電壓	5V+/-10%
電流消耗	~10mA normal operation ~3mA during power down.
資料速率	12,000-19.2K baud(controller dependent)
頻率	433.92MHz(UHF)
傳輸距離	150公尺+,based on environment conditions.

PCB Size	0.9"×1.9"(without antenna)
Overall Size	0.9"×3.6"(with antenna)
輸入電壓	5V+/-10%
電流消耗	~10mA normal operation ~3mA during power down.
資料速率	12,000-19.2K baud(controller dependent)
頻率	433.92MHz(UHF)
傳輸距離	150公尺+,based on environment conditions.

圖 5-85　Transmitter 模組　　　　　圖 5-86　Receiver 模組

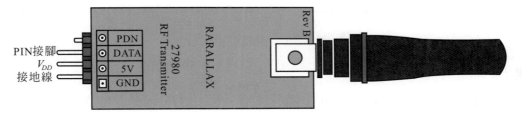

PIN接腳
V_{DD}
接地線

PDN
DATA
5V
GND

27980 RF Transmitter　RARALLAX　Rev B

圖 5-87　發射端或接收端的使用接腳

 實驗七　RF 資料傳輸

　　本實驗利用傳輸端(T_x)與接收端(R_x)傳送 2 個 word 大小的 counter，其中 4 byte 用於 date。此時接收端 RF 透過 BASIC Stamp 與 PC 保持連結，然後透過 DEBUG 指令顯示出結果，故在 RF 的程式裡，必須分別寫入兩組程式，分別為傳送端與接收端兩部分。首先將接腳 8 接至 RF 模組的 DATA 接腳，接著連接 5V (VDD)到直流電壓;最後將 GND 接地。詳細接線圖如圖 5-88 所示，需要將程式個別寫入接收端與發射端。

圖 5-88　發射器與接收器的連接電路圖

發射端：

　　首先對發射端寫入程式，這組程式碼每次會傳送兩個 Word 大小的訊號，而在此 Pulsout 的作用則為讓發射器與接收器達到同步，尤其是在通訊狀態的同步偏離時。詳細程式如圖 5-89 所示。

```
'{$STAMP BS2}
'{$PBASIC 2.5}

x VAR Word                    與接受器同步
y VAR Word
DO
 PULSOUT 8, 1200
SEROUT 8, 16468, [ "!", x.HIGHBYTE, x.LOWBYTE, y.HIGHBYTE, y.LOWBYTE ]
 x = x + 1
 y = y + 1
PAUSE 10          傳送的資料內容
LOOP
```

圖 5-89　發射端的程式範例

接收端：

　　將接收端接線完成後，在接腳 0 上額外連接一顆 LED，目的在於當接受器接到資料時會閃爍，藉此讓我們知道資料正在傳輸中，並透過 DEBUG 指令顯示發送端的資料內容，詳細程式如圖 5-90 所示。

```
'{$STAMP BS2}
'{$PBASIC 2.5}

x VAR Word
y VAR Word                LED 閃爍程式
DO
LOW 0
SERIN 8, 16468, [WAIT("!"), x.HIGHBYTE, x.LOWBYTE, y.HIGHBYTE, y.LOWBYTE]
HIGH 0
DEBUG ? x
DEBUG ? y
LOOP
```

圖 5-90　接收端的程式範例

單元練習

選擇題

( ) Q1. 現在最熱門的產品都有一個共通點「無線通訊」，許多無線控制和 PDA 使用的訊號都是使用低於可見光的紅外線頻率在進行溝通．本章節 BASIC Stamp 也可以和紅外線做結合，以下何者正確？
(A)讓 BASIC Stamp 傳送紅外線訊號
(B)讓 BASIC Stamp 接收紅外線訊號
(C)讓 BASIC Stamp 傳送和接收紅外線訊號
(D)紅外線不負責 BASIC Stamp 的通訊

( ) Q2. 右圖為使用 FREQOUT 技巧測試 IR 對，指令" FREQOUT8，1，38500"中，38500 指的是？
(A)基頻的頻率
(B)諧音(波)的頻率
(C)基頻與諧音頻率的差
(D)紅外光的頻率

```
' {$STAMP BS2}
' {$PBASIC 2.5}
IrDetectLeft VAR Bit
DO

 FREQOUT 8, 1, 38500
 IrDetectLeft = IN9

 DEBUG HOME ,"irDetectLeft = ", BIN1 irDetectLeft
 PAUSE 100

LOOP
```

( ) Q3. 承上題，由" FREQOUT 8，1，38500 "這個指令送出的基頻為多少？
(A) 38500 Hz
(B) 65536 Hz
(C) 104036 Hz
(D) 27036 Hz

( ) Q4. 指令" FREQOUT 8，1，38500 "中，這些訊號會送出多久？
(A) 1 sec
(B) 0.1 sec
(C) 0.01 sec
(D) 0.001 sec

( ) Q5. 指令" FREQOUT 8 , 1 , 38500 "中，IR LED 線路必須要連接到哪一個 I/O 端來送出這個訊號？
(A) Pin 8
(B) Pin 1
(C) Pin 1 及 Pin 8 皆可以
(D)資訊不足，無法判斷

( ) Q6. IR 感測器送出 LOW 訊號代表的意思為？如果送出 HIGH 訊號的意思為？
(A) LOW 為偵測到下坡；HIGH 為偵測到上坡
(B) LOW 為偵測到物體；HIGH 為沒有偵測到物體
(C) HIGH 為偵測到物體；LOW 為沒有偵測到物體
(D) LOW 為偵測到低頻信號；HIGH 為偵測到高頻信號

( ) Q7. 如果使用指令傳出頻率為 35 kHz 的諧波紅外光，請問紅外感測器在這個頻率的相對靈敏度為？
(A) 20%
(B) 30%
(C) 40%
(D) 50%

( ) Q8. 承上題，換成頻率為 36 kHz 的紅外光，靈敏度又是多少？
(A) 20%
(B) 30%
(C) 40%
(D) 50%

B.P.F frequency characteristics (PNA4602M)*

( ) Q9. 如果改變與 IR LED 串聯的電阻數值會發生什麼事情？以下何者正確？
(A)較大的電阻會讓 LED 發出較亮的光且也能讓偵測物體的範圍變遠
(B)較小的電阻會讓 LED 發出較亮的光且也能讓偵測物體的範圍變遠
(C)物體的偵測範圍與 IR LED 的亮度完全無關，只與 IR 的頻率有關
(D)以上皆非

( ) Q10.如圖所示，Boe-Bot 利用頻率測試不同的距離，下列哪項敘述爲正確？

(A)物體的位置在第 2 個區域，表示頻率爲 40500 與 41500 的紅外線可以偵測到物體

(B)物體的位置在第 1 個區域，表示只有頻率爲 41500 的紅外線可以偵測到物體

(C)物體的位置在第 3 個區域，表示頻率爲 39500、40500、41500 的紅外線可以偵測到物體

(D)物體的位置在第 3 個區域，表示頻率爲 37500 與 38250 的紅外線可以偵測到物體

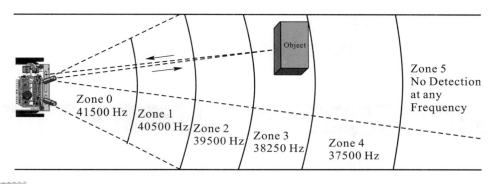

問答題

Q11.哪一個動作必須要緊隨在 FREQOUT 之後，讓決定是否有偵測到物體的步驟更準確？

Q12.如圖所示；針對右側的 IR LED/感測器與伺服馬達，設定的常數值爲 2，是表示希望機器人自走車與跟隨的物體維持在 2 個單位的距離，但是實際偵測到與物體的距離是 4 個單位的距離，表示實際與設定的值太遠了，這時則需要計算誤差值(error) 2 – 4 = –2 並且顯示在迴圈的左側，這個迴圈稱爲何？

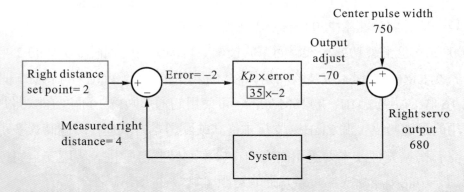

Q13. 承上題，左側的 IR LED/感測器與伺服馬達也使用了與右側相似的方程式，假設此時測到的物體的距離與右側的相同，最後的輸出值為何？

Q14. 超音波距離量測之基本測量原理關係式為？

Q15. 承上題，由於音速會隨溫度而變，其關係式為？

Q16. 超音波之強度隨傳送之距離而衰弱，另外超音波的頻率越____(高／低)，則其衰減越嚴重，所能傳送的距離也越短。超音波的反射時間為_____(不固定/固定)的，不受目標物體反射率的影響，只要檢測出反射波，就可以在某種程度上的精準度下測出對象物體的距離，這是超音波感測器的最大特徵。

5.5　Zigbee 無線傳輸模組之應用

本單元利用 ZigBee 上的通訊模式及通訊協定、拓樸和應用等，達成無線傳輸的方式與機器人作結合。將機器人上的感測器，所讀取到的感測資料傳達到 server 端做判讀，進而遠端控制機器人上的 LED 燈。使學生能自行使用 ZigBee 連線，與前面單元學習到的感測器，撰寫 ZigBee 無線通訊介面操控機器人自走車。

5.5.1　ZigBee 在無線感測的應用概念

ZigBee 的名稱來源係源自於蜜蜂在發現花粉時，展現如同 ZigZag 形狀的舞蹈。看似隨意在跳的字形舞，實際上是將有花和蜂蜜的地方，正確地傳達給其他蜜蜂同伴，故以此為命名。而 ZigBee 主要是由 IEEE 802.15.4 小組與 ZigBee Alliance 組織，分別制訂硬體與軟體標準。它是一種低傳輸速率(250 kbps)、短距離 (一般約為 50～100 m，依耗電量之不同，可提昇至 300 m)、低消耗功率、架構簡單的技術。目前制定的頻段為全球的 2.4 GHz ISM 頻段、美國的 915 MHz 頻段，以及歐洲的 868 MHz 頻段。在 2.4 GHz 的 ISM 頻段，可使用的通道數為 16 個；在 915 MHz 的 ISM 頻段，可使用的通道數為 10 個；在歐洲的 868 MHz 頻段，可使用的通道數為 1 個 ZigBee 支援主從式或點對點方式運作，同時最多可有 255 個裝置鏈結，具有高擴充性。主要應用的方向在於家庭裝置自動化，環境安全與控制，以及個人醫療照護等功能，逐漸成為產業共通的短距離無線通訊技術之一。

由於無線感測網路 Wireless Sensor Network(WSN)的實際應用，可用於軍事安全、監測健康與安全、控制傳輸系統等上。在軍事安全上，WSN 可用於戰況的偵測，國家安全的監控，可以採用監控方式，來偵測其健全性，並建立新的安全資訊系統，以防範恐怖組織或不良分子的破壞。在民生應用方面，可以對病人和對設施進行監測，並可應用在追蹤，辨識及定位，這些技術除了可用在臨床病人外，也可對在家的居家老人進行照護。此外，可發展出家園監控管理，當外出時，可對居家環境做偵測，以保持舒適健康又安全的生活環境。

在無線感測網路的通訊協定中，為了考慮到相容性與市場可接受度，在家庭自動化與智慧型大樓方面，以 IEEE 802.15.4 低速率無線個人區域網路(Low-Rate Wireless Personal Area Network, LR-WPAN)結合 ZigBee 無線標準為基礎的發展，是多數研發廠商依循的方向，ZigBee 晶片架構主要是由 Physical layer(PHY Layer)負責接收處理射頻訊號，Media Access Control(MAC Layer)負責處理封包。如圖 5-91 所示。

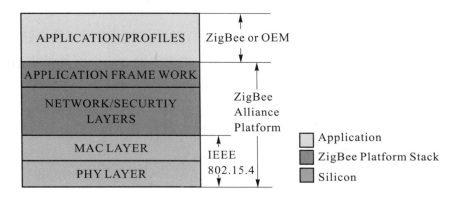

圖 5-91　以 IEEE802.15.4 為基礎之 ZigBee 無線通訊協定

其中 ZigBee 應用領域主要有家庭自動化、家庭安全、工業與環境控制與個人醫療照護等，可搭配之應用產品則有家電產品、消費性電子、PC 周邊產品與感測器等，提供家電感測、無線 PC 周邊控制、家電遙控等功能。ZigBee 目前是以家庭自動化為切入點來設計，其應用範疇如圖 5-92 所示。

此外，正在發展中的 IEEE 1451.5 標準，則嘗試著去訂定出一個標準介面，將各種不同的無線通訊協定隱藏於傳感器內，希望達成可以直接即插即用(Plug-and-Play)的智慧型傳感器(smart transducer)應用。

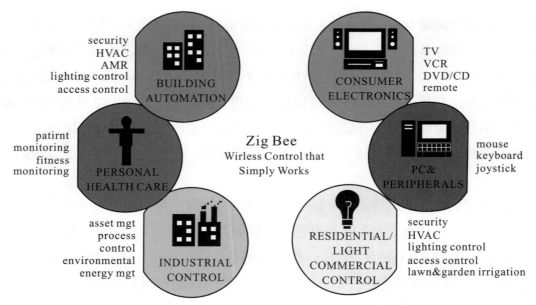

圖 5-92　以家庭自動化為切入點的 ZigBee 無線通訊協定之應用範疇

　　ZigBee 的拓樸架構，在網路層(Network Layer)方面，主要支援三種網路架構，分別為星型(Star)、混合型(Hybrid)和網狀(Mesh)三種架構，如圖 5-93 所示，而其說明如表 5-9 所示。在這幾種網路拓樸中，星型網路對資源的要求最低。

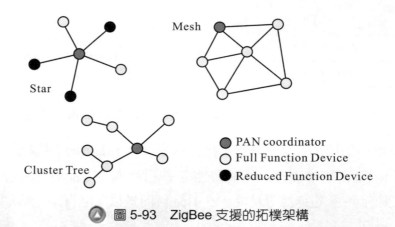

Mesh

Star

Cluster Tree

- ● PAN coordinator
- ○ Full Function Device
- ● Reduced Function Device

　　圖 5-93　ZigBee 支援的拓樸架構

表 5-9　ZigBee 網路架構說明

網路架構	簡介
星型拓樸	其中一個FFD類型設備擔當網路協調器的腳色，負責啓動網路並維護網路上的設備，所有其他設備都是終端設備，直接與協調器通訊。ZigBee網路中的協調者，負責開始建立一個網路和指定位址給其他裝置。
混合型拓樸	資料及控制訊息是透過階層(hierarchical)的方式傳輸。
網狀拓樸	ZigBee協調器負責啓動網路以及選擇關鍵的網路參數但是網路可能透過利用ZigBee路由器進行擴展。從ZigBee網路特性來看，其拓樸架構是採取點對點(peer-to-peer)連接。

三種網路架構的示意圖，如圖 5-94 所示。三種網路架構的優缺點，如表 5-10 所示。

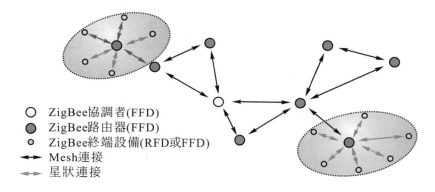

○　ZigBee協調者(FFD)
●　ZigBee路由器(FFD)
◦　ZigBee終端設備(RFD或FFD)
◄─►　Mesh連接
◄─►　星狀連接

圖 5-94　三種網路架構相關示意圖

表 5-10　ZigBee 的優缺點

網路架構	優點	缺點
星型拓樸	容易同步化，可以有Super Frame，延遲性低，且沒有任何節點是Router功能，所以比較能達到節省電源消耗。	規模比較難以擴充。
混合型拓樸	由於固定路徑所以整體Router成本低，可以支援Super Frame架構，且允許多點傳播。	Router重建成本消耗過大，且有些Router太遠造成延遲時間過長。
網狀拓樸	允許多點傳播，規模擴張彈性大，低延遲。	不具有Super Frame，Router Discovery成本太大，需有儲存空儲存路由表。

　　本單元所用的 Zigbee 模組是 Xbee，須依照接線接至 BOE 實驗板上，此時 Xbee 會與 BASIC Stamp 互相連接，若將一組 Xbee 當作發送端時，需要傳送的資料將會透過 BASIC Stamp 傳輸給另一組 Xbee，主要使用 Xbee 上的天線作傳輸的動作，另一組 Xbee 則當作接收端，將接收到的數值或資料，傳輸給 BASIC Stamp，藉此接收所傳送的數值或資料，完成資料傳送的動作，詳細的系統架構如圖 5-95 所示。

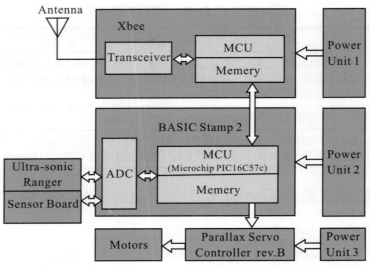

◬ 圖 5-95 利用 Xbee 之智慧型自動避障感測車系統架構

　　透過 Xbee 與 BASIC Stamp 驅動伺服馬達，先透過 Xbee 傳送、接收，再透過 BASIC Stamp 經由內部晶片處理將訊號轉換成數位訊號，藉此驅動伺服馬達運動，詳細控制流程如圖 5-96 所示。

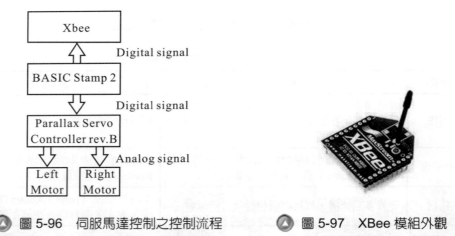

◬ 圖 5-96　伺服馬達控制之控制流程　　　　◬ 圖 5-97　XBee 模組外觀

　　將 Xbee 接至實驗電路板以後，Xbee 會使用到的僅有五隻接腳，V_{in} 接腳則接至直流電壓(V_{dd})，V_{SS} 則接至地線，R_X、T_X 負責的則為 Xbee 的接收及傳送端，這兩腳則接至任一接腳，RTS 則亦為接至任一接腳，詳細接線圖如圖 5-98 所示，而實際的電路如圖 5-99 所示。

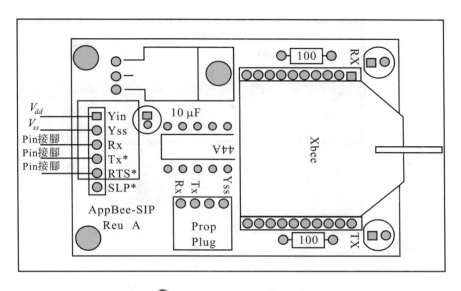

▲ 圖 5-98 Xbee 接線圖

▲ 圖 5-99 Xbee 實際電路圖

5.5.2 ZigBee 在機器人的傳輸方式

　　本單元介紹 ZigBee 的通訊協定，由於 ZigBee 堆疊結構是在 IEEE 802.15.4 標準上設立，主要包括 MAC 和 PHY 層，該標準定義了 RF 射頻以及與相鄰設備之間通訊的 PHY 和 MAC 層，以及 ZigBee 堆疊層：網路層(NWK)、應用層和安全服務提供層。圖 5-100 為這些組件的架構。

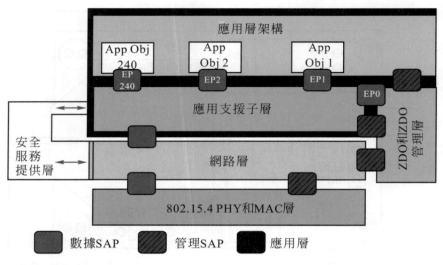

圖 5-100　ZigBee 通訊堆疊結構

　　每個 ZigBee 設備都與一個特定類型(profile)有關，可能是公共類型或私有類型。這些類型定義了設備的應用環境、設備種類以及用於設備間通訊的規範。公共類型可以確保不同供應商的設備在相同應用領域中的互通作業性。每個應用物件透過一個端點連接到 ZigBee 堆疊的餘下部份，它們都是元件中可搜尋的組件。從應用角度看，通訊的本質就是端點對端點的連接(例如，一個帶開關組件的設備與帶一個或多個燈組件的遠端設備進行通訊，最終目的是將這些燈點亮)。

　　所有端點都使用應用支援子層(APS)提供的服務。APS 透過網路層和安全服務提供層與端點相接，並為數據傳送、安全和固定服務，因此能夠適配不同但相容的設備，如帶燈的開關。APS 使用網路層(NWK)提供的服務。NWK 負責設備到設備的通訊，並負責網路中設備初始化所包含的活動、訊息路由和網路連接。應用層可以透過 ZigBee 設備物件(ZD0)對網路層參數進行配置和存取。IEEE 802.15.4 小組主導實體(PHY)層、媒體存取控制(MAC)層、資料鏈結層等定義，如圖 5-101 所示。

　　IEEE 802.15.4 制定的 ZigBee 實體層，主要的功能如圖 5-102 所示。

　　實體層負責啟動和停止無線電收發器、選擇通道、能量偵測以及封包的傳送和接收等功能。而其展頻方式為 DSSS(Direct Sequence Spread Spectrum)直接序列展頻，基本原理是將發送的基頻(Base Band)訊號轉換為能量降低但是頻寬更寬的展頻(Spreading Signal)訊號再傳送出去，這樣的機制與直接以窄頻傳送大不相同，此種直接序列展頻技術也可提高對環境干擾的抵抗能力。DSSS 直序展頻技術，頻段分為三個頻段如表 5-11 所示，

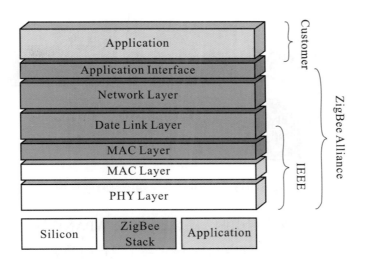

圖 5-101 ZigBee 通訊協定各層結構

圖 5-102 ZigBee 實體層功能

表 5-11 DSSS 各類頻段

頻帶 (MHz)	頻率範圍 (MHz)	通道 數目	DSSS展頻參數		資料速率	
			細片率 (kchip/s)	調變	位元速率 (kbps)	鮑率 (ksym/s)
868	868~868.6 (歐洲)	1	300	BPSK	20	20
915	902~928 (美國)	10	600	BPSK	40	40
2450	2400~2483.5 (全球)	16	2000	OQPSK	250	62.6

　　至於 ZigBee 的多媒體控制層(MAC)主要負責的任務如圖 5-103 所示，大致概分為以下幾點。

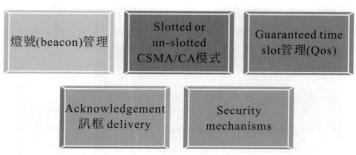

圖 5-103　ZigBee 多媒體控制層任務圖

　　IEEE 802.15.4 標準為低速率無線個人區域網路(LR-WPAN)定義了 OSI 模型開始的兩層，而分別為 PHY 層及 MAC 層。其中 PHY 層定義了無線射頻應該具備的特徵，它支援二種不同的射頻訊號，分別位於 2450 MHz 波段和 868/915 MHz 波段。2450 MHz 波段射頻可以提供 250 kbps 的數據速率和 16 個不同的訊息通道。868/915 MHz 波段中可支援 1 個數據速率為 20 kbps 的訊息通道，915 MHz 則支援 10 個數據速率為 40 kbps 的訊息通道如圖 5-104 所示。MAC 層負責相鄰設備間的數據通訊。它負責建立通訊與網路的同步，支援關聯和非關聯控制以及 MAC 層安全機制，以提供二個設備之間的可靠鏈接。

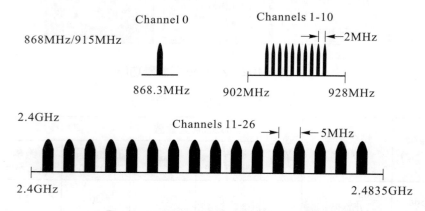

圖 5-104　ZigBee 各種頻段的切割

　　ZigBee 堆疊的不同層與 802.15.4 MAC 透過服務接取點(SAP)進行通訊。SAP 是某一特定層提供的服務與上層之間的介面。提供 MAC 資訊服務和管理服務，負責信標(Beacon)管理、通道接取、保障時槽(Guaranteed Time Slots, GTS)管理、訊框驗證、回覆訊框之傳輸及關聯(Association)與非關聯(Disassociation) 控制，ZigBee 網路節點類型分為兩種，分別為支援全功能(Full Function Device, FFD)及精簡功能(Reduced Function Device, RFD)兩類的裝置。

一、全功能裝置 Full-Function Device(FFD)

此裝置能夠與任何類型節點進行溝通，而且能夠支援任何網路拓樸模式，通常扮演一個網路協調者(coordinator)，主導所在的區域性網路相關連結運作，必須擁有 IEEE 802.15.4 在 MAC Layer 所制定的全部功能。另外因為提供全功能機制的節點，在扮演協調者(coordinator)時候需要大量的儲存裝置來存取目前網路上各個節點的各種狀態，所以耗費較多的記憶體，此外，也需要有穩定的電源裝置以提供 FFD 足夠的電力。

二、縮減功能性裝置 Reduced-Function Device(RFD)

與全功能裝置不同的地方，在於它只存在星型拓樸中，且只能和全功能裝置一對一溝通，沒辦法成為區域網路上的協調者。所以它耗費的記憶體以及電源會比較小。由於 ZigBee 節點不工作時就進入休眠狀態，為了達到更好的省電效果，在無特殊要求之下，通常都使用電池類作為電源。根據 ZigBee 堆疊架構的各種功能和支援，共定義了三種類型的設備包括協調器、路由器與終端設備，如表 5-12 所示。

表 5-12　ZigBee 規格中所用的三種設備

設備	簡介
ZigBee協調器	啟動和配置網路的一種設備。協調器可以保持間接尋址用的固定表格，支援關聯，同時還能設計信任中心和執行其它活動。一個ZigBee網路只允許有一個ZigBee協調器。
ZigBee路由器	一種支援關聯的設備，能夠將消息轉發到其它設備。ZigBee網格或樹型網路可以有多個ZigBee路由器。ZigBee星型網路不支援ZigBee路由器。
ZigBee端終設備	它可以執行它的相關功能，並使用ZigBee網路到達其它需要與其通訊的設備。它的記憶體容量要求最少。　然而需要特別注意的是，網路的特定架構會戲劇性地影響設備所需的資源。

在 IEEE 802.15.4 所制定的 MAC Layer 允許採用一種稱為 Superframe 的架構，如果採用 Superframe 架構，則此 IEEE 802.15.4 網路被稱為 Beacon-enabled Network，反之則稱為 Non-beacon Network。兩者間的不同在於協調者(coordinator)會不定時的發送 Beacon，而後者則不會。若系統不使用 Super Frame，則協調者會停止發送 Beacon 的服務，而讓系統採用 Unslotted CSMA/CA。

Superframe 是一段由 Coordinator 所發的兩個 Beacon 所限定的時間區段，每個單位都被稱為一個 Slot。如圖 5-105 所示 Superframe 分為兩個部份，一個是圖中白色區塊的 **Active** 區間，另外一個是灰色區域表示的 **Inactive** 區間。

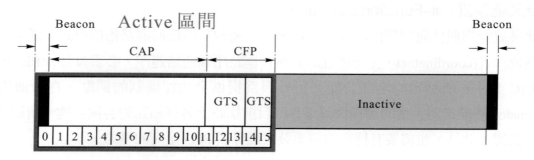

▲ 圖 5-105　Superframe 簡示圖

在 Superframe 的 Active 區間下，又分為兩個部份如表 5-13 所示。

▼ 表 5-13　Superframe 的 Active 區間

競爭區間 (Contention-Access period,CAP)	任何裝置在此區間，是利用Slotted CSMA/CA的競爭方式來進行兩協調節點的通訊。
免競爭區間 (Contention-Free Period,CFP)	• 有些應用需要保障較低的延遲時間或是固定的傳輸速率，則使用固定時槽供這些程式應用。 • 免競爭區間是由數個固定時槽組成，一個網路協調者最多可以分派七個固定時槽。

　　透過上面的相關知識，大致上可以知道 Zigbee 的基本協定，內容較為複雜深入，故接下來將透過簡單的實驗，了解 Zigbee 傳輸資料的過程，及一些相關的基本指令。

▶ 實驗一　ZigBee 資料傳輸

　　首先必須先將兩組 Xbee 依照圖 5-98 完成接線的動作，接下來先對其中一組 Xbee 寫入傳送端的程式指令如圖 5-106 所示，其中特別要注意其中一行指令，傳送端必須寫成 SEROUT　TX…，這項指令則會使這組 Xbee 成為傳送用的 Zigbee，另一組 Xbee 則寫入接收端的程式指令，如圖 5-107 所示，其中亦有一行指令特別注意，接收端則需寫成 SERIN RX…，這項指令則會使這組 Xbee 成為接收用的 Zigbee，此時若需要傳送資料或數值時，則需使用傳送端的那組 zigbee，並於接收端的 Zigbee 接收傳送的資料或數值。

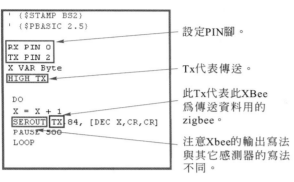

設定PIN腳。

Tx代表傳送。

此Tx代表此XBee
為傳送資料用的
zigbee。

注意Xbee的輸出寫法
與其它感測器的寫法
不同。

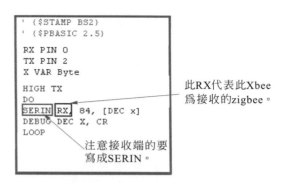

此RX代表此Xbee
為接收的zigbee。

注意接收端的要
寫成SERIN。

◉ 圖 5-106 傳送端程式範例 ◉ 圖 5-107 接收端程式範例

實驗二　點對點的資料傳輸

本實驗是進行設定點對點的傳輸，首先將兩組 Xbee 依照圖 5-98 完成接線，然後對其中一組 Xbee 寫入傳送端的程式指令如圖 5-108 所示，其中特別要注意其設定通訊模式 SEOUT　TX , Baud,[+++]，這項指令會使這組 Xbee 成為通訊發送端使用的 Zigbee，另一組 Xbee 則寫入接收端的程式指令，如圖 5-109 所示，特別注意接收端與發送端的差別在於 SEROUT　TX…與 SERIN　RX…這兩行指令，此時就完成通訊模式的設定。

◉ 圖 5-108 傳送端程式範例

```
' {$STAMP BS2}
' {$PBASIC 2.5}

myaddr CON $A1
Baud CON 84
RX PIN 0
TX PIN 2
time  VAR Byte

HIGH TX
PAUSE 2000
SEROUT TX,Baud,["+++"]
PAUSE 2000
SEROUT TX,Baud,["ATNI BS2 Test Node",CR,
                "ATMY",HEX myAddr,CR,
                "ATCN",CR]
DO

 SERIN RX,Baud,[DEC time]
 DEBUG DEC time,CR
LOOP
```

圖 5-109　接收端程式範例

5.5.3　透過 ZigBee 傳輸無線控制相關感測及控制機器人自走車

根據上述得知，ZigBee 共定義了三種類型的設備，分別為協調器、路由器、終端設備(網路裝置)，因此在 ZigBee 傳輸模式中，會利用這些設備。

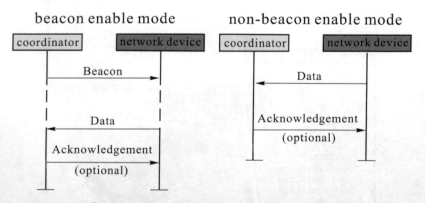

圖 5-110　網路裝置傳送封包到協調者

以無線網路裝置(network device)傳送封包到協調者(Coordinator)，如圖 5-110 所示，其中信標啟動模式(beacon enable mode)須先取得信標使與協調者同步，並以時槽碰撞感應處理

(slotted CSMA/CA)方式傳送資料而非信標啓動模式(non-beacon enable mode)則是裝置利用非時槽(unslotted CSMA/CA)方式傳送資料。其傳送歷程如下：

1. 協調者(Coordinator)傳送封包到網路裝置(network device)，如圖 5-111 所示。

　　在點對點相同等級的裝置間做傳輸，即爲裝置(協調者)→裝置(協調者)的動作，相當於前面兩種運作方式的結合，爲了要能有效率的傳輸資料，想要傳輸資料的兩個對等裝置要一直保持活動(active)模式不斷等待接收資料，且要彼此同步。

　　在無線傳輸上，安全的機制是相當重要的，所以 ZigBee 傳輸的安全機制，採用 AES-128bit 加密編碼方式，使應用上更安全。ZigBee 的安全機制由安全服務提供層所提供。然而值得注意的是系統的整體安全性是在類別級定義的，即類別應該定義某一特定網路中應該實現何種類型的安全。包括 MAC 層、網路層或應用層等都能被保護。同時爲了降低儲存要求，它們可以分享安全鑰匙。ZigBee 規格定義了認證中心的用途。認證中心是在網路中分配安全鑰匙的一種令人信任的設備。ZigBee 中的安全模式包涵下列四種安全服務如表 5-14 所示。

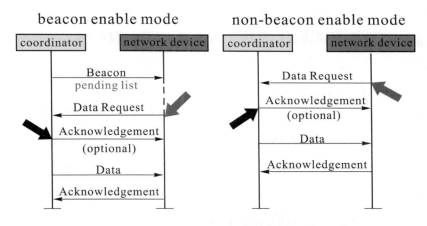

◉ 圖 5-111　協調者傳送封包到網路裝置

◉ 表 5-14　ZigBee 的安全服務模式

加密狀態	簡介
存取控制	設備保持一個關於網路中可信賴設備的列表。
資料加密	使用對稱密鑰128位元加密標準。
訊框完整性	保護資料不被無密鑰的人員修改。
連續刷新以拒絕重發資料訊框	網路控制器將刷新值與來自設備的上一個已知值進行比較，如果刷新值未被更新到一個新的值，那麼這個資料訊框將被拒絕。

ZigBee 的傳輸模式主要分為三種，第一種是從設備向主要協調器發送資料；第二種是主協調器發送資料，從設備接收資料；第三種是在兩個從設備之間傳送資料。對於星型拓撲結構的網路來說，由於該網路結構只允許在主協調器和從設備之間交換資料，因此，只有兩種資料傳輸事務類型。而在對等拓撲結構中，允許網路中任何兩個從設備之間進行交換資料，因此，在該結構中，可能包含這三種資料傳輸事務類型。每種資料傳輸的機制還取決於該網路是否支援信標的傳輸。通常在低延遲設備之間通訊時，應採用支援信標的傳輸網路，例如 PC 的週邊設備。如果在網路不存在低延遲設備時，在資料傳輸中可選擇不使用信標方式傳輸，值得注意的是，在這種情況下，雖然資料傳輸不採用信標，但在網路連接時，仍需要信標。才能完成網路連接。

當主協調器需要在信標網路中發送資料給從設備時，它會在網路信標中表明存在有要傳輸的資料資訊，此時，從設備處於週期地監聽網路信標狀態，當從設備發現存在有主協調器要發送給它的資訊時，將採用有時槽的 CSMA-CA(Carrier Sense Multiple Access with Collision Avoidance)機制，如圖 5-112 所示通過 MAC 層指令發送一個資料請求命令，主協調器收到資料請求命令後，返回一個確認框，並採用有時槽的 CSMA-CA 機制，發送要傳輸的資料資訊框，從設備收到該資料框後，將返回一個確認框，表示該資料傳輸事務已處理完成，主協調器收到確認框後，將資料資訊從主協調器的信標未處理資訊清單中刪除。當設備欲發送封包時，且偵聽到通道空閒時，則維持一段時間後，再等待一段隨機的時間，此時若依然空閒時，才送出資料。由於各個設備的等待時間是分別隨機產生的，由此可以減少衝突的可能性。或者以 RTS-CTS 握手(handshake)方式，主要是當設備欲發送封包前，先發送一個很小的 RTS(Request to Send)封包給目標端，等待目標端回應 CTS(Clear to Send)封包後，才開始傳送。此方式可以確保接下來傳送資料時，不會發生衝突。同時由於 RTS 框與 CTS 框都很小，讓傳送的無效開銷變小。

送出資料前，聆聽網路上的狀態，如果沒有人使用，維持一段時間後，再等待一段隨機的時間後如果還沒有人使用，才送出資料。

送出資料前，先送一個RTS(Request to Send)封包給目標端，等待目標端做出回應有就是送出CTS(Clear to Send)封包後，才開始傳送。

圖 5-112　避免封包碰撞的方式

　　XBee 無線通訊模組(Digi formally Maxstream)是一個平價、低功率無線感測網路。這個模組以 IEEE 802.15.4 堆疊及 serial command 設置實施微控制器、電腦系統及任何含有 serial port 之間可靠的通訊。包括點對點及點對多點的通訊。BASIC Stamp 也可以使用 Xbee module 接收並傳送訊號。在一對多的傳輸方式，需要定位系統的配合，目前市面上有許多彼此不相容的無線網路技術，如 Wi-Fi、ZigBee、藍芽、超寬頻，以及「近場通訊」(Near Field Communications)，這些標準雖然有類似的用途，但實際的使用情境又不盡相同。ZigBee 由於傳輸速率和距離的表現都沒有上述兩者好，只用在收發少量資料量的應用。其中即時定位系統(Real Time Locating Systems, RTLS)是一種利用各種無線通訊技術，做即時追蹤人或物的系統。 ZigBee 的定位原理是 ZigBee Tag 會定期發射出自己的 ID，ZigBee Access Point 將收到的 ID 及 RSS(Received Signal Strength)透過 Mesh 形式的網路傳給 Position Server 計算及運用，如圖 5-113 所示。

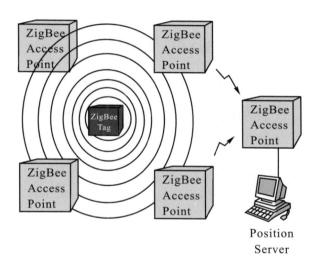

🔺 圖 5-113　ZigBee 的即時定位系統架構圖

 實驗三 利用 ZigBee 傳送超音波資料

　　本實驗透過 **ZigBee** 傳輸讀取到的超音波數值，先將兩組 Xbee 依照圖 5-98 完成接線的動作，並將傳送端及接收端的 BASIC Stamp 程式寫入，其程式如圖 5-114 與圖 5-115 所示。

```
' {$STAMP BS2}
' {$PBASIC 2.5}

RX PIN 0
TX PIN 2
time  VAR Word
HIGH TX

DO
 PULSOUT 15,5
 PULSIN 15,1,time
 time=time**2260
 DEBUG HOME,DEC5 ? time
 PAUSE 100
 SEROUT TX,84,[DEC time,CR,CR]
 PAUSE 100
LOOP
```

圖 5-114　傳送端的程式

```
' {$STAMP BS2}
' {$PBASIC 2.5}

RX PIN 0
TX PIN 2
time  VAR Byte
HIGH TX
DO
 SERIN RX,84,[DEC time]
 DEBUG DEC time,CR
 LOOP
```

圖 5-115　接收端的程式

實驗四　利用 ZigBee 無線控制 LED 燈

本實驗透過 **ZigBee** 無線傳輸，控制 LED 燈的亮滅，電路接線如圖 5-98 所示。程式如圖 5-116、圖 5-117 所示。係利用 IF…ELSEIF 來控制 LED 的亮滅。

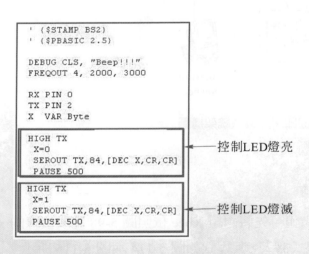

圖 5-116　發送端的程式範例

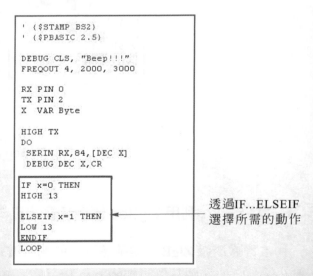

圖 5-117　接收端的程式範例

實驗五　利用 ZigBee 控制機器人自走車

　　本實驗利用 ZigBee 控制機器人自走車的行走，將其所需的指令依序寫入 BASIC Stamp 內，與上個實驗相同依舊使用 IF…ELSEIF 指令來控制行走的動作，程式如圖 5-118 與圖 5-119 所示。

```
' {$STAMP BS2}
' {$PBASIC 2.5}
  RX PIN 0
TX PIN 2
time  VAR Word

HIGH TX
DO
 DEBUGIN DEC1 time
 PAUSE 100
 SEROUT TX,84,[DEC time,CR,CR]
 PAUSE 100
 LOOP
```

◎ 圖 5-118　傳送端程式範例

```
' {$STAMP BS2}                ELSEIF x=5 THEN
' {$PBASIC 2.5}               FOR counter = 1 TO 122
RX PIN 0                      PULSOUT 13,650
TX PIN 2                      PULSOUT 12,850
x VAR Word                    NEXT
counter VAR Word              PAUSE 20
HIGH TX
DO                            ELSE
                              FOR counter = 1 TO 122
SERIN RX,84,[DEC x]           PULSOUT 13,750
DEBUG DEC x,CR                PULSOUT 12,750
                              NEXT
                              PAUSE 20
IF x=8 THEN
FOR counter = 1 TO 122        ENDIF
PULSOUT 13,850
PULSOUT 12,650                LOOP
NEXT
PAUSE 20

ELSEIF x=4 THEN
FOR counter = 1 TO 122
PULSOUT 13,800
PULSOUT 12,650
NEXT
PAUSE 20

ELSEIF x=6 THEN
FOR counter = 1 TO 122
PULSOUT 13,850
PULSOUT 12,700
NEXT
PAUSE 20
```

◎ 圖 5-119　接收端程式範例

( ) Q1. 下列哪項不是 ZigBee 傳輸模式上主要的傳輸模式？

(A) Coordinator 傳送封包到裝置上

(B)經由無線取用點做傳輸

(C)裝置傳送封包到 Coordinator

(D)點對點相同等級的裝置做傳輸

( ) Q2. 請問 ZigBee 的通訊距離，下列何者爲最正確的範圍？

(A) 50～100 m

(B) 0～10 m

(C) 0～1000 m

(D) 50～1000 m

( ) Q3. 「利用 ZigBee 無線控制 LED 燈」實驗中，HIGH 與 LOW 的指令可以用來讓 BASIC Stamp 控制要與 V_{dd} 端連接或是與 V_{ss} 端連接，下列敘述何者爲非？

(A) HIGH 13:BASIC Stamp 將 I/O 端 P13 連接到 V_{dd}，這個動作能讓 LED 亮起

(B) Pin 是表示一個 0 到 15 的數字

(C) LOW 13：BASIC Stamp 將 I/O 端 P13 連接到 V_{ss}，這個動作能讓 LED 熄滅

(D) Pin 是表示一個 0 到 255 的數字

Q4. 請完成「ZigBee 遠端控制 Robot」的實驗

傳送端：

```
`{$STAMP  BS 2}
`{$PBASIC 2  5}
RX PIN 0
TX PIN 2
Time VAR Word
_____(1)_____
DO
DEBUGIN DEC1 time
PAUSE 100
SEROUT TX,84, [DEC time, CR, CR]
PAUSE 100
_____(2)_____
```

(　) 1. 請問(1)該填入下列何種指令？

(A) HIGH

(B) HIGH TX

(C) (空白)

(D) LOW TX

(　) 2. 請問(2)該填入下列何種指令？

(A) WHILE

(B) END

(C) HIGH TX

(D) LOOP

接收端：

```
'{$STAMP  BS 2}
'{$PBASIC 2 5}
RX PIN 0
TX PIN 2
x VAR Word
Counter Var word
HIGH TX
DO

SERIN RX, 84,[DEC x] 'ZigBee 接收
DEBUG DEC x,CR

IF____(3)____        '敘述
FOR counter = 1 TO 122
PULSOUT 13,850
PULSOUT 12,650
NEXT
PAUSE 20

ELSEIT x=4 THEN       '左轉
FOR counter = 1 TO 122
PULSOUT 13,800
PULSOUT 12,650
NEXT
PAUSE 20

ELSEIF____(4)____        '右轉
FOR counter = 1 TO 122
PULSOUT 13,850
PULSOUT 12,700
NEXT
PAUSE 20

ELSEIT x=5 THEN       '敘述
FOR counter = 1 TO 122
PULSOUT 13,650
PULSOUT 12,850
NEXT
PAUSE 20

____(5)____        '停止
FOR counter = 1 TO 122
PULSOUT 13,750
PULSOUT 12,750
NEXT
PAUSE 20

ENDIF
LOOP
```

( ) 3. 請問(3)該填入下列何種指令？

    (A) x = 1

    (B) HIGH TX

    (C) x = 8 THEN

    (D) (空白)

( ) 4. 請問(4)該填入下列何種指令？

    (A) x = 0 THEN

    (B) x = 0

    (C) x = 8 THEN

    (D) x = 6 THEN

( ) 5. 請問(5)該填入下列何種指令？

    (A) ELSE

    (B) DO

    (C) ELSEIF

    (D) IF

問答題

Q5. 什麼 PBASIC 指令可以讓你用來讓其他 PBASIC 指令一次又一次的執行？

Q6. 請問實驗「ZigBee 資料傳輸」中的「TX PIN 2」代表？

Q7. 請問實驗「點對點的資料傳輸」中的「SEROUT TX, Baud, ["+++"]」代表？

Q8. 什麼指令會讓 BASIC Stamp 的 I/O 端內部連接到 V_{dd}？什麼指令會讓它連接到 V_{ss}？

Q9. 哪些不同大小的變數的名字可以在 PBASIC 中宣告使用？多少大小的變數可以儲存多大的值？

Q10. ZigBee 網路節點方面，在節點類型上被分為哪兩種？

5.6 Bluetooth 無線傳輸模組之應用

本單元利用 Bluetooth 的通訊模式及協定，學習無線控制機器人的動作，使機器人與電腦間能維持通訊。以遠端控制機器人的行進路線，亦可以讀取遠端的感測資料回傳數據。

5.6.1 Bluetooth 簡介

藍芽(Bluetooth)，是一種短距離電信的無線傳輸技術，是一種無線網路與消費性電子產品之通訊技術，透過無線傳輸和基頻模組構成，其快速回應和跳頻系統的特性使無線傳輸更佳穩定。現今市面上販售的有關商品，大多是 1.2 或 2.0 版本的制式，是一個低耗電量的無線電設備，利用一顆低價晶片，完成短距離(1 至 100m)的訊號發射與接收。每個 Bluetooth 裝置可同時維護 7 個連線。每個裝置不斷向附近的裝置宣告其存在以便建立連線。另外也可以對二個裝置之間的連線進行密碼保護，以防止被其他裝置接收。目前藍芽已用在電腦和週邊裝置或是各種電子產品如印表機、鍵盤、個人數位助理(PDA)、免持聽筒、筆記型電腦、行動電話、數位相機等電子產品。

藍芽通訊系統中，主要有兩個角色，即 Master 與 Slave。兩個角色的分界並沒有一定的規則，一個藍芽裝置可以同時扮演兩者，或是在兩者之間切換。一般而言起始端(發出要求的一端)是 Master，而接收端(接受要求的一端)是 Slave。在運作期間，由於控制整個藍芽網域的角色是 Master，所以當兩個藍芽裝置建立連線後，會在這兩個角色之間切換。在一個藍芽微網中，跳頻序列皆由 Master 決定，Slave 必須遵守 Master 決定的跳頻序列。每一個藍芽裝置都有一個藍芽裝置位址(藍芽 Device Address)與時脈。基頻會根據藍芽設備的位址與時脈計算出一個跳頻序列。當一個 Slave 與一個 Master 建立連結時，Master 會把自己的藍芽裝置位址與時脈通知 Slave，Slave 的基頻會計算出 Master 的跳頻序列，與自己的跳頻序列比較，計算出位移量，以便調整自己的頻率，與 Master 完成同步的動作。此外 Master 還會依據 Slave 的需要來分配時槽。因為 Slave 只能使用 Master 所分配的時槽內傳送資料給 Master。

藍芽的標準是 **IEEE 802.15.1**，可工作在無需許可的 ISM(Industrial Scientific Medical)頻段(2.45 GHz)。最高速度可達 723.1 kb/s。為了避免干擾也可使用 2.45 GHz 的其它協定，藍芽協定將該頻段劃分成 79 頻道，(頻寬為 1 MHz)同時可以設定加密保護，每秒的頻道轉換可達 1600 次，因而很難截收，也不受電磁波干擾。

藍芽的運作原理是在 2.45 GHz 的頻帶上傳輸，除了資料外，也可以傳送聲音。藍芽技術連接裝置都具有根據 IEEE 802 標準所制定的 48 bit 地址；可以一對一或一對多來連接，傳輸範圍最遠在 100 公尺，相關的藍芽無線電規格如表 5-15 所示。

▼ 表 5-15　藍芽無線電規格

地區	頻率範圍(GHz)
美國、歐洲大部分及其他國家	2.4～2.4835
日本	2.471～2.497
西班牙	2.445～2.275
法國	2.446～2.4835

Bluetooth 的使用的無線電頻率為 2.4 GHz ISM(Industry, Science, Medicine) band，屬於微波範圍。在進行 point-to-multipoint 連結時可讓 8 個 Bluetooth 設備同時使用一個無線電頻道，稱做 Piconet，而多個 Piconet 可組合成 Scatter net，如圖 5-120 所示。全雙工傳送使用 TDD(Time Division Duplex)。其跳頻 Frequency Hopping 技術規範為：

1. 頻率範圍為：F = (2402 + k) MHz。
2. 上式中 K = 0,…,78，因此共有 79 個 1 M 寬度的頻道。
3. 每秒鐘跳頻 1600 次，每個 slot 長度 625 us。

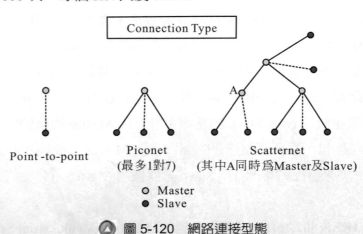

▲ 圖 5-120　網路連接型態

藍芽最主要的特色如下所示：

1. 採用跳頻式展頻技術(FHSS)且低功率。
2. 傳輸距離約為 10～100 公尺。

3. 語音傳輸則採用 VSD(Continuous Variable Slope Delta-Modulation)技術，傳輸頻寬爲 64 kbps。

4. 網路傳輸通訊協定採用分時多工(TDMA)協定技術。

5. 可以結合藍芽微網成藍芽疊網，拓展傳輸範圍及速率。

藍芽通訊協定架構如圖 5-121 所示，依照其功能按顏色可分四層：(1)核心協議層(2)線纜替換協定層(3)電話控制協定層(4)選用協議層。

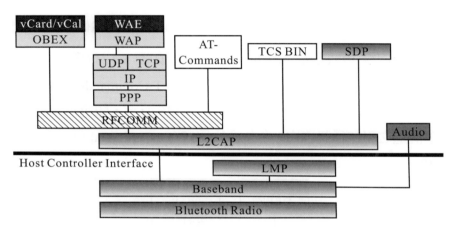

圖 5-121　藍牙通訊協定架構

第一類爲藍芽核心協定(Bluetooth Core protocol)如圖 5-122 所示，顏色標示爲深藍色，爲藍芽裝置中最主要的協定，所包含的協定有 SDP、L2CAP、LMP、Baseband 及 Bluetooth Radio。其中 Host Controller Interface(HCI)介面係可對 baseband controller 和 link manager 下達指令的介面，但本身並不爲通訊協定的一員。

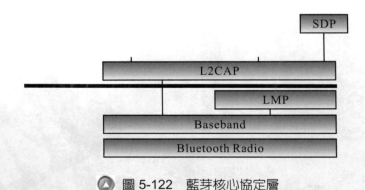

圖 5-122　藍芽核心協定層

第二類為纜線移除協定(Cable Replacement protocol)如圖 5-123 所示，顏色標示為淺藍色，其主要目的為模擬串列埠(serial port)的通訊協定，進而將裝置與裝置連接之接線移除，並能讓藍芽裝置與舊有已存在之串列埠通訊協定的裝置做良好的溝通，其協定為 RFCOMM。

圖 5-123　纜線移除協定層　　　　圖 5-124　電信控制協定層

第三類為電信控制協定(Telephony Control protocol)如圖 5-124 所示，顏色標示為灰色，主要負責控制電信通話方面的協定，所包含的協定有 AT-Commands 及 TCS BIN。

第四類為已採用協定(Adopted protocol)為如圖 5-125 所示，顏色標示為綠色及紅色，皆為可與藍芽裝置溝通之現存通訊協定，所包含的協定有 vCard/vCal、OBEX、WAE、WAP、UDP、TCP 及 IP。

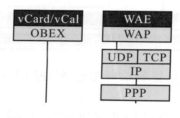

圖 5-125　已採用協定層

藍芽模組的硬體結構，如圖 5-126 所示。其連接方式如圖 5-127 所示。將藍芽模組直立連接在 BOE 板上，以方便後續的實驗使用。

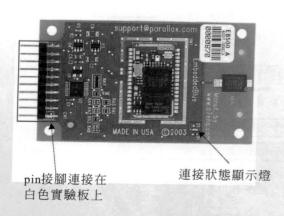
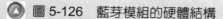

pin接腳連接在
白色實驗板上

連接狀態顯示燈

圖 5-126　藍芽模組的硬體結構　　　圖 5-127　將藍芽模組連接 BOE 板之狀態

5.6.2 Bluetooth 的連線方式

藍牙與紅外線都屬於短距離無線通訊,但兩者的技術相當不同,所以在此做個說明。
藍牙的通訊協定與 OSI 七層協定的對照如圖 5-128 所示。而紅外線通訊在協定階層上大致
上可分為 3 層,如圖 5-129 所示。

Bluetooth protocol stack	OSI reference model
Applications	Applications
RFCOMM/SDP	Presentation
L2 CAP	Session
HCI	Transport
LM	Transport
Link controller	Network
Baseband	Date link
Radio	Physical

圖 5-128 Bluetooth 與 OSI 通訊協定的對照

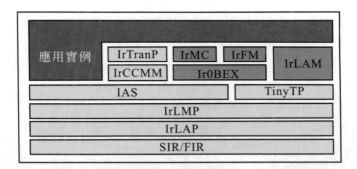

圖 5-129 紅外線通訊協定階層

紅外線通訊協定的第一層為 IrLAP(Infrared Link Access Protocol),負責建立實體層的資
料連結,在這一層定義了 SIR、FIR、VFIR 三種傳輸速率。第二層為 IrLMP(Infrared Link
Management Protocol),負責管理及分配 IrLAP 層傳上來的資料連結給各項服務與應用程

式。第三層爲介於應用程式與各 Ir Protocol 之間的 API 層,包含 IAS(Information Access Services)、TinyTP、IrOBEX、IrLAN 及 IrCOMM 等負責資訊接收、檔案傳輸、模擬 Serial port/Parallel port/LAN 等。

紅外線的缺點在於通訊收發的距離、角度都不如藍芽的方便。藍壓裝置只要接近於通訊範圍內時,就可以進行通訊,而且一對一、一對多通訊皆可,紅外線則只能一對一。藍芽的方便性大幅超越紅外線。不過紅外線倒是資料傳輸術速率領先藍芽,紅外線 v1.1 規格最高可達 4 Mbps,以及紅外線收發模組價格便宜、成熟,統整藍芽與紅外線相關比較如表 5-16 所示。

▼ 表 5-16 藍芽與紅外線傳輸特性比較表

	藍芽	紅外線
傳輸距離	10～100(m)	1～2(m)
傳輸方式	理論上爲全方位傳輸,不受障礙限制,傳輸上無所謂的死角。	直線傳輸,且設備間不能有障礙物,偏移角度小於15度。
傳輸點	多點傳輸最多1對7	一對一
傳輸速度	1 M(bps)	4 M～16 M(bps)傳輸速度與距離成反比。
安全性	可透過驗證及密碼等設定保密	無

由於藍芽以「點」做傳輸,故在進行傳輸時,資料從發射點以球狀向四面八方進行傳輸。其應用性比紅外線傳輸方便多了,圖 5-130 爲藍芽通訊各階段的連線狀態。

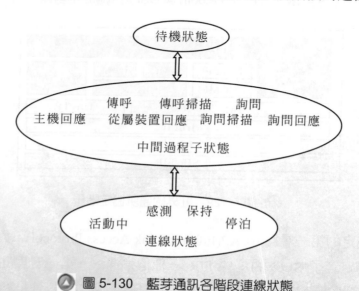

▲ 圖 5-130 藍芽通訊各階段連線狀態

　　以 PC 終端機設定(XP 版本)爲例，設定藍牙連線，首先開啓 PC 終端機，輸入自訂連線名稱，如圖 5-131 所示。

◎ 圖 5-131　設定藍牙連線之名稱

◎ 圖 5-132　設定 COM

　　接下來選擇國家地區，此處則選擇中華民國(886)，點選可使用連線 COM，如圖 5-132 所示。

　　接下來點選每秒傳輸位元爲 9600，流量控制選擇調整爲「無」，如圖 5-133 及圖 5-134 所示。

◎ 圖 5-133　選擇每秒傳輸位元

◎ 圖 5-134　選擇流量

接下來進入設定如圖 5-135，進入 ASCII 的設定，如圖 5-136 所示。

圖 5-135 設定

圖 5-136 ASCII 的設定

圖 5-137 點選項目

接著點選行尾傳送換行符號及回應輸入的字元，如圖 5-137 所示。

圖 5-138 為正常使用 Windows XP 串列傳輸控制之示意圖，由圖可知正常藍芽連線傳輸的控制流程。但若利用微軟視窗作業系統內建的超級終端機(Hyper Terminal)與任何串列傳輸裝置進行連線，則容易發生連線上的問題。

圖 5-138 正常 Windows XP 串列傳輸控制之示意圖

5-90

　　但由於微軟 Vista 作業系統無內建超級終端機(Hyper Terminal)，將使得實驗難以進行串列傳輸裝置連線測試與網路設備之 debug 問題，如圖 5-139 所示。

圖 5-139　Windows Vista 目前存超級終端機示意圖

　　有鑑於未來將有使用者皆以 Vista 的版本，為了解決這個問題，在此提出簡短的解決方案。由 Microsoft Windows XP 將該程式 copy 出來使用。步驟一：將 hypertrm.exe 放到 c:\windows\system32 目錄下，步驟二：將 hypertrm.dll 放到 c:\windows\system32 目錄下，如圖 5-140 所示。

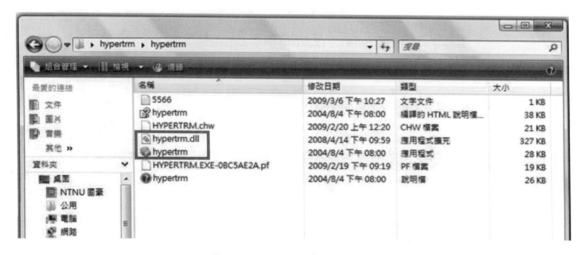

圖 5-140　Vista 解決方案

　　以 PC 終端機設定(Vista 版本)而言，首先至控制台／網路連線，設定藍芽裝置，如圖 5-141 所示。

　　接下來搜尋藍芽裝置並設定金鑰，請選擇「使用文件中的密碼金鑰」，密碼預設設定為 0000，如圖 5-142 所示。

⊘ 圖 5-141　在 Vista 版本上的藍芽設定

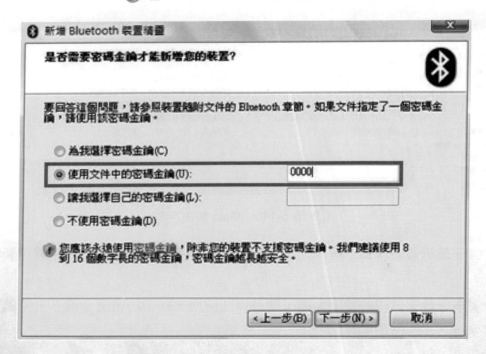

⊘ 圖 5-142　密碼金鑰

此時只要點選下一步後即可完成連線，如圖 5-143 所示。

圖 5-143　完成連線

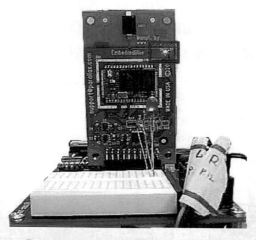

圖 5-144　連線完成時 LED 發光

　　到此完成 Vista 版本藍芽裝置連線的所有設定，其餘設定皆與 PC 終端機設定(XP 版本)相同。設定完成並連線成功時，藍芽模組的運作燈號會亮起，如圖 5-144 所示。所有連線有關指令，如表 5-17 所示。

表 5-17　Bluetooth 連線指令說明

連線指令	指令意思
INFO	查詢顯示藍牙版本和功能資訊
SET	顯示藍牙參數設定
SET　BT　NAME	更改名稱
SET　CONTROL　BAUD　9600,8n1	設定鮑率範圍2400～115200
I　8　n	搜尋有效範圍內其它藍牙裝置
C　00:07:80:83:83:5d　1101　RFC	呼叫預連線之藍牙ID
[+++]	切換Command mode及Data mode
CLOSE　　　0 　　　　　　1 　　　　　　2	結束連線 第一個網路結束連線 第二個網路結束連線

5.6.3　無線控制機器人自走車

　　以 Bluetooth 通訊協定執行機器人的通訊，必須有發射與接收模組電路。目前已有的機器人通訊，大多為遙控方式。若要兩台機器人彼此通訊，其發射端與接收端通常使用 TG-11A 和 TG-11B(圖 5-146)，使用頻率為 315 MHz，為了防止在傳送資料途中，受到雜訊或其他訊號干擾，通常會搭配 HT-12 系列的編碼、解碼 IC 做為保護，分別將發送端接上 HT-12E(編碼)，接收端接上 HT-12D(解碼)。圖 5-145 右圖為接收模組電路，使用 315 MHz 頻率的接收

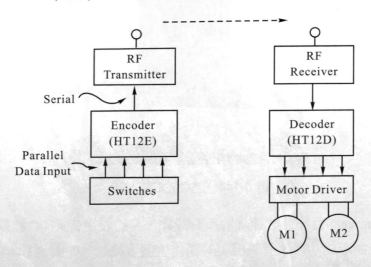

圖 5-145　HD-12E 與 HD-12D 的發射與接收模組

模組，HT-12D 為解碼 IC，具 4 位元資料輸出，8 位元密碼設定，輸出資料具有拴鎖功能。其 Pin1～Pin8 連接 DIP 開關，調整 JUMP 來設定密碼，當發射模組與接收模組的密碼設定相同時才能進行收發動作；HT-12D 解碼 IC 的 Pin10～Pin13 是控制訊號輸出腳位，隨著發射端的訊號產生不同的動作，如高、低電位。圖 5-146 為接收端電路。

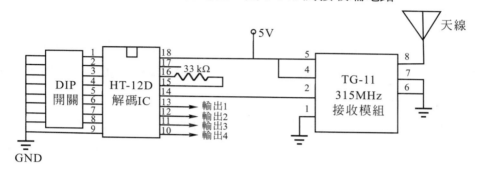

◎ 圖 5-146 機器人通訊的接收模組電路

其中 TG-11 接收 0 射電路(圖 5-147)具有以下幾種系統特性：

1. 具備 UHF 發射接收電路，可做無線電傳輸及控制等相關應用。

2. 搭配編、解碼 IC，不易受外界雜訊干擾。

3. 可搭配 DIP 開關裝置來調整密碼設定。

4. 頻率範圍可從 300 MHz 到 434 MHz。

Pin1:GND
Pin2:Data_out
Pin3:Linear_outPut
Pin4:V_{DD} (5V)
Pin5:V_{DD} (5V)
Pin6:GND
Pin7:GND
Pin8:ANT(天線)

(1)(2)(3)(4)　　　　(5)(6)(7)(8)

(a) TG-11A(Transmitter)

Pin1:ANT(天線)
Pin2:V_{CC}(5V)
Pin3:Data_In
Pin4:GND

(1)(2)(3)(4)

(b) TG-11B(Receiver)

◎ 圖 5-147 TG-11A 和 TG-11B

　　無線收發模組必須搭配編、解碼 IC，將所設定的密碼與資料一同傳送與接收，以避免外部雜訊干擾，常用編解碼 IC 為 HT-12 系列 IC，其中 HT-12D (Decoder)與 HT-12E(Encoder)的主要特性如下：

(1) 應用 CMOS 技術，具有省電、防雜訊等優點。

(2) 工作電壓在 2 V～12 V。

(3) 內含振盪電路，只需外加一隻電阻即可提供工作頻率(OSC1 與 OSC2)，一般而言，根據產品資料手冊建議，解碼 IC 的工作頻率約為編碼 IC 的 50 倍，則編碼 IC 連接 1 MΩ，解碼 IC 連接 33 kΩ 即可。

(4) HT-12E 編碼 IC 有 2^8 = 256 組密碼設定，可傳送 4 個位元資料。

(5) HT-12D 解碼 IC 具有 4 位元資料輸出，8 位元密碼設定，輸出資料具有拴鎖功能。

　　HT-12E 編碼 IC 的接腳如圖 5-148 所示，其 Pin1～Pin8(A_0～A_7)作為 8 位元= 256 組密碼設定，Pin10～Pin13(D_0～D_3)作為 4 位元資料輸入，也就是說設定一組密碼後，編碼 IC 會將此密碼與資料一同傳送出去，當接收端所設定的密碼與發射端相同時，就能讀取 4 位元資料。

　　編碼 IC 的 Pin17(Data Out)是資料發送端，連接發射模組的 Pin6(Code Input)；Pin15(OSC2)與 Pin16(OSC1)連接電阻產生工作頻率；Pin14(TE)為編碼致能接腳，當 T_E 接腳為低電位「0」時，將 A_0～A_7 所設定的密碼與 D_0～D_3 的 4 位元資料進行編碼組合，由 DATA OUT 端以串列資料傳送出去，假如 TE 接腳為高電位「1」時則停止編碼與傳送，此 T_E 接腳狀態可由單晶片予以控制，將 T_E 接腳直接接地，使其為低電位，讓編碼 IC 一直進行編碼、傳送動作。

A_0 —1	HT-12E 解碼IC	18— V_{CC}
A_1 —2		17— DATA OUT
A_2 —3		16— OSC1
A_3 —4		15— OSC2
A_4 —5		14— T_E
A_5 —6		13— D_3
A_6 —7		12— D_2
A_7 —8		11— D_1
GND —9		10— D_0

◎ 圖 5-148　HT-12E 編碼 IC 的接腳

　　HT-12D 解碼 IC 的接腳，如圖 5-149 所示。其 Pin1～Pin8(A_0～A_7)作為 8 位元= 256 組密碼設定，Pin10～Pin13(D_0～D_3)作為 4 位元資料輸出，當發射端與接收端密碼相同時，編碼電路所傳送的 4 位元資料會顯示在解碼電路 4 位元資料輸出接腳，解碼 IC 的 Pin14(Data in)

為資料接收端，連接接收模組的 Pin2(Digital Output)；Pin15(OSC2)與 Pin16(OSC1)連接電阻產生工作頻率；Pin17(V_T)為解碼致能接腳，當接收電路接收到串列資料時，解碼 IC 會連續核對密碼四次，當密碼相同時，使得 V_T 解碼致能接腳呈現高電位「1」，並將 4 位元資料送至 Pin10～Pin13(D_0～D_3)，密碼錯誤時，V_T 解碼致能接腳呈現低電位「0」，保留原始資料，也就是拴鎖功能，此 V_T 接腳狀態變化可由單晶片讀取，由程式判斷何時讀取 4 位元資料。

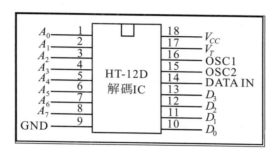

▲ 圖 5-149　HT-12D 解碼 IC 的接腳

▶ 實驗一　發射端與接收端的通訊測試

本實驗進行無線通訊的發射與接收端通訊測試。如圖 5-150 所示，請在編碼器 HT-12E 左側的 A_0～A_7 接上 DIP 開關，當開關向上撥時接地，輸入訊號為 0，平時則有 2.2V 的電壓維持高電位 1，共有 256 組密碼可以設定，只要發送與接收 IC 上的密碼相同，就能收到資料。Pin9 接地且 Pin18 接 5V 的 V_{cc} 電源，Pin17 的 Data out 接 TG-11A 的 Pin3，將密碼和資

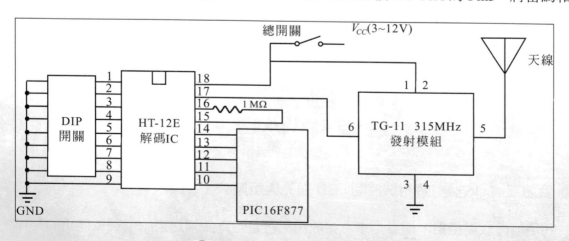

▲ 圖 5-150　發射端通訊測試

料從 IC 傳送到發射器，Pin16 和 Pin17 連結上一個 1 MHz 的電阻產生工作頻率，給他解碼 IC 頻率的 $\frac{1}{50}$ 倍。Pin17 T_E 為致能開關，若高電位則不發送資料出去，低電位則通過 Data out 傳送資料和密碼出去，因此將這一 Pin 腳接地，讓 IC 能持續傳輸訊號出去。$D_0 \sim D_3$ 為要傳輸的資料，能同時傳輸 4 bit 的資料量。

其次，將解碼 IC HT-12D 左側的 $A_0 \sim A_7$ 接上 DIP 開關，當開關調撥上推時接地，輸入訊號為 0，平時則有 2.2 V 的電壓維持高電位 1，共有 256 組密碼可以設定，只要發送與接收 IC 上的密碼相同，就能收到資料。Pin9 接地且 Pin18 接 5 V 的 V_{cc} 電源，Pin17 的 V_T 為解碼致能接腳，當接收電路接收到串列資料時，解碼 IC 會連續核對密碼四次，當密碼相同時，使得 V_T 解碼致能接腳呈現高電位「1」，並將 4 位元資料送至 Pin10～Pin13($D_0 \sim D_3$)，密碼錯誤時，V_T 解碼致能接腳呈現低電位「0」，保留原始資料，也就是拴鎖功能，此 V_T 接腳狀態變化可由單晶片讀取，由程式判斷何時讀取 4 位元資料。Pin16 和 Pin15 連接上一個 33 kHz 的電阻，提供的工作頻率為編碼 IC 的 50 倍左右，Pin14 的 Data in 連上接收器的 Pin2 接腳，將接收到的資料傳入解碼 IC 內讀取資料，若讀取成功，則發送 IC 上的 $D_3 \sim D_0$ 的資料會跟接收端的 $D_3 \sim D_0$ 的訊號相同。電路如圖 5-151 所示。

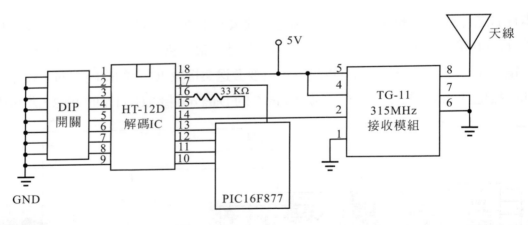

▲ 圖 5-151　接收端通訊測試

▶ **實驗二**　**收發對傳測試控制 LED 燈亮與燈滅**

利用無線收發模組，使自走車可接收由另一自走車所傳送來的信號做停止的動作，或是傳送信號給另一自走車通知做停止的動作。基本上若作全雙工的通訊，每一機器人的電路必須同時具備發射與接收的功能。如圖 5-152 所示。

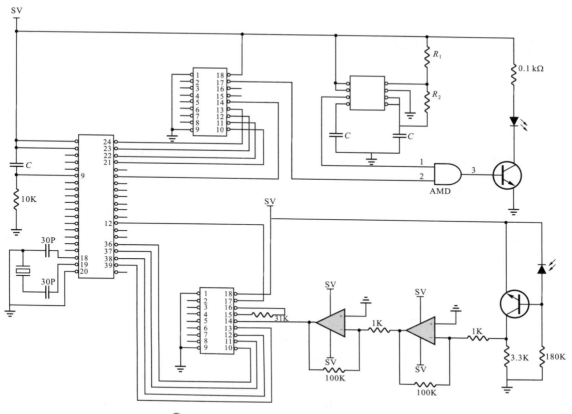

◎ 圖 5-152　電腦端發射與接收的電路

　　若要利用藍牙模組控制 LED 的亮滅，首先預設 KK 為一參數，此參數可自由預設，然後將使 LED 燈亮的程式指令寫入，將此程式預設成 KK 為 1 時的動作，而 KK 為 2 時的動作，則為使 LED 燈滅的程式指令。當藍芽模組接受到 PC 端傳來的數值為 1 時，則會使 LED 燈亮，當接收數值為 2 時，則使 LED 燈滅，程式如圖 5-153 所示。

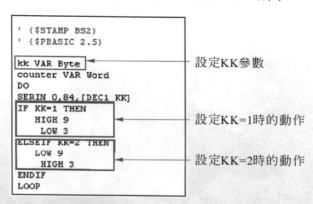

設定KK參數

設定KK=1時的動作

設定KK=2時的動作

◎ 圖 5-153　藍芽模組控制 LED 的動作

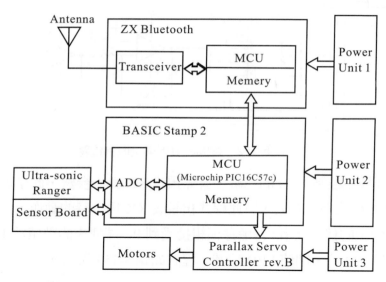

實驗三　藍芽模組控制自走車行走

本實驗利用藍芽模組使機器人自走車行走，其系統架構如圖 5-154 所示。實際配線圖如圖 5-155 所示。接好後先將機器人自走車行走所需的指令依序寫入 BASIC Stamp 內，並使用 IF…ELSEIF 指令來控制所需的動作，其程式如圖 5-156 所示。有關程式的詳細內容請參閱 www.parallax.com 中的「The Bluetooth Boe-Bot Robot Kit for Microsoft Robotics Studio (MSRS) is a Parallax Boe-Bot Robot and an A7 Engineering eb500-SER Bluetooth module.」或極趣科技股份有限公司的 BEROBOT 機器人科學教育套件組。另皮托科技的 DRK8000 系統為無線移動且有逼真頭部系統的機器人，具有無線、多媒體、可感測遠距移動的感測器、鏡頭及聲音模組。

圖 5-154　藍芽無線傳輸行動自走車之系統架構

圖 5-155　藍芽接到 BASIC Stamp 的電路配線圖

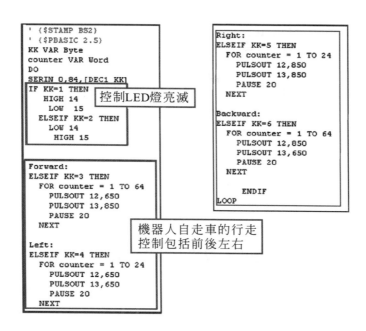

```
' {$STAMP BS2}
' {$PBASIC 2.5}
KK VAR Byte
counter VAR Word
DO
SERIN 0,84,[DEC1 KK]
IF KK=1 THEN
    HIGH 14
     LOW  15
  ELSEIF KK=2 THEN
     LOW 14
      HIGH 15
```

控制LED燈亮滅

```
Forward:
ELSEIF KK=3 THEN
  FOR counter = 1 TO 64
    PULSOUT 12,650
    PULSOUT 13,850
    PAUSE 20
  NEXT

Left:
ELSEIF KK=4 THEN
  FOR counter = 1 TO 24
    PULSOUT 12,650
    PULSOUT 13,650
    PAUSE 20
  NEXT
```

機器人自走車的行走
控制包括前後左右

```
Right:
ELSEIF KK=5 THEN
  FOR counter = 1 TO 24
    PULSOUT 12,850
    PULSOUT 13,850
    PAUSE 20
  NEXT

Backward:
ELSEIF KK=6 THEN
  FOR counter = 1 TO 64
    PULSOUT 12,850
    PULSOUT 13,650
    PAUSE 20
  NEXT

        ENDIF
LOOP
```

🔺 圖 5-156　藍芽控制機器人自走車程式範例

利用藍芽控制 Boe-Bot 自走車左右轉的程式如下：

```
{$stamp BS2}
{$PBASIC 2.5}
LMotor  CON 14
RMotor  CON 15

LFwdFast CON 1000
LRevFast CON 500
RFwdFast CON 500
RRevFast CON 1000
CmdData VAR Byte

Initialize:
  PAUSE 1000
  CmdDate = 3
Main:
 SERIN 0,84[DE1 CmdDate]
 BRANCH CmdDate,[Hold,Turn_Right, Turn_Left,Move_Fwd,Move_Back]
 GOTO Main
Move_Fwd:
  PULSOUT Lmotor,LFwdFast
  PULSOUT Lmotor,RFwdFast
GOTO Main
Move_Back:
  PULSOUT Lmotor,LRevFast
  PULSOUT Lmotor,RRevFast
GOTO Main
Turn_Right:
```

```
        PULSOUT Lmotor,LFwdFast
        PULSOUT Lmotor,RRevFast
     GOTO Main
     Turn_Left:
        PULSOUT Lmotor,LRevFast
        PULSOUT Lmotor,RFwdFast
     GOTO Main
     HOLD:
     GOTO Main
```

單元練習

選擇題

( ) Q1. 下列有關藍芽(Bluetooth)技術的敘述,何者正確?
(A)使用紅外線傳輸
(B)有傳輸夾角的限制
(C)可充當短距離無線傳輸媒介
(D)為虛擬實境的主要裝置。

( ) Q2. 有關藍牙的敘述,下列何者有誤?
(A)是無線傳輸的通訊協定
(B)常用在手機、耳機、滑鼠等設備的資料傳輸
(C)可以 1 對多傳輸
(D)傳輸角度必須在 15 度角內。

( ) Q3. 藍芽的標準是 IEEE 802.15.1,可工作在無需許可的 ISM(Industrial Scientific Medical)頻段,其頻率範圍為
(A) 2.400～2.500 GHz
(B) 24～24.25 GHz
(C) 902～928 MHz
(D) 244～246 GHz

( ) Q4. 藍牙通訊系統為了避免在一特定頻段受其他雜訊干擾,收發兩端傳送資料經過一段極短的時間後,便同時切換到另一個頻段,由於不斷的切換頻段,因此較能減少在一個特定頻道受到的干擾,也不容易被竊聽,此種技術叫做
(A) Frequency Division Multiple Access
(B) Frequency Shift Keying
(C) Frequency Hopping Spread Spectrum
(D) Direct Sequence Spread Spectrum

( ) Q5. TG11 的 DIP 開關作何用途？

(A)設定傳輸埠

(B)調整密碼

(C)設定電源開關

(D)調制信號

問答題

Q6. HT-12E 編碼 IC 有＿＿＿＿組密碼設定，可傳送＿＿＿＿個位元資料。

Q7. 在藍牙系統中切換 Command mode 及 Data mode 的指令是＿＿＿＿＿＿。

Q8. 如下列程式主要目的在：＿＿＿＿＿＿＿＿＿＿＿＿＿＿＿＿＿＿＿＿＿。

```
protected override void Start()
{
    if (_state == null)
    {
        _state = new BasicStampState();
        _state.AutonomousMode = false;
        _state.Configuration = new Config();
        _state.Configuration.SerialPort = 4;
        _state.Configuration.Delay = 0;
        _state.Connected = false;
        _state.FrameCounter = 0;
        _state.InfraRed = new InfraRed();
        _state.MotorSpeed = new MotorSpeed();
        SaveState(_state);
    }
}
```

Q9. 下面一行程式的意義是：＿＿＿＿＿＿＿＿＿＿＿＿＿＿＿＿＿＿。

bool_autonMode=true;

Q10.從 PC 發射信號到 Boe-Bot 的左邊與右邊的伺服馬達控制器，有三個數值分別代表何意義？

0：＿＿＿＿＿＿＿＿＿＿＿＿＿

100：＿＿＿＿＿＿＿＿＿＿＿＿＿

200：＿＿＿＿＿＿＿＿＿＿＿＿＿

[1]   Takahashi, T. "Robot Designer or Robot Creator," The 16th IEEE International Symposium on RO-MAN 2007, Page(s):507 – 507, Aug. 2007.

[2]   肖南峰，智慧型機器人，華南理工大學出版社，2008。

[3]   Shuying Zhao, Wenjun Tan, Shiguang Wen, Chongshuang Guo, "Research on Robotic Education Based on LEGO Bricks,"   2008 International Conference on Computer Science and Software Engineering, Vol. 5, Page(s):733 – 736, Dec. 2008

[4]   li Yang,; Yaqi Zhao, Wei Wu, Hui Wang, "Virtual reality based robotics learning system," . ICAL 2008. IEEE International Conference on Automation and Logistics, Page(s):859 – 864, Sept. 2008.

[5]   Taira, T., Kamata, N., Yamasaki, N., "Design and implementation of reconfigurable modular humanoid robot architecture" 2005 IEEE/RSJ International Conference on IROS 2005, Page(s):3566 – 3571, Aug. 2005.

[6]   劉極峰、易際明，機器人技術基礎，高等教育出版社，2006。

[7]   譚民，多機器人系統，清華大學出版社，2005。

[8]   張福學，機器人學：智慧型機器人傳感技術，電子工業出版社，1996。

[9]   SeungKeun Cho, TaeKyung Yang, MunGyu Choi, JangMyung Lee, "Localization of a high-speed mobile robot using global features," 4th International Conference on ICARA 2009, Page(s):138 – 142, Feb. 2009.

[10] 方建軍，智慧型機器人，何廣平編著化學工業出版社，2004。

[11] Dennis Clark , Dennis Clark,Michael Owings:Building Robot Drive Trains, Mc-Graw-Hill, 2004。

[12] 李團結，機器人技術，電子工業出版社，2009 年 10 月。

[13] 網站資料：http://www.robotadvice.com/sony-qrio_robot.html

[14] 網站資料：http://world.honda.com/ASIMO/

[15] 機器人世界情報網，http://www.robotworld.org.tw/index.htm.

[16] 經濟部工業局智慧型機器人產業發展推動計畫， http://www.moeaidb.gov.tw.

[17] 經濟部技術處全球資訊網，http://doit.moea.gov.tw/news/newscontent.asp?IdxID=7&ListID=0613

[18] 國科會工程科技電子報 http://nts.etpc.ncku.edu.tw/twroot/sysmain/EmailIntrETPC1.asp

[19] OpenCV 中文網站，http://www.opencv.org.cn/index.php/%E9%A6%96%E9%A1%B5.

[20] 工業技術研究院，

http://www.itri.org.tw/chi/components/jsp/shownews.jsp?file=templatedata%5Cnewspool%5Cnews%5Cdata%5C20070327-01-9604001_utf8.dcr.

[21] 台灣機器人教育學會(2006 年 7 月成立)，http://www.are.org.tw/modules/news/print.php?storyid=4

[22] 台灣機器人學會(2007 年 10 月成立)，

http://aecl.ee.nchu.edu.tw/html/modules/mydownloads/visit.php?cid=2&lid=2

[23] http://203.68.26.235/ROBOT

[24] http://www.planck.tw/index

[25] http://www.78.com.tw/lego/lego.htm

[26] http://www.playrobot.com/

[27] http://home.pchome.com.tw/school/einrobot/story.html

歡迎加入 全華會員

● 會員獨享
會員享購書折扣、紅利積點、生日禮金、不定期優惠活動…等。

● 如何加入會員
填妥讀者回函卡直接傳真 (02) 2262-0900 或寄回，將由專人協助登入會員資料，待收到 E-MAIL 通知後即可成為會員。

如何購買 全華書籍

1. 網路購書
全華網路書店「http://www.opentech.com.tw」，加入會員購書更便利，並享有紅利積點回饋等各式優惠。

2. 全華門市、全省書局
歡迎至全華門市（新北市土城區忠義路21號）或全省各大書局、連鎖書店選購。

3. 來電訂購
(1) 訂購專線：(02) 2262-5666 轉 321-324
(2) 傳真專線：(02) 6637-3696
(3) 郵局劃撥（帳號：0100836-1　戶名：全華圖書股份有限公司）
※ 購書未滿一千元者，酌收運費70元。

全華網路書店 www.opentech.com.tw
E-mail: service@chwa.com.tw

全華網路書店 www.opentech.com.tw
E-mail: service@chwa.com.tw

※ 本會員制如有變更則以最新修訂制度為準，造成不便請見諒。

讀者回函卡

填寫日期： / /

姓名： ＿＿＿＿＿＿ 生日：西元＿＿＿年＿＿＿月＿＿＿日 性別：□男 □女

電話：（ ）＿＿＿＿＿ 傳真：（ ）＿＿＿＿＿ 手機：＿＿＿＿＿＿

e-mail：（必填）＿＿＿＿＿

註：數字零，請用 Φ 表示，數字 1 與英文 L 請另註明並書寫端正，謝謝。

通訊處：□□□□□ ＿＿＿＿＿＿

學歷：□博士 □碩士 □大學 □專科 □高中·職

職業：□工程師 □教師 □學生 □軍·公 □其他

　　學校／公司：＿＿＿＿＿ 科系／部門：＿＿＿＿＿

· 需求書類：

　□ A. 電子 □ B. 電機 □ C. 計算機工程 □ D. 資訊 □ E. 機械 □ F. 汽車 □ I. 工管 □ J. 土木

　□ K. 化工 □ L. 設計 □ M. 商管 □ N. 日文 □ O. 美容 □ P. 休閒 □ Q. 餐飲 □ B. 其他

· 本次購買圖書為：＿＿＿＿＿ 書號：＿＿＿＿＿

· 您對本書的評價：

　封面設計：□非常滿意 □滿意 □尚可 □需改善，請說明＿＿＿＿＿

　內容表達：□非常滿意 □滿意 □尚可 □需改善，請說明＿＿＿＿＿

　版面編排：□非常滿意 □滿意 □尚可 □需改善，請說明＿＿＿＿＿

　印刷品質：□非常滿意 □滿意 □尚可 □需改善，請說明＿＿＿＿＿

　書籍定價：□非常滿意 □滿意 □尚可 □需改善，請說明＿＿＿＿＿

　整體評價：請說明＿＿＿＿＿

· 您在何處購買本書？

　□書局 □網路書店 □書展 □團購 □其他＿＿＿＿＿

· 您購買本書的原因？（可複選）

　□個人需要 □幫公司採購 □親友推薦 □老師指定之課本 □其他＿＿＿＿＿

· 您希望全華以何種方式提供出版訊息及特惠活動？

　□電子報 □ DM □廣告（媒體名稱＿＿＿＿＿ ）

· 您是否上過全華網路書店？（www.opentech.com.tw）

　□是 □否 您的建議＿＿＿＿＿

· 您希望全華出版那方面書籍？＿＿＿＿＿

· 您希望全華加強那些服務？＿＿＿＿＿

～感謝您提供寶貴意見，全華將秉持服務的熱忱，出版更多好書，以饗讀者。

全華網路書店 http://www.opentech.com.tw　　客服信箱 service@chwa.com.tw

2011.03 修訂

親愛的讀者：

　　感謝您對全華圖書的支持與愛護，雖然我們很慎重的處理每一本書，但恐仍有疏漏之處，若您發現本書有任何錯誤，請填寫於勘誤表內寄回，我們將於再版時修正，您的批評與指教是我們進步的原動力，謝謝！

全華圖書 敬上

勘 誤 表

書 號		書 名		作 者	
頁 數	行 數	錯誤或不當之詞句		建議修改之詞句	

我有話要說：（其它之批評與建議，如封面、編排、內容、印刷品質等 · · · ）

少年 Py 的大冒險

成為 Python 數據分析達人的第一門課

（第二版）

蔡炎龍、季佳琪、陳先灝　編著

全華圖書股份有限公司

第二版序

《少年 Py 的大冒險－成為 Python 數據分析達人的第一門課》第二版，我們做出了精心調整，使得學習體驗更上一層樓。首先，我們帶你進入 Google 的免費雲端運算環境 - Colab。這是我們強烈推薦的 Python 學習天堂，它免除了繁瑣的安裝過程，讓每位同學都能在同一個環境裡學習，進而消除由於系統差異所產生的困擾。在教學上非常方便的是你能輕易分享連結，輕鬆上傳作業並在線上與同學分享程式碼，還很容易得到老師與助教的即時協助。

在一些章節中，我們進行了全面重寫，例如讀取股票資料部分，我們轉用更為穩定的 **yfinacne** 套件。還有原本非常標準練習用的「波士頓房價」數據，因數據集中有一些歧視的意味，和世界上許多數據分析專家一樣，我們也改用「加州房價」數據為範例。

許多時候，一個適合的套件就能讓你快速打造出酷炫的應用。這次我們增添了 **gradio** 套件的使用，讓你能神速構建自己的 web app，並且讓親朋好友在他們的行動裝置上體驗你的大作，這就是科技帶來的驚奇！事實上，近期的圖形生成 AI Stable Diffusion，有個由 **automatic1111** 開發的 WebUI，就是利用 **gradio** 打造的。

除了套件的運用，我們還會教你如何利用各種服務 API，讓你的程式充滿魔法。我們也為你準備了目前非常熱門的 ChatGPT 的範例，透過 OpenAI 的官方 API，將能輕易創造出指定「人設」個性的對話機器人！

這本書不僅適合教學使用，更適合你自學 Python。再一次，我們誠摯邀請你帶著熱情與好奇，和我們一起踏上 Python 的冒險之旅，一起見證 Python 的魔力吧！

蔡炎龍
於政治大學應用數學系
2023/08/06

序言

　　我大概是在國中的時候，開始接觸 BASIC 程式語言。那時候其實寫程式並不是被鼓勵的事，反而老師會警告「不要太入迷，否則考不上好學校！」也許是這樣的暗示，所以我一直覺得寫程式是在「玩耍」，不是在做正事。但也正因如此，反而會覺得寫程式是好玩的事，所以即使博士唸的是純數學，還是持續地寫程式。

　　不過後來有點困擾的是，在 BASIC 不再這麼流行，也沒有合適的跨平台版本之際，我很難找到一個可以介紹給大家的程式語言。直到遇到了 Python 程式語言。Python 程式語言可以說像 BASIC——簡單易學，功能又更強大，可以說我們想做的事基本上都做得到，而且可以讓我們「花時間在要解決的問題，而不是花時間在學習程式語言」。

　　我們從十多年前開始，就在政大推廣 Python 程式語言。雖然 Python 又好玩、又簡單、功能又強，但同學大多沒有聽過 Python，所以都要用「Google、YouTube 第一個版本都是用 Python 寫的，NASA 也是熱愛使用 Python 的單位」種種理由，連哄帶騙的帶同學們學習 Python。

　　時至今日，Python 的地位已經完全不同！現在 Python 已是數據分析、人工智慧最主流的程式語言。Python 紅的理由，其實就是我們十多年前推廣 Python 的理由：「簡單易學，可以快速把我們的想法做出來！」

　　我一直相信，要學任何東西，要抱著好奇、好玩的心情，學習寫程式更是如此！在政大「新生書院」我們有一個口號，鼓勵同學把學校看成一個「學習的冒險樂園」。這本書就是依循著這樣的脈絡，想像自己是神話學大師坎伯所說的英雄，想像受到智者（老師）的召喚，來到 Python 冒險王國，踏上「啟程」、「歷險」、「回歸」的英雄旅程。

　　每一個人都是自己的英雄、都是獨一無二的。所以雖然我們在每一個「冒險」當中，都有所謂的「習題」。但是我們更期望的是，現在開始，充滿好奇的觀察自己的生活，學習的課業有什麼是可以寫成程式的。在我教授的程式課程中，都會讓同學「自己出題目自己寫」。因為我非常相信，真的有自己想寫的東西，真的有那份好奇，真的覺得好玩，才能真的寫好程式。

　　我曾經以本書的主要架構，開過多次正式的課程。包括在政大新生書院、政大應用數學系、台大理論科學研究中心，主要的對象從文科到理工科為主的同學都有，而大多數是非資訊相關科系的同學。另外我們也有一個「成為Python 數據分析達人的第一門課」磨課師課程，有超過百萬的點閱率。再來就是在包括台灣資科科學協會、工研院、多所大學開設過一到兩天的工作坊。因此我們深信這樣的內容適合各種背景來學習 Python 程式語言，尤其是導向數據分析的課程或自學使用。

　　本書的共同作者們，也是我認為最能展現本書精神的一時之樂。

　　佳琪是我在政大應用數學系碩士班指導的學生，她大學唸的是中文系，唸碩士前完全沒有程式的經驗！但最後她的論文是深度學習中最數學的部分，而且需要完成程式的實作。她非常令人驚訝的轉折，被人稱「Python 女神」的 Mosky 封為「都市傳奇」。

　　先灝是建中畢業，到政大應用數學系讀書的高材生。他其實接觸程式的時間算相當晚，大概是大四左右才開始。但很快的就可以做出深度學習中風格移轉等等的作品，畢業也找到 AI 工程師的工作，現在回到我們政大資訊科學系攻讀碩士學位。他也是我的線上課程「成為 Python 數據分析達人的第一門課」第一代助教，所以他可以說是對整個教材，還有我想傳達的內容，都可以精準地抓到重點。

　　最後感謝全華圖書邀請出版這本書，沒有他們的努力，這本書不可能呈現在大家的面前。

蔡炎龍

於政治大學應用數學系

2020/6/20

第 1 篇【啟程】
用 Jupyter Notebook 快速學會 Python 基礎

第2篇【歷險】
Python 的進階主題，邁向數據分析之路

第 3 篇【回歸】
用 Python 做機器學習！

第 4 篇【補給站】
善用工具，展開奇幻旅程

第 1 篇

啟程

用 Jupyter Notebook
快速學會 Python 基礎

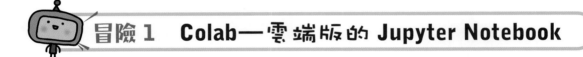

冒險 1　Colab—雲端版的 Jupyter Notebook

本書用的是數據分析、人工智慧的主流平台 Jupyter Notebook，它是最多人用來寫 Python 程式的平台，它也能支援其他語言。我們會介紹如何建構 Python 環境、使用 Jupyter Notebook。第一種方法是使用 Google Colab，這個可以說是雲端版的 Jupyter Notebook，另一種就是在自己電腦上安裝 Anaconda，這個 Python 的「大補帖」。

我們推薦開始學習時，使用 Google 的 Colab，因為完全不用安裝，本書的主要套件都可以直接使用。要分享自己的作品也很方便！現在就一起來看看 Colab 怎麼使用。

只要有 Google 帳號，你就可以使用 Colab。之後我們也有機會自己存取檔案，你就可以放到 Google Drive 上，也可以放在 Google 提供的「暫時雲端硬碟」。當然，還有個「未來」的原因，就是之後如果你有興趣繼續學人工智慧、深度學習程式的寫法，GPU 或 TPU 加速就非常重要。而 Colab 提供「免費」的 GPU 或 TPU 加速環境，所以真的是很適合用來學習，甚至做一些小型的研究專題。

準備好你的 Google 帳號，在瀏覽器打開

`https://Colab.research.google.com`

就進入 Colab。說實話我們也不需要特地記這個網址，因為你在 Google 搜尋 Colab，結果第一個通常就是我們要的 Colab。進入之後，可能會要你用 Google 帳號登入，然後我們就可以新增一個筆記本。

其實我們這樣就介紹完了，以後你要開新的筆記本比照辦理就是了！不過這裡我們還是來做一些 Colab 的基本用法和重要設定。

首先每個筆記本，可以、也應該改成你要的檔名。這裡用中文或英文都可以，只是要記得副檔名是 `.ipynb` – 這是 Jupyter Notebook 標準副檔名。Colab 一段時間就會自動存檔，檔案會放在你的 Google Drive 中一個叫 Colab Notebooks 的資料夾下。這個資料夾是第一次使用時 Colab 幫你建的。

　　另外「儲存格」是我們寫程式，或者是未來把筆記放進去的地方。接下來就是重要的設定。請在「工具」選單下選擇「設定」，請在「編輯器」下，反勾選「自動觸發程式碼完成功能」。

　　為什麼要關掉這個功能呢？原因是如果開啓這個功能，不論打什麼指令，Colab 會很雞婆的出現說明。雖然感覺好像很親切，但其實你在寫程式的時候，會發現一直被擋住程式碼！所以記得要把這個功能關掉。

　　再來介紹一個對程式本身沒幫助，但會讓你覺得寫程式是一件很療癒的功能！在「工具」下的「設定」選單中，請選擇「其他」設定。這時打開「柯基犬模式」、「貓咪模式」和「螃蟹模式」，就會發現之後會有貓貓狗狗，還有螃蟹陪你寫程式。這個功能儲存之後會一直自動開啓，直到你關掉它為止。

　　另外有個「效能等級」也可以試試看，尤其選擇 "**many power**" 會發現寫程式有如在玩電動玩具般地爽快！

用 Colab 的好處，是很容易分享我們的檔案給其他人。請選擇「分享」，然後原本有限制的要分享給「知道連結的任何人」，至少給到「檢視者」的權限。這時「複製連結」才能複製可分享的連結。

雖然開始還不會用到，但我們介紹一下 Colab 的檔案系統，Colab 提供「暫時的雲端硬碟」，目前程式在跑的時候，可以把自己的檔案拉到這邊，也可以暫存資料在這裡。不過一旦斷線，這些檔案就消失了！要看到這個雲端系統的內容，直接按下左邊資料夾的圖樣，就會打開 Colab 提供的暫時雲端硬碟。這個雲端硬碟的路徑在 `/content`，我們先有點概念就好。

不過畢竟暫時的雲端硬碟還是有點麻煩，最好還是能直接連上我們的 Google Drive。這當然是可以的，方式很簡單，就是點一下上面那個 Google Drive 的圖樣，Colab 會問你是不是要連上雲端硬碟，選擇之後有時還會問你要連上哪個 Google 帳號。選好之後就會出現你的 Google Drive，也就是在圖中顯示 `drive` 下的 `MyDrive` 資料夾。

也就是說，如果要進入這個資料夾，需要下達這樣的指令。

```
%cd '/content/drive/MyDrive'
```

注意這是固定的叫法，不是我們在這裡耍可愛把自己的 Google Drive 叫 `MyDrive`。到此你在 Google Drive「根目錄」下的檔案就都可以讀到了。如果沒有特別設定，我們在 Colab 寫的程式都會放在 `Colab Notebooks` 這個資料夾下。

One more thing，如果今天是看到別人放在 GitHub 上的程式（比方本書的程式範例）要怎麼使用呢？這裡就來示範一下。首先，先進到本書的程式範例：

https://yenlung.me/PyBookCode

隨便選某個程式，比如說冒險 02，就會看到程式碼。這是 Jupyter Notebook 程式的格式。這裡可以看到有個 "**Open in Colab**" 的按鈕，勇敢按下去就會在 Colab 中打開。你以後會發現，很多放在 GitHub 上的程式碼，都有這個親切的按鈕。

在 Colab 打開後，會發現左上角有個「章魚貓」的圖樣，這是 GitHub 的 logo，也就是說目前這個程式還在別人的 GitHub 中，還不屬於自己的。因此接下來的動作非常非常重要，今天學會了，人家都覺得你好內行！

這個重要的動作，就是打開別人（例如本書）GitHub 的 Jupyter Notebook 程式碼後，我們一定要在「檔案」選單中，選擇「在雲端硬碟中儲存副本」。這時會重開新的視窗，而且那章魚貓的圖樣會變成 Google Drive 的圖樣。以後這個檔案就是你的啦，會放在你 Google Drive 下那個大家大概已經有點熟悉的 `Colab Notebooks` 資料夾中。因為是你的檔案，檔名怎麼改都可以，只要記得副檔名的 `.ipynb`。

Google 的 Colab 真的非常方便，也是我們極力推薦大家使用的雲端運算平台。但就如之前所說，當今不管是做數據分析、還是人工智慧專家們都是使用 Jupyter Notebook，你可能想在自己電腦上和專家們使用一樣的工具，這該如何做呢？我們非常推薦用 Anaconda，因為安裝可以說非常簡單，而當今也有許多專家使用，幾乎是標準安裝 Python 的方式。

首先我們先到 Anaconda 的官網下載區：

https://www.anaconda.com/download

這時應該會出現你相對應的作業系統，勇敢按下載就好。Mac 的使用者，尤其是 M1/M2 的使用者，務必要下載正確的版本。老實說雖然在本書的程式可能沒有大差別，但未來如果要學深度學習，或使用 Stable Diffusion 文字生圖程式時候，會有較大的差別！

安裝動作沒什麼特別，就點開，然後下一步、下一步。現在重點來了，要怎麼啟動 Jupyter Notebook，還有我們的程式該放哪裡呢？首先，先建立一個空的資料夾。可依你的習慣，放在平日存文件、容易找到的地方。名稱也可以自己決定，比如說我現在把它叫做 "Python Fun Lab"。以後我們的 Python 檔案都準備存在這裡，而且也可以做子資料夾 — 就像一般存檔案的習慣一樣。

接著精彩的來了。Jupyter Notebook 可以由圖形介面打開，不過為了讓我們更有專家的感覺，今天就試試看使用剛開始可能有點可怕的終端機打開。Windows 的使用者請在「開始功能表」中搜尋 Anaconda Prompt，並執行它！為了方便，以後我們說到「終端機」，都請 Windows 的使用者自行翻譯為 "Anaconda Prompt"。

現在我們想要進入剛剛設定的工作資料夾中，這時，你需要在終端機打入的是

　　這個工作資料夾路徑可以用很酷的方式產生，請依我們的說明來慢慢做。首先，先在終端機內打入 **cd**、空一格空白，然後用滑鼠去把我們的 Python 工作資料夾（比如我們剛剛建立的 Python Fun Lab）拖拉到終端機上。一放手的時候，Wow，資料夾路徑就出現了！第一次做這個簡直有如魔術一樣，不過之後我們就會習慣了。

　　要注意在終端機（Anaconda Prompt）的操作中，> 只是表示命令提示字元，不用自己打進去。這時按 Enter 之後，就會進入我們的資料夾。這和我們圖形介面用滑鼠在資料夾上點兩下很像。

　　這時候，我們要打入最關鍵、最重要，之後會打無數次的指令。那就是

　　這時終端機會顯示許多看來有點可怕的訊息，不過可能在你還沒注意之際，它就會幫你打開瀏覽器，呈現如下的畫面。看到這個時，恭喜你，最難的一步你已經完成了！接下來，就好好享受 Python 程式的冒險之旅！

　　這裡要做一點點提醒和說明。首先，千千萬萬不要看到終端機出現可怕的字眼，就把終端機關了！萬一真的關了，就重開、重做之前做的。下達 **jupyter notebook** 到底是什麼意思呢？原來，下達了 **jupyter notebook**，Python 就會在你的電腦中打開一個「網路伺服器」，這個網路只有你可以看到，內容就是一個可以寫 Python 程式的地方！

　　這個神秘網站當然也有網址。一般的網址都會是在：

$$\texttt{http://localhost:8888}$$

　　這裡的 **localhost** 表示你這台電腦，而打開的是 **8888**（也有可能是別的），就是說是 **8888** 號通路。一般的網頁預設是開 **80** 號通路，這裡是怕你的電腦說不定真的有開，或者會開一個網路伺服器，所以用了別的通路。

　　如果你要關掉這個網頁伺服器，就點一下終端機，再來就連、續、技的連按「兩次」**CTRL-C**。這時終端機就可以安心關掉了。

 冒險旅程 1

1. 在你的電腦上安裝好 Anaconda，然後建一個以後會放「所有」Python 程式的工作資料夾，再來用 **cd** 進到那個資料夾，執行 Jupyter Notebook。（你也可以直接使用 Google 的 Colab，詳情請看接下來的「小旅行」。）

 沒什麼用的冷知識

Python 程式語言

　　雖然我們都知道 Python 是「蟒蛇」的意思，不過 Python 程式語言名稱的由來可不是因為蟒蛇。原來 Python 的原創者 Guido van Rossum 是英國喜劇團體 Monty Python 的粉絲，於是就用 Monty Python 來為他的程式語言命名。

　　所以 Python 一開始就充滿有趣好玩的 DNA。

　　Guido 一開始就是為了好玩創造了 Python 程式語言。有一年的聖誕節，他在家裡閒閒沒事，居然就寫了一個程式語言！這已經是上個世紀的事。

　　進入本世紀後，Python 剛開始還不能稱得上大紅大紫。但是 Python 粉越來越多，原因是 Python 是個全功能、又容易上手的程式語言。Python 可以讓我們「專心在我們要做的事，而不是花時間去學程式語言」。你很快可以用 Python 把你的想法做出來！因此 Google 的第一版、YouTube 的第一版，乃至較近的 Uber 程式第一版，都是用 Python 寫出來的！

　　很多美國大學開始教 Python，越來越多人為 Python 開發很精彩的套件，之後慢慢形成 Python 另一個強項：有強大的社群支援。對我們使用者的意義是，你想要做什麼，大概已經有人幫你寫好套件，你直接用就是了！這也是今天 Python 幾乎成了數據分析、機器學習乃至深度學習的 No.1 程式語言的重要原因！

冒險 2　Python 計算機

圖 2-1　Python 可以當計算機使用

我們來學學怎麼開始操作 Jupyter Notebook。

首先，我們在右上角找到 New 的按鈕，按下去會出現一個選單，請選擇 Python 3，如圖 2-2 所示。

我們這裡有很多選項可能是你的電腦裡沒有的，不過不用擔心，假以時日，相信你也會慢慢變成這樣。這時我們會開啟一個 Jupyter 的，嗯，notebook。你可以看到如圖 2-3 的畫面，就代表成功了！

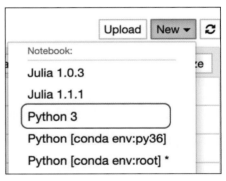

圖 2-2　點選 Python 3

圖 2-3　Jupyter 的 notebook 畫面

　　我們不要一開始就嚇大家需要知道所有的功能是什麼，目前只要大概知道基本的使用方法就可以。比如說，你可以在目前是 "**Untitled**" 的檔名點兩下，就可以更改檔名，和使用很多應用程式一樣，時不時就給它按存檔等等。

　　最最重要的區域，大概是我們稱為「工作格」(cell) 的地方。我們就是要在這裡打入指令。

　　現在開始打入我們的第一個指令，緊張嗎？開心嗎？興奮嗎……哦，抱歉，廢話太多，你想個很難的數學運算，比如打入：

```
1 + 1
```

　　這時你拼命按 **Enter**，發現 Jupyter Notebook 都沒有要理會你的意思。原來，我們要執行工作格的指令，要按的是： **shift** － **enter**

接著你就會很感動的 (?) 看到答案 2 出現了！

　　Python 的加減乘除基本上和一般的認知一樣，你可以試試看。不過，讓我最不滿意的是 Python 定義次方的方式，是「兩顆星」！

```
2**3
```

Out: **8**

　　很多整數語言，因為要求二元運算的封閉性，所以整數除以整數只會得到商數，也就是另一個整數。不過 Python 的整數除法是「正確」的。

```
7/3
```

Out: **2.3333333333333335**

如果我們要使用其他程式的「正常」整數除法，就要這樣做。

```
7//3
```

Out: **2**

少年 Py 的大冒險

順道一提的是，取餘數是用百分比符號 %。

```
7 % 3
```

Out: **1**

複雜的計算可以用括號強調要在一起算的地方，記得 Python 和其他程式語言一樣，永遠都是用小括號！

```
(1+(2+3/5))**2
```

Out: **12.96**

其實光把 Python 當成計算機使用，就非常值得！ Python 很多地方又比計算機更方便。比方說你可以很輕易的打入在計算機上不太好按的複雜計算。更重要的是，在 Jupyter Notebook 中，打錯或是想改個數字重新執行的時候，你可以在要改的工作格點兩下，修改了之後再按 **shift-enter** 重新執行一次！

可以自由修改
非常酷！

用 Python 當計算機，還有一個方便的地方，就是我們可以自由的定義變數，把想要記得的數字記起來！

```
a = (22+35)*5 / 20
```

要看某個變數目前的內容，直接打變數名稱，再按 **shift-enter**。

```
a
```

Out: **14.25**

當然可以繼續運算。

```
a + 87
```

Out: **101.25**

比較特別的是，Python 整數可以有「無限長度」。我們來打個很長很長的整數……

```
b =
9878978967656757456342423231343647547654674786869989890090
90909754312345568777689687678967856756564656453434242424234
```

記得最後一個數字是 4，我們加 1 試試看。

```
b + 1
```

Out: **98789789676567574563424242323134364754765467478686989989800909090909754312345568777689687678967856756564656453434242424235**

結果 Python 真的有在算！

1. 找到一個日常生活中碰到的狀況，用 Python 計算比按電子計算機方便的地方。

2. 某個樸實無華的一天，你在網路上看到有人說 123456789，你取前面 n 個數，然後乘以 8 加上 n，就會發現一件驚人的事！比如說我們取 n = 5，就會像這樣子的式子：
   驚人的是……就會變成 98765，也就是從 9 倒過來數 n 個數！這是真的嗎？快用 Python 試試看吧！

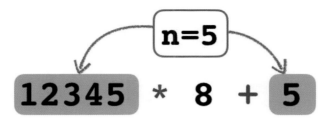

3. 有一天，你在 Amazon 找到三本 Python 的書，價格分別是美金 27.68、29.15、35.61 元，而三本書運到台灣要運費 15 美金。你在台灣也找到這三本書，分別是台幣 1400、2275、1750 元。如果台灣買的地方不用運費，請問在哪裡買才划算，差多少錢？

沒什麼用的冷知識

Jupyter Notebook

我們用的 Jupyter Notebook 是 Python 非常好用的前端介面，原創人是一位物理學博士——Fernando Pérez——他目前是加州大學柏克萊校區的教授。他在唸博士就開發了 Jupyter 的前身 IPython，意思就是互動 (interactive) 的 Python。

我們冷知識當然不該只說大家都知道的事，這裡要談 IPython 的拼法，Fernando 本人說「正確拼法」這個 I 要大寫，小寫 "i" 他說是 Apple 做的事。

後來 IPython 出了 Notebook，也就是我們現在使用的 Jupyter Notebook，可以說非常方便好用！我們未來會知道更多 Jupyter Notebook 可愛的地方。因為這樣的介面實在太好用，很多不是 Python 的程式語言也可以寫好介面後，就使用 IPython Notebook。但想想這樣的情境，一位教 R 的老師，一開始上課時說：

「各位同學，我們要學習 R 程式語言。請大家打開，嗯，IPython Notebook...」

想想要一位教 R 的老師，上課說要打開 "IPython"，心裡該是多麼悲傷。於是越來越多人希望 IPython Notebook 可以改名稱，所以 Fernando 就決定改名為 Jupyter。

Jupyter 的名字是由三個開放型程式語言 Julia、Python、R 合起來，還取了一個唸起來很像木星的拼音。這是為了紀念 Galileo Galilei 當年觀察木星的衛星時，將紀錄開放出來的開放精神。

冒險 3　用 Python 畫個圖

畫圖大概是最容易讓我們瞭解數據的方式。一般的程式語言，都不會「內建」畫圖功能，所謂內建的「核心」大概都只有少少的指令。這時我們就需要引用一些「套件」(packages) 進來，可以想成擴充程式語言的功能。

在學 Python 的時候有個困難是，你可能看了本 Python 的書，甚至學了一些 Python 高級技巧，但到真的要用 Python 來做數據分析，還是覺得卡卡的。那是因為，每個應用領域都有重要慣用套件。更嚴重的是，每個重要套件可能都可以寫成一本書。但事實上，如果有個簡單的指引，你會發現大家常用的就那幾個，只要抓到重要的概念其實也不是那麼難！

我們就準備以「數據分析」為核心，來介紹 Python 可以做什麼事。事實上，大概 80% 在使用 Python 的，或多或少都會使用到這些套件！話不多說，我們就快速看看 Python 「數據分析軍團」有哪些套件？

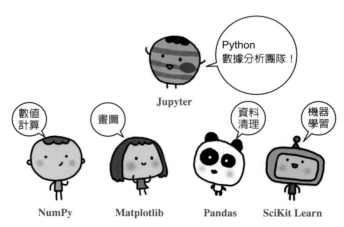

圖 3-1　Python 「數據分析軍團」的套件示意圖

我們已經在使用的 Jupyter Notebook 是數據分析專家使用的主流平台,接著有幾個重要套件我們很簡單地介紹一下,如表 3-1 所示。

表 3-1　Jupyter Notebook 套件說明

套件名稱	說明
NumPy	數值計算,特別是陣列 (array) 導向程式。
Matplotlib	Python 的標準畫圖套件庫。
Pandas	可以想成 Python 的 Excel,只是更方便、更有彈性。
SciKit Learn	幾乎所有重要機器學習的工具都在裡面。

這裡面名稱比較長、比較難記的大概是 **matplotlib**。原來,Python 在 **matplotlib** 出現前並沒有很好的畫圖套件,反倒是科學計算常用的商用程式 Matlab 的畫圖功能不錯。於是 John Hunter 博士就想仿 Matlab 的畫圖方式做一個套件,名稱就叫

Matlab - Plot - Library (函式庫)

自此,**matplotlib** 成為 Python 標準的畫圖套件!可惜 Hunter 博士在 2012 年就在直腸癌的治療過程中過世,享年僅 44 歲。

我們來看看,以後每次用 Python 時一開始都要打入的一串字。剛開始可能覺得有點可怕,不過因為我們每次都會打,不久就會習慣,而且等等要一一分析,還教你一些方便打出這可怕一串東西的小技巧。

```
%matplotlib inline

import numpy as np
import matplotlib.pyplot as plt
```

首先是 **%matplotlib inline**,這有百分比符號的其實不是 Python 的指令,而是 Jupyter Notebook 的「魔術指令」。

%matplotlib inline

有 % 叫「魔術指令」,是 Jupyter Notebook 特有的。這次的是要求畫出來的圖直接顯示在網頁中。

圖 3-2　%matplotlib inline 的說明

　　這是告訴 Jupyter Notebook，我們用 **matplotlib** 畫出的圖，之後要在我們的網頁介面中直接呈現，不要另外跳出一個視窗。

　　再來，我們會使用兩個套件，Python 標準引入套件的方法是用 **import**，比如說要使用 **numpy**，我們就是這樣做（建議你先不要）：

```
import numpy
```

為什麼不要這樣用呢？我們示範一次大概就能明白。我們來做個數學計算：

```
numpy.sin(0.5*numpy.pi) + numpy.cos(numpy.sqrt(numpy.pi))
```

Out: **0.7997064588766263**

每次這樣做真是太麻煩了！好在 Python 有個方式可以讓我們自訂一個套件的簡稱。雖然說是自訂，但像 **numpy** 這種常用的套件，所有行家縮寫都是 **np**，所以我們也要表現良好的素養，於是有了這一行指令。

```
import numpy as np
```

也就是說，我們可以用

import 套件 as 代碼

同理，**matplotlib** 也可以這樣引進。

```
import matplotlib.pyplot as plt
```

　　等等，這個 **matplotlib** 好像有點複雜。原來 **matplotlib** 是很大的套件庫，而一般我們只是要基本畫圖用的那個叫 **pyplot** 的子套件庫，所以我們只讀進來它！並且（又是標準的）命名為 plt。

你可能會想，「這正常人怎能記得這麼複雜的指令？」不用擔心，你不久就會打得行雲流水。而且、我們有個神奇救命鍵，叫 **Tab** 鍵，它會自動幫我們補完！比方說我們打入 **import matp**，這時忘了 **matplotlib** 到底怎麼拼。不要緊，**Tab** 鍵給它按下去，耶！Jupyter Notebook 自動幫我們補完！

使用 matplotlib.pyplot 最主要的兩種畫圖方式是 plt.plot 和 plt.scatter。

圖 3-3　使用 matplotlib.pyplot 的兩種主要畫圖方式

最常用的是 **plt.plot**。我們先來試試看！

```
plt.plot([2, -5, 3, 8, -2])
```

這裡幾個重點我們說明一下。首先這個圖畫的是：

(0, 2), (1, -5), (2, 3), (3, 8), (4, -2)

這幾個點，然後連起來。也就是我們打入的一串數字

[2, -5, 3, 8, -2]

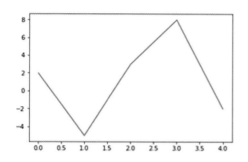

其實是這些點的 y 座標，用中括弧括起來是 Python 的串列 (list) 資料型態。串列是 Python 裡非常重要的資料型態，基本上就是一堆數據放在一起。

最標準的畫圖方式是把我們數據點的 x 座標用一個串列收集起來，比方說叫 **X**；然後再把 y 座標收集起來，叫 **Y**。然後用 **plt.plot(X, Y)** 把圖畫出來。

我們的例子中，只給了 y 座標，這時 Python 會自動補上 x 座標

[0, 1, 2, 3, 4]

總結一下，要用 Python 畫折線圖，比如說要把以下這幾個點連起來：

$(x_1, y_1), (x_2, y_2), \ldots (x_n, y_n)$

我們需要把 x 座標、y 座標分開，假設我們分別用 **X** 和 **Y** 兩個變數來接。

$X = [x_1, x_2, \ldots x_k]$

$Y = [y_1, y_2, \ldots y_k]$

接著
用 plt.plot(X, Y)
畫出來吧！

 冒險旅程 **3**

1.　台北市每個月平均最高溫度（從 1 月開始）分別是：

　　high = **[19, 20, 22, 26, 29, 32, 34, 33, 31, 27, 24, 21]**

　　月平均最底溫度是：

　　low = **[13, 14, 15, 19, 22, 25, 26, 26, 24, 22, 18, 15]**

　　把這平均最高溫、最低溫分別畫出來。你也可以試試，有沒有可能把這兩張圖放在一起呢？

2.　用 **plot** 其實可以畫出很多東西，比如說試試看可不可以畫出一個 "W" 的形狀（自然，你比較喜歡 "M" 或其他形狀也可以）。

3.　我們用 **plt.plot** 畫圖時，還可以加入許多參數，把圖變得更漂亮。試試看你有沒有辦法找到任何可以調整的參數，並實際使用看看。你可以 Google，也可以用現在很紅的 ChatGPT，或者是 Bard 等等生成式 AI。

冒險 4　從常態分布抽樣

亂數可以說是讓電腦好玩的重要元素。我們今天不但取亂數,還取很高級的要從標準常態分布取樣本出來。標準常態分布是平均值為 0,標準差是 1 的常態分佈。意思就是說,常態分布那個鐘型曲線越高對應的 x 值越容易被抽樣到!

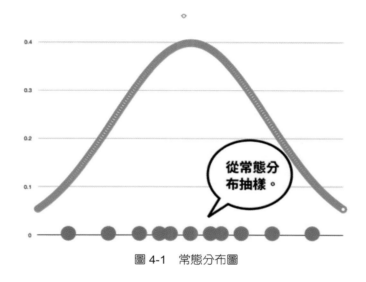

圖 4-1　常態分布圖

這聽起來好複雜的動作要怎麼做呢?在 Python 很容易。就記得我們要算數學就要從 **numpy(np)** 來,然後取亂數的子套件就叫 **random**,在 **random** 下有個叫

randn

的指令,這是用來從標準常態分布中隨機抽樣的!比如我們要從標準常態分布中抽出 10 個數字,那就是用

```
np.random.randn(10)
```

Out: array([-0.2986622, 0.48535649, -0.80214774, 0.14322632,
    -1.70386983, -0.17692086, -0.33848494, 0.52930914,
    -0.82267705, -0.46408094])

這裡有個看來很像串列的東西,可是外面包了一層 **array**,不用太害怕,這只是說這很像串列的東西,其實是 **numpy** 裡的 **array**。目前我們把串列和 **array** 看成一樣就好!之後會發現 **array**,也就是陣列比串列更酷上千百倍!

我們當然也可以用前面介紹的方式畫圖,不過只畫 10 個點太容易了,不如來畫個 100 個點吧!如圖 4-2 所示。

```
plt.plot(np.random.randn(100))
```

用 Python 是不是很快就可以做出有點感覺的東西了呢?

我們說過,主要要學的畫圖方式大概就兩種:一個是我們用了好多次的 **plt.plot**,另一個就是現在要介紹的

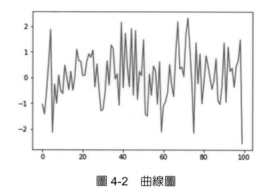

圖 4-2　曲線圖

plt.scatter

同樣是一堆點,把 x 座標和 y 座標分別記成一個串列,只是這次不相連,只點出點來! 例如我們有

```
X = [0, 1.1, 2.5, 3.2, 4.8]
Y = [2.1, 3.4, 1, 5, 7]
```

如果用 plt.scatter,也就是說:

```
plt.scatter(X, Y)
```

我們會得到這樣的圖。

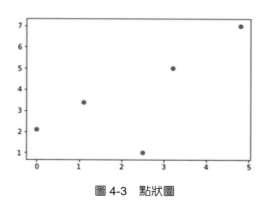

圖 4-3　點狀圖

X、Y 的座標當然也可以都從標準常態分佈出來。

```
X = np.random.randn(300)
Y = np.random.randn(300)

plt.scatter(X, Y)
```

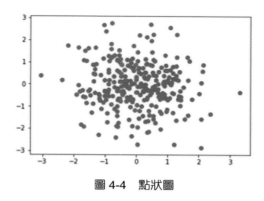

圖 4-4 點狀圖

看來是不是很有感覺？好像我們有點真的是個數據分析的人了！

亂數是好玩的根本。我們順便來介紹怎麼給定一個區間，隨機找出一個整數。

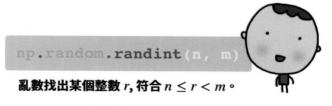

$np.random.randint(n, m)$

亂數找出某個整數 r, 符合 $n \leq r < m$。

圖 4-5 從亂數中找出某個整數

比如說，你想由 1 到 100 隨機取一個數出來，可以用：

```
r = np.random.randint (1,101)
```

你可以看看 **r** 的值是多少。而每一次再執行這個指令，**r** 值都會不一樣。

冒險旅程 **4**

1. 這可能對有些讀者來說有點挑戰，就是你可以從平均值 2，標準差 5 符合常態分佈的資料中，取出 100 筆資料嗎？

冒險 5　畫個函數吧

電腦畫函數的方式，基本上就是我們小時候學過的「描點法」。不一樣的是反正是電腦做，我們可以描很多很多點！當有個 **plt.plot(X,Y)** 可以把我們指定的點都連起來。耶！這不就是描點嗎？沒有錯，所以其實我們已經可以做描點法了。

現在我們來畫個

$$f(x) = x^2 + 1$$

這很容易，首先決定 x 座標範圍，比如說 -10 到 10，然後取個 500 個點。等等，500 個點！這是要如何打出來呢？不用擔心，這種事 Python 當然幫我們想好了。再一次，又是可愛的 **numpy** 提供了個 **np.linspace** 可以指定範圍、指定多少個點，就自動幫我們切出來！

np.linspace(開始, 結束, n)

從指定範圍取 n 個點。

▶ 開始: 起始點
▶ 結束: 結束點
▶ n: 總共取的點數

圖 5-1　np.linspace 的說明

於是乎，我們只要打入：

```
X = np.linspace(-10, 10, 500)
Y = X**2 + 1

plt.plot(X, Y)
```

然後圖就畫出來了！

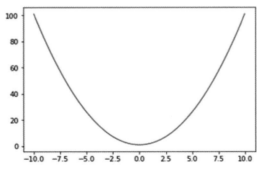

圖 5-2　函數圖

　　我們再練習一個例子,來畫大家最熟悉的 $f(x) = \sin(x)$,範圍取個 $[0, 6\pi]$,1000 個點。做這件事之前,我們來介紹另一個 Jupyter Notebook 很酷的小技巧!

用希臘字母當變數

　　Python 3 是預設是用 Unicode,不太明白這代表的意義的話,至少可以知道中文啦、日文啦、韓文啦等等都可以同場上映!最炫的是,這些字也可以當變數!

　　要打出希臘字母,在 Jupyter Notebook 很容易,基本上你只要會唸大概就可以打了。比如說 α 是 **alpha**,於是我們在一個工作格中打入 **alpha** + [**Tab** 鍵],接著,神奇的事發生、α 就出現了!

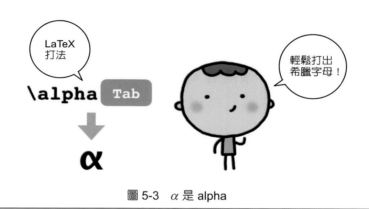

圖 5-3　α 是 alpha

　　回到我們要在 $[0, 6\pi]$ 這個區間中畫 sin 這件事。我們不如先來定義一個 π (發音是 **pi**):

```
π = np.pi
```

接著,我們來定義 x 軸範圍。啊,事實上這是角度,不如我們用 θ (發音 **theta**)來表示,記得範圍是 0 到 6π ,切 1000 個點。

```
θ = np.linspace(0, 6*π, 1000)
```

跟之前一樣,我們把這 1000 個點相對應的 sin 值一次算完。

```
y = np.sin(θ)
```

這裡要順便提一件事，我們可以這樣一次算完，其實是件神奇的事！這全都是因為 **numpy** 裡陣列（array）的關係！以後我們說到炫炫的「陣列導向程式設計」再來好好的說明。

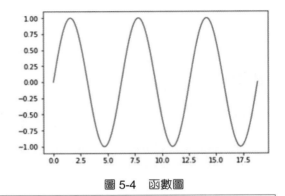

圖 5-4　函數圖

最後，當然就是把這個圖 5-4 畫出來！

```
plt.plot(θ, y)
```

在這次的冒險結束之前，我們來學個好玩的事。

 小技巧

xkcd 可愛風繪圖

現在，在工作格中打入

plt.xkcd()

執行之後，再下畫 sin 的指令。

```
plt.plot(θ, y)
```

於是就出現可愛風的 sin 函數圖形！

不只這樣，你之後的圖都是這樣的風格，直到重新啟動 Python 為止。

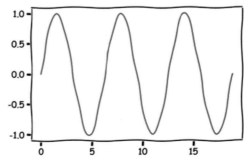

圖 5-5　xkcd 可愛風繪圖

冒險旅程 5

1. 找一個（從課本、網頁或自己本來就知道的）你覺得很漂亮的函數，畫出它的圖形。

 沒什麼用的冷知識

xkcd

Randall Munroe 是唸物理出身的，他在學生時代就很愛在書的空白處畫「火柴人」漫畫。後來他把這漫畫放到網頁上，大受歡迎。他把這漫畫系列取名叫 **xkcd**，這名稱就是刻意找一個沒有意義、也不能唸的字。

Randall 曾經去 NASA 工作，不過後來全職畫 **xkcd**！事實上 **xkcd** 太有名，很多人都差不多把 **xkcd** 當成 Randall Munroe 的筆名，稱 Randall 就叫 **xkcd**。

Randall 還寫了本很有趣的書，叫《如果這樣，會怎樣？》。書裡

問了很多天馬行空的怪異問題，比如說「如果全世界的人一、二、三一起往上跳一下會怎樣？」之類之類，然後很正經的回答這些問題。

xkcd 非常被引用的 Python 漫畫

`https://xkcd.com/353/`

冒險 6 參數式畫圖其實也一樣!

也許到現在你已經發現,Python 畫圖基本上就是用描點法。所以更一般的曲線怎麼畫呢?答案就是用我們小時候學的「參數式」,然後用「完全一樣的畫法」,算出點的 x 座標和 y 座標交給 Python,然後就能一樣畫出來!

如果你還記得極座標,如果一個半徑 r = 3 的圓,我們用極座標可以很容易換成 x, y 座標的參數式表示法。

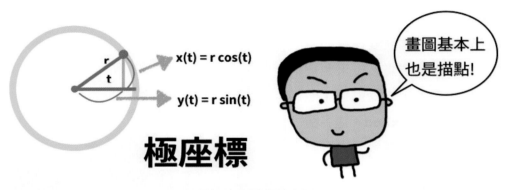

圖 6-1 極座標示意圖

```
π = np.pi
θ = np.linspace(0, 2*π, 500)
```

然後就是把點「瞬間」一起生出來!

```
r = 3
x = r * np.cos(θ)
y = r * np.sin(θ)
```

最後畫出圖 6-2 來!

```
plt.plot(x,y)
```

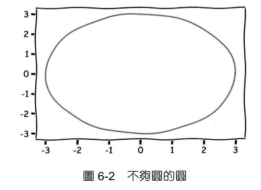

圖 6-2 不夠圓的圓

如何？是不是很容易呢？等等……這好像不太對，這個圓一點都不圓啊！我們要來調整一下，但首先我們先理解 **matplotlib** 的運作方式。

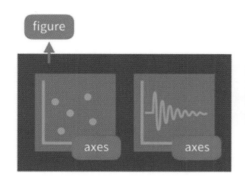

圖 6-3　matplotlib 圖的結構

原來 matplotlib 畫圖的時候，一定有一個 figure 是包含這次所畫的圖。而一個 figure 之下可以有好幾張 axes，就是每一個子圖。之前我們的用法都是一個 figure、一個 axes。我們現在就是要把畫圖的這個 axes 裡的 x, y 座標軸，改成用同樣單位長度的。所以嚴重的事來了：我們怎麼知道現在在用的 axes 是誰，怎麼去控制它呢？

其實很容易，要知道現在的 axes 是誰，只要下一個指令：

```
ax = plt.gca()
```

這裡的 ax 是我們自己取的變數名稱，不過雖然是自己取的，但大家都這麼叫，所以我們這麼取，大家會覺得我們很內行的感覺。更重要的是，去看別人的程式時，可以很快理解他們在做什麼。

gca 的意思是 "Get Current Axes"，是不是很清楚是做什麼的呢？我們現在來把 x, y 座標設成一樣單位。

```
ax = plt.gca()
ax.set_aspect('equal')

plt.plot(x,y)
```

果然這樣就得到一個圖 6-4 的圓了！

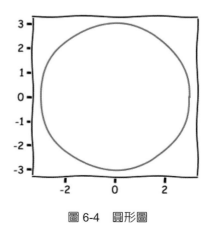

圖 6-4　圓形圖

順帶一提，我們之所以用了 r = 3 這樣的設定，而不是直接把 3 代入式子中，是因為如此很容易造出「可變半徑」的極座標系統。比方說，我們想畫出：

$$r = 1 - \sin(\pi)$$

可以這樣設參數式：

```
r = 1 - np.sin(θ)
x = r * np.cos(θ)
y = r * np.sin(θ)
```

接著真的畫出來：

```
ax = plt.gca()
ax.set_aspect('equal')

plt.plot(x, y)
```

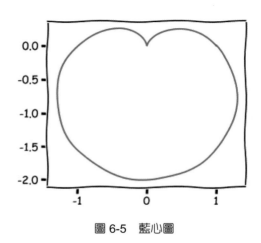

圖 6-5　藍心圖

但「藍心」看來怪怪的，**matplotlib** 有可「快速上色法」，用一個字母就代表一個顏色。

Matplotlib 的快選顏色

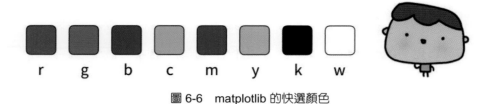

圖 6-6　matplotlib 的快選顏色

我們快速的在剛剛最後的部份加那麼一點點……

```
ax = plt.gca()
ax.set_aspect('equal')

plt.plot(x, y, 'r')
```

然後「紅心」就出現了！

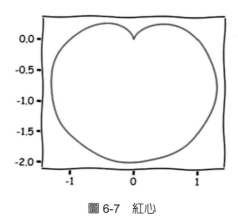

圖 6-7　紅心

冒險旅程 6

1. 在參數式畫圖的這段程式碼：

```
r = 1 - np.sin(θ)

x = r * np.cos(θ)
y = r * np.sin(θ)
```

我們可以發現重點就是「設計半徑 **r** 這個函數」。想辦法改變一下 **r** 的定義，看能不能更有意識的去設計出一些有趣的圖來。

 **冒險 7　Python 的資料型態**

　　Python 的資料型態，也就是變數是什麼型態，雖然還沒正式介紹過，但有我們已見過的數字（整數 **int**、浮點數 **float**）、字串 **string**、串列 **list**。其他的型態都很容易理解，我們特別要強調 **list** 雖然就是一堆各種型態的物件列出來，但是可能比我們想像還要重要。一個 **list** 可能是一串的數字，可能是一串的名字，也可以有些是數字、有些是字串，甚至還可以再包幾個 **list**。

　　定義一個變數，不像一些程式語言要宣告，在 Python 是直接定義就好。同一個變數名稱，中途你也可以換定義成別的資料型態的內容。Python 這樣不需宣告，動態即時決定資料型態的，有個很酷的名稱，叫動態資料型態（dynamically typed）程式語言。

　　我們隨便設幾個變數。

```
spam = 73
egg = " 你好 "
ham = [9, 4, 8, 7]
```

　　在 Jupyter Notebook 裡，想看一個變數裡的內容，只要打入這個變數的名稱，再按 **shift-enter** 就可以看到。這雖然是件小事，但對我們要確認程式的每個環節卻是非常重要！

比如說，我們打入：

```
egg
```

　　Out: ' 你好 '

就會看到「你好」的內容。

　　在電腦裡，所有的變數我們會忍不住想要做加、減、乘、除**四則運算**。數字的變數當然可以，現在我們來試試字串和串列是不是也可以！

```
egg * 3
```

　　Out: ' 你好你好你好 '

好像是可以，只是意思不是真的在計算，而是重複了 3 次！未來我們會慢慢發現，字串和串列真是好朋友，它們很多特性是一樣的。比如說串列的 3 倍也是：

```
ham * 3
```

```
Out: [9, 4, 8, 7, 9, 4, 8, 7, 9, 4, 8, 7]
```

可是我們更希望的是每個數字都乘以 3，那要怎麼辦呢？偷偷告訴大家，我們其實已經做過了！但在未來正式介紹到 **numpy** 套件的 **array** 型態時，會再更詳細的說明。

我們再來看看可以不可以做加法？比如說「你好」字串（**egg**），加上 **87** 這個數字。

```
egg + 87
```

結果可怕的錯誤出現了！先不緊張，一個好的程式設計師只是臉皮厚，看到錯誤訊息不會怕。Python 的錯誤訊息常常很長，看來很可怕，但一般只需要看有紅字的最後一段：

```
TypeError: can only concatenate str (not "int") to str
```

這基本上就是說字串只能和字串相加。因為我們一定要加上 **87**，所以必須把 **87** 改成字串，像這個樣子：

```
egg + "87"
```

```
Out: '你好 87'
```

注意輸出還會是個字串！

冒險旅程 **7**

1. 你是否可以用本節的技巧，讓電腦顯示 "878787" ？
2. 先用變數紀錄使用者的年齡、身高、體重，計算他的 BMI 值。假設一位 20 歲使用者算出的 BMI 值為 20.6，則輸出：" 你今年 20 歲，BMI 值為 20.6。"

 沒什麼用的冷知識

Python 慣用的變數名稱

我們寫程式的時候，很多變數只是為了舉例或臨時要用，很難取個名字。因此大家會有個不知怎麼命名的變數名稱集，還有很學術的名稱叫 **"metasyntactic variables"**（元語法變數）。

一般程式語言很愛用：

foo, bar, foobar, baz

等等。

但是 Python 比較愛用：

spam, ham, eggs

這原因是 Python 是以 "Monty Python" 這個喜劇團體命名的，而他們的「Monty Python 飛行馬戲團」有一集是說到一家早餐店，那一集的笑點是他們的 menu 不斷出現 spam（午餐肉、罐頭肉）⋯⋯

你可以在 YouTube 上看到這部著名的 Monty Python "Spam"：

https://tinyurl.com/yynzfann

但是如果你認真研究 menu（呃⋯⋯為什麼要認真研究這個），會發現 **ham** 根。本。沒。出。現。過！那怎麼會這樣呢？結果 Google 一下會發現居然有人認真解釋給你聽！那就是引申之後，常出現在早餐中的食材，我們都可以用來當這種，嗯，元語法變數。

對，耍寶就是 Python 的風格！所以呢，你帶著嚴肅的、我想要學會程式語言來學 Python 很難學得好。不如就帶著好玩的心情，來玩玩 Python 程式語言，你就會發現越學越有趣！

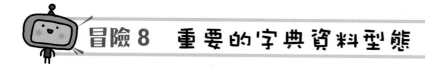

冒險 8　重要的字典資料型態

Python 還有一個重要的基本資料型態是我們還沒介紹過的，那就是**字典**資料型態。字典資料型態顧名思義，就是，嗯，要做個字典。我們很快的看以下這個簡單範例：

```
my_dict = {'spam':' 午餐肉 ', 'egg':' 雞蛋 ', 'ham':' 火腿 '}
```

查詢的時候，我們會發現 Python 很有規律的，索引的時候都是用中括號！比如說，我們想查詢 **ham** 這個字，應該這麼做。

```
my_dict['ham']
```
```
Out: ' 火腿 '
```

新增一筆資料也很容易。

```
my_dict['apple'] = ' 蘋果 '
```

我們來看看現在字典的內容。

```
my_dict
```
```
Out: {'spam': ' 午餐肉 ', 'egg': ' 雞蛋 ', 'ham': ' 火腿 ',
      'apple': ' 蘋果 '}
```

我們來試著把 **ham** 刪除。

```
del my_dict['ham']
my_dict
```
```
Out: {'spam': ' 午餐肉 ', 'egg': ' 雞蛋 ', 'apple': ' 蘋果 '}
```

我們再度使用神奇的 **Tab** 鍵。首先，先打入 **my_dict.**（記得要打上點），這時按下 **Tab** 鍵，於是我們可以看到 **my_dict** 有什麼可以用的功能。

圖 8-1　使用 Tab 鍵

比方說，我們來試試 **keys** 這個「函數」。

```
my_dict.keys()

Out: dict_keys(['spam', 'egg', 'apple'])
```

哦，原來這樣可以看到我們字典中有哪些關鍵字！那這時你可能會想，有沒有可以列出所有的對應值的方式呢？結果也是有的！

```
my_dict.values()

Out: dict_values([' 午餐肉 ', ' 雞蛋 ', ' 蘋果 '])
```

1. 找出五樣你想購買的東西，設計一個字典變數去記錄這五樣東西的價格。
2. 承上題，你又找到一個新的東西，再把它加入你的「欲購買物品資料庫」。

冒險 9　用 Markdown 做美美的筆記

不用多久，尤其是當你的程式越來越長，你會發現以前自己寫的程式好像很厲害，可是當初是怎麼想的完全忘了！甚至那些變數是什麼意思也不記得。所以，所有的程式設計老手，都會一再一再地提醒你「**一定要為你的程式加上註解！**」

Python 做註解很容易，就是加上一個 **#** 字符號，之後你打入什麼，Python 就不會理你，因為它知道那是你自己要看的部份。比方說，你可能想，不如把自己喜歡的相機鏡頭，目前的價格蒐集一下，做成一個字典檔。

```
# 我的夢幻鏡頭列表

lenses = {'12-100mm f4':32927,
          '300mm f4':78191,
          '40-150mm f2.8':30581}
```

WOW，這相機鏡頭實在有夠貴的！啊，這不是重點。我們這裡可以看到，字典格式其實不管 **key** 或是 **value** 都不一定要是字串，數字或其他資料型態也都可以！第二個重點是一行指令太長，在 Jupyter Notebook 中我們可以按 **enter** 換行，它會幫處理縮排的問題。

這裡我們可以看出來，當加上 **#** 字開始，那一行的指令 Python 就不會理會你。不過你也可以加在指令後面，前面的部份還是可以執行的！

```
usd = 29.94 # 美金對台幣匯率
jpy = 0.27 # 日圓對台幣匯率
```

不過這樣做出的註解實在不怎麼美，閱讀起來也不是很清楚。所以我們再為大家介紹，Jupyter Notebook 支援的方便筆記標準語法—— Markdown 語法。

圖 9-1 筆記標準語法 – Markdown

Markdown 是一種標準的美化文字的方式，比方說你可以很方便指定哪邊是大標題，所以字型要放大，也可以插入超連結、甚至插入一張圖！如果今天第一次知道 Markdown 這個語法，那你可能不知道其實有非常多，尤其是筆記型的 app 都支援 Markdown 語法。如果你用 Google 去搜尋 Markdown 會得到更進一步的語法介紹等網頁。

圖 9-2 用 Google 搜尋 Markdown

Jupyter Notebook 支援了 Markdown，使你可以一邊記筆記、一邊試驗、一邊寫程式！你會發現 Jupyter Notebook 會成為不管是工作上或學習上一個非常方便的工具！

我們現在來簡單介紹 Markdown 的基本語法，首先是標題的打法。那就是像這樣子打：

```
# 我們來學 Markdown
```

先不要急著執行，因為此時 Jupyter Notebook 不知道你在打 Markdown 指令，還以為只是平常的註解。一般來說，我們在 Jupyter Notebook 的狀態都是 **Code（程式）狀態**、我們現在要進入 **Markdown 狀態**，要在工具欄那邊的下拉式選單，選擇 Markdown。

圖 9-3　下拉式選單，選擇 Markdown

這時，你會發現那串「# 我們來學 Markdown」變成大大、藍色的字體。這時再按 **shift-enter** 執行，就會得到一個放大的大標題！

圖 9-4　調整標題字體

第二大的標題，就是兩個井號，第三大是三個，以此類推。因此大家很容易想像下面這段 Markdown 碼執行的結果。

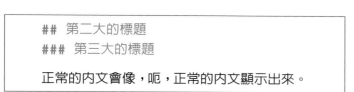

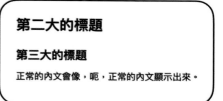

圖 9-5　執行結果

　　對了，現在你知道可以用選單切換寫程式（Code）或是做筆記（Markdown）的儲存格狀態。但用久了你就會發現，用下拉式選單做真的太麻煩了。這裡我們介紹一個很神秘、很炫的模式，叫做 Meta 模式（其實就是命令模式）！

圖 9-6　Meta 模式示意圖

　　要進入命令模式，就是按 **CTRL-M**。這時，Jupyter Notebook 會等待你下一個指令的快捷鍵。進入 Markdown 的快捷鍵是 **M**。意思是你如果按一下 **CTRL-M**，再按一下 **M** 就會切換成 Markdown 模式！

　　這裡要說明，其實按 **ESC** 鍵也可以進入命令模式，只是編者覺得按 **CTRL-M** 進入「Meta 狀態」感覺比較酷。另外當你越來越常在 Jupyter Notebook 工作，就會發現這類的快捷鍵真是方便無比。你想知道還有什麼快捷鍵可以使用，可以到 **Help > Keyboard shortcuts** 選單中看看。

　　我們再來看看 Markdown 還可以做什麼。一個常見的就是分點說明，像是這樣：

```
我們要學以下幾個套件：

* `matplotlib`
* `numpy`
* `pandas`
* `scikit-learn`
```

或是要標 1、2、3……這種也可以。

我們要學以下幾個套件：

1. `matplotlib`
2. `numpy`
3. `pandas`
4. `scikit-learn`

圖 9-7　有無編號的表示方法

　　說明一下，我們這裡使用斜斜的單引號（`），意思是這裡用等寬，一般給程式碼的字型。另外，你可能覺得「有編號」的打法有點笨，畢竟那不就是我們自己打上去一樣嗎？這有點不同的是，你可以試試表列的內容太長，長到第二行的情況。或者你要確認 Jupyter Notebook 有沒有工作，可以每一點都打 1，然後會發現 Jupyter Notebook 會自己幫你修改！

　　再來介紹怎麼做超連結。比方說，我們現在想要連到「炎龍老師的 Blog」，我們可以這麼做：

```
[炎龍老師的 Blog](https://yenlung.blog)
```

也就是說呢，作法是這樣子的：

[網頁名稱]（網址）

插入圖片的動作和做超連結的方法很像，就是多加個驚嘆號就好！

比如說和目前的 `.ipynb` 檔相同的資料夾下，建了一個叫 `images` 的資料夾，其中有隻可愛小豬的圖片叫 `pig.png`，我們就可以這麼做把圖片秀出來！

圖 9-8　可愛小豬圖片

```
![可愛小豬](images/pig.png)
```

再來是比較進階一點的，首先是我們要分享程式碼，但是沒有真的要執行的。如果你真的打一段 Python 程式碼，就會發現這縮排全亂了！要處理這個狀況有兩個方式，首先是很簡單的，只要每行「前面都加入幾個空格」，Jupyter Notebook 就知道這是特殊排版的文字，會完全照你意思排。比如說我們來段很簡單的 Python 程式（注意第一行前面就有空白）：

```
for i in range(10):
    print(i)
```

```
for i in range(10):
    print(i)
```

圖 9-9　輸出結果

如圖 9-9，是不是就正常顯示了！

不過其實我們還有更炫的方式。上一頁在句子中如果有些個別的指令我們想要變成等寬、程式碼字體時，前後加個倒斜線引號（`）就可以。如果我們用三個倒斜線引號，意思是括起來的段落，連同 enter，都要完全照我們打入的格式排列出來。更炫的是，我們可以指定這是什麼程式語言，然後就會看到魔法來了⋯⋯

```python
for i in range(10):
    print(i)
```

如圖 9-10，居然會自動把關鍵字加上不同顏色，是不是很厲害？

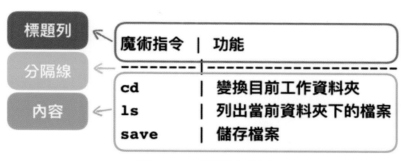

圖 9-10　輸出結果

　　要快速做個表格也是可以的！先提醒一下，Markdown 本意是快速做個簡單排版，並沒有要精細控制、做個超精美文件那樣。比如說，表格就不會有太多細節控制，而且也相當制式，固定要像這樣包含三個部份：

```
標題列  →  魔術指令 ｜ 功能
分隔線  →  -------- ｜ --------------------
內容    →  cd       ｜ 變換目前工作資料夾
           ls       ｜ 列出當前資料夾下的檔案
           save     ｜ 儲存檔案
```

圖 9-11　表格製作的規則

比如說，我們這段 Markdown 程式碼：

```
魔術指令 ｜ 功能
-------- ｜ -----
cd       ｜ 變換目前工作資料夾
ls       ｜ 列出當前資料夾下的檔案
save     ｜ 儲存檔案
```

會有圖 9-12 這樣的表格出現：

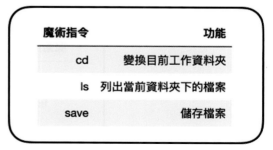

魔術指令	功能
cd	變換目前工作資料夾
ls	列出當前資料夾下的檔案
save	儲存檔案

圖 9-12　輸出表格的畫面

特別要說明的是，分隔線的 **---**，還有空格數都不用自己對得這麼精確，基本上對齊只是自己容易閱讀而已。我們會發現在 Jupyter Notebook 裡 Markdown 表格預設是靠右對齊的。可以用不同的分隔線來控制某一欄要靠左、靠右或置中。

圖 9-13 設定表格對齊方式

比如說以下的 Markdown 程式碼：

```
魔術指令 ｜ 功能
:--------:｜:-----
cd       ｜ 變換目前工作資料夾
ls       ｜ 列出當前資料夾下的檔案
save     ｜ 儲存檔案
```

我們會得到這樣的表格：

魔術指令	功能
cd	變換目前工作資料夾
ls	列出當前資料夾下的檔案
save	儲存檔案

圖 9-14 輸出表格的畫面

最後最後，在許多科目之中，尤其是數據分析、機器學習、深度學習等等相關的程式學習過程中，常出現許多的數學符號。而 Jupyter Notebook 支援了 LaTeX 語法。LaTeX 是一個標準的、很方便打數學符號的語法，可以在網路上找到許多相關資源，甚至也有當你「畫出」數學符號，就告訴你 LaTeX 該怎麼打。

輸入數學式子有兩種模式，第一種是隨著文章內文的「隨文模式」。打數學符號很容易，通常就是依自己想像最自然的打法，然後前後各加一個錢（**$**）就可以了！

設我們有函數 `$f(x) = x^3 - 2x + 5$`。

結果就會像這樣：

設我們有函數 $f(x) = x^3 - 2x + 5$。

是不是很容易呢？我們在書上也常會看到，特別要強調的數學式子，會獨立一行、置中。如果我們想要做到這件事非常容易，就是錢給多一點，前後各是兩個錢（**$$**）就好！

我們來算個積分：`$$\int_a^b f(x) \, dx$$`

我們來算個積分：
$$\int_a^b f(x)\, dx$$

 冒險旅程 **9**

1. 找一個你有興趣的主題，用 **Markdown** 做筆記好好介紹一下。這個主題是有計算、或是需要寫程式的，可以是個數學問題（比如費波那契數列），可以是一個實務上的數據分析，甚至可以是個小遊戲。你不用現在就會寫這個程式（事實上最好是你現在還寫不出來的），但要記得這件事，日後慢慢想辦法寫出這個程式來。　■

冒險 10　Hello, World!

　　現在程式語言的教學，第一課幾乎都是介紹怎麼印出 "Hello, World!"。那我們為什麼到現在才介紹呢？原因是想先介紹更有趣的東西，而且 Python 的 "Hello, World!" 實在太簡單了！就像這樣：

```
print("hello, world")
```
Out: **hello, world**

　　順道一提，在 Python 裡單引號（'）和雙引號（"）是沒有差的。也就是字串可以用單引號括起來，也可以用雙引號，只要一致就好！

　　我們來讓 Python 向我們親切的（？）打招呼。

```
name = " 炎龍 "
print(" 你好，" + name + " ！")
```
Out:　你好，炎龍！

　　Python 還有很炫的「三引號」字串，括起來的字串還可以換行！

```
message = ''' 於是  我
發現

妳
忘記  我的
思念 '''
```

內容看來這樣，有點可怕（大概就愛 C 的人覺得親切）。

```
message
```
Out:　' 於是 我 \n 發現 \n\n 妳 \n 忘記 我的 \n 思念 '

我們還是印出來看看好了。

```
print (message)
```

Out: 於是　我
　　　發現

　　　妳
　　　忘記　我的
　　　思念

對了，這首詩是 Python 做的哦！其實很容易達成，我們不久就會學到怎麼讓 Python 做首詩。

我們一再的強調，你一定要抱著好玩的心情來寫程式。尤其像 Python 這麼耍寶的程式語言，你太一本正經的要寫程式，常常會有問題。

比如說呢，有一天你在網路上看到「顏文字卡」（**http://facemood.grtimed.com**），蒐集了很多，嗯，顏文字。你可能就會想，這可愛的顏文字可不可以拿來放在我們程式裡呢？

比如像這樣。

```
face = "(*′∀′)~♥ "
print(face)
```

Out:　(*′∀′)~♥

當然還可以做更有趣的，連續顯示五次這個顏文字。

```
print(face * 5)
```

Out:　(*′∀′)~♥ (*′∀′)~♥ (*′∀′)~♥ (*′∀′)~♥ (*′∀′)~♥

冒險旅程 10

1.　找一個你喜歡的顏文字，並且亂數決定連續顯示幾次。所以每次會得到不同長度、連續顯示的顏文字。

沒什麼用的冷知識 ⋯⋯⋯⋯⋯⋯⋯⋯⋯⋯⋯⋯⋯⋯⋯⋯⋯⋯

電腦程式的 Hello, World!

"Hello, World!" 就是要在螢幕上顯示，嗯，"Hello, World!" 的程式。現在已經變成一個傳統，程式語言一開始就介紹這個 Hello, World! 程式。雖然簡單，但也能確定程式語言有裝好，且知道怎麼樣用這個語言開始寫程式，所以事實上也是很重大的一步。尤其是大家如果 Python 學完，之後要學其他的程式語言，會了 Hello, World! 之後，你會發現之後的進展就非常快速！

這類的小程式其實很早很早很早以前，程式設計師就會寫這類開始測試的小程式。不過到現在人人皆知大概是受了 C 的聖經版 "The C Programming Language" 影響來的。這本 C 的聖經之所以這麼有名，一方面當然是寫得好，一方面這是由 C 的原創者 Dennis Ritchie 還有寫 C 的第一個教學的 Brian Kernighan 一起寫的。程式社群也常常沒記得那麼清楚書名，經常簡稱 K&R。

在 K&R 書裡的 Hello, World! 程式，是印出 "Hello, World!"，所以我們這個單元完完全全照原版的寫法，這樣子除了讓我們感覺很「正宗」，也有向 K&R 致敬的意思。這樣的寫法原本是出自 Kernighan 在貝爾實驗室的內部教學文件。

冒險 11　做一個拍拍機器人！

現在我們會讓電腦顯示訊息，那怎麼樣可以輸入一些資料，和電腦進一步互動呢？比方說，想要輸入我們的名字，電腦就可以和我們打招呼。

```
name = input(" 請輸入你的名字： ")
```

執行之後，Python 就會顯示「請輸入你的名字」，並且等待你輸入。比如說，我輸入自己的名字：

請輸入你的名字：炎龍

按了 **enter** 之後，好像什麼也沒發生。原來是我的名字會被存到前面的變數之中。我們可以看一下目前 **name** 的內容。

```
name
```

Out:　'炎龍'

於是可以來個簡單的互動。

```
name = input(" 請問你名字叫什麼？ ")
print(name + ", 你好 !")
```

Out:　**請問你名字叫什麼？炎龍**

　　　炎龍, 你好！

注意變數得到的一定是一個
字串

變數 = input("提示字元")

圖 11-1　輸入的結果是一個字串

要注意的是，輸入永遠是「字串」格式。比方說以下的匯率換算會出問題！

```
c = 0.272174
jpy = input("請輸入日圓金額：")
print('換算成台幣為 ', jpy * c)
```

這時 Python 會請你輸入日圓金額，比如輸入 500。

請輸入日圓金額：500

按了 **enter** 之後，可怕的錯誤訊息又來了！不過我們已經知道，通常最後一句是重點。這是所謂的 **TypeError**，意思是我們不可以把 **jpy** 這個字串和浮點數 **c** 相乘。雖然我們輸入 500，但是 Python 會用字串，也就是 **'500'** 這樣的型式，把數字當成一個字串記下來。我們可以看一下 **jpy** 的內容。

```
jpy
```
Out: '500'

Python 要做資料型態的轉換非常容易，基本上就是要轉什麼，就用那個格式的函數。比如說，我們想把 **jpy** 的內容轉成浮點數。

```
float (jpy)
```
Out: 500.0

當然也可以轉成整數：

```
int (jpy)
```
Out: 500

```
c = 0.272174
jpy = input ("請輸入日圓金額：")
print ('換算成台幣為 ', float(jpy) * c)
```
Out: 請輸入日圓金額：500
換算成台幣為 136.08700000000002

1-52

這個顯示也太可怕了，之後會再來學怎麼顯示到我們指定小數點位數就好！這裡我們發現，**要用 print 顯示的資訊，可以用逗號隔開**。這和用「字串加法」有什麼不同呢？不一樣的地方是，這樣可以顯示「不同資料型態」的資訊，比如例子中是同時顯示了字串和浮點數。

接著我們要介紹的是，**jpy** 這個變數當然也可以在使用前就「調整好」它的資料型態。比如說我們可以在做匯率換算前，將 **jpy** 換成「正確的」浮點數型態。

```
jpy = float (jpy)
```

剛開始寫程式的時候，可能會因為數學太好，覺得這樣的式子很怪。原來在 Python 的等號並不是相等的意思，而是「**把右邊執行的結果，代入到左邊的變數中！**」

圖 11-2　把右邊執行的結果，代入到左邊的變數中

於是程式就可以改寫成這樣。

```
c = 0.272174
jpy = input ("請輸入日圓金額：")
jpy = float (jpy)
print ('換算成台幣為 ', jpy * c)
```

Out:　**請輸入日圓金額：500**

　　　換算成台幣為 136.08700000000002

同樣的道理，其實我們也可以在 input 收到的那一刻，直接改成浮點數型態，再送給 **jpy** 這個變數。

```
jpy = float (input (" 請輸入日圓金額： "))
```

於是我們的程式碼就會變成這樣。

```
c = 0.272174
jpy = float (input (" 請輸入日圓金額： "))
print ('換算成台幣為 ', jpy * c)
```

Out: **請輸入日圓金額：500**

換算成台幣為 136.08700000000002

當然，這幾個程式執行結果是完全一樣的！只是有很多人覺得，最後一種方式最酷。不知道你是不是也這樣認為呢？

我們終於要開始做**拍拍機器人**。這是一個對話機器人，不管你說什麼，機器人都回應你「拍拍」。為了看起來更療癒，我們還可以再選個適合的顏文字來回應。

圖 11-3　拍拍機器人

```
message = input("> ")
print(" ╰ (·∀·`): 拍拍 ")
```

Out: **> 我覺得很難過。**

╰ (·∀·`): 拍拍

　　這個簡單的對話機器人其實很療癒。我們曾經用 Facebook 真的讓它上線，結果有非常多人來和拍拍機器人聊天。我們目前的版本，拍拍機器人好像沒有什麼誠意，只拍拍一次就結束。之後會學習怎麼用迴圈來讓拍拍機器人一直聽你說話，直到你跟它說再見。

 冒險旅程 11

1.　我們的拍拍機器人只會說「拍拍」，久了你可能覺得沒有什麼誠意。可不可以設計一個會隨機選一句溫暖、安慰詞語的機器人呢？隨機選數字我們會了，可是怎麼從數字選出一個詞呢？一個方式是用串列蒐集我們想回應的詞：

egg = [' 拍拍 ', ' 我瞭解 ', ' 多找我聊聊 ']

每個都有編號，從 0 開始。比如說 **egg[1]** 就會是 **' 我瞭解 '**。所以你用亂數決定要第幾個詞就行了！

2.　當然，**input** 也可以寫更「有用」的程式。比方說，我們可以寫讓使用者輸入身高、體重，就幫他算出 BMI 值的程式。

3.　請使用者輸入他的幸運數字，然後就隨機選個運勢分析回應給他。啊？隨機？那根本是騙人的啊！沒辦法，現在還不知道怎麼樣運算、判斷情況，之後我們會有能力做出「真的」程式（當然，也要我們知道怎麼算）。

寫程式常常會需要電腦做一些判斷。比如說,我們來看看數字 2 和 3 哪個比較大,
於是可以問 Python:

```
2 < 3
```

Out: **True**

```
3 < 2
```

Out: **False**

這裡的 **True** 和 **False** 都是 Python 的保留常數,代表,嗯,true(真的) 和 false(假
的)。請注意保留字的大小寫,是固定的寫法。

另外要注意的是,要把一個變數設定成某個數字,和要判斷某個變數的值是不是某
個數字方式是不一樣的!以下是把 **a** 這個變數設為 **7**。

```
a = 7
```

而下面是判斷 **a** 是不是等於 **8**。

```
a == 8
```

Out: **False**

再來是不等於的表示法。

```
a != 8
```

Out: **True**

大於等於和小於等於基本上就是照唸出來的打。

```
a >= 6
```

Out: **True**

```
a <= 6
```

Out: **False**

在程式裡的條件判斷是用 **if** 指令。

注意縮排（雖然 Jupyter Notebook）會幫你處理。

if　條件判斷式 ：

　　條件成立
　　時執行

比如說我們判斷一位同學的成績是不是及格了。

```
grade = 87

if grade >= 60:
    print (" 及格了！")
    print (" 再繼續加油！")
```

Out: **及格了！**

　　　再繼續加油！

　　我們這裡故意執行兩個 **print**，就是要讓大家瞭解，在條件成立的執行區是可以很多行的。只是要小心空格的方式要完全一樣，還有就是在有些編輯器中，按空白和按 **TAB** 鍵空格是「不一樣的」！好在我們在 Jupyter Notebook 裡，這些事一般都是自動調整好的。

　　你當然可以試著改不同的成績，尤其是低於 **60** 分的狀況，再執行看看。然後你會發現一個問題，那就是如果輸入不及格的成績，電腦什麼也沒有回應，好像什麼都沒發生過一樣。要改變這樣的情況，我們就要用更進階版的 **if** 格式。

```
grade = 87

if grade >= 60:
    print("太棒了，及格了！")
else:
    print("不要灰心，再加油！")
```

Out: 太棒了，及格了！

當然我們也有可能分更多段的判斷方式，那就是用 **elif** 再加判斷式。這 **elif** 可以愛用幾次就用幾次。

```
grade = 66

if grade >= 80:
    print('太神了！！')
elif grade >= 60:
    print('及格了！')
elif grade > 50:
    print('差一點點，再加油！')
else:
    print('不要灰心，再努力一點！')
```

Out: 及格了！

最後我們要說明的是，Python 對字串也是可以比大小的！比如說：

```
'Z' > 'B'
```

　　Out: **True**

其實就是字典的排序一樣，比如說：

```
'zoo' > 'zip'
```

　　Out: **True**

還有 Python 很容易判斷一個字串是不是包含在另一個字串中，比方說：

```
'悲傷' in '我今天很悲傷。'
```

　　Out: **True**

1. 我們的拍拍機器人，改成如果輸入的句子中有「悲傷」，才回應「拍拍」；如果有「很快樂」就回應「太棒了」；其他句子就回覆「嗯嗯」。當然你可以想辦法分更多的情況！

2. 讓使用者輸入身高、體重。幫他算出 BMI 值，並且依 BMI 值來告訴他是正常、過重或過輕。

冒險 13　串列索引和生成

不久之後，你會發現 **list** 串列在 Python 中可以說是非常重要的資料型態。於是有很多「快速生串列」的方法。這之中 **range** 是最常用來快速生成串列的指令。

注意生出來數列的範圍。

range(i, j)

產生　i, i+1, i+2, ..., j-1

$i \leq k < j$

特別要注意的是，Python 範圍很喜歡用「包含」起始位置，但「不包含」結束位置。另外，如果開始的值是 **0**，我們可以省略它。

```
range(10)
```

Out: **range(0, 10)**

耶？這是在說什麼？原來嚴格說來，**range** 並不會產生一個串列，不過我們先不要太在意這件事。基本上它和串列很像，我們也可以用 **list** 指令把它變成真正的串列。

```
list(range(10))
```

Out: **[0, 1, 2, 3, 4, 5, 6, 7, 8, 9]**

當然，和以前一樣，我們常會把這個串列用一個變數記起來。

```
egg = list(range(10))
```

自然 **egg** 的內容就會是我們剛剛看到的串列。

```
egg
```

Out: **[0, 1, 2, 3, 4, 5, 6, 7, 8, 9]**

再一次，我們可以指定起始值。

```
list(range(2, 10))
```

Out: **[2, 3, 4, 5, 6, 7, 8, 9]**

我們還可以指定間隔，比如說列出 1 到 15 的奇數。

```
list(range(1, 16, 2))
```

Out: **[1, 3, 5, 7, 9, 11, 13, 15]**

注意結束的位置並不會包含進去，所以要用 16 而不是 15。串列中的資料型態可以走混搭風，甚至串列中有串列也可以！

```
奇怪的串列 = [37, 85, [2, 3, 6], 'cat', 49]
```

　你有沒有發現一件很酷的事？對的，變數名稱也可以用中文！我們試著看看內容，看是不是真的這樣。

```
奇怪的串列
```

Out: **[37, 85, [2, 3, 6], 'cat', 49]**

　我們之前就學過，要把 Python 某個資料型態的物件轉成另一個資料型態，只要用一個那個資料型態的名稱就好。比方說我們轉過浮點數 **float**、整數 **int**。前面我們其實就是把 **range** 造出來的物件轉成串列。還有什麼可以轉呢？我們以後會發現串列很多特性，都非常像字串。那我們來試試可不可以用字串快速生成串列。

```
ham = list("ABCDEFGHIJK")
```

Python 沒有抱怨，看來好像是可以哦。來看看內容。

```
ham
```

Out: **['A', 'B', 'C', 'D', 'E', 'F', 'G', 'H', 'I', 'J', 'K']**

　串列可以說是我們未來要做數據分析最基本的資料型態。之後我們常常會希望取出特定的一個，或是幾個元素出來。Python 的 **index** 指標，是在元素和元素中，想像有個桿子把兩個相鄰的元素隔開。所有資料最前面的桿子編號是 0 號，再來是 1 號，2

號，以此類推。有趣的是，桿子也可以倒算回來，倒數第一個是 -1 號，再來是 -2 號等等。

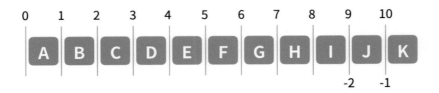

我們要取出某個元素，就指出它「**左邊**」的桿子標號就好。再一次，Python 索引時是用中括號。

```
ham[2]
```
Out: `'C'`

也可以用倒數過來的編號，還是一樣看左邊的桿子。

```
ham[-2]
```
Out: `'J'`

我們也可以指定兩個桿子，把夾在中間的資料都顯示出來。

```
ham[3:6]
```
Out: `['D', 'E', 'F']`

如果我們想要從某個位子開始，一路到最後的話，就不用指定到什麼地方結束。

```
ham[5:]
```
Out: `['F', 'G', 'H', 'I', 'J', 'K']`

同理，如果是從開始到某個位子，我們也不用指定開始位置。

```
ham[:5]
```
Out: `['A', 'B', 'C', 'D', 'E']`

再一次，桿子的編號也可以是從後面算過來的。以下的指令會得到和前面一樣的結果。

```
ham[:-6]
Out: ['A', 'B', 'C', 'D', 'E']
```

如果開始和結束都不指定，那自然就是從頭到尾了！

```
ham[:]
Out: ['A', 'B', 'C', 'D', 'E', 'F', 'G', 'H', 'I', 'J', 'K']
```

前面提到，串列和字串很多地方很像。其中一個是字串也是在「字元和字元」中間，想像有個桿子，編號方式和串列一樣。所以說，如果我們有這個字串：

```
egg = 'ABCDEFGHIJK'
```

那以下的結果應該是在預期當中了！

```
egg[:-6]
Out: 'ABCDE'
```

我們順便介紹另一個很酷的事，那就是其實我們也**不一定要連續取**，也可以說「每兩個取一次」。比方說「從頭到尾，每兩個取一次」。

```
egg[::2]
Out: 'ACEGIK'
```

我們時不時就可以看到一些程式設計課程的作業，或是程式設計比賽之類，出現**「給定一個字串，產生一個新的字串，是原字串倒過來排列。」**對於剛開始寫程式的人，這樣的問題有一點點挑戰性。不過好在我們用 Python，看到這個題目的話真要眉開眼笑。因為這意思是要取這個字串「從頭到尾，但倒過來一個一個取（**-1**）」。

```
egg[::-1]
Out: 'KJIHGFEDCBA'
```

最後，我們來談談數據分析很常會用到的資料結構，就是矩陣該怎麼呈現。在 Python 或是許多程式語言都是一樣的，基本上就是個串列的串列，一列列的蒐集起來。比如說，我們要呈現圖 13-1 這個 2×2 的矩陣 A。

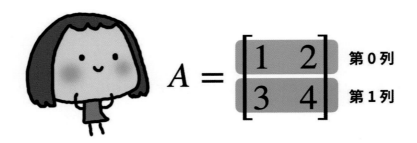

圖 13-1　2 x 2 矩陣

```
A = [[1, 2], [3, 4]]
```

Python 是從第 0 列開始算，我們要看第 0 列的內容就會是這樣下指令：

```
A[0]
```

Out: [1, 2]

這時又是一個串列，因此第 0 列、第 1 行的元素，就會是像這樣：

```
A[0][1]
```

Out: 2

 冒險旅程 13

1. 一個詞或一個句子，如果從前面唸到後面，或從後面唸到前面是完全一樣的，叫做**回文（palindrome）**。比如說 "abba" 就是一個回文。請寫一個程式，讓使用者輸入一個英文單字，判斷它是不是回文。（有趣的是，同樣的程式你應該可以輸入中文句子，判斷它是不是回文！）

冒險 14　用串列控制要做幾次的 for 迴圈

Python 的 for 迴圈基本上就是用串列來做的：把串列中的元素一個一個拿出來，執行我們要執行的動作。比如說，有個這樣的串列：

```
spam = ['豬', '狗', '牛']
```

可以一個一個把裡面的內容顯示出來。

```
for i in spam:
    print (i)
```

Out: 豬

狗

牛

這時你可能會想到，我們前面就是在談怎麼用 **range** 快速生出串列來。沒錯，**for** 迴圈最好的朋友就是 **range**。

```
for i in range(5):
    print(i)
```

Out: 0

1

2

3

4

你馬上會想到，那如果要印出 20 個數字，甚至更多的數字，這不就沒完沒了的印下去。可不可以印出來一個東西，下一次接在後面呢？例如說我們每次印出來，用空白隔開。原來 Python 的 **print** 指令，是可以指定結束是什麼（一般預設結束是換行）。

我們想要結束是空白，就是加上 **end** = ' ' 這個參數。

```
for i in range(10):
    print(i, end = ' ')
```

Out: **0 1 2 3 4 5 6 7 8 9**

聰明的你，可能會發現，我們其實多印一次空白。所以如果是用逗號隔開，那就露餡了！

```
for i in range (10):
    print (i, end = ', ')
```

Out: **0, 1, 2, 3, 4, 5, 6, 7, 8, 9,**

這個我們之後會想辦法解決。然後你會發現，有時程式為了一點小小的例外，會花不少工夫去處理它。不過現在我們先不要擔心這個問題！

我們一直以來的風格，就是你要多想一些耍寶的程式來寫。不過現在我們來做很多人做過的，第一列印出一顆星星，第二列印出兩顆星等等這種程式。不過想想，印星星還是太無聊了，決定拿個顏文字來印一下。

```
face = "(*´▽`*)"
for i in range(1, 6):
    print(face * i)
```

Out: (*´▽`*)
　　　(*´▽`*)(*´▽`*)
　　　(*´▽`*)(*´▽`*)(*´▽`*)
　　　(*´▽`*)(*´▽`*)(*´▽`*)(*´▽`*)
　　　(*´▽`*)(*´▽`*)(*´▽`*)(*´▽`*)(*´▽`*)

這次小冒險的最後，我們來挑戰很多「數學太好」的人不太會用程式寫的問題，那就是用 **for** 迴圈做 1 加到 100。我們當然要先有個 1 到 100 的串列，這可以用：

range(1,101)

生成。

再來就是要把這個串列裡面的數字都加起來。動作是這樣:我們會先設一個最後存放加總結果的變數 **s**,開始設為 0。然後 **for** 迴圈會一次次讓 **i** = **1**, **2**, **3**,……我們每次把原本的 s 加上目前的 **i**,再放回 **s** 中就好。所以又一次我們會出現在數學上看起來怪怪,程式上卻常常出現的式子:

$$s = s + i,$$

這也是為什麼數學太好的人有時很難接受!我發現教會國中生這段程式,比教會沒寫程過式的國、高中數學老師還容易!

圖 14-1　將 s + i 存到變數 s 中

上面的想法,寫成程式大概就是這樣。

```
s = 0

for i in range(1, 101):
    s = s + i

print('1 + 2 + ... + 100 = ', s)

Out: 1 + 2 + ... + 100 = 5050
```

1. 用 for 迴圈畫出一棵像下面這樣的聖誕樹：

```
    *
   ***
  *****
 *******
*********
```

當然，你想用顏文字或堅持聖誕樹要畫出樹幹，我也是不反對的。

2. 你和朋友總共五個人一起去吃飯，每個人點的餐價格是：

price = **[100, 150, 120, 90, 145]**

你們最後決定大家平分就好，所以請用 for 迴圈把總金額算出來，再求出平均數。

3. 用 **for** 迴圈寫一個可以執行 5 次的拍拍機器人。當然，你可以用隨機取回應的方式，讓回答看起來不那麼死板。另外，你也會發現執行固定次數還是怪怪的，難道不能等使用者說再見才結束嗎？

冒險 15 直到這樣，while 迴圈才結束

所有程式語言都有迴圈，而且基本上都有兩種迴圈。一個是我們前面學到的 **for** 迴圈，另一個是「條件符合才執行」的 **while** 迴圈。

圖 15-1 while 迴圈

我們要強調的是，**while** 迴圈一旦執行了，條件沒有改變是會永無止盡執行下去的！所以你要小心在執行區塊中，一定要可以改變條件狀況的程式。比如說我們來個前面用 **for** 迴圈寫過的例子。

```
i = 1
face = "(*´▽`*)"

while i <= 5:
    print(face * i)
    i = i + 1
```

Out: (*´▽`*)
      (*´▽`*)(*´▽`*)
      (*´▽`*)(*´▽`*)(*´▽`*)
      (*´▽`*)(*´▽`*)(*´▽`*)(*´▽`*)
      (*´▽`*)(*´▽`*)(*´▽`*)(*´▽`*)(*´▽`*)

你會發現用不同的指令可以做出一樣迴圈的效果，只是風格有點不一樣。在 **while** 這個程式中，最重要的是我們要自己設一個控制的變數 **i**，而在 **while** 裡面的程式區塊中，你一定要有改變 **i** 值的那行 **i = i+1**，否則程式不會停止！

我們終於可以寫出一直對話，直到我們說 "Bye" 的拍拍機器人了。我們會設定除非看到 "Bye"，不然就會一路拍拍下去。開始把 message 預設成一個不是 "Bye" 的字串就可以，這只是讓程式會開始執行。

```
message = ""
while message != "Bye":
    message = input("> ")
    print(" ヾ ( ·∀·'): 拍拍 ")
    print()
```

Out: **>** 我覺得很難過。

　　ヾ (·∀·'): 拍拍

　> Python 都不太會寫。

　　ヾ (·∀·'): 拍拍

　> 一起學的朋友也不教我。

　　ヾ (·∀·'): 拍拍

　> Bye

　　ヾ (·∀·'): 拍拍

我們說再見的時候，拍拍機器人居然還在拍拍。在這次的冒險旅程中，大家可以試試可不可以改變這樣的情況。

冒險旅程 **15**

1. 改寫我們的拍拍機器人，當使用者說 "Bye" 的時候，不要再顯示「拍拍」，而是回應「再見！」或「Bye！祝你一切順利！」等等。

2. 寫一個和電腦玩「剪刀、石頭、布」的遊戲，你可以用 1 代表剪刀、2 代表石頭、3 代表布，電腦也隨機選一個出來，然後判斷誰贏了。一直玩到使用者打入 **bye**，才結束遊戲。

冒險 16　用 append 打造我們要的串列

我們之前學習用 range 等方式快速造出一個串列，但有時會需要經過比較複雜的程序，才產生一個串列。現在就來學習怎麼樣一個個算出串列的元素，再放到我們最後的串列之中。

假設你要去瑞士玩，朋友請你帶三個東西，你查到瑞士法郎的價格分別是 3000、2500、100。Google 一下，我們發現瑞士法郎現在的匯率是 1 法郎合 31.4862596 台幣。我們現在把這三件物品的價格放在一個串列中，然後想一一換算成台幣，再存到另一個串列中。

這裡通常就會先設一個空白的串列，然後再把元素一一加入。要把某個元素 item 加到一個串列 L 中的語法是這樣。

將 item 放入 L 這個串列中。

圖 16-1　將 item 放入 L 這個串列中

瞭解之後，我們就可以來做這個匯率換算的問題！大概的流程是我們有個 **price** 串列紀錄三件物品的法郎價格，設好一個叫 **price_tw** 的空串列，然後用 **for** 迴圈把 **price** 中的價格一一取出，換算成台幣之後，存入我們 **price_tw** 串列。

```
price = [3000, 2500, 100]

c = 31.4862596

price_tw = []

for p in price:
    ptw = p*c
    price_tw.append(ptw)
```

1-72

換算完成，我們來看看成果：

```
price_tw
```

Out: [94458.7788, 78715.649, 3148.62596]

　　我們來看一個數據分析常碰到的情況，讀入的資料格式是 CSV 檔，也就是數據都是用逗號分開的。比如說其中的一列資料可能是：

"23,68,99"

這樣字串的型式，要怎麼拆成三個數字呢？這時就要動用字串裡的一個叫 **split** 的方法。

圖 16-2　split 是切割符號

比方說，把剛剛的字串命名為 st。

```
st = "23,68,99"
```

然後要依逗號切開就像這樣：

```
st.split(',')
```

Out: ['23', '68', '99']

　　傑克，這真的太神奇了！但會發現這些全是字串，我們想要把每個元素都一一換成整數，再存到一個叫 **egg** 的串列中。於是開始很像前面匯率換算的過程。

```
st = "23,68,99"
spam = st.split(',')
egg = []

for x in spam:
    k = int(x)
    egg.append(k)
```

我們看看 **egg** 的內容。

```
egg
```
```
Out: [23, 68, 99]
```

真的成功了！當然，如果對程式熟悉，我們也可能很多變數不設定就直接用。

```
ham = []
for x in st.split(','):
    ham.append(int(x))
```

看看 **ham** 的內容，應該和我們剛剛 **egg** 一樣。

```
ham
```
```
Out: [23, 68, 99]
```

既然我們換成數字了，不如來複習一下，試著求 **[23, 68, 99]** 之和。

```
s = 0
for k in egg:
    s = s + k
print('總和為 ', s)
```
```
Out: 總和為 190
```

 **小技巧**

求一個串列中所有數字的和

其實求一個串列中所有數字的和，Python 有快速指令…

```
sum(egg)
```

Out: **190**

　　喂，這樣會不會太過份！？我們之前寫 **for** 迴圈一個個加是怎樣？這就是 Python 好玩的地方，一樣的目標，有很多種寫法。而你覺得很複雜的地方，通常會有一個簡單的方法可以達成。

 **小技巧**

顯示串列或字串長度

　　不論要看一個串列，還是一個字串的長度，我們都可以用 **len** 指令。

```
len(egg)
```

Out: **3**

 冒險旅程 16

1. 冰雹數列是一個由任意正整數開始的數列，如我們把這個數列表示成 $a_1, a_2, ..., a_n, ...$，在有起始值 a_1 給定的情況，每次都用下面這個遞迴的公式產生下一個數字：

$$a_{n+1} = \begin{cases} \dfrac{a_n}{2} & \text{，如果 } a_n \text{ 是偶數} \\ 3 \times a_n + 1 & \text{，如果 } a_n \text{ 是奇數} \end{cases}$$

如果我們得到 1，這個數列就結束。現在寫一個程式，讓使用者輸入一個正整數，求以這個數字開始的冰雹數列，並畫出圖來。比如說，使用者輸入 23，我們會得到冰雹數列是

[23, 70, 35, 106, 53, 160, 80, 40, 20, 10, 5, 16, 8, 4, 2, 1]

而畫出圖會長這樣：

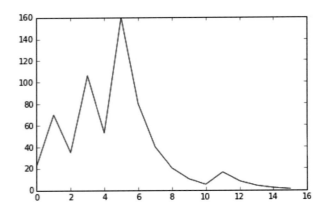

你會發現起始值的大小和冰雹數列長度沒有什麼太大關係，而 Python 無限長度的整數，可以讓你做很有趣的測試。推薦大家可以試試起始值是 27 的例子，相當精彩！「冰雹猜想」說不論哪個自然數當起始值，最後都會變成 1！你可以試試看是不是真是如此。

冒險 17　list comprehension 打造所需的串列

Python 有個很酷的**串列表示式（list comprehension）**，可以讓我們快速的把串列做出來！這個方法很像我們小時候在數學裡學習集合的表示法。比方說，我們想要表示 1, 3, 5, 7, 9 這五個奇數，可能是這麼表示的：

$$\{2k+1 \mid k \in \{0,1,2,3,4\}\}$$

在 Python 裡，我們也可以像這樣瞬間做出這個串列。

```
[2*k+1 for k in range(5)]
```
Out: `[1, 3, 5, 7, 9]`

有沒有覺得這實在太像數學算式，非常直覺！

再回到上一節的匯率換算。前情提要一下，就是我們在瑞士有三件要買的東西，我們想把這三件東西的價格由法郎換成台幣。用新學的串列表示法，一切變得超簡單！

```
price = [3000, 2500, 100]
c = 31.4862596

price_tw = [p*c for p in price]
```

這會不會簡單的過份啊？來看看結果。

```
price_tw
```
Out: `[94458.7788, 78715.649, 3148.62596]`

真的成功了！你可能會想，那我們上一次的冒險在做什麼。不過 **append** 其實是比較「正規」的作法，而有時比較複雜的程式，可能也要用 **append** 反而比較好做。

還記不記得我們還有個更複雜的，就是要把 "23,68,99" 這個字串切開，然後換成整數，再放到一個串列中。我們來試試看！

```
st = "23,68,99"
egg = [int(x) for x in st.split(',')]
```

真的這麼簡單嗎？我們確認一下！

```
egg
```

Out: **[23, 68, 99]**

真的又成功了！如果你覺得這已經很容易，那之後我們學 **numpy** 裡的 **array** 時，會發現一切又更自然容易！事實上我們已偷偷用過 array 了，不知你有沒有發現？

因為太簡單了，不如我們來做個有挑戰一點的事。我們現在想把撲克牌的 52 張牌，每張牌以下面這樣的元組（tuple）表示：

(花色，牌面大小)

比如說，**(' ♥ ', 'Q')**、**(' ♠ ', '3')** 等等。元組和串列很像，只是不能像串列做 **append** 或局部修改，比較常用來做一個不能更動的表示。我們先把所有的花色（suit）和牌面大小（rank）做成兩個串列。因為自己一個個打，還要一個個括起來很麻煩，所以我們用一些之前學過的技巧來幫忙做。

```
suit = list("♣♦ ♥♠ ")
rank = "A,2,3,4,5,6,7,8,9,10,J,Q,K".split(',')
```

當然你要自己打也可以，總之要做成下面兩個串列。

```
suit
```

Out: **[' ♣ ', ' ♦ ', ' ♥ ', ' ♠ ']**

```
rank
```

```
Out: ['A', '2', '3', '4', '5', '6', '7', '8', '9', '10',
      'J', 'Q', 'K']
```

包含所有撲克牌的串列。

```
card = [(s, r) for s in suit for r in rank]
```

哦，這樣也行？我們來看一下內容。

```
card
```

```
Out: [('♣', 'A'),
      ('♣', '2'),
      ('♣', '3'),
      ('♣', '4'),
           ⋮
           ⋮
```

冒險旅程 **17**

1. 我們現在有了一副撲克牌，你可以隨機抽出五張牌，但是不重複嗎？（光用之前我們學過亂數取法，配合一些技巧就可以做到。雖然你可能猜得到，未來我們會有方便的作法，不過現在先勇敢的用各種方法去達成這個目標。）

冒險 18　函式的寫法

我們現在要進入 Python 基礎篇最後一個，也是對所有程式語言來說都相當重要的主題，就是函式的寫法。

圖 18-1　函式的寫法

函式（function）英文就和數學的函數名稱是一樣的，我們只是為了強調是程式上的，所以叫做函式。和一般數學函數一樣，常常有所謂的**引數（argument）**或**參數（parameter）**，也就是我們數學函數裡的變數。在 Python 或任何的程式語言中，寫成函式的型式，可以視為你為這個程式語言新增一個指令，也就是自建一個新的功能。

和 Python 其他地方一樣，有時說一堆看來很可怕，我們實際做一下就知道很簡單。現在我們來做個輸入 x，就會回傳 x^2 值給我們的函數。

```
def square(x):
    return x**2
```

於是我們就有好像有個新的，叫做 **square** 的指令！

```
square(3)
```

Out: **9**

剛開始大家的疑問可能是 **return** 是什麼意思，這就是這個函式要回傳值給我們的意思。那為什麼一開始我們沒有寫在函式基本架構裡呢？那是因為 Python 是允許函式沒有回傳值的。我們用另一個幾乎一樣的函式來說明，為了區別，也為了耍寶，我們這次用中文做函式的名稱。

```
def 平方 (x):
    print(x**2)
```

我們來試驗一下，全新中文指令。

```
平方 (3)
```
```
Out: 9
```

耶？這不是一樣的嗎？有什麼差別呢？答案是有 **return** 函式會回傳一個值回來，沒有的話，函式不會回傳任何東西。我們一樣用個例子看看就明白了。我們試著打入這兩行指令：

```
a = square(87)
b = 平方 (87)
```

你可能會覺得，a 和 b 應該是一樣的！我們來看看是不是這樣。a 沒有意外的是這樣：

```
a
```
```
Out: 7569
```

可是我們要求看 b 的內容時……

```
b
```

然後，什麼都沒有出現！那是因為我們中文版的「平方」這個函式，只有用 **print** 顯示平方的結果，並沒有真的把這個值回傳。

我們再來練習新的函式工具用法。比方說我們之前學過，可以反轉字串或串列的方法，寫成一個函式。

```
def reverse(s):
    return s[::-1]
```

我們來試用一下。

```
reverse('apple')
```

Out: **'elppa'**

然後很炫的事情來了，就是我們沒有特別做什麼，但一樣的函式可以接受字串，也可以接受串列：

```
reverse(['a', 'b', 'c', 'd'])
```

Out: **['d', 'c', 'b', 'a']**

甚至中文也可以！

```
reverse('花蓮噴水池水噴蓮花')
```

Out: **'花蓮噴水池水噴蓮花'**

這讓我們想到了從前做過一個「迴文」（palindrome）的例子，也就是順著、倒著都是一樣的字或句子。函數其實也可以回傳 **True** 或是 **False**。

```
def isPalindrome(s):
    return s = = reverse(s)
```

這樣子，如果正著來、倒過來是一樣的，就是迴文，會傳回 True，反之會傳回 False。我們來試用一下。

```
isPalindrome('Python')
```

Out: **False**

```
isPalindrome('abba')
```

Out: **True**

```
isPalindrome('花蓮噴水池水噴蓮花')
```

Out: **True**

這真的太酷了！我們甚至可以把這個寫到條件判斷，像這樣子。

```
s = input('請輸入一個英文單字或是中文句子：')

if isPalindrome(s):
    print('這是迴文！')
else:
    print('這不是迴文！')
```

Out: **請輸入一個英文單字或是中文句子：上海自來水來自海上**

這是迴文！

 冒險旅程 **18**

1. 寫一個函式，有兩個引數，一是身高、一是體重。回傳這個身高體重下的 BMI 值。

2. 寫一個函式，判斷一個數是不是質數。

3. 函式可以不用任何引數！比如說你可以寫一個函式，執行的時候就會執行一次你的拍拍機器人。

4. 寫一個函式，讓使用者可以輸入自己的生日，就回傳他的星座。

5. 我們的身份證是由一個英文字母，外加 9 個數字組成。而第 9 個數字其實是檢查碼，也就是說英文字母和前 8 個數字，會決定第 9 個數字是什麼。請上網查一下這規則是什麼，寫一個 Python 函式，讓使用者輸入自己的身份證字號後，可以核對這是不是正確的身份證字號。

6. 寫一個函式，執行了就會開始猜數字遊戲。由電腦想一個 1 到 100 的數字，由使用者來猜。使用者沒猜到的話，電腦要告訴他太大或是太小，然後使用者再猜，一直到猜到為止。

冒險 19 引入套件，寫個猜數字遊戲

不知道大家是不是依我們的約定，每一次開啓新的 Jupyter Notebook，都有做這個引用的動作呢？

In [1]:

```
%matplotlib inline

import numpy as np
import matplotlib.pyplot as plt
```

雖然很多時候其實我們沒有用到這兩個套件，不過數據分析是我們想做的主要應用，所以請大家還是養成習慣打進去。久而久之會像是第二天性一樣自然！

這單元開始，大家有沒有發現我們把輸入儲存格編號也顯示出來？這是因為等等有神秘任務會用到。如果你因為不同的試驗過程等等，編號不一樣也不要緊。只是在神秘任務中，你要確認書中所指的那幾行程式嗎，在你的編號是什麼！這感覺好像一個小遊戲，事實上我們這單元的程式是要做個簡單的猜數字遊戲！

這個遊戲其實是上一個單元的作業，不過之前我們都是用 **numpy** 的 **random** 下的 **randint** 去取亂數。現在為了介紹其他套件引入的方法，我們用 **random** 這個套件來做。**random** 這個套件其實更「標準」，只因為本書是數據分析導向，才會比較傾向用 **numpy**。

圖 19-1 Python 套件引用方式

Python 最常引用套件的方式看來就是「從」某某套件，「進口」某個函式（指令），是不是很好懂？事實上也不一定引入函數，也有可能是特別定義的常數、子套件等等，只是函式是最常被引入的。

我們現在就是要從 **random** 套件引入 **randint**。

In [2]:

```
from random import randint
```

這個名稱好熟悉啊！原來這和 **numpy** 裡的指令是一樣的！要小心的地方是，雖然名稱一樣，甚至用法也很類似，可是有個重點是不同的！那就是 **randint(n, m)** 是取從 **n** 到 **m** 裡的一個數字，是「包含」**m** 的！

圖 19-2　randint 的使用方法

我們來試驗一下，連續取 10 個 1 到 5 的數字。

In [3]:

```
for i in range(10):
    print(randint(1, 5), end = ' ')
```

Out: **4 3 1 3 2 1 5 4 3 1**

來寫個猜數字遊戲。

In [4]:

```python
def game():
    ans = randint(1, 100)
    guess = -1
    while guess != ans:
        guess = int(input("請輸入一個數字："))

        if guess > ans:
            print("太大了!")
        elif guess < ans:
            print("太小了!")
        else:
            print("太神了!")
```

試玩一下。

In [5]:

```python
game()
```

Out: **請輸入一個數字：50**

太大了!

請輸入一個數字：30

太大了!

請輸入一個數字：15

太小了!

請輸入一個數字：20

太小了!

請輸入一個數字：25

太大了!

請輸入一個數字：23

太小了!

請輸入一個數字：24

太神了!

改寫一下，玩了一盤之後，問要不要再玩一次。這時可以發現，我們把遊戲寫成一個函數就很方便！

In [6]:

```python
play = True

while play:
    game()
    print("ゝ(∀°)人(°∀°)人(°∀)人(∀°)ノ")
    again = input("再玩一次?")
    if again == 'no':
        play = False
```

Out: 請輸入一個數字 : 80

太大了！

請輸入一個數字 : 40

太大了！

請輸入一個數字 : 20

太大了！

請輸入一個數字 : 10

太大了！

請輸入一個數字 : 5

太小了！

請輸入一個數字 : 7

太神了！

ゝ(∀°)人(°∀°)人(°∀)人(∀°)ノ

再玩一次 ?no

現在 Jupyter Notebook 是 **.ipynb** 檔，而一般的 Python 檔是 **.py** 檔。一個 **.py** 檔只是一個純文字檔案，所以當然可以打開一個純文字的編輯器，把我們要的部份拷貝過去，再存成 **.py** 檔。不過這感覺真的太遜了！ Jupyter Notebook 其實可讓我們選需要的部份，然後可以直接拷貝過去！

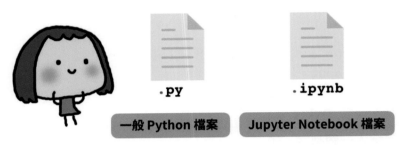

圖 19-3　一般 Python 檔是 .py 檔；Jupyter Notebook 是 .ipynb 檔

我們來檢查需要的部份，編號 2 讀入 **random** 套件中的 **randint** 指令，編號 4 定義 **game** 這個函數，還有編號 6 這個遊戲的主程式，玩完了還會問我們要不要再玩一次。

圖 19-4　%save 魔術指令的使用

注意你可能在使用過程中試了不同的東西，所以編號和我的不一定一樣！請找到一樣指令的編號是多少。然後我們要動用 **%save** 這個魔術指令，把我們要的部份存起來。

```
%save "guessing_game.py" 2 4 6
```

這時 Python 會列出存檔的內容，我們的應該是長這樣：

```python
from random import randint
def game():
    ans = randint(1, 100)
    guess = -1

    while guess != ans:
        guess = int(input(" 請輸入一個數字： "))

        if guess>ans:
            print(" 太大了 !")
        elif guess<ans:
            print(" 太小了 !")
        else:
            print(" 太神了 !")
play = True

while play:
    game()
    print(" ＼(∀°)人(°∀°)人(°∀)人(∀°)／")
    again = input(" 再玩一次 ?")
    if again == 'no':
        play = False
```

存好檔之後，可以在原來存 **.ipynb** 檔的那個資料夾，找到剛存檔的 **guessing_game.py** 這個檔案。這個 Python 程式檔，你可以用任何文字編輯器打開，內容就像上面這個樣子。

　　我們可以在終端機執行一個 Python 的程式。請打開終端機（Windows 的話請打開 Anaconda Promppt），用之前學的 **cd** 進到剛剛 **guessing_game.py** 的資料夾中。然後執行：

```
python guessing_game.py
```

接著，就可以玩這個遊戲了！

圖 19-5　執行結果

冒險旅程 19

1. 用文字編輯器，直接寫一個 Python 程式。存成 **.py** 檔，在終端機執行看看。

小旅行　文字編輯器

　　每一個程式設計師，背後都有一個好用的文字編輯器。事實上，以前幾乎每一個用電腦的人，都有最常用的文字編輯器。因為當時打開電腦，就是長得像終端機的樣子：沒有什麼圖形介面。事實上只所以叫終端機，是因為以前真的是一個顯示器、配個鍵盤，用來連接到電腦。一台電腦可以連好幾台終端機。

　　這種終端機上的作業系統最廣為流傳的大概是 UNIX，包括「真正的」UNIX 系統 Mac OS，還有「類 UNIX」Linux 等等。在 UNIX 家族的很多設定檔也是純文字檔！這讓我們改整個系統非常方便，當然前提是我們知道該怎麼改。

　　至少在古早時代，寫程式、控制電腦都需要文字編輯器，所以文字編輯器大概是必備的。那時開始，就有兩大派系，也就是兩大文字編輯器一是 Emacs、一是 Vi（現在大多人用改良版的 Vim）。到現在我們都還可以找到在各平台的終端機下執行的 Emacs 和

Vim。不過 Emacs 當初的野心不只在文字編輯器，而是希望你不管在電腦上做什麼，都可以用 Emacs 做！包括收發 e-mail，包括上 BBS，甚至包括玩遊戲！但也許也就是野心太大，相對比較肥大一點，而且幾乎各系統都是要特別安裝。現在似乎在「終端機世界的文字編輯器」是 Vim 比較廣為使用。

因為 Vim 畢竟是有歷史、有傳統的文字編輯器，有些地方實在不是那麼直覺。以致於到現在「會 Vim」這件事，都可以被當做「電腦高手」的指標之一。所以呢，至少為了炫耀，可以學學 Vim。這當然是玩笑話，事實上你會發現，在終端機你有個熟悉、隨時可以叫出來改些東西的文字編輯器是重要的，也讓你方便許多，所以有時間不妨來學學基本的 Vim 操作方式。

現在圖形化介面時代，當然也有很多「現代」GUI 版的文字編輯器，像是 Sublime、 Atom、Visual Studio Code (VS Code) 還有 Windows 特有的 Notepad++。

最近很多程式設計師都推薦 VS Code，因為方便、簡潔又跨平台。它有現代 GUI 文字編輯器很多特別，比方說會對程式高亮化，有各種套件可以選用，對我們來說甚至可有 Jupyter Notebook 模式！

VS Code 是 Microsoft 推出跨平台的免費產品，就是個文字編輯器，而不是像 Visual Studio IDE 是整合開始環境、基本上只能在 Windows 下使用的。

可以到官網下載你的作業系統用的 VS Code：

```
https://code.visualstudio.com/
```

冒險 20　Jupyter Notebook 超炫互動功能

終於是到了我們第一篇的最終回，我們要來介紹 Jupyter Notebook 超炫的互動功能！也就是這個功能，讓我們更方便的去試驗一些想法，也可以很快的動態展示一些東西給別人看。

簡單的說，我們就是要做一些 GUI 圖形介面出來，在一般的程式中，這都算是比較進階的主題。不過等等我們就會發現，在 Jupyter Notebook 要做各種互動真的是太方便、太容易了！

首先、我們先把互動的指令讀進來。

```
from ipywidgets import interact
```

這個套件名稱 **ipywidgets** 我們解釋一下比較好記，**ipy** 當然是由 Jupyter Notebook 前身 IPython 來的，而 **widgets** 是控制元件的意思，在網頁中就是數值滑桿啦、文字輸入框啦、下拉式選單等等這些東西。

在使用互動時，只要記得一件事，那就是「只要定義函式、那個函式有引數，就可以互動！」就這麼容易！

我們寫個函式當例子來說明。這可不是隨便的例子，這個例子是當初 Jupyter Notebook 原創作者 Fernado Pérez 教授親自傳給我的。也就是說，學會了以後可以告訴別人，你是「正宗 Jupyter Notebook 傳人」。準備好了嗎？好了我們就來寫這個有深遠意涵的函式了：

寫一個函式，就能互動！

```
def f(x):
    print(x)
```

　　啊？就這樣？對，就這樣。你大概也很難想出更容易的函式了……不過重點是，我們怎麼來互動。直接試一下這個例子。

```
interact(f, x = 3)
```

WOW，就這樣一個數值滑桿就出現了，你拉動的時候可以看到顯示的數字就會變！

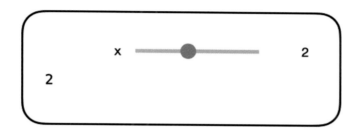

　　所以，互動基本上只需要告訴它哪個函式要互動（本例是 **f**），再來就是引數的範例是什麼（本例是 **x** = **3**）。

　　不久你可能會發現，這些變化都是整數。我們有沒有可能是出現浮點數呢？答案是肯定的，只要給它的「範例」是浮點數就好了。

```
interact(f, x = 3.0)
```

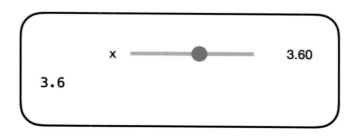

可以設定範圍嗎？當然是可以的啊。

```
interact(f, x = (1, 10))
```

雖然這裡是範圍 1 到 10 的整數，但相信大家知道浮點數該怎麼做了。

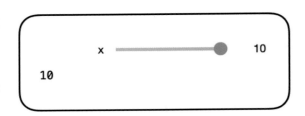

接著我們來看看，如果引數設成字串，會發生什麼事。

```
interact(f, x = " 輸入你的姓名 ")
```

這次變成文字輸入框，而且在程式碼打的範例，就變成提示字元一樣。如果我們把這些字改成你的名字，下面就會顯示你的名字！以後我們可以用這樣的方式讓使用者輸入，結果就會存到函式的引數 **x** 中。

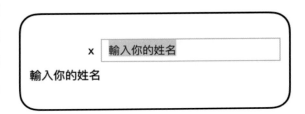

你慢慢可能會有點感覺，就是把範例部份的**引數設成某個資料型態，就會對應一種互動的形式**！我們再來試試串列，看會發生什麼事。

```
interact(f, x = [" 台北 ", " 台中 ", " 高雄 "])
```

結果是下拉式選單！這會不會太酷了啊，畢竟一般的程式語言，要做出下拉式選單是很進階的課程了。

我們還有個字典資料型態，這難道也有對應的互動嗎？來試試看。

```
interact(f, x = {" 台北 ":1, " 台中 ":2, " 高雄 ":3})
```

這次也是下拉式選單，不過不同的是，我們選了台北，**x** 會被設成對應的值 **1**；選台中會設成 **2**，選高雄會是 **3**。很多程式可以用這樣的方式去做，大家不妨想想什麼情況可以用到？

現在我們學會了各種互動的作法，來想想什麼情況可以用上。比如說，我們寫個很耍寶的程式。

```
def move(n = 1):
    print(" "*n + "(*′▽`*)")
```

這耍寶程式的作用是，我們引數代入多少，就把一個顏文字人前面空幾格。比方說：

```
move(10)
```

```
Out:             (*′▽`*)
```

這裡其實還有個嚴肅的（？）技巧，那就是 Python 的函式可以設預設值，如果你不代入任何數字，Python 就會用預設值，像以下這樣的範例。

```
move()
```

```
Out:  (*′▽`*)
```

有沒有預設值，對互動有什麼影響呢？原來我們之前設範圍的數值滑桿，沒有預設值 Python 會取中間值當起始值。但是像這個例子我們也許希望都從最前面開始，所以預設值選 1。

```
interact(move, n = (1, 80));
```

拉動數值滑桿，我們可愛顏文字人物就會動了哦！細心的你可能發現，為什麼我們這行最後有分號？不知大家有沒有發現，在互動介面底下，都會出現看來很討厭的 "`<function __main__.f(x)>`"。如果我們在互動指令那行最後加上分號，討厭的那行字就不見了！

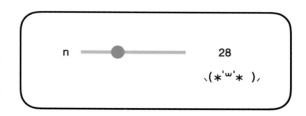

　　畫個函數圖形如果能互動，那應該對我們去瞭解這個函數很有幫助。我們來看看可不可以。

```
x = np.linspace(-10, 10, 500)

def myplot(n = 1):
    y = np.sinc(n*x)
    plt.plot(x, y)
```

```
interact(myplot, n = (1., 10.))
```

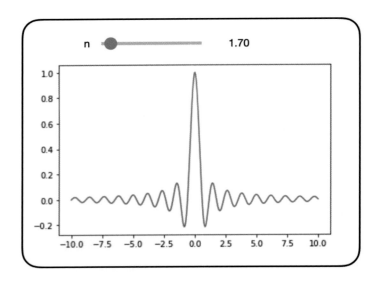

　　真的可以耶！這實在太酷了！不知大家有沒有發現一個小技巧，那就是如果你在數值滑桿圓圓的控制點按一下，它就會變成藍色。這時，我們就可以用鍵盤的左右鍵控制數值滑桿！

　　我們可不可以用互動模式，來改拍拍機器人呢？來試試。

```
def pipi(message):
    print(" 拍拍 ")
```

這種情況，應該是用「文字對話框」。而我們美好的想像是，如果我說了什麼，可愛的拍拍機器人就會回應「拍拍」。所以就這麼下指令……

```
interact(pipi, message = "輸入你要說的話");
```

喂！這好沒誠意的拍拍機器人，我都還沒說話它就拍拍了！我們現在需要一種互動是，等訊息寫好，按了鈕，程式才開始執行。這種按鈕才執行的互動是 **interact_manual**，我們快快讀進來。

```
from ipywidgets import interact_manual
```

然後經過一串失敗之後，你會發現還需要兩件事：一個是可以清掉儲存格畫面的指令，不然第一次的拍拍會一直留下來。另一件事是也不能一顯示拍拍就清除畫面，否則我們還沒被安慰到，拍拍就不見了。

　　程式好玩的地方，就是你有這樣的需求，就去 Google 一下，而像 Python 社群超級強大的程式語言，往往就是有人寫好了這個功能，或是有人教你怎麼做到想做的事。

我們查了查發現要用到兩個函式：

1. **sleep(n)**：要 Python 暫停 n 秒。
2. **clear_output()**：清除 Jupyter Notebook 當前儲存格裡的內容。

於是再讀入這兩個函式。

```
from time import sleep
from IPython.display import clear_output
```

就可以再改寫我們的拍拍機器人。

```
def pipi(message):
    print(" ゝ(·∀·'): 拍拍 ")
    sleep(3)
    clear_output()
```

然後用 **interact_manual** 互動，用法和 **interact** 一樣！

```
interact_manual(pipi, message = " 請輸入你要說的話 ");
```

真的可以了！

　　恭喜大家，到此我們學會了 Python 基礎的語法，也熟悉了 Jupyter Notebook 這個現在可以說是數據分析的主流平台。接著我們就要往更進階的主題前進。記得抱著好玩的心態，你會發現進階的主題也沒有比較困難，而是可以做更多有趣的事！

1. 用 **interact_manual** 寫個互動版的 BMI 計算器，用對話框讓使用者輸入身高、體重。然後按個鈕，計算他的 BMI。

第 2 篇
歷 險

Python 的進階主題，
邁向數據分析之路

冒險 21　map 和 filter

　　還記得之前我們要把一個串列裡的法郎，換算成台幣，需要用迴圈一個個做嗎？除非我們用串列表示式的特殊作法。現在我們學會函式的寫法了，可以先寫一個「匯率換算」的程式，然後用 **map** 一次把串列中所有的錢換算好！

　　假設這次我們到了澳洲，又是要買三件物品，價格分別是 200、450、35 澳幣。我們又 Google 了一下，發現 1 澳幣合台幣 20.5408283 元，於是我們寫個函數來換算一下。

```
c = 20.5408283

def aud2twd(m):
    return c*m
```

我們來試用一下，假設想知道 100 澳幣合台幣多少。

```
aud2twd(100)
```
Out: **2054.0828300000003**

現在來換算三樣物品合台幣多少，先和以前一樣，把三樣物品的價格放到一個串列之中。

```
price = [200, 450, 35]
```

接著我們用 **map** 把這 **aud2twd** 這個函式作用到 **price** 裡的每一個元素。

圖 21-1　map 函式

```
map(aud2twd, price)
```

Out: **\<map at 0x7ff5484a6a58\>**

於是我們就很高興的看到……耶？這什麼意思，為什麼不是三個轉換過的匯率？原來我們真的要「看到」，需要把這個 **map** 用串列表現出來。

```
list(map(aud2twd, price))
```

Out: **[4108.165660000001, 9243.372735, 718.9289905]**

果然成功了！

map 看來挺方便的，不過還是有一個問題，那就是需要特別去定義一個函式。而像匯率換算明明這麼簡單的函式，難道不能臨時定義一個嗎？答案是肯定的！ **lambda** 就是為臨時要用的函式而生！快速定個函數，只要寫好輸入是什麼、輸出是什麼就好！

救急用的函數定義法。

lambda ｜ 輸入 : 輸出

圖 21-2　lambda 函式

```
list(map(lambda x:c*x, price))
```

Out: **[4373.73768, 9840.90978, 765.404094]**

果然一次成功！這個 **lambda** 其實就是快速定義函式的方法，所以我們可以這麼寫匯率換算函式。

```
egg = lambda x:c*x
```

於是 **egg** 這個函式就和我們之前的 **aud2twd** 是一樣的！

```
egg(100)
```

Out: **2054.0828300000003**

我們在整理資料時，常會希望有個方法，過濾出一個串列裡符合我們所需條件的物

件。在 Python 我們可以用 **filter** 來做這件事！要使用 **filter**，我們需要定義一個輸出為布林值（**True/False**）的函式。然後用 **filter** 過濾，如果一個串列中符合這個要求（**True**）的就留下來，否則就去掉。

檢查串列每個元素是否符合條件。

filter(函數，串列)

圖 21-3　filter 函式

現在我們有個 1 到 20 的串列。

```
egg = list(range(1, 21))
egg
```

```
Out:  [1, 2, 3, 4, 5, 6, 7, 8, 9, 10, 11, 12, 13, 14, 15, 16,
       17, 18, 19, 20]
```

現在想過濾出這個串列裡的偶數，於是我們定義一個檢查一個數字是否為偶數的函式。

```
def isEven(n):
    return n%2 == 0
```

現在來試試這個函式是否能正確執行。

```
isEven(94)
```

```
Out: True
```

```
isEven(87)
```

```
Out: False
```

我們來找出 **egg** 中哪些是偶數。

```
list(filter(isEven, egg))
```

Out: **[2, 4, 6, 8, 10, 12, 14, 16, 18, 20]**

　　這裡的 **isEven** 函式看來也不太複雜，那我們是不是可以用 **lambda** 取代，而不要特別定義這個函式呢？

```
list(filter(lambda x:x%2 == 0, egg))
```

Out: **[2, 4, 6, 8, 10, 12, 14, 16, 18, 20]**

這一樣是可以的！**map** 和 **filter** 看起來好像很厲害，但再一次，很多時候我們用 Python 可愛的串列生成法就可以完成。比如說我們要從 **egg** 取出偶數的例子。

```
[k for k in egg if k%2 == 0]
```

Out: **[2, 4, 6, 8, 10, 12, 14, 16, 18, 20]**

居然也可以這樣寫，Python 實在太有趣了。不要害怕錯，就多玩玩試試吧！

 冒險旅程 21

1. 設定一個串列，裡面的元素是 1、11、111、1111、11111、…… 還記得 Python 有「無限長度」的整數嗎？所以你可以打到累了不想打為止。再來想辦法算出另一個串列，裡面的元素就是把前面的數字都平方，看看有沒有發現什麼有趣的事！

2. 你有五個想要買的東西，價格分別是 1350、2400、800、7980、5000。今天發現發票中了 2000，請想辦法找出小於等於 2000 的價格。你馬上會發現，當想買的東西更多的時候，只篩選出價格不太方便。你有可能設計出可以篩出價格，又能知道是哪個物品的方式嗎？

冒險 22　用 class 打造自己的資料型態

很粗略地說，**class** 可以想成一個「自訂資料型態」的方法。我們說過，Python 是一個所謂的「物件導向語言」。在 Python 裡，什麼東西都是「物件」。物件導向語言最基本的就是定義 **class**(類別)。比如說我們定義一個字串時，其實是定義了一個「字串這個類別（class）」的「實例（instance）」。例如這個字串：

```
st = "hello world"
```

因為它其實是字串這個類別的一個實例，所以會有這個類別所屬的方法（methods，也就是專屬的函式）。我們可以很容易看到一個字串有什麼方法可以使用，也用過了一些。

在字串名稱後, 按了點再按 TAB, 可以看到字串這個類別中可用的 **methods**。

圖 22-1　字串類別中可用的 methods

總之，只要記得 **class** 基本上就是在定義自己的資料型態，而因為 Python 是一個物件導向語言，你還可以定義這個資料型態專屬的方法及專屬的屬性等等。

我們現在來定一個新的資料型態，叫做「撲克牌」型態。這個類別應該有兩個屬性，分別是花色（suit）和牌面的點數（rank）。為了配合 Python 喜歡從 0 開始算，所以我們的花色是 0（梅花）、1（鑽石）、2（紅心）、3（黑桃）；而點數是 0 到 12。我們可以簡單這樣定一個撲克牌資料型態。

```
class Card:
    suit = 3
    rank = 5
```

我們來定義一張牌。

```
card01 = Card()
```

假設這張牌是紅心 6，所以要這樣設（記得點數從 0 開始算，所以第 6 張應該是 5）：

```
card01.suit = 2
card01.rank = 5
```

現在可以來看一下這張牌的內容。

```
card01.suit
```
Out: **2**

```
card01.rank
```
Out: **5**

我們甚至可以檢查 **card01** 的資料型態。

```
type(card01)
```
Out: **__main__.Card**

我們可以再定義新的牌，這次來張黑桃 J。

```
card02 = Card()

card02.suit = 3
card02.rank = 10
```

但是這也太麻煩了！難道不可以像這樣定義一張牌：

card02 = Card(3, 10)

答案是「當然可以」！這時要動用 Python 的「特殊方法」，這些在 Python 中使用的特殊方法，都有一個特殊的命名方式，那就是方法前後都有兩個底線。

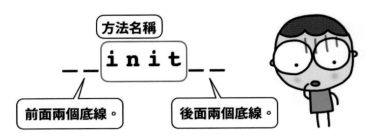

圖 22-2 Python 的「特殊方法」

每個特殊方法都有特定使用場合，比如說 **__init__** 就是在定義一個 **class** 的實例時會呼叫的函式。

```
class Card:

    def __init__(self, s, r):
        self.suit = s
        self.rank = r
```

這裡要解釋的是，所有在類別定義的方法（函式），一定要**「引用實例自己本身」**。這也是初學者最弄不清楚的地方。

而**實例在定義 class 時根本也還沒有定義**，我們怎麼知道該叫什麼呢？於是一般都很聰明的稱為 **self**。這其實不一定非叫 **self**，你愛叫什麼其實都可以。只是高手們大家都這樣叫，我們也這樣叫，看起來就好像很有涵養的樣子。

這樣子定義 **class** 之後，我們就可以快速的定義一張撲克牌！

```
card01 = Card(2, 3)
card02 = Card(3, 10)
```

來看 **card01** 的內容。

```
card01.suit
```

Out: **2**

```
card01.rank
```

Out: **3**

真的成功了！這樣是不是容易多了呢？不過現在還有個問題。那就是我們自己知道，**suit** 代表花色，從 0 到 3。可是一般人怎麼知道這是什麼呢？我們就自己寫一個 **class** 方法，用途就是印出花色、牌面點數。

```python
class Card:
    SUITS = ["♣", "♦", "♥", "♠"]
    RANKS = ['A', '2', '3', '4', '5', '6', '7', '8', '9',
'10', 'J', 'Q', 'K']

    def __init__(self, s, r):
        self.suit = s
        self.rank = r

    def show(self):
        print(self.SUITS[self.suit] + self.RANKS[self.rank])
```

因為我們又重新改了 Card 這個 **class**，所以牌要重新定義一下。

```python
card01 = Card(2, 3)
```

來看看是不是可以美美的呈現。

```python
card01.show()
```

Out: ♥ 4

　　實在太感人了啊。我們又想到，Python 內建的資料型態，在 Jupyter Notebook 中如果打入名稱，然後再按 **shift-enter**，就可以看內容。我們本來期望自己定的 **Card** 類別也是這樣，只是……

```python
card01
```

Out: <__main__.Card at 0x7fbbc80fdf28>

天啊！這什麼啊？那 **print** 可以嗎？

```python
print(card01)
```

Out: <__main__.Card at 0x7fbbc80fdf28>

一樣不行！為什麼會這樣呢？因為我們根本沒有定義該怎麼表示 **Card** 這個類別裡的東西。要做到這件事，要用另一個特殊方法 **__repr__**。

```python
class Card:
    SUITS = ["♣", "♦", "♥", "♠"]
    RANKS = ['A', '2', '3', '4', '5', '6', '7', '8', '9',
'10', 'J', 'Q', 'K']

    def __init__(self, s, r):
        self.suit = s
        self.rank = r

    def __repr__(self):
        return self.SUITS[self.suit] + self.RANKS[self.rank]
```

我們再度重新定義 **card01**。

```python
card01 = Card(2, 3)
```

緊張的時刻來了，我們會不會成功呢？

```python
card01
```

Out: ♥ 4

成功了！那用 **print** 也可以了嗎？

```python
print(card01)
```

Out: ♥ 4

也可以！

　　不過這裡要說明一點，其實很多時候你不一定非要把程式寫成 **class**，可以用一個或多個函式來做到你想做的事。我們這裡介紹 **class**，最重要的其實是讓大家看懂別人用 **class** 寫的程式，畢竟世界上還是有不少愛用 **class** 的人。

 冒險旅程 **22**

1. 設計一個 **class**，是準備讓你記錄自己有興趣的物品、價格、商店。試著輸入一些資料，你可以想到什麼樣的應用情境嗎？
2. 請用 **class** 設計一個小遊戲。這個 class 是角色，至少包括名字、生命點數、攻擊強度 p 等屬性。其中起碼要有個攻擊的函式，可以設計成一次攻擊強度是隨機 2/p 到 p 的強度。每次對戰就是一方生命點數到 0 為止。

 冒險 23　完全掌控 print 的結果

我們現在已經知道，要顯示一串的資訊，可以用字串的加法。

```
egg = " 正確答案 :"
ham = 9487

print(egg + str(ham))
```

Out:　正確答案 :9487

這樣用字串相加，可以很精準的依我們意思輸出，很多時候都是不錯的方式。不過如果要呈現的內容比較多的時候，有時比較麻煩。還有就是數字需要先選成字串，才能這樣做。於是我們又學了以逗號分開的方式。

```
print(egg, ham)
```

Out:　正確答案 :　9487

有時一串的資料印出來太長，比如說，我們想要印 0 ～ 9 共 10 個數字。我們可能會想要顯示在同一行就好，以節省空間。但勇敢的用逗號法試一下，會發現⋯⋯

```
for i in range(10):
    print(i,)
```

Out:　0

　　1

　　2

　　3

　　4

　　5

　　6

　　7

　　8

　　9

啊，這是在搞笑嗎，還是分開來顯示啊？然後我們想起，之前學過 **end** 指令可以將內容分開。

```
for i in range(10):
    print(i, end = ', ')
```

Out: 0, 1, 2, 3, 4, 5, 6, 7, 8, 9,

成功放在同一行了！可是之前我們就說過，最後會多出一個逗點。可不可以不要那個逗點呢？當然可以用我們學過的一些技巧，比如說用例外處理，最後一個數字分開顯示等等。雖然這其實不是這邊的重點，不過為了本書的威信（？），我們還是介紹一個方式。

首先呢，要用一個叫 **.join** 的字串專屬方法，功能就是把一個串列中的字串，都用我們指定的連結字串連結起來。

現在來想一個含有字串的串列，比如說，有位同學他大學的時候希望專注要學習的三件事。

```
egg = ["寫程式", "算數學", "練英文"]
```

我們用逗號當連結符號的話，可以這樣寫。

```
", ".join(egg)
```

Out: '寫程式 , 算數學 , 練英文'

這樣會形成一個字串，我們自然也可以印出來。

```
print(", ".join(egg))
```

Out: 寫程式 , 算數學 , 練英文

我們回到那個 0 到 9 印在同一行，用逗號隔開的問題。我們本來信心滿滿的想應該就這樣：

```
print(", ".join(range(10)))
```

結果居然不行！為什麼呢？原因是 **range(10)** 裡的都是數字，我們要變成字串才可以。要一個個都用 **str** 這個函數變成字串，我們想到了 **map**。

```
print(", ".join(map(str, range(10))))
```

    Out: 0, 1, 2, 3, 4, 5, 6, 7, 8, 9

終於成功了！順便說一下，這段程式碼看來有點複雜，甚至要「背」還有點難。不過理解在做什麼，就會發現自己慢慢也會寫出看來很可怕的東西。

我們再回到最標準的字串加法表示法，除了前面換行的問題，太複雜的時候也很麻煩。比如有個程式，希望讓使用者輸入自己的名字和年齡，然後就要合成一句話。

```
name = " 炎龍 "
age = 25
```

用字串加法我們愛怎麼合成就怎麼合成，只是有可能變得很複雜。

```
print(" 你好，我是 " + name + "，今年 " + str(25) + " 歲。")
```

    Out: 你好，我是炎龍，今年 25 歲。

這真的有夠複雜，所以 Python 提供了格式化字串的方式，而且一共有三種方法。我們分別來看一下。

第一代的老派方式

我們在要印出字串的地方打上 **%s**，要印出整數的地方打上 **%d**，要印出浮點數打上 **%f**，然後再說每個位置要填上什麼內容（哪個變數）。

```
message = " 你好，我是 %s，今年 %d 歲。" % (name, age)
print(message)
```

    Out: 你好，我是炎龍，今年 25 歲。

好像還不錯耶，只是我們需要記得，字串的時候要用 **%s**，整數要用 **%d** 等等有點麻煩（這很像 C 語言的作法，所以如果以前有學過 C 的大概會覺得親切）。

第二代 **format** 法

直接在要填入東西的地方，放上 **{}**，不用說這是字串啦、數字啦還是什麼的。

```
message = "你好，我是 {}，今年 {} 歲。".format(name, age)
print(message)
```

Out: 你好，我是炎龍，今年 25 歲。

這種 **format** 法，曾有好長一段時間都是 Python 進階格式化字串的主力。

它還有一個好處，就是變數可以用編號來呼叫，而因為 Python 喜歡從 0 開始算起，在我們的例子中，0 是 **name**，1 是 **age**。用編號的好處是不一定要照順序放引數，而且一個引數可以引用不只一次！

```
message = "你好，我是 {0}，今年 {1} 歲，真的 {1} 歲!".
format(name, age)
print(message)
```

Out: 你好，我是炎龍，今年 25 歲，真的 25 歲！

所以 **format** 法好像又比前一代更好一點，不過現在又有最新手法 f-string。

第三代全新的 **f-string**

現在我們來看看 Python 3.6 之後才有的 f-string。f-string 最大的特色是非常直覺，你想放 **name** 這個引數的內容時，就用 **{name}** 就好！

```
message = f"你好，我是 {name}，今年 {age} 歲。"
print(message)
```

Out: 你好，我是炎龍，今年 25 歲。

是不是非常直覺！你要做的是，只是告訴 Python，這個字串是 f-string，也就是在字串最前面打入 "**f**" 就好了！

如果需要，我們可以做更精確的控制。還記得匯率換算程式，常常會出現可怕的、很長的浮點數嗎？比方說我們 Google 到 1 美元合台幣 30.0327357 元。於是寫了下面這段程式。

```
c = 30.0327357
print(f"1 美元合台幣 {c} 元。")
```

Out: 1 美元合台幣 30.0327357 元。

如果我們要小數點到第二位就好，就要用 f-string 的修飾語法，此時 **f** 又出現了。

```
print(f"1 美元合台幣 {c:.2f} 元。")
```

Out: 1 美元合台幣 30.03 元。

注意還自動四捨五入！再來我們看看以下這個例子。

```
print(f"1 美元合台幣 {c:10.2f} 元。")
```

Out: 1 美元合台幣   30.03 元。

看出發生什麼事了嗎？原來浮點數的修飾語法是可以控制「包含小數點一共幾個字元，未滿就填入空白」，還有剛剛的「到小數點下幾位」。

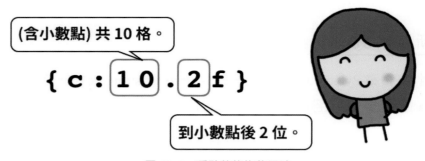

圖 23-1 浮點數的修飾語法

「一共要用幾格顯示」對於整數 **d**，還有字串 **s** 都適用，大家可以自己試試看！我們這裡要介紹更酷的事情，那就是還可以用靠左靠右的方式對齊！

首先是用 9 格顯示，靠右對齊。

```
star = "*"
print(f"{star:>9s} ■ ")
```

Out:　　　　　* ■

然後是靠左對齊。

```
star = "*"
print(f"{star:<9s} ■ ")
```

Out:　* 　　　　■

還不只這樣，還有置中！

```
star = "*"
print(f"{star:^9s} ■ ")
```

Out:　　　* 　　■

還可以用指定符號填滿空格！！

```
star = "*"
print(f"{star:.>9s} ■ ")
```

Out:　........* ■

常見的應用是數字前要補 0。比如月份、日期都只有個位數時。

```
m = 3
d = 8
print(f" 日期是 {m:0>2d} 月 {d:0>2d} 日。")
```

Out:　日期是 03 月 08 日。

順道一提，因為補 0 太常見，字串本來就有 .zfill 內建方法。

```
str(m).zfill(2)
```

Out:　'03'

學會了 print 的控制技巧，很多東西像我們之前做的聖誕樹一樣變得很容易！

```
for i in range(1, 14, 2):
    stars = "*" * i
    print(f'{stars:^13s}')
```

Out:

```
      *
     ***
    *****
   *******
  *********
 ***********
*************
```

 冒險旅程 23

1. 我們來做個「幾 A 幾 B 猜數字」遊戲的準備：讓電腦隨機選出 0 到 9 的四個數字，
    再合成一個字串，比如說 **'9487'**。數字不能重複，所以你可能要花點心思去達成
    這個目標。

2. 呈上題，假設電腦選好了一個數字，使用者輸入了一個數字，讓電腦回應，這是幾
    A 幾 B。記得規則是這樣子的，使用者猜的「數字、位置」都正確的次數就是 A；
    「數字正確、位置錯了」就是 B。比如說由上題來，電腦心裡想的是 **'9487'**，使用
    者猜 **'2468'**，那就要回應 **1A1B**。

3. 讓使用者輸入他的生日，回傳他的星座，回應時要重複他的生日。比如說，使用者
    輸入的生日是 12 月 15 日，就回傳「你的生日是 12 月 15 日，你是射手座。」

    (1) 輸入一個日期，然後以年、月、日組合成長度為 8 的字串。比方說，2023 年 9
        月 8 日就是變成 **'20230908'**。

    (2) 還記得「回文」就是不管從頭唸到尾還是從尾唸到頭都是一樣的。「回文日」
        就是有個日期，以上一題的方式型成長度為 8 的字串，然後這個字串是個回文。
        比方說，2021 年 12 月 2 日表示字串 **'20211202'** 是個回文，所以這天是回文
        日！回文日並不是很常見，本世紀總共只有 12 天！你可以寫個 Python 程式找
        出本世紀所有的回文日嗎？

冒險 24　打造一個會寫詩的文青機器人

　　之前我們打造療癒系的對話機器人，現在我們準備打造一個會寫詩的文青機器人！首先去蒐集你覺得可以放在詩裡面的詞彙，這些詞彙可能會想要增增減減，所以我們每個詞就換行分開。

```
rawdata = '''我
我的
眼睛
妳
妳的
心
溫柔
日子
雨
風
天空
雲
等待
哭泣
戀愛
相遇
分離
忘記
心醉
驀然
吹過
思念
靈魂
停止'''
```

然後我們把這些詞放到一個叫 **words** 的串列之中，這要用到之前學過的 **.split** 方法。

```
words = rawdata.split('\n')
```

你當然可以，也應該去看看 **words** 裡的內容，是不是如我們想像的，是一個個詞所成的串列，這樣的形式才是我們最後要的，這裡限於篇幅我們就不做這個動作。不過你會發現這樣子在打的時候，每個詞要自己加上引號，用逗號分開，不但麻煩而且「維護」困難，因此我們用了前面的方式。

每首詩2-7個句子，每個句子1-5個詞。

請叫我文青機器人！

我們要依自己的品味（？）決定一下我們的詩要幾句到幾句，比如說，2 到 7 句。最後可以用亂數來決定要幾句。

每一句詩，我們也可以亂數決定要有幾個詞，比如說 1 到 5 個詞這樣。比如說決定要 5 個詞，那就需要從我們的字庫裡面找出五個詞來。

我們這次亂數選詩的長度，記住隨機選字都會用 **numpy** 裡的 **random** 套件。如果你問「這怎麼不是用之前介紹，更『標準』的 **random** 套件呢？」我要跟你說，如果你這樣問，那表示……你真的很有概念！的確選 **random** 套件比較「合理」，不過我們是導向數據分析的書，所以希望大家早早熟悉 **numpy** 的各種用法。

總之，我們要用到 **numpy**，所以記得你一定要有下列這一行。

```
import numpy as np
```

我們要選字，會用到一個叫 **choice** 的指令，比如說要從 **words** 串列中，隨機挑出五個詞，作法是像這樣。

```
np.random.choice(words, 5, replace = False)
Out: array(['妳', '戀愛', '相遇', '雲', '分離'], dtype = '<U2')
```

這裡要特別說明的是，**choice** 預設是「**可以重複選的**」，所以你覺得一句話裡的詞不可重複，要設定 **replace = False**。反之，你覺得可以重複，就可以省略，或明確說 **replace = True**。

選 m 個

choice(串列 , m, replace=False)

不可重覆選!

np.random 下的 choice 用法。

還有一點是，你會發現輸出前面是寫 **array**，那是因為 **numpy** 基本的資料型態不再是串列，而是更炫的陣列，也就是 **array**。這是我們日後的主角，不過現在你可以當成是一個串列也不要緊。比如說，我們也可以像之前介紹的方式，用空白隔開每個詞。

```
' '.join(np.random.choice(words, 5, replace = False))
```

Out: '我 吹過 天空 雲 相遇'

因為 **choice** 指令是重新下的，所以選出來的詞不一樣。不過這也是我們希望看到的！

　　到現在我們差不多準備好了，可以真的讓我們的文青機器人作詩了。記得前面說過我們的詩是 2 到 7 句，每個句子是 1 到 5 個詞。

```
n = np.random.randint(2, 8) # 2-7句，決定有幾句

for i in range(n):
    m = np.random.randint(1, 6) # 決定每句的長度
    sentence = np.random.choice(words, m, replace = False)
    print(" ".join(sentence))
```

Out: 心

等待

等待 心醉 吹過

每次執行都會是不同的結果。我們其實只是亂數亂選的詞,所以有時看來就怪怪的。不過有時還有點感覺!或者可以給你一點啓發,創作出一首真正的好詩。我們再來改寫成函數,基本上就是前面用 **def** 定義,後面是剛剛那段程式,只是要縮排。

```python
def poem():
    n = np.random.randint(2, 8) # 2-8句, 決定有幾句

    for i in range(n):
        m = np.random.randint(1, 6) # 決定每句的長度
        sentence = np.random.choice(words, m, replace = False)
        print(" ".join(sentence))
```

等一下等一下!你不要一行一行自己按空白。在 Jupyter Notebook,你要縮排的那幾行都選起來,按 **TAB**,然後就一起縮排了!如果後悔或不小心按太多次 **TAB**,就在選起來的狀態,按 **shift-TAB**,然後又回來了!

圖 24-1 用 TAB 縮排

當你寫越來越多、越來越長的程式,就會發現這個技巧真的太酷了!

現在已經做好會寫詩的文青機器人，我們可以用 **poem()** 這個函數來讓它寫首詩。

```
poem()
```

Out:　我的　思念

　　　思念　眼睛　等待　雲　天空

　　　戀愛　妳的　思念

　　　思念

　　有時真的不知在說什麼，反正我們可以一直叫它重複寫，偶而會出現一兩句真的還不錯的詩句。如果覺得滿意，我們也可以用之前學到的，把我們的寫詩機器人存檔。再一次，這裡的編號通常不會正好是你的編號，大家順便學學怎麼找到需要的部份，存檔起來。

```
%save "poem.py" 1 2-3 8-9
```

於是，在終端機中，我們就可以與詩相遇。

圖 24-2　執行結果

 冒險旅程 24

1. 我們再一次做「幾 A 幾 B 猜數字」遊戲的準備：用 **choice** 選出 0 到 9 四個不重複的數字，合成一個字串，比如說 '**0394**'。你是不是發現，我們知道越多之後，可以更快、更簡單寫出我們要的程式？

2. 這次來生成比較有結構性的句子，分成主詞、動作、風格三個部份。每一個部份都做成一個字串的串列，例子想得越多越好。程式的目標就是執行一次會隨機產生一句「主詞＋動作＋風格」的句子，比如說 "a dog riding a bicycle, Joan Miro style"。這樣還可以用像是 Stable Diffusion 或者 Midjourney 這類文字生圖的 AI，把你用 Python 產生的句子畫出來！因為許多這種文字生圖的 AI 還是只懂英文的，因此儘量用使用英文。

冒險 25　漂亮 display 所有物件

這個單元其實是介紹 Jupyter Notebook 的指令 **display**，這並不是 Python 的指令，所以寫成 .py 檔的時候不可以用。不過，這會讓你在 Jupyter Notebook 的程式中愛顯示什麼就顯示什麼，會讓程式多樣性、美感都大大升級！我們二話不說，先把指令讀進來！

```
from IPython.display import display
```

這個功能很簡單，基本上就是我們在 Jupyter Notebook 可以顯示的物件，都可以在你的程式中顯示出來。我們先來看兩個，可能不是那麼令人興奮的例子。

```
ham = " 瑞斯尼克 4P 教育理論 "
display(ham)
```

Out: ' 瑞斯尼克 **4P** 教育理論 '

```
egg = [' 專案 ', ' 熱情 ', ' 社群 ', ' 玩心 ']
display(egg)
```

Out: **[' 專案 ', ' 熱情 ', ' 社群 ', ' 玩心 ']**

這裡你發現下了 **display** 之後，顯示的方式就完全是我們直接打 **ham**，或是 **egg** 執行的結果。那你可能會問，「我們就直接打變數名稱不就好了，何必要多加個 **display** 去顯示呢？」原因就是，我們想強調 Jupyter Notebook 可以顯示的物件，都可以在程式中顯示出來。顯示例子中的 **ham** 或是 **egg** 當然不是那麼令人感動，但你想想，意思就是 **Markdown** 語法的那些東西也可以顯示，是不是可以讓我們程式的美感大提升！

不是 Python 標準物件，而是 Jupyter Notebook 特有物件的話，我們需要先告訴 Jupyter Notebook 這是什麼。就像下面這樣讀進這些物件類別。

```
from IPython.display import HTML, Markdown, Image,
YouTubeVideo
```

其他看來還多少能夠理解，可是 **YouTubeVideo**？沒錯，你的程式以後也可插入個 YouTube 影片！不過我們先來試試一段很簡單的 **Markdown** 語法，之後準備把它顯示出來。

以後都會類似這樣，我們先定義一個要顯示的物件，常常會是特殊格式的字串。

```
egg = r"## 你好！"
```

這裡我們知道是 **Markdown** 語法，不過前面的 **r** 還沒看過，那是什麼意思呢？原來就是 Python 中有些像我們之前見過的 `'\n'` 有特別的意思（換行）。有時我們就是要顯示這些東西，要 Python 不要解釋怎麼辦呢？那就是用 raw 原始表示，要 Python 不要去更動，於是前面加一個 **r** 確保這件事（雖然我們這個例子還不需要）。

這 **egg** 目前還是一般的字串，我們告訴 Python（其實是告訴 Jupyter Notebook）這是 **Markdown** 語法的物件。

```
pancake = Markdown(egg)
```

現在我們可以用 **display** 顯示出來了！

```
display(pancake)
```

你好!

於是，你就可以看到，大大的「你好！」出現了！

當然，寫到程式裡可能更有道理一點，比如說我們來寫個「浮誇益智問答」系統。

```
ans = input("請問 1 加 1 等於多少？ ")
display(Markdown(r"## 太神了！你真是天才！"))
```

請問 1 加 1 等於多少? 2

太神了！你真是天才！

是不是簡簡單單的技巧，讓我們平凡的程式更有感覺了呢？當然，前面的例子我們連答案都沒檢查，不過相信大家到現在，應該知道怎麼寫檢驗答案是否正確的程式了。

　　還記得我們說過，Jupyter Notebook 的 **Markdown** 支援 **LaTeX** 打數學式的語法。我們做個簡單的複習系統，就是顯示一題數學問題，然後等你按一下 **enter**，再顯示正確答案。

```
egg = r''' 請把下列這個多項式

## $$f(x) = x^2 - 1$$

做因式分解。
'''

problem = Markdown(egg)
display(problem)

useless = input()

ans = Markdown(r' 答案是： $(x-1)(x+1)$')
display(ans)
```

　　題目的部份有好幾行，所以我們用了 Python 的「三引號」型字串定義法。因為有點長，我們先定義題目字串，再轉成 **Markdown**，最後才用 **display** 顯示出來。可以看到數學式子也是可以配合其他 **Markdown** 指令放大的！

　　另外我們用了一個要 Python 等待的小技巧，就是做了一次沒有真的要使用者輸入的 **input()**。這時 Python 還是會讀入使用者的輸入，只是我們程式沒有用到它。我們的目的單純只是要等待使用者準備好看答案時使用。如右所示。

　　我們也可以在程式裡顯式圖片。假設和 .ipynb 檔案同一個資料夾有個叫 **images** 的資料夾，裡面放了一張圖片檔名是 **girl.png**。我們可以先用 **Image** 告訴 Jupyter Notebook 這是一張圖，然後顯示出來。

請把下列這個多項式

$$f(x) = x^2 - 1$$

做因式分解。

答案是: $(x-1)(x+1)$

```
girl = Image('images/girl.png')
display(girl)
```

到了這裡，相信大家對於 YouTube 影片是像下面這樣子顯示出來應該也覺得很自然了。

```
yenlung = YouTubeVideo('8h2dMBMGjWQ')
display(yenlung)
```

從程式碼中，你可以發現其實只需要 YouTube 影片代碼就可以。這神秘的影片代碼在影片的網址，或是你按分享時就會看到。

我們再來看看 Jupyter Notebook 對網頁語言 **HTML** 的支援。**HTML** 的作用和 Markdown 很相似。

```
egg = r"<h2> 你好 !</h2>"
pancake = HTML(egg)
display(pancake)
```

你好!

這好像和我們之前 **Markdown** 版完全一樣啊！事實上 **HTML** 語言是叫 Markup 語言，也就是要讓純文字在做排版時，標記說這裡要放大、這裡要如何如何。只是像 **HTML** 標記法是用所謂的**標籤（tag）**包起來，例如 **<h2>** 表示「第二大標題」的標籤，結束的地方就要用關起來的標籤 **</h2>**。

而 Markdown 其實是針對 Markup 簡單版，所以一般而言 **HTML** 會比我們 Markdown 複雜、麻煩。為什麼會介紹這個的原因是 **HTML** 基本上更彈性，尤其是配合 **CSS**，基本上你在網頁上看到的效果，都能呈現出來。比如說要呈現紅色的字，基本上我們可以用 **style** 去引入一段專門修飾的 **CSS** 語法。

```
egg = r'<h2 style = "color:red;">你好!</h2>'
display(HTML(egg))
```

你好!

這本書不是為網頁設計而寫的，所以我們不準備對 **HTML** 和 **CSS** 語法多做說明。一個很好的學習 **HTML** 和 **CSS** 的地方是：**W3Schools**

https://www.w3schools.com/

你可以很快的學會 **HTML** 和 **CSS** ！

用 **HTML** 可以做很多耍寶，不，是變化的程式。我們來讓圖片動起來，會用到前面介紹過延遲的 **sleep** 和清除輸出畫面的 **clear_output** 指令。

```
from time import sleep
from IPython.display import clear_output
```

我們用的技巧只是之前讓一個顏文字人物動起來的技巧（就是前面印空格）。比較要注意的是，**HTML** 空白會被忽略不計！所以我們要用 ** ** 表示空白（或全型空白也可以，只是當然大小不同）。

```
sp = r' '
girl = r'<img src = "images/girl.png" style = "display:inline;"/>'
for i in range(1, 40):
    egg = sp*i + girl
    clear_output()
    display(HTML(egg))
    sleep(0.5)
```

因為 **HTML** 和 **CSS** 不是我們的主題，就不再詳細介紹，有興趣可以查查我們用到這些標籤的用法是什麼。

 冒險旅程 **25**

1. 寫一個益智問答，或是找一個有幾個問題的心理測驗，讓使用者選擇，再告訴他結果。用這個單元學到的 **display**，讓問問題或顯示結果更豐富有趣。

2. 我們來做一個幫助你背單字的程式。先用字典檔把你想記的英文單字（當然日文、韓文或其他任何語言也都可以）蒐集起來，每次隨機顯示一個單字（當然最好顯示大大的），然後用 **input()** 等待，到使用者按 **enter** 後才顯示中文翻譯。

3. 這次冒險中說到，可以用 HTML 指令指定顏色。其中一種非常有彈性指定顏色的方法是用 **rgb(r,g,b)**，也就是 RGB 三原色的強度，數值都是 0 到 255。比如說 HTML(f'<h1 style="color:rgb(255,0,0);" > ■ </h1>') 這段，用 display 顯示就會是紅色的方塊。試試看可否用之前 interact 互動的方式，調整 r, g, b 的數值，就顯示不同顏色的方塊？ ■

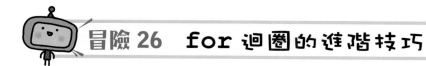

冒險 26　**for** 迴圈的進階技巧

相信大家都還記得，要用 **for** 迴圈時，我們先需要做一個串列出來。

```
egg = ['a', 'b', 'c']
for item in egg:
    print(item)
```

Out: **a**

　　b

　　c

有時，我們還需要每個元素的標號，最標準的程式寫法大概是這個樣子。

```
for i in range(3):
    print(f" 編號 {i} 的元素是 {egg[i]}。")
```

Out:　編號 **0** 的元素是 **a**。

　　　編號 **1** 的元素是 **b**。

　　　編號 **2** 的元素是 **c**。

其實有個更炫、更 Python 的作法，就是用 **enumerate** 指令。

我們先來看看，把一個串列經過 **enumerate** 處理後，會變成什麼樣子。

```
list(enumerate(egg))
```

Out: **[(0, 'a'), (1, 'b'), (2, 'c')]**

嗯，它會給我們一個串列的**元組（tuple）**，每個元組的第一個元素是編號，第二個是對應的元素本身是什麼。我們如果用 **for** 迴圈把這個串列裡的東西一一拿出來，那就會像這樣的情況。

```
for pack in enumerate(egg):
    print(pack)
```

Out: (0, 'a')
     (1, 'b')
     (2, 'c')

真的一一列出來了！但是我們現在是想把第幾個的編號，和相對的元素分別拿出來用，而不是像這樣合成一個元組的樣子，這是可能的嗎？元組和串列很像，所以我們當然可以用 **pack[0]** 代表第一個元素，**pack[1]** 代表第二個。

```
for pack in enumerate(egg):
    print(f"編號 {pack[0]} 的元素是 {pack[1]}。")
```

Out: 編號 0 的元素是 a。
     編號 1 的元素是 b。
     編號 2 的元素是 c。

成功是成功了啊，不過不覺得這種方式感覺很遜嗎？我們這裡介紹一個更炫的技巧，各位觀眾，那就是 Python 的**開箱（unpacking）**來啦！

把好幾個物件放到一個串列或是元素裡叫**包裝（packing）**，就好像把要寄出去的東西打包到一個箱子。那反過然我們自然可以叫開箱啦！不論是元組或是串列，我們都可以用一樣的方式開箱。

比如說今天你搶到一個 Switch 捆綁包，你開箱可以用兩個變數去接。

```
console, game = ('Switch', '健身環大冒險')
```

然後你檢查這兩個變數的內容，當然是如我們想像的那樣。

```
print(" 遊戲機 :", console)
print(" 遊戲 :", game)
```

Out:　**遊戲機 : Switch**

　　　遊戲 : 健身環大冒險

終於再次回到我們的例子，會發現更炫的事情是，我們可以在 **for** 指令的那一行，當場開箱！

```
for i, item in enumerate(egg):
    print(f" 編號 {i} 的元素是 {item}。")
```

Out:　編號 **0** 的元素是 **a**。

　　　編號 **1** 的元素是 **b**。

　　　編號 **2** 的元素是 **c**。

你有沒有感覺，這樣子程式是又好寫、又好懂呢？

1.　在 2020 年新冠肺炎疫情時，台灣推行「口罩實名制 1.0」，規定身份證字號尾數是奇數的人星期一、三、五可以買口罩；而身份證字號尾數為偶數的人星期二、四、六可以買口罩；星期日則是大家都可以買口罩。請設計一個程式，讓使用者輸入自己身份證尾數，並顯示如下的文字（假設使用者尾數為偶數）：

　　　　　星期日「可以」買口罩

　　　　　星期一不可以買口罩

　　　　　星期二「可以」買口罩

　　　　　　　⋮

　　　　　　　⋮

冒險 27　把我們要的資料存檔起來

之前我們有學，怎麼把在 Jupyter Notebook 上的程式存檔起來。這次我們要做的是，學習怎麼把自己的資料存檔起來。什麼時候我們會需要做這樣的事呢？有個情況是我們可能日後會不斷更新這份資料，比如說我們前面有個作業，做一個背單字的系統。而這些單字應該是會不斷更新的！

我們就以單字系統為例，定義一個字典，裡面是想要背的單字。

```python
vocabulary = {"decrease":" 減少、降低 ",
              "accumulation":" 累積 ",
              "aggregate":" 合計 "}
```

Python 是一個很好用的存檔案式，就是可以用 **print** 指令先試做，滿意了就照樣存起來就好！於是我們準備把單字表先用 CSV 的格式，也就是「英文,中文翻譯」這樣的格式表示出來。因此我們需要知道怎麼樣把在字典裡所有的英文找出來！如果還記得的話，這是所有的 **key**。

```python
vocabulary.keys()
```

Out: `dict_keys(['decrease', 'accumulation', 'aggregate'])`

再一次，如果看到我們的串列外面包有些可怕的文字（像本例的 **dict_keys**），這只是告訴我們這串很像串列的東西，其實是 **dict_keys** 這種資料型態。不過在很多時候都可以直接當成是個串列就好！於是我們可以把這個字典裡的英文用 **for** 迴圈一一取出，查到中文，再一起用學過的 f-string 技巧印出來！

```python
for eng in vocabulary.keys():
    print(f"{eng},{vocabulary[eng]}")
```

Out: **decrease**, 減少、降低

　　accumulation, 累積

　　aggregate, 合計

看來完全是我們想的那樣，於是可以準備存檔了。過程就是我們先「**開**」一個檔案準備存檔，把前面 **print** 的部份導引到那個檔案，以便做「**寫入**」的工作，做完再「**關閉**」這個檔案。

圖 27-1　存檔的過程

我們現在就準備開個檔案 **vocabulary.csv**，用來存檔（write），所以要給個參數 **'w'**。

```
f = open("vocabulary.csv", 'w')
```

這樣檔案就開好了。然後把前面正確印出我們要存檔的那段拷貝過來，然後在 **print** 那行加入 **file** = **f**，意思是輸出指向我們的檔案 **f**，不要印出來。

```
for eng in vocabulary.keys():
    print(f"{eng},{vocabulary[eng]}", file = f)
```

這次什麼也不會顯示在螢幕上，因為是存到了 **vocabulary.csv** 這個檔案中。等一下來確定存好了沒有，現在先讓我們來做很重要的關檔動作。

```
f.close()
```

這沒有什麼特別作用，只是告訴 Python 我們對 **f** 指向的 **vocabulary.csv** 這個檔案，該做的都做完了，可以不用再連了。雖然（有時）沒有什麼特別作用，但很重要一定要做的原因是，有時 Python 是等你下這個指令才正式把該寫的、該結束的結束一下。如果沒有好好關檔有可能沒事，有可能會有慘重的災情。大概每個程式設計師，都有個悲傷的沒有關檔的故事，所以請大家一開始就養成有開有關的好習慣。

在 Jupyter Notebook 下，我們可以下達魔術指令 **%ls** 看目前工作目錄下的檔案。(Windows 也是這樣下，所以是魔術！)

```
%ls
```

這時你應該會看到可愛的 vocabulary.csv 出現了！我們來看一下內容，在 Mac 或是 Linux 可以用 **%cat** 這個魔術指令。

```
%cat
```

Out: **decrease**, 減少、降低

      accumulation, 累積

      aggregate, 合計

這次 Winodws 不能用這個方式了，在 Windows 請用系統的指令 **type**。

```
!type "vocabulary.csv"
```

於是你就會看到相同的結果。這裡說明一下，指令前打驚嘆號（**!**）意思是直接在系統下這個指令。這當然二十萬分的危險，所以你不是百分之百確定這個指令是做什麼的，就千萬不要輕易嘗試。

事實上 vocabulary.csv 可以用文字編輯器打開它，甚至就直接編輯它！所以你會發現，至少在我們的例子中，怎麼寫到檔案其實不是那麼重要，因為我們用文字編輯器編這個檔案就好了，以後新增單字也是這樣！更重要的應該是怎麼讀進一個檔案，除了自己編的，還有可能是網路上、別的地方拿到的數據集。

現在我們準備把檔案讀回來。其實 Python 有幾個些許不同的存取方式，但建議一開始先熟悉萬用的一套方法就好了。我們的方式會把整個檔案一次讀回來，存成一個串列，而這個串列裡的一個元素就是原來檔案的一行！

總之，記得檔案處理三部曲：開檔、讀或寫、關檔。

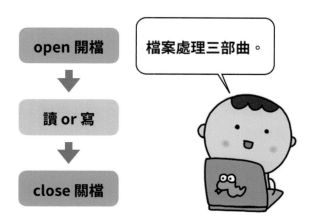

圖 27-2　檔案處理三部曲

```
f = open("vocabulary.csv", 'r')
```

這次要讀檔了，自然是用 **'r'**。接著是一次把整個檔案讀進來，方法是用 **readlines**（注意有沒有複數是不一樣的）。

```
rawdata = f.readlines()
```

最後是那個重要的關檔！

```
f.close()
```

我們來看看讀進來的資料長什麼樣子。

```
rawdata
```

Out: **['decrease, 減少、降低 \n', 'accumulation, 累積 \n', 'aggregate, 合計 \n']**

我們用其中一行來說明等等要做的動作，先來看第一行，也就是 **rawdata** 裡的第 0 個元素。

```
line = rawdata[0]
Out:  'decrease, 減少、降低 \n'
```

這裡我們需要用 **.split** 方法把英文和中文切開。不過在做這件事之前，我們會發現它有換行符號 **\n**，我們需要切掉。

把右邊指定字串切掉的方法叫 **.rstrip**，我們來用看看。

```
line.rstrip('\n')
Out:  'decrease, 減少、降低 '
```

果然成功切掉換行字元了！之後我們要做 **split** 的動作，這個之前學過了就不多再說明。這裡只是讓大家看看，我們可以用連續技同一行切除換行字元、再 **split**。

```
line.rstrip('\n').split(',')
Out:  ['decrease', ' 減少、降低 ']
```

於是我們得到一個串列，第 0 個元素是英文單字，第 1 個元素是中文翻譯。我們來建一個用來背單字的字典，為了證明沒有作弊，所以這裡用新的名稱。

```
newdict = {}
for line in rawdata:
    eng, ch = line.rstrip('\n').split(',')
    newdict[eng] = ch
```

來看看內容是不是和之前的字典一樣。

```
newdict
Out:  {'decrease': ' 減 少、 降 低 ', 'accumulation': ' 累 積 ',
       'aggregate': ' 合計 '}
```

真的成功了！

　　以上介紹的，是最正規存取檔案的方式。而 Python 還有一個有名的套件，沒有學就好像沒有學過 Python 一樣的「完完全全保持資料型態」的存取法。比如說，我們一個字典，我們可以打包存起來，下次讀回來就是原來的字典資料！

　　這種超炫的存取法叫做 **pickle**。

　　先再看一眼我們要存的字典。

```
vocabulary
```

```
Out: {'decrease': ' 減少、降低 ', 'accumulation': ' 累積 ',
      'aggregate': ' 合計 '}
```

引入 **pickle** 套件。

```
import pickle
```

然後我們依然是檔案存取三部曲，**開檔 > 存取 > 關檔**。要注意這裡為了保存原有的資料格式，Python 用的是最一般儲存圖形啦、程式啦的**二進位檔案（binary file）**。意思是不再是純文字檔，所以我們存的時候要用的是 **'wb'** 參數，而不是 **'w'**。存的動作叫做 **dump**。

```
f = open("vocabulary.pickle", 'wb')
pickle.dump(vocabulary, f)
f.close()
```

如此一來，你就會有個叫 vocabulary.pickle 的檔案，只是你不可以像以前一樣用文字編輯器修改它。不過，你還是可以拷貝到其他地方，比方說給你的朋友啦或自己其他 Python 程式使用。

讀回來就馬上變回一個字典！我們把新的字典用 **pickledict** 命名（當然你可以叫一個覺得更喜歡的名稱），然後因為二進位檔開檔要用 **'rb'**，讀的動作叫做 **load**。

```
f = open("vocabulary.pickle", 'rb')
pickledict = pickle.load(f)
f.close()
```

Out: {'decrease': ' 減 少 、 降 低 ', 'accumulation': ' 累 積 ',
'aggregate': ' 合計 '}

果然，一樣的字典就回來了耶！更炫
的是，這不是只有字典這樣，基本上
對所有 Python 變數你可以設的東西，
都可以這樣存下去再讀回來！那我們
為何不都用 **pickle** 呢？一個原因是
我們不是用 Python 的話，這個檔就沒
辦法讀、也沒辦法改。另一個原因是
前面說過，很多時候我們是從各處找
來的數據集，我們需要學怎麼讀入一
般的，比如 CSV 檔的數據集。

圖 27-3　Pickle 法的存取方式

冒險旅程 27

1. 還記得會寫詩的文青機器人嗎？我們想要把這作品存下來，所以請修改一下程式，
   讓 Python 會存下我們文青機器人的大作。當然，有可能你不會想要蓋掉先前的作
   品，所以在開檔時，可以用 **'a'** 這個參數，而不是用 **'w'**。**'a'** 是 append 的意思，
   這樣如果沒有這個檔名的話，會開個新檔，有這個檔，不會把原檔蓋過去，而是把
   新寫入的再加上去。
2. 前一個程式我們可以再改好一點。因為文青機器人並不是每個作品都很傑出，先讓
   文青機器人寫一首詩讓你看，你覺得好再儲存，不好就當沒發生過。

冒險 28　讓 matplotlib 顯示中文

Matplotlib 既然可以說是 Python 標準畫圖套件，那當然有方法可以顯示圖的標題啦、圖說啦等等的。但是你可能已經發現，中文顯示不出來！別怕別怕，這其實只是 **matplotlib** 預設沒有選到中文字型，我們介紹怎麼要 **matplotlib** 正確顯示中文。

首先，不用說，相信大家都把標準指令下好了。

```
%matplotlib inline

import numpy as np
import matplotlib.pyplot as plt
```

然後我們要有中文字型，你當然可以試著用自己電腦裡、你喜歡的字型。但因為每個平台字型不太一樣，為了確保大家執行結果一樣，我們先用 Google 版的繁中思源黑體來示範。思源字體是由 Google 和 Adobe 開發的，Google 公開的版本叫 Noto 字型家族，我們要用 Noto Sans CJK TC 做範例。你可以去以下的網址免費下載，按一般字型安裝（基本上就是點兩下，系統問你要不要安裝，選安裝）。

`https://www.google.com/get/noto/#sans-hant`

我們會用到 **matplotlib** 的一些設定，所以為了方便，也把 **matplotlib** 這個套件取個簡單的暱稱。

```
import matplotlib as mpl
```

以後我們就可以用 **mpl** 代表 **matplotlib**。

安裝好字型之後，我們可愛的 **matplotlib** 的字型庫還沒有這個字型資料。所以我們需要叫 **matplotlib** 去好好的整理一下。這下面看來好高級的動作，就是先用（聽來好可怕）。讓 **matplotlib** 告訴我們，字型資訊暫存區在哪裡。這是一個資料夾，於是它告訴我們在哪了，我們就把它用系統指令（所以加了驚嘆號）砍掉（聽來好可怕）。不過我們砍掉當然只是為了重建，所以之後就重建字型資料。

```
!rm -rf {mpl.get_cachedir()}
mpl.font_manager._rebuild()
```

重要的是，這個動作基本上**只有在裝了新字型才需要做的**！所以不用每次都這麼麻煩。以下才終於到我們每次要做的事了。

```
mpl.rc('font', family = 'Noto Sans CJK TC')
```

這樣子就是告訴 **matplotlib**，字型家族想要使用 **Noto Sans CJK TC**。這裡的 **rc** 是 **run commands** 的意思。這通常是一個設定檔，在程式開始時會執行的指令。而 **matplotlib** 裡的 **rc** 指令事實上是設定 **matplotlib** 的「**rc** 參數」（**rcParams**），它是以字典格式存起來的。所以下面的字典設定，作用和上面的指令是一樣的，你愛用哪一種方式都可以。

```
mpl.rcParams['font.family'] = 'Noto Sans CJK TC'
```

好了，這樣 **matplotlib** 就可以顯示中文了！我們來看畫個 sin 函數……哦，不！ sin 太無聊，不如畫個振幅越來越小的 sin。我們給個標題，就是，嗯，「振幅越來越小的 sin」。

```
x = np.linspace(0, 10, 200)
y = np.sin(5*x) / (1+x**2)

plt.title(' 振幅越來越小的 $\sin$')
plt.plot(x,y)
```

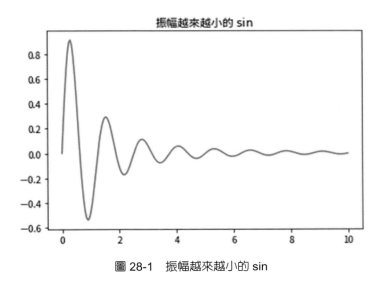

圖 28-1　振幅越來越小的 sin

WOW，真的成功了！如果你之前有為 **matplotlib** 的中文顯示問題而困擾過的話，這真的是很令人感動的一刻！注意一下設定標題這個部份，裡面有用熟悉的錢的符號！沒錯，在 **matplotlib** 裡也是支援 LaTeX 語法的，所以我們可以像之前在 **markdown** 中一樣，加入數學式子。

One more thing……你可能會想試別的中文字型，於是想確認我們的 **matplotlib** 到底「看到」哪些字型，可以這樣下指令，用串列生成法生成一個串列。

```
[f.name for f in mpl.font_manager.fontManager.ttflist]
```

你會看到我們用的也在裡面！要小心的是這裡是中英文（或其他語言）都有，你自己要先確認一下。

我們順便來學學，怎麼樣一次呈現多張圖。之前學到 **matplotlib** 的架構，就是都會有一個 **figure**，以前都是只有一個 **axes**，但現在想要多幾張一起來。這時要用到的是 **subplot**。

首先我們要決定有幾張圖，然後要用「幾列幾行」來排列這幾張圖。比如說我們有 6 張圖的話，可以用「2 列 3 行」去排。這裡的列和行和數學裡的矩陣一樣，列是橫的，行是直的（要提醒一下這是台灣的用法，中國大陸的行列用法是相反的）。有個小訣竅，那就記得我們都是「**列優先**」的，於是「**表示列的數字會在前面，表示行的在後**

面」。再來我們還要知道這 6 張圖的編號，因為列優先，所以從第 1 列第 1 行開始，一個一個數過去，數完再到下一列。**subplot** 裡我們要告訴 Python，排成幾列幾行，然後現在要畫第幾張圖。

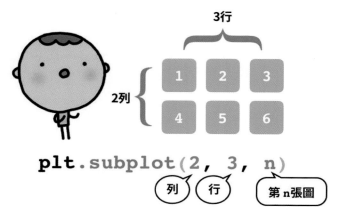

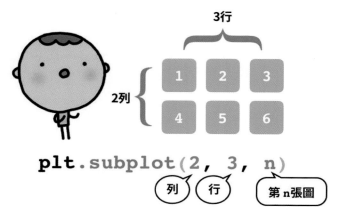

圖 28-2　表示列的數字會在前面，表示行的在後面

　　瞭解之後，我們就來畫個兩張圖，一張是剛剛振幅越來越小的 sin，一張是正常的 sin。如果我們要排列的方式是 1 列 2 行，那就是像下面這段程式。

```
x = np.linspace(0, 10, 200)
y1 = np.sin(5*x) / (1+x**2)
y2 = np.sin(x)

# 排列法是 1 列 2 行，第 1 張圖
plt.subplot(1,2,1)
plt.title(' 振幅越來越小的 $\sin$')
plt.plot(x,y1)

# 排列法是 1 列 2 行，第 2 張圖
plt.subplot(1,2,2)
plt.title(' 正常的 $\sin$')
plt.plot(x,y2)
```

2-44

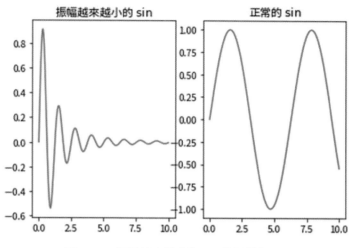

圖 28-3　振幅越來越小的 sin 與正常的 sin

　　我們順便介紹一個有趣的寫法，那就是我們畫的圖沒有超過 10 個的話，在用 **subplot** 時可以不需要用逗號隔開參數！比如說我們的第一張圖下的指令是 **plt. subplot(1,2,1)**，我們可以直接用 **plt.subplot(121)**。這裡特別要說明的原因 是很多人喜歡用這樣的寫法，所以你看到時就可以明白那段程式的意思。

圖 28-4　seaborn 是可以讓圖形變美的套件

你可能會覺得有時 **matplotlib** 畫出的圖有點醜,非常歡迎大家去查查看可以怎麼樣去美化用 **matplotlib** 畫出來的圖。這裡介紹一個美化的方式,我們要用一個叫 **seaborn**(海馬)的可愛套件。首先,先用 **seaborn** 標準引進法引進 **seaborn**。

```
import seaborn as sns
```

接著,見證奇蹟的一刻來了,我們只要下一個 **sns.set()** 指令,從此畫圖就是由 **seaborn** 接手!

```
sns.set()
```

你還是像以前一樣畫圖,不過馬上會發現質感不一樣了!這是因為 **seaborn** 把我們 **matplotlib** 的 **rc** 參數都好好調了一番。不過也就這樣,所以不管我們有沒有設好 **matplotlib** 的字型,現在全都變了!所以要開始讓 **seaborn** 接手的方式會變成這樣。

```
sns.set(rc = {'font.family':'Noto Sans CJK TC'})
```

好了,我們把剛剛畫振幅越來越小的 sin 那個程式碼,一字不改,再執行一次。

```
x = np.linspace(0, 10, 200)
y = np.sin(5*x) / (1+x**2)

plt.title(' 振幅越來越小的 $\sin$')
plt.plot(x,y)
```

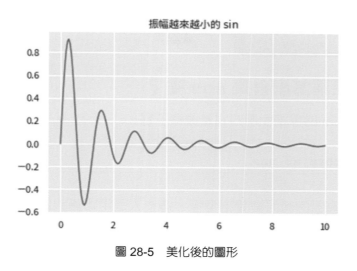

圖 28-5　美化後的圖形

　　這真是太神奇了，我們畫的圖馬上變美了！其實 **seaborn** 並不只是把 **matplotlib** 畫出來的圖變美，還有一些方便的畫圖功能，之後會再來介紹。

1.　請自行找到一個本書沒有介紹過的 **matplotlib** 功能，並寫一個程式用一下這個功能。

2.　請用 **subplot** 畫出 6 張圖。但這次我們要自我挑戰一下，你的程式只能看到「一次」的 **subplot**，一次真正的 **plot**。比方說，畫 **sin(nx)**，其中 **n** 是由 1 到 6 這樣。對了，你可能想到，就是用 **for** 迴圈重複做 6 次。排法你可以自己決定。

seaborn 的暱稱怎麼會是 sns 呢？

我們說到 seaborn 的標準引用方式是這樣子寫。

```
import seaborn as sns
```

可是，當你認真看的時候會覺得奇怪，這些人是用哪隻眼睛看，會把 seaborn 縮寫成 sns 呢？原來是因為《白宮風雲》（The West Wing）這部劇集中，有位白宮的公關室副主任、副幕僚長叫 Samuel Norman Seaborn，他名字的縮寫就是 S. N. S.。因為他剛好姓 Seaborn，所以大家就把 **seaborn** 套件縮寫成 **sns** 了。

對，就是 Python 一貫的耍寶風格！

冒險 29　歡迎來到 Array 的世界

現在，我們終於要正式走上「數據分析」的不歸路（？），大家是不是很興奮呢？讓我們從一個很重要的套件 **numpy** 說起。

之前在新手村的時候，就看過、甚至用過 **numpy** 套件，它到底是何方神聖？事實上 **numpy** 的全名是 Numeric Python，是 Python 當中做數據分析及科學計算上最最重要的一個套件，它之所以這麼厲害的原因，都來自於強大的資料型態 **array**（陣列），這個陣列其實跟 **list** 非常相似，也是我們接下來要介紹的主角。

圖 29-1　array 是數據分析基本資料型態

說到這裡，你可能會覺得奇怪，如果要處理大量的數據，我用 **for** 迴圈加上 **list** 就能搞定，為什麼還需要 **array**，咦……難道 **array** 只是比較潮？哎呀不是這樣的，其實是因為 **for** 迴圈速度太慢了，相較之下，**array** 可以將計算的動作同時套用到龐大的數據，讓速度快上許多。

所以說，大家千萬要記住數據分析中非常重要的觀念：「少用 **for** 迴圈，多用 **array**」，以後當我們想要使用 **for** 迴圈的時候，就改用更可愛的 **array** 代替！

現在，為了成為神奇寶貝大師，呃不是，數據分析大師，就讓我們進入 **array** 的世界，看看它是不是真的神通廣大。

首先，大家應該沒有忘記我們的習慣，每一次開啓 Jupyter Notebook，都先放大絕招，做這個引用的動作，有沒有發現 **numpy** 就在其中呢，可見它很重要！

```
%matplotlib inline

import numpy as np
import matplotlib.pyplot as plt
```

為了介紹 **array** 出場，讓我們先假設一個情境。

> 貓貓大學數學系剛結束期末考，微積分老師立刻把考卷改完，八位同學的成績是這樣的：
>
> A 同學：35 分、B 同學：74 分、C 同學：43 分、D 同學：66 分、
>
> E 同學：87 分、F 同學：55 分、G 同學：71 分、H 同學：65 分。

現在老師決定讓每位同學的成績都乘上 1.1 倍來調整分數，這時能怎麼做呢？

首先用一個串列記錄八位同學的成績。

```
grades = [35, 74, 43, 66, 87, 55, 71, 65]
```

忍不住就想把整個串列乘上 1.1……

```
grades*1.1
```

```
TypeError: can't multiply
           sequence by
           non-int of type
           'float'
```

出現 Error 了！先別緊張，這英文好像看得懂……就是說不能乘「非整數」1.1 的意思。

那不然試試看乘以 2 倍：

```
grades*2
```

Out: [35, 74, 43, 66, 87, 55, 71, 65, 35, 74, 43, 66, 87, 55, 71, 65]

哦⋯⋯好像可以了 ?! 只是這不是我們要的結果。因為串列的乘法不是真的在計算，而是讓串列中的東西重複出現。

　　我們想用一句話就讓串列中每個元素都乘以 1.1 倍，但是看起來 Python 被考倒了！只好先用 **for 迴圈慢慢做**：這個作法我們已經倒背如流，透過 **for** 迴圈取出串列中每一個元素（每位同學的成績）乘上 1.1 倍後，一個個依序放進空的 **list**，最後就能得到八位同學的新成績。

```
new_grades = []

for g in grades:
    new_grades.append(g*1.1)
```

讓我們看一下成果：

```
new_grades
```

Out: [38.5,
      81.4,
      47.300000000000004,
      72.60000000000001,
      95.7,
      60.50000000000001,
      78.10000000000001,
      71.5]

少年 Py 的大冒險

再練習一下：假設老師決定每位同學的成績再加 4 分，該怎麼做呢？

太輕鬆了！模仿上面的作法就好：

```
new_grades2 = []

for g in new_grades:
    new_grades2.append(g+4)
```

成功了！讓我們看一下最後的成績：

```
new_grades2
```

```
Out: [42.5,
      85.4,
      51.300000000000004,
      76.60000000000001,
      99.7,
      64.5,
      82.10000000000001,
      75.5]
```

到目前為止，用前面學過的東西就解決問題了。那有沒有更快的方法呢？（敲碗）讓我們來介紹可愛的主角 **array**。

只要說出通關密語 **np.array**，你就可以打造一個 **array**！比如說把剛剛的 **grades** 串列變成 **array**，只需要這樣做：

數據分析的通關密語！

np.array

```
grad_arr = np.array(grades)
```

我們來看看它長什麼樣子，其實跟串列沒什麼差別，只是外面多一層 **array**。

```
grad_arr
```

Out: `array([35, 74, 43, 66, 87, 55, 71, 65])`

但是神奇的事情發生了！當我們再次直接乘以 1.1 倍：

```
grad_arr * 1.1
```

Out: `array([38.5, 81.4, 47.3, 72.6, 95.7, 60.5, 78.1, 71.5])`

我的老天鵝，竟然成功讓 **array** 裡的所有成績都乘上 1.1 倍，果然對 Python 而言，沒有做不到的事情，只有想不想做的事。

事實上，**array** 做四則運算都有同樣的效果，它的計算方式就像向量一樣，所以有時候我們也會叫它向量。

比如說加法也是一樣：

```
grad_arr * 1.1 + 4
```

Out: `array([42.5, 85.4, 51.3, 76.6, 99.7, 64.5, 82.1, 75.5]`

注意輸出還會是 **array**。

你沒有看錯，**array** 真的只要一行就做完了，以後我們就不用辛苦地寫迴圈，輕鬆愜意地使用 **array** 就對了！

1. 炭治郎和彌豆子最近想去冰島看極光，他們決定每晚住宿的預算是 2500 到 3000 台幣，現在他們在訂房網看中四間旅館，每晚價格分別是 [11210, 14816, 10751, 8228] 克朗，刷信用卡還能額外享有台幣 1% 現金回饋，我們已知 1 克朗 = 0.23655 台幣，請用 **array** 來計算哪間旅館符合他們的預算。

冒險 30　Broadcasting 比我們想像更有趣

相信大家已經體會到 **array** 的美妙之處，事實上 **array** 這麼好用方便的原因，其實都來自於 **numpy** 默默在後面辛勤的工作，也就是所謂的「Broadcasting 機制」！到底什麼是 Broadcasting 呢？聽起來太複雜了，所以我們先賣個關子，先來點開心愜意的東西。

圖 30-1　Broadcasting 是 array 好用的原因

其實我們之前「一次調分」神技，就是用了廣播的功能！我們來複習一下，狀況弄簡單一點。就是有一位同學的成績是這樣：平時成績 85 分、期中考 70 分、期末考 80 分，我們用 **array** 來記錄這些成績，作法就是先產生一個 **list**，再加上 **np.array** 就搞定。

```
grades = np.array([85, 70, 80])
```

相信現在大家也知道，如果平時、期中、期末的成績都要乘以 1.1 倍可以怎麼做了！

```
grades * 1.1
Out: array([93.5, 77. , 88. ])
```

其實我們之所以能做這件事，就是 broadcasting！意思就是我們把後面的 1.1，一一「廣播」到前面的每一個分數，然後相乘。

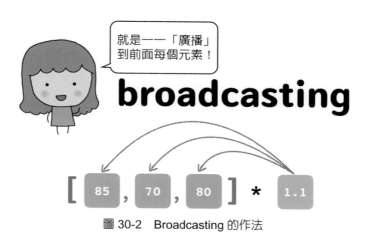

圖 30-2　Broadcasting 的作法

再來，我們想來用 **array** 挑戰「加權和」這件事，聽起來很抽象，但是其實我們很常用它來算成績，馬上來看看一個例子。

我們想幫這位同學算學期成績，但是通常學期成績滿分就是 100 分，如果直接將上面三個分數加起來就超過了，所以學期成績其實有一個加權方式，也就是說，按照不同的比例將成績加起來。

現在老師公布的學期成績計算方式是：平時成績佔 20%、期中考佔 35%、期末考佔 45%，這就是成績的加權方式，我們也用一個 **array** 表示。

```
weights = np.array([0.2, 0.35, 0.45])
```

要算出學期成績，首先要把個別成績乘上它佔總成績的比例，比如說平時成績是 85*0.2，然後依此類推。

這件事用 **array** 可以一次完成，就是把上面兩個 **array** 乘起來就完成啦！

```
wgrades = grades * weights
```

要注意兩個 **array** 長度要一樣才可以相乘，因為 **array** 的乘法是個別位置的數字相乘。

讓我們看看計算結果：

```
wgrades
```

```
Out: array([17. , 24.5, 36. ])
```

這就是 **numpy** 基本的運算方式，如果「大小」完全一樣的陣列，**numpy** 就把相對應位子的元素做運算。如果大小不一樣，**numpy** 就會啟動前面神奇的 broadcasting。事實上我們也不一定要想得這麼複雜，如果你沒有特別意識 **numpy** 在做什麼，會發現它就是在做你覺得最自然的動作！

接著我們要把每項成績加起來，得到最後的學期成績，那非常容易，用 **sum** 就可以做到。

```
wgrades.sum()
```

```
Out: 77.5
```

有沒有發現用 **array** 真的超級好算，但是現在告訴你，這還是慢動作版本而已，那有更快的方式嗎？當然有！只有 **array** 才能超過 **array**！

我們仔細看一下剛剛的動作，其實就是把 grades 和 weights 看作是兩個向量，再做內積（dot product），而好巧不巧 **numpy** 有提供內積的功能。

用 **dot** 這個指令：

```
np.dot(grades, weights)
```

```
Out: 77.5
```

其實還有第二種方式，用小老鼠的符號表示內積：

```
grades @ weights
```

```
Out: 77.5
```

果然都出現跟剛剛一模一樣的答案！

你以為問題結束了嗎？當然還沒，為了再炫耀一下 **array** 到底有多厲害，我們再來試試看更難的狀況。現在我們會算一位同學的成績了，但通常會需要算全班同學的成績，我們來看看例子。

現在有 3 位同學的成績（平時成績、期中、期末）：

A 同學：85 分、70 分、80 分；

B 同學：12 分、88 分、77 分；

C 同學：85 分、91 分、33 分。

首先用 **array** 表示很多同學的成績，標準作法就是先打一個 **list**，裡面每一個元素就是一位同學的成績，也是用一個 **list** 來表現，放入平時、期中考、期末考成績，最後我們要換成 **array**，就在前面打 **np.array**……

```
grades = np.array([[85, 70, 80],
                   [12, 88, 77],
                   [85, 91, 33]])
```

這裡為了要讓大家看清楚，所以把每位同學的成績用不同行表示，其實不一定要這樣。另外為了方便，權重就維持一樣。

```
weights = np.array([0.2, 0.35, 0.45])
```

現在我們要算出 3 位同學的學期成績，來碰碰運氣好了，跟剛剛一樣用 dot product：

```
grades @ weights
```
```
Out: array([77.5, 67.85, 63.7])
```

神奇的事情發生了，第一項就是第一位同學的學期成績，然後依序是第二、三位，實在太不科學了！到底發生了什麼事？

其實原理很簡單，這又是我們提到的「broadcasting 機制」！這時就是把 **weights** 這個向量當成一個整體，廣播到前面每一列向量之中！

簡單來說，當我們把兩個 **array** 相乘的時候，broadcasting 會自動幫我們把簡單的 **array** 分配到複雜的 **array** 裡面，再一一地做處理 。這也是 **array** 可以成為數據分析王者的原因，不管是在龐大的數據，它幾乎都可以一步搞定！

順便提一下，大家有沒有注意到 **array** 的形狀不只一種，偷偷告訴你，**array** 其實很善變，它可以是 1D、2D，甚至是更高階的百變怪！

我們來看看它可以有什麼變化吧！

1D 的 **array** 長這個樣子，其實就是一個向量：

```
np.array([0, 1, 2])

Out: array([0, 1, 2])
```

可以有不同長度、內容：

```
np.array([2, 3, 6, 9, 7])

Out: array([2, 3, 6, 9, 7])
```

進化的 2D **array**，基本上就是一個矩陣：

```
np.array([[0, 0, 0],
          [1, 1, 1],
          [2, 2, 2]])

Out: array([[0, 0, 0],
            [1, 1, 1],
            [2, 2, 2]])
```

看起來實在太可怕了！但我們先不要以貌取人，看久了發現它也滿唯美的（？），其實 2 維 **array** 就是在 1 維 **array** 外面多加一層中括號而已。

一樣可以有不同形狀：

```
np.array([[0, 0, 0],
          [1, 1, 1]])

Out: array([[0, 0, 0],
            [1, 1, 1]])
```

進擊的 3D **array** 就更複雜了，頭開始有點暈？

```
np.array([[[0, 0, 0],
        [1, 1, 1],
        [2, 2, 2]],
        [[3, 3, 3],
        [4, 4, 4],
        [5, 5, 5]]])
```

Out: **array([[[0, 0, 0],**

　　　　[1, 1, 1],

　　　　[2, 2, 2]],

　　　　[[3, 3, 3],

　　　　[4, 4, 4],

　　　　[5, 5, 5]]])

　　不知大家有沒有發現，2D **array** 就是一個個向量（1D **array**）串起來的，而 3D **array** 當然就是一個個矩陣（2D **array**）串連起來的，所以 3D **array** 可以想成是個立體的矩陣。

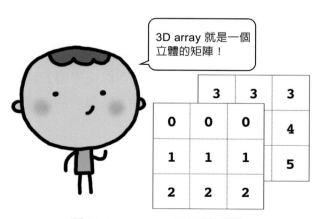

圖 30-3　3D array 是立體的矩陣

這樣一來,我們可以要到幾 D 的 **array** 都可以!這 **array** 的變化是有規律的,3D **array** 就是在 2D **array** 外面多加一層中括號、4D **array** 就是在 3D **array** 外面多加一層中括號……像繞口令一樣,高維度當然也是一樣。

為什麼我們要介紹不同樣子的 **array** 呢?因為接下來要教大家怎麼讓 **array** 變來變去,現在是一維的向量,一會兒又變成 2D 的矩陣,這可是數據分析中非常重要、不可避免的動作喔!

 冒險旅程 **30**

1. 現在我們想要同時算很多人的 BMI 值,假設有兩個班級各有三位同學,每位同學的身高體重你可以隨便想,或是用更高級的亂數取(要在合理範圍),接著套用 BMI 公式就完成!如果你覺得這樣太簡單,可以試試看找出兩班同學的平均 BMI 值。

2. 我們都知道怎麼判斷一個數是 2 的倍數、3 的倍數或 5 的倍數,但是你知道怎麼判斷 7 的倍數嗎?事實上,只要把一個數字從右到左分別乘以 1, 3, 2, 6, 4, 5(有需要則重複)之後再加起來,如果得到的數字可以被 7 整除,那麼此數就是 7 的倍數喔!現在請你隨便想一個數字,越複雜越好,這才看得出 **array** 的偉大之處,接著用上面提過的「內積」方法來測試它是不是 7 的倍數。

3. 承上題,如果上面的題目都難不倒你,你也可以把學過的套路都用出來,設計一個可以讓使用者填數字,電腦自動判斷是不是 7 的倍數的奇怪小遊戲(?),而且要可以很炫地在終端機上執行。

冒險 31　Array 大變身

沒錯，我們馬上要來介紹 **array** 的變身術，它有什麼好處呢？在數據分析裡面，有時候為了方便計算，或是把數據變成特定的樣子，我們必須使用變身術來偽裝，事情才能順利進行。那麼事不宜遲，我們趕快來看看它葫蘆裡到底賣什麼藥吧！

首先我們用亂數取一個 **array**，總共有 100 個數字，從標準常態分配取出來。

```
A = np.random.randn(100)
```

我們可以看一下內容：

```
A
```

```
Out: array([ 0.21229293, -1.23529139, -1.17369709,  0.15850348,  1.06258377,
        -2.62018319,   0.40218443,   0.7759327 ,   2.76188867,   1.41168388,
        -0.60463431,   0.47813981,   1.04680657,   0.44688012,  -0.49405525,
         0.01335603,   0.88910717,   2.19924125,  -1.16935248,  -0.45821459,
        -0.52236846,  -0.33656812,  -0.67580129,   0.36426076,   0.18703209,
        -0.81470496,   1.17692121,  -0.16701853,   1.1097563 ,  -1.27568862,
        -0.19771541,   0.90270444,  -0.19408101,   0.19853331,  -1.62842899,
        -0.595723  ,   0.58087681,   0.15262361,  -0.32254889,  -2.35395721,
        -0.95865183,  -1.48861874,   1.41013504,   1.96320354,   0.0133345 ,
         0.45209621,   1.07173627,   1.89579841,  -2.44914463,  -0.89248064,
        -0.67063902,  -0.38864482,  -2.00761438,   0.75501585,   0.0748424 ,
        -2.42301829,  -0.52471523,   0.24322916,  -0.18171171,   0.22066129,
        -1.62676845,  -0.40715634,   0.2237705 ,  -1.40378654,   0.09430617,
         1.37195748,   0.60514944,   0.48531661,  -0.29647779,   1.90760918,
        -0.03788481,   0.55744429,   0.01679928,  -0.593948  ,  -2.42004563,
         0.39640085,  -1.00063134,   0.51889557,   0.28330121,   0.56189686,
         0.96929646,  -0.61797225,  -0.59104472,   0.60791793,  -0.44104086,
         1.45850872,  -0.27604376,   1.36120875,  -1.6497511 ,  -0.94626144,
        -2.19952106,  -0.01450276,  -0.88615464,  -0.01262656,  -1.93419692,
        -0.78969257,  -1.0619103 ,  -0.96976472,   2.36463539,   1.4995984 ])
```

嗯⋯⋯沒問題，大概可以看出來（？），平均值接近 0，標準差接近 1。題外話，問大家一個很簡單的數學問題，如果我們想把平均值變成 50，標準差變成 10，該怎麼做呢？

其實只要經過一些平移和伸縮就完成了！

```
A = 10 * A + 50
```

也就是說，對 A 先乘以 10，讓分散程度變成原來的 10 倍；再加上 50，讓平均比原本多 50，就完成了！這裡讓我們得到一個結論，那就是 broadcasting 廣播這個動作，要廣播出去的放前面或後面都可以，而且可以用連續技！是不是很酷？

再來看看 A，很明顯有改變。

```
A
```

```
Out: array([52.1229293, 37.64708613, 38.26302907, 51.58503484, 60.62583767,
       23.79816815, 54.02184426, 57.75932703, 77.61888674, 64.11683876,
       43.95365692, 54.78139812, 60.46806565, 54.46880116, 45.05944753,
       50.13356035, 58.89107173, 71.99241253, 38.30647525, 45.41785411,
       44.77631543, 46.6343188 , 43.24198713, 53.64260762, 51.87032088,
       41.85295036, 61.76921208, 48.32981474, 61.09756303, 37.24311382,
       48.02284585, 59.02704442, 48.05918992, 51.98533306, 33.71571011,
       44.04276997, 55.80876814, 51.52623605, 46.77451111, 26.46042789,
       40.41348174, 35.11381259, 64.10135039, 69.63203542, 50.13334503,
       54.52096206, 60.71736267, 68.95798406, 25.5085537 , 41.07519357,
       43.29360978, 46.11355178, 29.92385621, 57.5501585 , 50.74842397,
       25.76981712, 44.75284767, 52.43229157, 48.18288294, 52.20661285,
       33.73231555, 45.9284366 , 52.23770498, 35.96213457, 50.94306173,
       63.71957476, 56.05149439, 54.85316607, 47.03522213, 69.07609177,
       49.62115193, 55.57444292, 50.16799282, 44.06051997, 25.79954365,
       53.96400848, 39.99368659, 55.1889557 , 52.8330121 , 55.6189686 ,
       59.69296459, 43.82027752, 44.08955284, 56.0791793 , 45.58959141,
       64.58508719, 47.23956244, 63.61208746, 33.502489  , 40.53738555,
       28.00478938, 49.85497245, 41.13845363, 49.87373438, 30.65803081,
       42.10307434, 39.38089695, 40.3023528 , 73.6463539 , 64.99598401])
```

現在我們想要做另一件事情，就是讓 A 變身。

首先看一下 A 目前的樣子，這件事用 **shape** 指令就能輕鬆辦到。

```
A.shape
```

```
Out: (100,)
```

(100,) 看起來很陌生，其實就是說 A 這個 **array** 是有 100 個數字的一維向量。

如果我想把 A 變成 5×20 的矩陣呢？只需要讓 **shape** 後面指定新的形狀就可以了！

```
A.shape = (5, 20)
```

這裡要特別記住 5 和 20 相乘一定要是 100 才可以做。

再次看一下 A 的內容：

```
A
```

```
Out:  array([[52.1229293, 37.64708613, 38.26302907, 51.58503484, 60.62583767,
        23.79816815,   54.02184426,   57.75932703,   77.61888674,   64.11683876 ,
        43.95365692,   54.78139812,   60.46806565,   54.46880116,   45.05944753 ,
        50.13356035,   58.89107173,   71.99241253,   38.30647525,   45.41785411],
       [44.77631543,   46.6343188 ,   43.24198713,   53.64260762,   51.87032088 ,
        41.85295036,   61.76921208,   48.32981474,   61.09756303,   37.24311382 ,
        48.02284585,   59.02704442,   48.05918992,   51.98533306,   33.71571011 ,
        44.04276997,   55.80876814,   51.52623605,   46.77451111,   26.46042789],
       [40.41348174,   35.11381259,   64.10135039,   69.63203542,   50.13334503 ,
        54.52096206,   60.71736267,   68.95798406,   25.5085537 ,   41.07519357 ,
        43.29360978,   46.11355178,   29.92385621,   57.5501585 ,   50.74842397 ,
        25.76981712,   44.75284767,   52.43229157,   48.18288294,   52.20661285],
       [33.73231555,   45.9284366 ,   52.23770498,   35.96213457,   50.94306173 ,
        63.71957476,   56.05149439,   54.85316607,   47.03522213,   69.07609177 ,
        49.62115193,   55.57444292,   50.16799282,   44.06051997,   25.79954365 ,
        53.96400848,   39.99368659,   55.1889557 ,   52.8330121 ,   55.6189686 ],
       [59.69296459,   43.82027752,   44.08955284,   56.0791793 ,   45.58959141 ,
        64.58508719,   47.23956244,   63.61208746,   33.502489  ,   40.53738555 ,
        28.00478938,   49.85497245,   41.13845363,   49.87373438,   30.65803081 ,
        42.10307434,   39.38089695,   40.3023528 ,   73.6463539 ,   64.99598401]])
```

現在 A 的裡面有 5 個 **list**，每一個 **list** 放了 20 個數字，比如說，第一個 **list** 就放了原本的前 20 個數字，依此類推。這樣我們就得到一個 5×20 的新矩陣，是不是非常簡單呢？

當然也可以換成10×10 矩陣：

```
A.shape = (10, 10)

Out: array([[52.1229293, 37.64708613, 38.26302907, 51.58503484, 60.62583767,
    23.79816815,   54.02184426,   57.75932703,   77.61888674,   64.11683876],
   [43.95365692,   54.78139812,   60.46806565,   54.46880116,   45.05944753 ,
    50.13356035,   58.89107173,   71.99241253,   38.30647525,   45.41785411],
   [44.77631543,   46.6343188 ,   43.24198713,   53.64260762,   51.87032088 ,
    41.85295036,   61.76921208,   48.32981474,   61.09756303,   37.24311382],
   [48.02284585,   59.02704442,   48.05918992,   51.98533306,   33.71571011 ,
    44.04276997,   55.80876814,   51.52623605,   46.77451111,   26.46042789],
   [40.41348174,   35.11381259,   64.10135039,   69.63203542,   50.13334503 ,
    54.52096206,   60.71736267,   68.95798406,   25.5085537 ,   41.07519357],
   [43.29360978,   46.11355178,   29.92385621,   57.5501585 ,   50.74842397 ,
    25.76981712,   44.75284767,   52.43229157,   48.18288294,   52.20661285],
   [33.73231555,   45.9284366 ,   52.23770498,   35.96213457,   50.94306173 ,
    63.71957476,   56.05149439,   54.85316607,   47.03522213,   69.07609177],
   [49.62115193,   55.57444292,   50.16799282,   44.06051997,   25.79954365 ,
    53.96400848,   39.99368659,   55.1889557 ,   52.8330121 ,   55.6189686 ],
   [59.69296459,   43.82027752,   44.08955284,   56.0791793 ,   45.58959141 ,
    64.58508719,   47.23956244,   63.61208746,   33.502489  ,   40.53738555],
   [28.00478938,   49.85497245,   41.13845363,   49.87373438,   30.65803081 ,
    42.10307434,   39.38089695,   40.3023528 ,   73.6463539 ,   64.99598401]])
```

其實要改變 **array** 的形狀還可以用 **reshape**，這次我們想換成100×1的矩陣：

```
A.reshape(100, 1)

Out: array([[52.1229293 ],
       [37.64708613],
       [38.26302907],
          ⋮
       [40.3023528 ],
       [73.6463539 ],
       [64.99598401]])
```

有沒有發現 **(100,)** 和 **(100, 1)** 是不一樣的形狀？

如果一個 **array** 的形狀是 (100,)，代表它是一維的向量，裡面有 100 個數字；另一方面，如果一個 **array** 形狀是 (100, 1)，代表它是二維的矩陣，總共有 100 列，每一列一個數字。

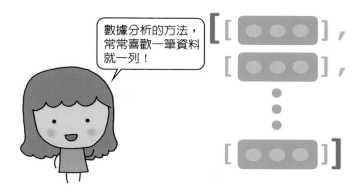

數據分析的方法，常常喜歡一筆資料就一列！

我們已經指定 A 的形狀是 **(100, 1)**，但還是再確認一下，展現我們的專業：

```
A.shape
```

Out: **(10, 10)**

可怕的事情發生了！A 的形狀還是原本的10×10 矩陣！原來 **reshape** 在改變形狀的時候，會產生一個新的 **array**，而不會去改變原本的 **array**。

那如果要改變原本的 A 的話，可以這樣做：

```
A = A.reshape(100, 1)
```

再看看 A，確實被改過來了：

```
A
```

Out: **array([[52.1229293],
              [37.64708613],
              [38.26302907],
                   ⋮
              [40.3023528],
              [73.6463539],
              [64.99598401]])**

少年 Py 的大冒險

1. 目前我們看到的如 **[1, 2, 3]** 叫 1D **array**，而 [[1,2], [3,4]] 叫 2D **array**。事實上也可以有 3D **array**！比如說我們設

$$\texttt{arr = np.array(30)}$$

然後你可以試著把這個 **array** 改成 **(5, 2, 3)** 的形式，看看內容是否懂這是什麼意思？再來我們再把 **arr** 改成 **(5, 6)** 的形式，這又和之前 **(5, 2, 3)** 形式有什麼關係呢？ ■

2-66

冒險 32　Array 快速生成法

接下來要介紹快速生成 **array** 的方法，尤其是特殊形式的 **array**，為什麼需要知道這些呢？

試著想想看，假如現在要設計一個 5×5 的矩陣，你能辦到嗎？你會想說：「這還不容易，用數字 1 到 25 就好了。」

那如果要設計一個 10×10 的矩陣呢？安啦！數字 1 到 100 嘛，唔……打起來好像有點吃力。更不用說更大更複雜的 **array** 了。

有時候在機器學習、深度學習的應用上，我們需要一些零矩陣、單位矩陣，這個時候有沒有快速生成的方式呢？就讓我們來看看吧！

其實很多生成 **list** 的方法都可以用，但 **numpy** 裡面還有提供專屬於 **array** 的生成方法，比如說，先生成一個 **list**，就可以生成一個 **array**，這大家應該已經很熟悉了。

先想一個 **list** 出來：

```
xy = [[x, y] for x in range(5) for y in range(3)]
```

確定它是一個 **list**。

```
xy
```

```
Out: [[0, 0],
      [0, 1],
      [0, 2],
      [1, 0],
      [1, 1],
      [1, 2],
      [2, 0],
      [2, 1],
      [2, 2],
      [3, 0],
      [3, 1],
      [3, 2],
      [4, 0],
      [4, 1],
      [4, 2]]
```

加上 **np.array** 就成功了！

```
xy = np.array(xy)
```

特殊形式的 **array** 要怎麼做呢？

比如說我們想要都是 0 的 **array** 就這樣做：

```
np.zeros(10)
    Out: array([0., 0., 0., 0., 0., 0., 0., 0., 0., 0.])
```

生成了長度是 10 的零向量，記住在括號中可以放你想要的任何形狀。

比如說一個 3×4 的零矩陣：

```
np.zeros((3, 4))
    Out: array([[0., 0., 0., 0.],
                [0., 0., 0., 0.],
                [0., 0., 0., 0.]])
```

同樣地，也可以做一個都是 1 的矩陣：

```
np.ones(5)
    Out: array([1., 1., 1., 1., 1.])
```

還有常常用的 Identity 單位矩陣，也就是對角線位置都是 1，其他都是 0 的矩陣。

```
np.eye(5)
    Out: array([[1., 0., 0., 0., 0.],
                [0., 1., 0., 0., 0.],
                [0., 0., 1., 0., 0.],
                [0., 0., 0., 1., 0.],
                [0., 0., 0., 0., 1.]])
```

這樣就生成了 5×5 的單位矩陣，要怎麼記這個指令呢，因為我們常用大寫字母 I 來表示單位矩陣，跟 eye 發音很像，就是這麼容易。

1.　現在我們想印出一個 8×8 的西洋棋盤如下：

作法是這樣，先用 **array** 造出一個 8×8 的矩陣，模仿西洋棋盤上的格子，其中的數字規則是：對應到白色格子的數字是 1、黑色格子的數字是 0。舉例來說，矩陣的第一列第一行是 1、第一列第二行是 0，依此類推。接著再想辦法掃過矩陣的每個數字，當數字為 1 時 **print**「□」，數字為 0 時 **print**「■」，快來試試看吧！

冒險 33 Array 畫圖超方便

介紹了 **array** 導向的程式寫法之後,現在計算變得超級方便。但是我們已經聽到廣大讀者(?)的心聲了:「每次打開 Jupyter Notebook 都要打出神秘三行,可是畫圖的套件為什麼都沒用到?」其實我們在前面已經偷偷用過 **array** 來畫圖了,但是為了回應大家,我們再來重溫一下有趣的畫圖吧!

事實上只要有一個 **list** 或是 **array**,就可以畫圖。

那就先做一個 **array** 出來。

```
y = np.random.rand(50)
```

它就是 0 到 1 之間的 50 個亂數。

```
y
```

```
Out: array([0.70751721, 0.56272012, 0.77648269, 0.69505148, 0.44278944,
       0.27665635, 0.08706557, 0.19684192, 0.28700566, 0.00271174,
       0.24145704, 0.0216143 , 0.96418671, 0.09781524, 0.6243498 ,
       0.78827214, 0.05756376, 0.95754309, 0.9849269 , 0.65853626,
       0.45329792, 0.25136779, 0.34377111, 0.18878659, 0.19575179,
       0.54490032, 0.11539002, 0.45780352, 0.47379257, 0.80994259,
       0.80708018, 0.05543897, 0.29960535, 0.85002827, 0.13870867,
       0.62881848, 0.42554444, 0.97895378, 0.11011353, 0.60915823,
       0.20067626, 0.15446642, 0.41240071, 0.10926743, 0.59793424,
       0.98755996, 0.38735478, 0.65896344, 0.01552953, 0.89599489])
```

接著用畫圖的指令,Python 就會自動幫我們畫出來了,大家還記得這樣做吧!

```
plt.plot(y)
```

Out:

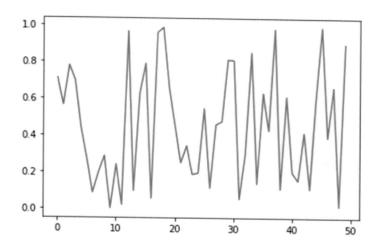

大家不要忘記了，當我們只放一個 **array** 進去的時候，它代表的是 y 座標，這個時候聰明的套件會幫我們自動生成 x 座標，然後根據（x, y）座標描點來畫出圖形。

如果要畫一個函數，需要先給一個 x 座標的範圍，再指定函數的樣子。

　比如說我們要畫一個 x 座標範圍在 0 到 10 的 sin 函數出來。

先指定 x 座標：

```
x = np.linspace(0, 20, 100)
```

為了讓這個函數上相一點，我們先加上了 **xkcd** 的可愛風濾鏡，再指定函數：

```
plt.xkcd()
plt.plot(x, np.sin(x))
```

Out:

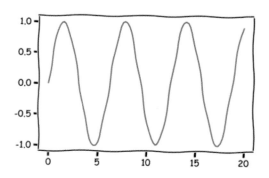

如果想要同時畫兩個函數辦得到嗎？很簡單，把要畫的函數放在同一個工作格。

```
plt.plot(x, np.sin(x)+x)
plt.plot(x, np.cos(x)-x)
```

Out:

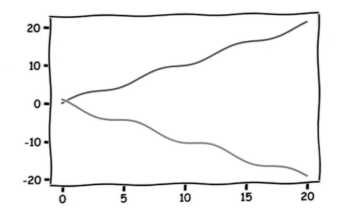

它還會自動用不同的顏色區分兩個函數，真是太貼心太暖了！

 冒險旅程 33

1. 其實畫圖還有許多有趣的小技巧，比如說可以改線條的粗細啦、型式啦，加上標題
   等等有的沒有的。試著上網搜尋一些我們沒有介紹過的技巧，應用到你的畫圖大作
   中吧！

冒險 34　Array 快篩法

我們平常用住房網站選擇飯店的時候，是不是很喜歡篩選的功能呢？

例如我還是學生，不想要太貴的飯店，我可以勾選每晚 1000-2000 元房價的選項；我是一個吃貨，希望這家飯店有超高評價的早餐，於是又可以勾選早餐的選項……

我們在數據分析中，常常也希望有篩選的功能，幫助我們很快地找到感興趣的資料。**numpy** 作為數據分析王者，當然也有提供我們篩選 **array** 的功能，現在就來試試看。

已經快變成起手式了，我們先做一個 **array**：

```
L = np.array([-2, -1, 5, 8, 4, 87, -3])
```

裡面的數字有正有負，現在我們想把大於 0 的數字找出來，很自然會想要這樣做：

```
L > 0
```
```
Out: array([False, False, True, True, True, True, False])
```

結果得到一個新的 **array**，第一、二個數字因為不是大於 0，所以是 **False**，第三個數字大於 0，所以是 **True** 等等，這個功能看起來好像滿炫的，但是這不是我們要做的事，我們真正要做的事情是把大於 0 的數字找出來。

我們把新的 **array** 當作 **index**，就可以取出那些大於 0 的數字：

```
L[L > 0]
```
```
Out: array([ 5, 8, 4, 87])
```

其實就是在中括號當中放入我們要的條件即可。

同樣地我們可以試試看其他的條件，比如說不是 8 的數字有：

```
L != 8
```
```
Out: array([ True, True, True, False, True, True, True])
```

我們可以透過 & 來篩選同時符合多個條件的位置。

```
(L > 0) & (L != 8)
```
Out: `array([False, False, True, False, True, True, False])`

我們發現同時滿足這兩個條件的是第 2、4、5 位置的數字。

同樣地,把條件都放進中括號裡,就能找到這些數字了。

```
L[(L > 0) & (L != 8)]
```
Out: `array([ 5, 4, 87])`

這真的是一個非常有趣的功能,它還可以讓畫圖有一些變化。

首先我們先隨便畫一個函數:

下面 sinc 函數看不懂沒有關係,我們只要先欣賞它的美就好。

```
x = np.linspace(-5, 5, 1000)
y = np.sinc(x)
plt.plot(x,y)
```
Out: 輸出結果如右圖所示。

現在我們想把這個函數大於 0 的部分用另一個顏色標記出來,就要用到剛剛學過的技巧。

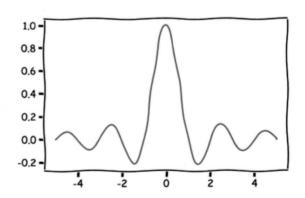

首先,y 代表的是我們要的函數,現在我們只要大於 0 的部分,也就是 `y[y > 0]`。

但是這時候還有另一個問題:x 和 y 的數量不一樣,x 是原本這麼多,但是 y 只有大於 0 的數字被留下來,因此我們還要再加上 x 後面再加上 `x[y > 0]`。

所以,只要在 **x** 和 **y** 座標後面都加一個 **y > 0** 的條件就完成了!最後我們想要讓篩選出來的部分用比較大的圓圈而不是點來表示,只需要在後面加上一個 'o' 的字串就好。

```
x = np.linspace(-5, 5, 1000)
y = np.sinc(x)
plt.plot(x,y)
plt.plot(x[y>0] , y[y>0], 'o')
```

`Out:` 輸出結果如右下圖所示。

注意這裡我們沒有使用可愛風的濾鏡，看得比較清楚。

現在，我們總算是把 **array** 的有趣功能介紹完畢，可以開始做一些數據分析了。但是當我們打算來分析數據的時候，你會發現，好像有哪裡不對？我根本不知道這些數據長什麼樣子啊！Python 大神有沒有一些套件可以讓我在 jupyter notebook 上面看到我的資料內容呢？當然有啦！讓我們繼續看下去……

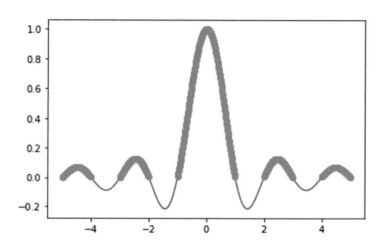

 冒險旅程 **34**

1.　每到夏天我要去海邊！每年夏天你都在煩惱要去哪個國家玩水、又不會花太多錢嗎？現在來寫一個程式，篩選符合自己預算的地方吧！舉例來說，我想從峇里島、普吉島、長灘島及沖繩做選擇，那麼首先 Google 一下各地往返機票、住宿及套裝行程的價格，並用 **array** 記錄下來，接著寫一個函式做預算的篩選，最後請用前面學過的互動指令，來呈現符合預算的地方。當然，你也可以自己變點花樣，假如你對出去玩沒興趣，就換其他的主題；假如你覺得上面的方法都太衰敗了，也可以想些更 fancy 的方法喔！

冒險 35　熊貓是 Python 的 Excel

歡迎大家來到木柵動物園（誤），今天我們要為大家介紹 Python 裡面一個非常重要的套件——**pandas** 熊貓！這裡我們就不追究它為什麼叫這麼天真可愛的名字了，不過當學會怎麼使用它之後，就會發現它真的是人如其名，實在太讓人愛不釋手。

俗話說得好：「數據分析有 80% 的時間在做資料清理。」好的資料會大大影響分析結果，因此大部分數據分析的專家都花費大把的時間在做資料處理，而 **pandas** 正是為此而生，幫助我們可以更輕鬆愜意地整理資料。

所以 **pandas** 到底是什麼？其實我們可以把它想像成 Python 裡面的 Excel，這樣是不是覺得親切許多呢？而且它還比 Excel 更方便，因為你可以寫程式讓它做各式各樣有趣的事情。

但是 **pandas** 同時也有一個缺點，就是很不直覺。剛開始遇到這隻熊貓的時候，通常會覺得很困難，很想逃回去用 Excel，但是只要你能常常去玩它，上手之後你會發現它有多好用！

圖 35-1　Python 的三種套件

所以大家不要緊張，現在就讓我們繼續未完的旅程！

首先還是依照約定，打出我們的起手式，只是從現在開始要加入第四行，把 **pandas** 這個套件讀進來。

```
%matplotlib inline

import numpy as np
import matplotlib.pyplot as plt
import pandas as pd
```

現在我們就可以用 **pandas** 來讀取資料，幾乎所有常見的資料格式都可以讀進來，比如說 Excel 檔、純文字的 csv 檔等等都可以。

但是到哪裡去生資料呢？我們做了一個「假的」學測成績的 csv 檔，然後把檔案放在網址

https://bitly.com/gradescsv

現在 **pandas** 可以讀進來了，記住後面要加上檔案的路徑：

```
df = pd.read_csv('https://bitly.com/gradescsv')
```

讀進來的資料其實不可怕，就是一張表格而已，在 **pandas** 裡我們把它叫做 **DataFrame**，是 **pandas** 的標準資料型態。

現在我們想用一個變數把這張表記起來，通常都用 **DataFrame** 的縮寫 **df**，當然你想叫什麼就叫什麼，只是我們習慣叫 **df**。

我們通常會想看看 **DataFrame** 的內容，但是整個表格通常都太長了，所以只看前幾筆：

```
df.head()
```
Out:

	姓名	國文	英文	數學	自然	社會
0	劉俊安	9	10	15	10	13
1	胡玉華	10	10	10	8	9
2	黃淑婷	13	15	8	11	14
3	陳上紫	10	10	8	9	14
4	崔靜成	13	12	14	12	13

這個指令非常非常重要，我們常用它來確定讀進來的是正確的 **DataFrame**。

是不是簡直就跟 Excel 的表格沒兩樣！我們可以看到這個表格分別有第一列到第五列，還有第一行到第六行。每一列的名字我們稱作 **index**；而每一行的名字，我們稱作 **columns**。

現在我們可以用這個資料來練習一下，比方說我們只想要看到國文的成績，該怎麼做呢？

其實非常簡單，只要在中括號放入你要的欄位名稱：

```
df['國文']
```

```
Out:
0       9
1      10
2      13
3      10
4      13
        :
95      9
96      8
97     14
98     15
99      9
Name: 國文 , Length: 100, dtype: int64
```

出現了一串很長的數據，在 **pandas** 裡面我們把它叫做 **Series**，它跟 **list** 和 **array** 非常像。

其實還有另一種方法可以把國文成績列出來，以後我們都習慣用這種方法，因為方便很多！工程師都很喜歡偷懶的……

```
df.國文
```

```
Out:
0      9
1     10
2     13
3     10
4     13
       ⋮
95     9
96     8
97    14
98    15
99     9
Name: 國文 , Length: 100, dtype: int64
```

基本上作數據分析的過程是這樣子的：先用 **pandas** 把資料整理成我們要的樣子，然後把需要做計算或分析的資料抽出來，再用 **numpy**、**SkLearn** 等等的套件去作數據分析。

因此我們常需要把資料轉換成一個 **array**，像這樣加上 **values** 就能把 **Series** 換成 **array**：

```
cg = df.國文 .values
```

確定一下是不是 **array**：

```
cg
```

```
Out: array([ 9, 10, 13, 10, 13, 13, 11, 8, 9, 10, 14, 13, 11, 15, 8, 11, 14,
       12,  9, 14, 13,  9, 12, 10, 10, 13, 13,  8, 15, 14,  8, 15,  9, 14,
       13, 14, 12, 11,  8,  9, 12, 14, 14, 12, 13,  9, 14,  8, 15, 10, 12,
       14, 12, 14, 15,  9, 11, 12, 10, 11, 14, 14,  8, 12,  9, 13, 10, 14,
        8, 12,  9,  9, 10, 13, 14, 13,  9, 13, 12,  9, 13, 11, 11, 10, 10,
       10, 11, 10, 11, 13,  8, 14,  8, 11, 10,  9,  8, 14, 15,  9],
      dtype = int64)
```

有了 **array** 之後，我們可能會想要做一些處理。

比如取平均：

```
cg.mean()
```

```
Out: 11.39
```

這樣就可以分析出來，這次學測的國文平均成績大概是 11.4。

也可以求標準差：

```
cg.std()
```

```
Out: 2.1858407993264284
```

只要我們能把資料換成 **array**，就可以做很多我們想做的事情。

所以，未來要成為數據分析專家的我們，**pandas** 和 **numpy** 這兩個套件都要用得非常得心應手，才能成為一代宗師！

 冒險旅程 **35**

1. 現在我們知道怎麼用 **pandas** 來看資料了，但是只看表格的前 5 行可能沒辦法代表所有數據，現在我們想看到 **DataFrame** 的前 10 行、最後 10 行，還有隨便 10 筆數據，請你想想看怎麼做？如果想不到也可以請教最好用的 Google 大神。
2. 貓貓大學中文系希望錄取文科成績好的學生，請你用前面提供的學測成績，找出國文、英文及社會科平均級分超過 13 級分的同學，並把他 **print** 出來。 ■

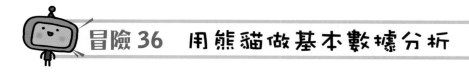

冒險 36　用熊貓做基本數據分析

通常我們要對資料作計算或畫圖，第一直覺就是用 **array** 來做，但事實上 **pandas** 也可以做一些基本的數據分析喔！

比如說把資料畫出來：

```
df.國文.plot()
```

Out:

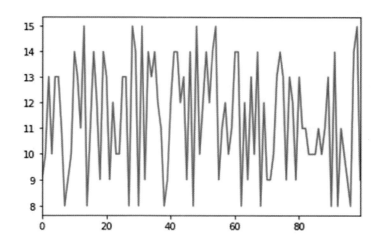

　　這樣就把每個人的國文成績畫出來了，只是我們會發現這種資料用折線圖畫出來有點奇怪，沒有什麼道理，可能畫成長條圖比較有意義。

用 **hist** 指令就可以畫出長條圖，還可以指定要分成幾個區間（**bin**）。

```
df.國文.hist(bins = 15)
```

Out:

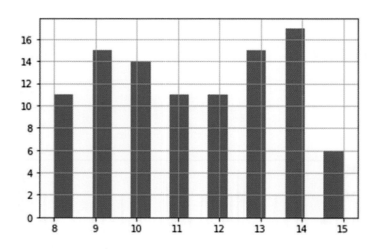

因為學測成績有 1 到 15 級分，所以我們這裡分成 15 個區間，畫成直方圖之後就好理解多了，我們可以很清楚地看到每個級分的人數。

pandas 竟然也可以取平均（驚嚇），不一定要交給 **numpy**。

```
df.國文.mean()
```

Out: **11.39**

還有標準差也是一樣：

```
df.國文.std()
```

Out: **2.1858407993264284**

跟剛剛用 **array** 做出的結果一模一樣！

其實 **pandas** 還有一個懶人包，非常適合我們這樣的懶人，幫我們自動做好簡單的統計。

附上統計數據懶人包：

```
df.describe()
```

Out:

	國文	英文	數學	自然	社會
count	100.000000	100.000000	100.000000	100.00000	100.00000
mean	11.390000	11.380000	11.570000	11.03000	11.83000
std	2.196853	2.273164	2.310516	2.21772	2.48655
min	8.000000	8.000000	8.000000	8.00000	8.00000
25%	9.000000	9.000000	10.000000	9.00000	9.00000
50%	11.000000	11.000000	11.000000	11.00000	12.00000
75%	13.000000	13.000000	14.000000	13.00000	14.00000
max	15.000000	15.000000	15.000000	15.00000	15.00000

你看看、你看看，平均值、標準差、四分位數、最小最大值統統都有，實在太好用了！

有時候在數據分析裡不同欄位之間的相關性很重要：

```
df.corr()
```

Out:

	國文	英文	數學	自然	社會
國文	1.000000	0.160158	-0.310899	-0.110236	-0.028421
英文	0.160158	1.000000	0.025656	0.113929	-0.063512
數學	-0.310899	0.025656	1.000000	0.014371	0.041651
自然	-0.110236	0.113929	0.014371	1.000000	-0.156594
社會	-0.028421	-0.063512	0.041651	-0.156594	1.000000

這樣就知道了各個學科之間的相關係數，但其實這個是假資料，所以大家別太當真。

有時候我們只想算其中兩科的相關係數，可以這樣：

```
df.國文.corr(df.數學)
```

Out: -0.3108989822179331

基本上就是先取出國文成績，再跟數學成績做比較，求相關係數。

除了做這些基本的數據分析之外，不要忘記 **DataFrame** 有很多跟 Excel 一樣的功能使用，我們快來看看！

比方說我們的 **DataFrame** 想要新增一個總級分的欄位，只要在中括號放入新增欄位的名稱，然後再告訴它，這個欄位的值怎麼計算：

```
df['總級分'] = df[['國文','英文','數學','社會','自然']].
               sum()
```

因為總級分是把所有成績都加起來，所以也可以這樣寫：

```
df['總級分'] = df.sum()
```

我們來看一下結果：

```
df.head()
```

Out:

	姓名	國文	英文	數學	自然	社會	總級分
0	劉俊安	9	10	15	10	13	NaN
1	胡玉華	10	10	10	8	9	NaN
2	黃淑婷	13	15	8	11	14	NaN
3	陳上紫	10	10	8	9	14	NaN
4	崔靜成	13	12	14	12	13	NaN

你會發現有點奇怪，雖然增加了一個總級分欄位，但是怎麼都沒有數字呢？

大家一定要特別注意這件事情，我們在做加總的時候一定要指定加的方向，0 代表是一列一列加起來，1 代表是一行一行加起來，不然就會沒有值（NaN）。

我們現在很明顯要一行行加起來，所以指定 1 的方向。

```
df['總級分'] = df.sum(axis = 1)
```

這樣就可以得到正確的結果。

```
df.head()
```

Out:

	姓名	國文	英文	數學	自然	社會	總級分
0	劉俊安	9	10	15	10	13	57
1	胡玉華	10	10	10	8	9	47
2	黃淑婷	13	15	8	11	14	61
3	陳上紫	10	10	8	9	14	51
4	崔靜成	13	12	14	12	13	64

　　使用 Excel 的時候，我們常常會對某個欄位做排序，來找出需要的資料，**pandas** 當然也有這個功能啦！

　　我們沿用剛剛的資料……現在假設想找出總級分最好的前幾名同學，那就必須對「總級分」這一欄做由大到小的排序：

```
df.sort_values(by = '總級分', ascending = False).head(10)
```

Out:

	姓名	國文	英文	數學	自然	社會	總級分
80	施雅鈴	13	15	12	13	13	66
12	李正偉	11	15	11	14	15	66
54	陳怡潔	15	15	9	15	11	65
25	蔡亦瑄	13	13	14	13	12	65
57	胡淳茜	12	15	14	13	11	65
37	曾怡君	11	12	15	13	14	65
48	陳怡婷	15	14	12	9	15	65
64	俞志峰	9	14	13	14	15	65
83	李士賢	10	14	15	13	13	65
87	趙偉希	10	13	14	13	15	65

你會發現,果然總級分從最高分往下排序了。

我們再來練習一下,假如現在想再增加主科這一欄,成績的計算方式是數學成績 *1.5 + 英文成績:

```
df['主科'] = df.數學 * 1.5 + df.英文
```

再來看一下 **DataFrame**:

```
df.head()
```

Out:

	姓名	國文	英文	數學	自然	社會	總級分	主科
0	劉俊安	9	10	15	10	13	57	32.5
1	胡玉華	10	10	10	8	9	47	25.0
2	黃淑婷	13	15	8	11	14	61	27.0
3	陳上紫	10	10	8	9	14	51	22.0
4	崔靜成	13	12	14	12	13	64	33.0

成功了!

假設有一個科系比較重視主科分數,優先錄取主科最好的前幾名同學,當主科分數相同時就看總級分,這個時候我們要怎麼用 **DataFrame** 來得到想要的結果呢?

因為我們要同時看兩個欄位,所以用 **list** 包起來,其中主科放在前面代表優先以主科排序。

```
df.sort_values(by = ['主科', '總級分'], ascending = False).
head(10)
```

Out:

	姓名	國文	英文	數學	自然	社會	總級分	主科
73	吳志遠	13	15	15	8	8	59	37.5
83	李士賢	10	14	15	13	13	65	36.5
57	胡淳茜	12	15	14	13	11	65	36.0
36	詹威德	12	13	15	10	14	64	35.5
70	葉儀依	9	13	15	8	14	59	35.5
68	劉麗芬	8	14	14	14	14	64	35.0
66	邱盈俊	10	14	14	13	8	59	35.0
37	曾怡君	11	12	15	13	14	65	34.5
24	陳竹伯	10	12	15	10	14	61	34.5
76	周育霖	9	12	15	13	12	61	34.5

我們可以看到 **DataFrame** 的排序方法是：先依據主科從最高分往下排，但主科分數相同的時候，比如說第四和第五列的學生，就依照總級分從高分往低分排。

　　不知道大家有沒有感受到 **pandas** 的威力了？要什麼功能，就有什麼功能！熊貓大大，請受我一拜！

冒險旅程 36

1. 前面我們想找出國文、英文及社會科平均級分超過 13 級分的同學，現在請大家改用 **pandas** 的方式做出來，你會發現有些時候用 **pandas** 可能更快喔！

2. 請你同樣拿學測成績的資料，做一些很像是數據分析專家的事情。舉例來說，你想要知道哪些同學最「全能」，每一科都難不倒他，你可以設計一個評估全能的指標，例如每一科都超過 13 級分，然後新增一個欄位代表這個指標，最後做個排序……等等。當然你也可以做更酷的事情，甚至畫個圖來美化一下！

冒險 37　組裝自己的 DataFrame

前面的 **DataFrame** 都是讀取檔案得到的，現在我們想要自己做一個 **DataFrame** 出來。

首先我們要自己造資料，從標準常態分配取 4×3 的亂數出來。

```
mydata = np.random.randn(4, 3)
```

同樣來看一下，確實是 4×3 的矩陣沒錯。

```
mydata
Out:
array([[ 0.83446333, -0.47614348,  1.71080143],
       [ 0.26972499,  0.88551945, -1.72275563],
       [-0.6396105 , -0.03757787,  1.0021438 ],
       [-1.06315762, -0.16890544,  0.26675153]])
```

只要得到 **array**，就可以變身成 **DataFrame**，該怎麼做呢？

只要把陣列放到 **DataFrame** 裡面就可以了：

```
df1 = pd.DataFrame(mydata, columns = list("ABC"))
```

我們可以讓 **DataFrame** 自己生成 **index**，也可以用指定的，這裡我們讓它自動生成 **index**，而每行的名稱我們把它叫做 A、B、C。

我們來看一下這個 4×3 的 **DataFrame**：

```
df1
```

Out:

	A	B	C
0	0.409834	0.322514	-1.842903
1	-0.691410	1.051881	-1.089618
2	-0.836690	0.128296	-1.709495
3	0.803105	0.142233	-1.703445

現在想要再造一個不同的 **DataFrame**，現在因為比較熟練了，我們就一次做完。

```
df2 = pd.DataFrame(np.random.randn(3, 3), columns =
    list("ABC"))
```

我們來看看 df2 長怎樣。

```
df2
```

Out:

	A	B	C
0	-0.000863	0.437947	-0.453964
1	-0.341569	0.465481	0.186938
2	0.162212	2.034630	0.045935

它是一個 3*3 的 **DataFrame**。

現在我們想把兩個 **DataFrame** 合併成一個新的 **DataFrame**，要怎麼做呢？

pandas 的標準合併方式就叫 **concat**：

```
df3 = pd.concat([df1, df2], axis = 0)
```

少年 Py 的大冒險

我們在中括號放入想要合併的 **DataFrame**，**axis** 可以指定合併的方向，現在兩個 **DataFrame** 都是三行，所以我們想要一列一列合併，因此方向指定為 0，我們之前用過類似的概念喔！

列的方向是 0、行的方向是 1，這其實很好記，因為在數學上，我們都會說先列後行，因此列用 0 表示，行則用 1 表示。

不過值得注意的是，中國的用法跟我們正好相反，如果大家在網路上查資料覺得奇怪的話，記得看一下它們是用哪種表示方式。

我們可以看一下合併後的結果。

```
df3
```

Out:

	A	B	C
0	0.834463	-0.476143	1.710801
1	0.269725	0.885519	-1.722756
2	-0.639611	-0.037578	1.002144
3	-1.063158	-0.168905	0.266752
0	0.534619	-0.626074	-0.712377
1	-0.827604	-0.586963	-0.447016
2	0.537004	0.861948	-0.265362

這邊很明顯 **index** 看起來很奇怪，所以我們想要重新設 index。

方法很簡單，上面有 7 列，那我們就這樣做。

```
df3.index = range(7)
```

這樣 **index** 就好看多了。

```
df3
```

Out:

	A	B	C
0	0.409834	0.322514	-1.842903
1	-0.691410	1.051881	-1.089618
2	-0.836690	0.128296	-1.709495
3	0.803105	0.142233	-1.703445
4	-0.000863	0.437947	-0.453964
5	-0.341569	0.465481	0.186938
6	0.162212	2.034630	0.045935

我們剛剛是用列的方向拼起來，可不可以用行的方向拼起來呢？那你會發現怪怪的，因為一個是四列、一個三列，這樣可以合併嗎？

你會發現可以的，我們來試試看。

```
df4 = pd.concat([df1, df2], axis = 1)
```

神奇的事發生了，竟然沒有出錯！

```
df4
```

Out:

	A	B	C	A	B	C
0	0.409834	0.322514	-1.842903	-0.000863	0.437947	-0.453964
1	-0.691410	1.051881	-1.089618	-0.341569	0.465481	0.186938
2	-0.836690	0.128296	-1.709495	0.162212	2.034630	0.045935
3	0.803105	0.142233	-1.703445	NaN	NaN	NaN

pandas 真的是冰雪聰明，因為 **df2** 的列數沒有那麼多，所以不夠的地方就會顯示 **NaN**，也就是沒有值的意思。

冒險旅程 **37**

1. 找一些你感興趣的事情用 **array** 記錄下來，再用 **DataFrame** 呈現。舉例來說，我想知道近 20 年來各大電影獎項最佳影片的主題，像是奧斯卡可能有 1 部喜劇片、2 部科幻片等等（這是亂掰的），來分析電影風格的轉變。或是蒐集 2019-2020 這一季 NBA 各隊對戰成績，來預測今年 NBA 總冠軍等等。　　　　　　　　■

冒險 38　Groupby 找美國最常目擊 UFO 的州

現在我們要先介紹大家一個關於 **pandas** 很棒的學習資源，它有一系列的影片，連結在此

https://github.com/justmarkham/pandas-videos

點選這個連結後，就會進到一個 github 網站，裡面整理了所有 **pandas** 常見問題的回答，做成一系列的影片。

比方說我今天想知道怎麼把 **DataFrame** 某一行刪除掉，該怎麼做呢？我們就可以點進第 6 個影片，就會有一個影片教學，是非常棒的學習資源。

另外在網頁最下面，作者整理了很多可以玩一玩的資料，這樣我們就不怕沒資料可以用了！

不如我們現在就拿它的資料來做一個簡單的數據分析吧！

比方說我想要拿美國 UFO 的資料，就將旁邊的縮網址 **http://bit.ly/uforeports** 複製下來，作為讀取檔案的路徑。

這個動作應該越來越熟悉了，用 **pandas** 讀檔：

```
df = pd.read_csv("http://bit.ly/uforeports")
```

我們來看一下這個資料長怎樣。

```
df.head()
```

Out:

	City	Colors Reported	Shape Reported	State	Time
0	Ithaca	NaN	TRIANGLE	NY	6/1/1930 22:00
1	Willingboro	NaN	OTHER	NJ	6/30/1930 20:00
2	Holyoke	NaN	OVAL	CO	2/15/1931 14:00
3	Abilene	NaN	DISK	KS	6/1/1931 13:00
4	New York Worlds Fair	NaN	LIGHT	NY	4/18/1933 19:00

我們可以看到這個 **DataFrame** 的每一筆資料就代表有人看到一次 UFO，還有詳細的州、城市、發生時間等等的資料。

我們現在想知道美國哪一州最常看到 UFO，然後我們就去那一州碰碰運氣，看能不能看到 UFO。那我們要怎麼做到這件事呢？就是依州別分組，統計出現的次數。

pandas 提供了 **groupby** 指令，只要在中括號放入 **State**，它就會幫我們依據不同的 **State** 做分組，來統計一些資料。

所以我們現在想知道這個州出現了幾筆資料，就可以在 **groupby** 分組後用 **count** 來計數。

```
df_state = df.groupby("State").count()
```

那我們來看一下

```
df_state.head()
```

Out:

State	City	Colors Reported	Shape Reported	Time
AK	116	25	99	116
AL	193	21	173	193
AR	206	26	186	206
AZ	736	145	644	738
CA	2525	457	2148	2529

結果可以看到阿拉斯加州出現的次數是 116 次，加州出現的次數是 2529 次等等，接著我們當然希望去做排序，最後再畫個圖，就可以完成我們的分析。

剛才已經學過了，排序就是這樣做

```
df_state.sort_values(by = "Time", ascending = False)
```

Out:

State	City	Colors Reported	Shape Reported	Time
CA	2525	457	2148	2529
WA	1320	269	925	1322
TX	1025	138	923	1027
NY	913	123	823	914
FL	835	120	727	837
AZ	736	145	644	738
OH	665	93	605	667
IL	612	112	540	613
PA	598	97	519	598
MI	590	78	504	591

現在我們很開心有這張表格了，但會發現

```
df_state.head()
```

Out:

State	City	Colors Reported	Shape Reported	Time
AK	116	25	99	116
AL	193	21	173	193
AR	206	26	186	206
AZ	736	145	644	738
CA	2525	457	2148	2529

我們的 **DataFrame** 還是原本的那張表，沒有被排序。這是因為 **pandas** 知道我們常常不希望自己的資料被弄亂，因此它傾向每一個動作都會生成一個新的 **DataFrame** 出來，那如果我們希望直接在原來的表格上做更動呢？

我們只需要加上一個指令 **inplace** = **True**：

```
df_state.sort_values(by = "Time", ascending = False, inplace = True)
```

再來看一下原來的 **DataFrame**，確實被改變了。

```
df_state.head(10)
```

Out:

State	City	Colors Reported	Shape Reported	Time
CA	2525	457	2148	2529
WA	1320	269	925	1322
TX	1025	138	923	1027
NY	913	123	823	914
FL	835	120	727	837
AZ	736	145	644	738
OH	665	93	605	667
IL	612	112	540	613
PA	598	97	519	598
MI	590	78	504	591

順帶一提，我們想要顯示表格的前十筆數據，還可以用 **index** 的方法。

```
df_state[:10]
```

Out:

State	City	Colors Reported	Shape Reported	Time
CA	2525	457	2148	2529
WA	1320	269	925	1322
TX	1025	138	923	1027
NY	913	123	823	914
FL	835	120	727	837
AZ	736	145	644	738
OH	665	93	605	667
IL	612	112	540	613
PA	598	97	519	598
MI	590	78	504	591

最後我們想要畫個圖出來，想要顯示出前十筆資料的次數，然後用長條圖呈現，因為它是離散型的資料。

```
df_state[:10].Time.plot(kind = 'bar')
```

Out:

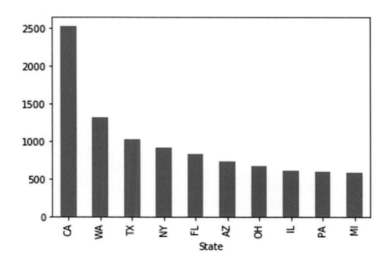

分析之後，我們就知道這是全美前十個最容易看到 UFO 的州，如果要有看 UFO 的行程的話，我們就可以依照這張圖表的結果來安排。

 冒險旅程 38

1. 從前面提供的連結找一個資料集，並用學過的技巧來做點數據分析，要注意資料集如果不是 csv 檔的話，指令要稍微做修改。當然你如果還想玩更多更複雜更高級的資料集，你也可以上網找資料，這裡推薦大家 Kaggle 這個網站，連結如下

   https://www.kaggle.com/

   它是一個數據分析競賽平台，裡面有各種主題的數據集，大家有興趣可以去看看。

冒險 39　玩玩真的股票資料

很多人可能對股票交易有興趣，所以這次我們用股價資料來做數據分析，看能不能幫助我們在正確的時機買賣股票。如果看過前一版的書，或者其他地方的教學，會發現很多人會用 **pandas-datareader** 套件。但因為 Yahoo 的 API 改變，**pandas-datareader** 不再支援，所以這次改用 **yfinace** 的套件。

首先，使用 Python 標準套件管理 **pip** 安裝 **yfinace**（之後裝任何套件也是這樣）。

```
pip install yfinance
```

如果是自己電腦的系統，當然也可以在 Jupyter Notebook 裡這麼做，不過安裝一次就好，不需要每次重新安裝。當然更「正統」的方法，是打開終端機（Windows 則在 **Anaconda Prompt**）下，打入以下指令安裝。

> pip install yfinance

用 `pip install` 安裝套件!

安裝好之後，這個套件可以讀進很多跟財務有關的數據，而且都是真實世界的數據！首先，我們要把套件 **import** 進來，並且給個暱稱。

```
import yfinance as yf
```

最酷的是，**yfinance** 這個套件，甚至可以讀到臺灣的股價！比如說，我們來試試找台積電 2021-2022 這兩年的股票資訊。

```
df = yf.download("2330.TW", start="2021-01-01", end="2022-12-31")
```

看一下前幾筆資料，會發現有每日最高、最低、開盤價、收盤價以及成交量等等資訊。

```
df.head()
```

Out:

	開盤 Open	最高 High	最低 Low	收盤 Close	調整收盤 Adj Close	成交量 Volume
Date						
2021-01-04	530.0	540.0	528.0	536.0	510.229950	38770328
2021-01-05	536.0	542.0	535.0	542.0	515.941528	34411866
2021-01-06	555.0	555.0	541.0	549.0	522.604919	53030554
2021-01-07	554.0	570.0	553.0	565.0	537.835693	51166782
2021-01-08	580.0	580.0	571.0	580.0	552.114502	59563555

以調整收盤價為例，這樣做就是兩年的調整數盤價。

```
P = df["Adj Close"]
```

它會是一個 Series。

```
P.head()
```

Out:

```
Date
2021-01-04     515.392578
2021-01-05     521.161987
2021-01-06     527.892761
2021-01-07     543.277710
2021-01-08     557.700989
Name: Adj Close, dtype: float64
```

可以畫圖看這兩年股價的走勢。

```
P.plot()
```

Out:

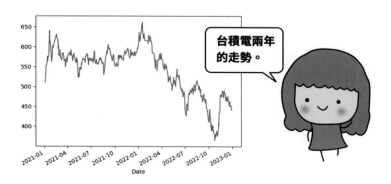

當然接下來就可以做任何的分析，比如說做大家最關心的報酬率，報酬率的公式為 $\dfrac{P_t - P_{t-1}}{P_{t-1}}$ 。

報酬率

$$\frac{P_t - P_{t-1}}{P_{t-1}}$$

這個公式應該不難理解，分子的部分表示今天股價和昨天股價增加多少，如果今天股價比昨天低，那麼這個數字就會是負的，表示賠錢；反之如果今天股價提高了，那麼這個數字就會是正的，表示賺錢。

怎麼計算本期和前一期的差異呢？很簡單，使用 **diff** 馬上可以計算出來。

```
P.diff()
```

```
Out:
Date
2021-01-04          NaN
2021-01-05     5.711578
2021-01-06     6.663391
2021-01-07    15.230774
2021-01-08    14.278809
                 ...
2022-12-26     1.484955
2022-12-27     0.494995
2022-12-28    -5.939880
2022-12-29    -4.949921
2022-12-30     2.474945
Name: Adj Close, Length: 489, dtype: float64
```

可以看得出有漲有跌。報酬率就是和昨天相比，賺或賠了多少百分比，因此我們還要再除以昨天的股價才能得到這個結果。因此報酬率的計算就這麼做就好。

```
r = P.diff()/P
```

看一下報酬率的圖。

```
r.plot()
```

Out:

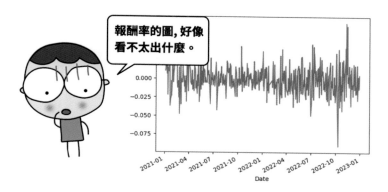

這張圖好像有點不太清楚，那我們可以只看最近 100 天的報酬率。

```
r[-100:].plot()
```

Out:

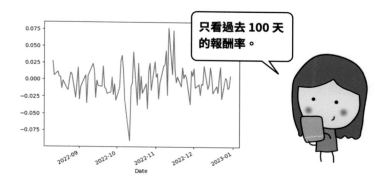

　　接著我們要介紹移動平均的概念，回頭看看剛剛的股價圖，你會發現上上下下波動得很厲害，而移動平均就是，比方說每一次看 20 天的平均，如此一來得到的股價線會變得比較平滑，也比較容易看出它的走向，這是移動平均的一個用途。

　　這個指令表示每 20 天是一個「窗口」，從第 1 天到第 20 天的股價我們放進一個窗口，接著往前移動，第 2 天到第 21 天的股價放進另一個窗口，依此類推，最後每一個窗口都取平均。

```
P.rolling(window=20).mean()
```

Out:

Date

2021-01-04	NaN
2021-01-05	NaN
2021-01-06	NaN
2021-01-07	NaN
2021-01-08	NaN

...

2022-12-26	473.543138
2022-12-27	472.182498
2022-12-28	470.372716
2022-12-29	467.890366
2022-12-30	465.831299

Name: Adj Close, Length: 489, dtype: float64

我們可以看到前面幾天是沒有值的，因為還沒有累積到 20 天，無法算 20 天的平均。

接著畫圖看看它的樣子。

```
P.rolling(window=20).mean().plot()
```

Out:

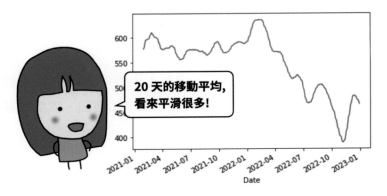

有沒有發現真的比以前平滑很多。

我們想要比較看看原本的圖和移動平均之後的股價圖。

```
P.plot()
P.rolling(window=20).mean().plot()
```

Out:

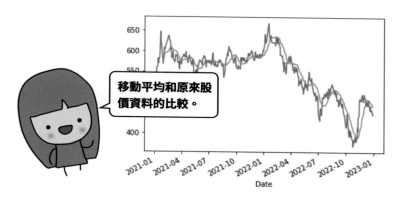

移動平均和原來股價資料的比較。

當然我們高興的話，還可以試試看不同的移動平均。

```
P.plot()
P.rolling(window=20).mean().plot()
P.rolling(window=60).mean().plot()
```

Out:

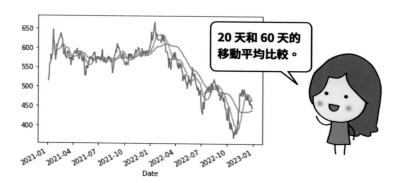

20 天和 60 天的移動平均比較。

 冒險旅程 **39**

1. 要看出一支股票能不能獲利有許多重要指標，前面提到的報酬率就是其中一種，請上網搜尋相關資料，並試著用原本的資料集來打造新的特徵，同樣地，你也可以使用移動窗口的技巧來觀察它的趨勢，並看看有沒有不合理的地方。那麼，你是不是已經迫不及待、沉不住氣，想要趕快知道 Apple 未來的股價了呢？當你準備好了，我們馬上啟程！

第 3 篇

回歸

用 Python
做機器學習！

冒險 40　當紅的 AI 就是把問題化成函數

最近人工智慧非常紅，大家常會聽到「人工智慧」（**Artificial Intelligence**，簡稱 **AI**）、「**機器學習**」、「**深度學習**」（或神經網路）。這三個詞聽起來非常的厲害，我們也常常聽到，而這三者到底有什麼一樣或不一樣的地方呢？

雖然其實沒有通用明確的定義，不過現在大多數人可以接受的是「AI 人工智慧」代表的是利用程式或各種方法，模擬人的行為和思考。這範圍最廣，小到你輸入自己的位置，電腦就告訴你最近的藥房在哪裡，到現在很紅的自駕車、手術機器人等等，都可以是一種 AI。

「機器學習」則是 AI 領域的其中一種方法，強調從歷史資料使用一些演算法找出規律，讓電腦根據這些演算法去做分類、預測等等。

「深度學習」是這幾年忽然變得熱門的其中一種機器學習方法：利用多層的神經網路，以及數學上的梯度下降法來讓電腦學習。這是現在 AI 之所以熱門的主要原因，可以做到以前許多我們認為電腦做不到的事，或是把許多事都做得比較好。雖然這一個篇章裡，要做的主要是機器學習，可是我們還不會提到深度學習的範圍。所以說，我們一開始就是說這本書導向是「數據分析」，討論的也能算是「人工智慧」的一環，但我們不會說這是一本討論人工智慧的書。當然，未來有機會，有可能再有專書討論這樣的主題，有興趣的人也可以多從網路上的課程或許許多多現有的書去瞭解什麼是神經網路。

它們三個之間的關係，可以用圖 40-1 來表示。

圖 40-1 人工智慧、機器學習、深度學習的關係

你可能看到現在還是一頭霧水，所以我們現在精華秘密要公佈了：雖然不同的人工智慧的方式，可能有不一樣的技巧，但其實「只是用不同的方式，去學一個函數！」

等等，函數是那個數學的函數嗎？沒有錯，就是「定義域裡每一個元素，都要對應到值域裡的某一個元素」的那個函數。這可能聽起來太抽象、太可怕，甚至讓你回憶起學數學的可怕時光。其實沒有那麼複雜、可怕，「函數只是一個你想關切的問題的解答本！」比如說，我們看到一棟中意的房子，想要知道合理的房價是多少。也就是我們的問題就是「我想知道某間房子的房價是多少？」

圖 40-2　房價預測

我們要做的第一件事，就是**問一個問題**。其實「正確地問一個問題」在人工智慧裡非常重要，它會影響到我們後面所有的步驟，可以說是最重要的一個環節。然後第二個動作，就是我們需要「把問題化成函數」。可能沒有你想像中的困難，其實就是需要決定，**我們想輸入什麼到電腦，然後電腦應該輸出什麼給我們**。以預測房價的例子來說，我們的函數會是「輸入一間房子，輸出是這間房子的房價。」

圖 40-3　輸入與輸出示意圖

　　很簡單吧？不過你很快就會發現一個問題，那就是「我們怎麼輸入一間房子到電腦去呢？」這時候我們就要動點腦筋，每個人都會有不同的想法。比如說，有人可能會覺得說就是把房子的地點（經度和緯度）、坪數、型態（大廈、公寓、透天等等）輸入。於是，我們實際上一筆輸入 x 就會是這樣。

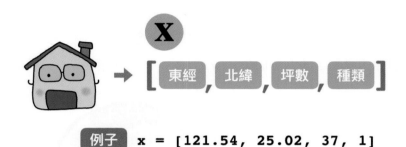

例子　x = [121.54, 25.02, 37, 1]

圖 40-4　輸入房子的地點、坪數、型態

　　而輸入當然可以不只一個數字（純量），通常是一個向量，像我們的例子是一個四維的向量，我們會說這樣有四個**特徵（features）**。要注意的是，因為要交給電腦處理，所以每個特徵一定是要用數字來表示。前面的東經、北緯、坪數都沒有問題，可是房子的種類怎麼會是特徵呢？其實很容易，就直接給它一個數字就好！比如說，用 0 代表大樓、1 代表公寓、2 代表透天等等。

　　這樣子的情況下，我們的函數就會有「四個輸入（東經、北緯、坪數、種類）」、一個輸出（房價）」，我們說的「化成函數」就是要明確到這樣的程度，明確說出輸入是什麼、輸出是什麼。

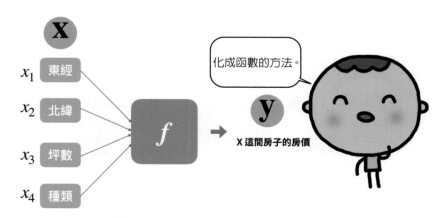

圖 40-5　將房子的基本資料化為函數的方法

特別說明一下，這當然不是唯一的方式，你可能會想到更多跟房價有關的因素。而單純用 0、1、2、……來表示類別，其實也不見得是最好的方式。通常我們會使用所謂的 one-hot encoding，不過本書只是入門的數據分析教學，希望讓大家先有最重要、最基礎的概念，先不討論這些細節。

不論是用最傳統的人工智慧、機器學習，乃至深度學習，只是用不一樣的方式，試圖去把這個函數學起來！更明確地說，我們就是會打造一個「函數學習機」，如果「訓練成功」，我們輸入任何房子的資料，即使是以前沒有「看過」的房子，都能預測價格。

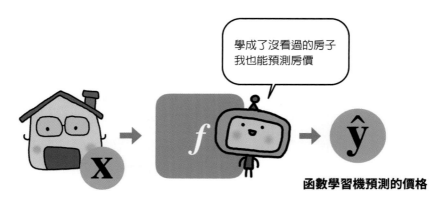

圖 40-6　打造函數學習機

之後我們就會學習一些打造函數學習機的方法，你也會發現沒有想像中那麼困難！現在還有個問題，那就是我們怎麼訓練函數學習機呢？就是蒐集很多我們已經知道「正確答案」的歷史資料，來當作模型學習的範例。以房價預測為例，就是蒐集很多房子的資料，之後就是用這些資料當「教材」，去訓練我們的函數學習機。

我們今天開了一個網路商店，想知道每位客戶的特性，看要不要推一些廣告給他。我們的問題就是像這樣：

圖 40-7　客戶類型預測

我們的函數，很自然就是「輸入」一個客戶，輸出這位客戶的類型。

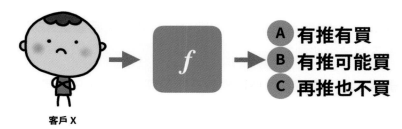

圖 40-8　輸入與輸出示意圖

同樣地，我們會蒐集許多有跟我們買過東西的客戶，並且要設計怎麼「輸入」一位客戶。而一些本來就是數字的，像是年齡、消費金額這些本來就是數字了，沒什麼問題，可是像性別、居住地區等等，就需要想一個轉成數字的方法。

人工智慧、數據分析最最重要的，其實就是「怎麼問一個好問題？」意思是，怎麼問一個解決問題有幫助的問題。這並不需要你多會寫 Python，卻也有可能比你想像中困難。但和寫程式一樣，我們養成問問題的習慣，慢慢的，我們就會越來越知道，什麼樣的問題是個好問題，而什麼樣的問題，是可以用 Python 幫我們解答的。

比如要是我們可以猜出下期大樂透的號碼，或是新球季美國職棒大聯盟的冠軍隊伍，那這個函數就肯定很棒！而是不是真的所有的問題，在化成了函數之後，就一定可以預測呢？讓我們來想想大樂透的例子。

我們今天想猜出大樂透這一期的號碼，於是設計了一個函數，輸入當期的期數（1～100）之後，輸出七個號碼（1～49）。看起來簡簡單單地就搞定了，但實際上這個方法蠻爛的，因為無論你怎麼想，現在的期數跟未來會開出幾號這件事，應該是一點關係都沒有。

所以實際上在做專案的時候，我們會蒐集很多相關的資訊，比如去問問設計大樂透開獎機器的員工，或是去找找這種彩球式開獎的物理機制之類的。也許你最後得到的結論是，每一次開獎的過程，都會稍微影響到每個彩球的重量，因此，之前開出的所有號碼，理論上都會影響到這次開獎的結果。但考量到我們不可能輸入「之前所有開出過的號碼」，加上樂透公司可能會偷偷換球等等，於是，我們決定使用前五期的所有號碼，來預測這一期的號碼。所以整個函數的輸入就是 35 個數字（5×7），輸出是 7 個數字。

從上面的例子我們可以知道，在進行某個領域的函數設計時，我們需要對那個領域有一定程度的理解，才比較容易問出一個好的問題，比較容易成功。

完整的機器學習（或任何人工智慧的方法）專案，我們分成五個步驟。

前兩個步驟其實是最關鍵的，而為了問一個好問題，我們可能會花不少的時間，甚至失敗了好幾次才能完成。而第三個步驟，是出了名很花時間的步驟！我們通常用 **pandas** 整理我們的資料。數據分析有句有名的話，就是我們大約「80% 的時間在清資料，20% 在做數據分析！」

機器學習五步驟

1. 問一個問題
2. 化成函數型式
3. 收集訓練資料
4. 打造函數學習機
5. 訓練函數學習機

圖 40-9　機器學習五個步驟

真的要去打造一個函數學習機，去學這個函數，聽起來又抽象又可怕，甚至有點太神奇。但我們會在之後的冒險告訴大家，怎麼樣簡單三步曲，就可以完成這個神奇的事！你會發現其實出乎意料地簡單！

冒險旅程 **40**

1. 設計一個函數去猜測某位同學下次的段考成績，函數應該包含你想放進去的輸入和輸出。如果可以的話，請說明為什麼要把這些因素當作輸入，還有你要怎麼把非數值資料變成數字。

2. 回到我們房價預測的例子，想想看你的話，會怎麼設計這個函數？也就是你會放入的特徵會有哪些？如果這些特徵不是數字的話，你會怎麼處理？

3. 你可以完全天馬行空的問一個你覺得有趣、對你有用、而你不是很容易知道答案的問題。並且把這個問題化成函數的形式，注意輸入什麼、輸出什麼要非常精確。還可能要考慮的問題是，你需要有足夠的能力（也許是苦力也可以），能蒐集到夠多的歷史資料，也就是你知道正確答案的例子。

冒險 41　函數學習三部曲和線性迴歸

　　我們在上一次的冒險裡，提到所有的人工智慧，包括最廣義的人工智慧，乃至機器學習、深度學習都是在學一個函數。當我們在現實世界碰到問題的時候，試圖用一個函數表示，也就是把問題變成 **x**，答案變成 **y**。然後我們蒐集大量的歷史資料，打造一個函數學習機，透過訓練讓這個函數學習機真的「學會」這個函數。

　　之後我們會發現，不管用哪一種方式去學這個函數，都一樣是三個簡單步驟：打造一台函數學習機、學習（訓練）、預測。其中學習是以「函數學習機」的角度來說是學習，而我們是「老師」的角度就是訓練，在機器學習裡，這通常都指一樣的事，本書也會交互使用這兩個詞。最後所謂的「預測」，就是希望我們學成的可愛函數學習機，之前沒有看過（也就是沒有學過）的案例，也可以正確推測出答案。比如說房價的例子，輸入一個沒有學過的房子資訊，我們函數學習機也能正確判斷出房價！

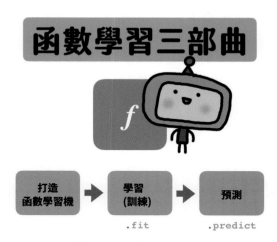

圖 41-1　函數學習三部曲

　　現在終於要來學習怎麼打造一個函數學習機了。第一個要介紹的就是：「線性迴歸」。

　　我們現在假設要學的函數，輸入只有一個數字，輸出也只有一個數字。也就是假設你今天針對某個問題，蒐集了很多組 **x** 跟 **y**，而且這裡的 **x** 跟 **y** 都只有一個數字。

輸入、輸出都只有一個數字的情況。

這種情況，我們可以把每一筆輸入、輸出當成一個點，一一畫在一個平面上。

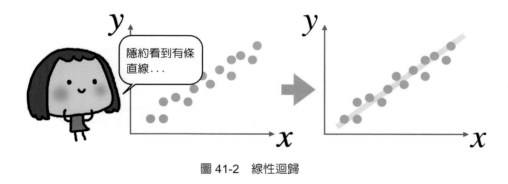

隱約看到有條直線...

圖 41-2　線性迴歸

　　雖然不會一直都這樣，但有時資料會呈現像我們圖示的例子一樣。如果我們發揮一下想像力，是不是好像可以找到一條直線從這些點畫過去呢（雖然可能會有大大小小的誤差）？而如果這條線的誤差不大的話，是不是某種程度可以表達 **x** 跟 **y** 之間的關係呢？

　　找出這條線所代表的函數，就是我們線性迴歸要做的事情了。那通常找出來的這個規律，我們在之後都會稱它為「模型」。它有點像我們做出來的一台果汁機，丟給它 **x**，就會吐出相應的 **y**。

　　另外，這裡要丟進模型的 **x**，雖然在這個例子只有一個數字，但也有可能是一串數字，或是一組向量，端看每一個不同專案的情況，記得我們把這些輸入的 **x** 稱為**特徵**（**features**）。

　　回憶一下國高中的數學，一條直線可以用 **y = f(x) = ax + b** 來表示，而在 x、y 分別為自變數跟應變數的情況下，只要找到 **a** 跟 **b**，就算是找到這個函數了。因此，**a**、**b** 就是我們機器學習裡「要學的參數」。而所謂的「線性迴歸」，就是要用各種方法，從我們蒐集來的歷史資料整理成的 x 跟 y 中把這組 **(a, b)** 給找出來。

而找出 **a** 跟 **b** 的方法，可以使用高中、大學統計學，或是大學線性代數教的「最小平方法」，但我們在這裡不會詳述最小平方法怎麼做，而是讓可愛的 Python 的幫我們算！

在 Python 相關的函式庫裡，提供線性迴歸的非常的多，我們為了和之後機器學習有一致性，就用這個篇章的主角，也是讓 Python 成為數據分析主流的重大功臣 **scikit-learn**。

圖 41-3　scikit-learn 是 Python 做機器學習的王牌套件

這是 Python 圈裡最有名、使用人數最多的一個機器學習套件，因為我們後面的冒險也會用到它，為了怕大家搞混，就都以這個函式庫為主了。

之後我們會發現，有了 **scikit-learn**，我們的冒險旅程真的找到了一個強力的夥伴！

1. 找一個真實世界的例子，只有一個輸入、一個輸出，資料呈線的圖，看來是可以用線性迴歸去做的。

冒險 42　模擬線性迴歸的數據

　　為了讓大家能夠更了解線性迴歸的用法跟效果，我們要先「假造」，不是這樣很難聽，我們要「模擬」一組數據，再把 **scikit-learn** 的線性迴歸函式，用線性迴歸打造一台函數學習機，然後把我們的假，不是，模擬的數據學起來！。

　　在開始寫程式之前，當然要先引入函式庫：

```
%matplotlib inline
import numpy as np
import matplotlib.pyplot as plt
import pandas as pd
```

接著我們要準備一條直線，上面給個 50 個點好了，真實世界裡意思就是我們蒐集了 50 筆資料。我們一再強調到世界末日的是，我們要做的就是把真實世界的問題化成一個函數。這意思是，我們都假定這個背後有個完美的函數。這完美的函數一般當然寫不出來（寫得出來就不用函數學習機去學了），但因為現在我們是模擬人生，所以呢，就自己假設這個函數是：

$$y = f(x) = 1.2x + 0.8$$

```
x = np.linspace(0, 5, 50)
y = 1.2*x + 0.8
```

我們可愛的 50 個點，就這麼模擬出來。

順便畫個圖，看看我們模擬的數據。

```
plt.scatter(x, y)
```

Out:

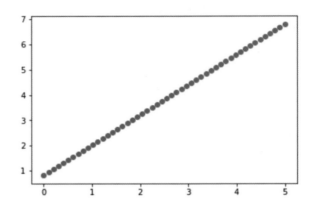

真是太太太完美了！

　　就是太完美，雖然這樣看起來很漂亮，但好像我們沒看過真實世界的數據長這樣的！意思是說，我們的確都會假設上帝給了個美好的函數，但因一些外在因素的干擾、測量誤差等等原因，會產生一些誤差。各種干擾、觀測產生的誤差叫**雜訊（noise）**。所以，我們會寫成看來很有學問的 $y = f(x) + \varepsilon(x)$。

圖 42-1　函數中的雜訊

比較有學問的是，我們要怎麼樣模擬雜訊呢？這其實很容易，因為我們一般都假設這雜訊當然是隨機的，不過符合常態分佈！於是我們用 **numpy** 的 **randn** 函式來幫我們抽 50 個隨機的數當作誤差，為了控制誤差的大小，前面再另外乘上 0.5。藍色的直線是背後隱藏的，理想中的函數，藍色點點則是真實世界資料的情況，通常實際情形都會跟理想情況有一定的誤差存在。

```
y = 1.2*x + 0.8 + 0.5*np.random.randn(50)
plt.scatter(x, y)
plt.plot(x, 1.2*x  0.8, 'b')
```

Out:

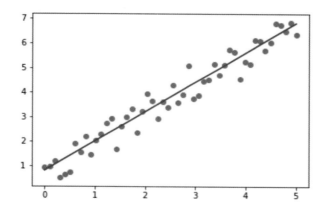

在這邊，我們要用 **scikit-learn** 這個套件的 **LinearRegression** 來做線性迴歸。還記得我們函數學習三部曲：打造函數學習機、學習（訓練）、預測。

圖 42-2　函數學習三部曲流程圖

打造函數學習機這個部份，我們就用 **LinearRegression** 這個函式開啟一台「線性迴歸器」給我們。

```
from sklearn.linear_model import LinearRegression
regr = LinearRegression()
```

通常上面的括弧裡，我們會設定不同的參數來改變它學的方式，但因為線性迴歸比較簡單，所以用 **scikit-learn** 提供的預設值就好。每次打造一台函數學習機都要幫它取一個名字，這當然任意的名稱就好。我們是因為「線性迴歸器」的關係，叫做 **regr**，一般也有很多人直接叫 **model**，以後做分類問題常常會叫 **clf**。而你想叫更通俗的 **my_model** 之類當然也可以。

要注意的是，雖然平常只要把 x 跟 y 丟給 **regr** 就好，但是很多數據分析套件對於輸入的 x, y 都有嚴格要求。像是輸入如果每筆資料一字排開，會像這樣：

model, clf, regr...

$$[x_1, x_2, x_3, ..., x_{50}]$$

許多人工智慧套件會希望每筆輸入是一列，於是要改這這樣。

$$[[x_1], [x_2], [x_3], ..., [x_{50}]]$$

所以在這邊就要用 **numpy** 的 **reshape** 函式來處理！

```
X = x.reshape(len(x), 1)
```

np.reshape 是 **numpy** 裡面拿來調整矩陣形狀的函式，可以把比如 6×1 的矩陣變成 3×2 的形狀，是我們在未來的冒險常用到的函式之一。

整理完 **array** 的形狀之後，我們就要進入函數學習第二部曲，也就是要訓練這個函數學習機！於是 **fit** 把資料丟給 **regr** 這個線性迴歸器去幫我們訓練，這個例子當然就是跑迴歸。

```
regr.fit(X, y)
```

fit 這個函式會把我們的問題 **X** 跟答案 **y** 交給我們定義的線性迴歸器 ，並且執行像是最小平方法之類的方式，讓這個迴歸器能進行學習，找出我們在上一次冒險提到的 「要學習的參數」，也就是 **y = f(x) = ax + b** 裡面的 **a** 跟 **b**。

做完 **fit** 之後，**regr** 裡面會保存訓練好的參數，如果需要用它來進行預測，只要用 **predict** 就可以了，也就是我們三部曲的預測！

```
regr.predict([[1.3]])

Out:    array([2.30079505])
```

值得注意的是，**fit** 跟 **predict** 這兩個函式在大部分的 **Python** 機器學習套件都會使用，功能也差不多，都是分別代表「開始訓練模型」跟「執行預測」大家可以記一下。

拿它來對原本的資料 **x** 進行預測，順便畫圖比較一下結果：

```
Y = regr.predict(X)
plt.scatter(x, y)
plt.plot(x, Y, 'r' )
plt.plot(x, 1.2*x + 0.8, 'b')
```

Out:

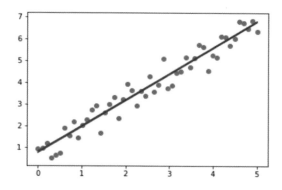

從程式碼和輸出的圖來說，藍色的點是我們製造出來的，有加雜訊的原始資料；紅色線是我們的線性迴歸器學出來的成果；而藍色線則是用原本設定的 y = 1.2x + 0.8 去畫圖的結果。可以看到，結果非常成功！（那是當然的，因為我們是用同樣的資料來跑迴歸跟畫圖）

恭喜你！已經完成了你的第一個線性迴歸／機器學習模型，接著我們要進入一些比較進階的冒險！

 冒險旅程 42

1. 請利用前面冒險的方法，隨機產生 100 個點（包含 x 座標和 y 座標）畫出來，之後再用線性迴歸的方式找出它們的迴歸線，並利用畫圖等方法，檢查看看做出來的結果好還是不好，並說明原因。

2. （小挑戰）請利用之前的冒險與你的數學知識，找出上面題目中迴歸線的函數。

冒險 43　過度擬合

今天的冒險有點像是之前內容的一個支線任務，我們要討論實際上使用機器學習模型時，常遇到的其中一個問題：overfitting（過度擬合）。

考慮一個跟之前類似的情況：

```
%matplotlib inline
import numpy as np
import matplotlib.pyplot as plt

x = np.linspace(0, 5, 50)
y = 1.2*x + 0.8 + 0.5*np.random.randn(50)

plt.scatter(x, y)
plt.plot(x, 1.2*x + 0.8, 'b')
```

Out:

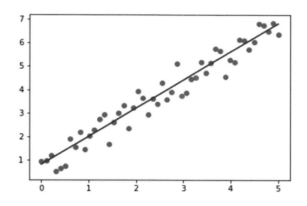

我們上次已經做過一樣的事情，線性迴歸也擬合得不錯。這裡沒有在線上的點，意思就是學習機學出來的函數，並沒有「完全命中」，也就是說，我們學習機做的和要預測的要有差距。於是，我們再試試可不可以用其他函數去擬合這筆數據。

比如說，我們天外飛來一筆，想用

$$f(x) = \sin(n \cdot x)$$

去模擬這個函數，然後我們要調的參數就是 n。

```
X = np.linspace(0, 5, 1000)
def my_fit(n):
    Y = 4*np.sin(n*X) + 4
    plt.scatter(x, y)
    plt.plot(X, Y, 'r')
    plt.show()
```

這裡是用三角函數中的 sin 來取代原本的線性迴歸，並加上一些參數來調整擬合後的值。為了方便觀察結果，也把 sin 跑出來的結果跟我們想要擬合的資料 x, y 都畫在同一張圖上比較。

```
my_fit(5)
```

Out:

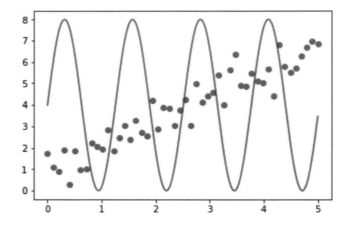

可以看到效果非常差！不過，這只是假設的情況。如果大家對於高中的三角函數還有一點印象的話，因為它是一個有週期的函數，所以會想上面的紅色線一樣有波動的感覺，而我們的 n 就是在指定這個波的頻率，頻率越高，則這個紅色線就會顯得越密集。

　　那調整這個 n 會發生什麼事呢？，讓我們用 **interact** 來看一下不同大小的 **n** 有何差別。

```
from ipywidgets import interact
interact(my_fit, n = (0, 100))
```

Out:

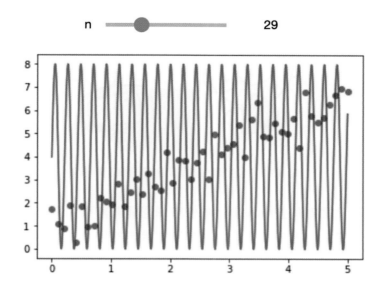

　　可以看到把 **n** 稍微調大一點，就可以通過相當多的點了，看起來非常有模有樣，如果再大一點會怎麼樣呢？

```
from ipywidgets import interact
interact(my_fit, n = (0, 100))
```

Out: 輸出結果如右圖所示。

把 n 調到 87 之後，本來看起來很衰敗的
sin 函數，竟然通過所有的點了。這意思就
是說，我們的準確率將近百分之一百！

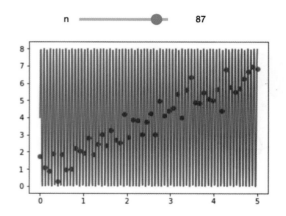

　　但最大的問題是，雖然它看起來通過了所有的點，但也經過了一大堆不必要的點，而且跟我們的正確答案 $f(x) = 12x + 0.8$ 天差地遠（請參考上次冒險畫的圖），看起來就只是把所有的答案背下來而已，這種情況我們就稱它為**過度擬合（overfitting）**。指的是模型很努力地把我們給它的答案都學得很像，但因為實在是太像了，所以在面對一些沒看過的情況時，可能會給出奇怪的答案。

圖 43-1　過度擬合就是函數學習機在背答案

　　這就像什麼呢？比如有些同學小時候學數學可能非常努力背公式，也把老師給的作業習題背得滾瓜爛熟，小考成績非常高。但期末考老師只要一換題型，跟背下來的題目不一樣的時候，這些同學的分數就會很低。所以，過度擬合其實就是電腦在背答案！

1.　請舉一個現實中的例子，說明什麼叫 overfitting，並說明 overfitting 的情況在這個例子中造成的影響。

冒險 44　訓練資料與測試資料

　　我們前面說到，過度擬合指的是模型在我們給它的訓練資料上表現很好，但在真實世界的資料裡就表現很差的情況。那過度擬合通常不容易被發現的原因，是因為在實際的情況裡，我們的模型在上線測試之前，是不知道現實世界的資料是長什麼樣子的，導致模型在實際上出包之前，我們都不知道它到底學得有多爛！

　　為了防止這種「背答案」的情況，我們可以把一開始拿到的資料，分成**訓練資料**跟**測試資料**，透過「暗槓」一些資料不讓模型在訓練的時候看到，我們就可以拿這些資料來「測試」模型在面對沒有在訓練時看過的資料，能不能有在跟訓練時差不多，或是不要差太多的表現。

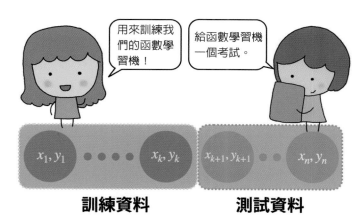

訓練資料　　　　**測試資料**

圖 44-1　訓練資料與測試資料

　　用前面學數學的例子來講就是，一百題習題裡面，八十題回家練習，剩下的二十題老師則偷偷藏起來，拿來小考，確認學生不會把所有答案背下來。

　　實際上怎麼操作，我們繼續使用之前的例子說明。

請看
下頁示範

首先，生成一百筆資料並畫出來：

```
%matplotlib inline
import numpy as np
import matplotlib.pyplot as plt

x = np.linspace(0, 5, 100)
y = 1.2*x + 0.8 + 0.5*np.random.randn(100)

plt.scatter(x, y)
```

Out:

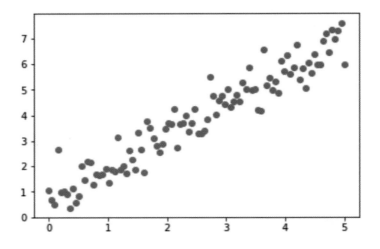

我們蒐集到的數據，意思就是我們已經「知道正確答案」的數據，要分成訓練資料和測試資料。一般我們就先決定要百分之多少給訓練資料，百分之多少給測試資料。比方說我們現在決定 80% 拿來訓練，剩下 20% 拿去測試。

這時問題就來了，我們應該怎麼樣切分這 80% 和 20% 呢？有時可以將「前 80% 當訓練資料」、「後 20% 當測試資料」。但相信大家也會想到，很多時候這都不是好的方式。一般而言，還是希望可以「隨機」決定 80% 當作訓練資料，剩下的 20% 則會成為測試資料，這樣才公平。

要做這件事是一個很好的，甚至有點挑戰的程式練習。不過我們也不用太擔心，但因為 **scikit-learn** 已經幫我們寫好了，我們就直接拿來用就好！這個就是在 **sklearn.model_selection** 的 **train_test_split**（就是「訓練 - 測試 - 切分」，是不是很白話？）

```
from sklearn.model_selection import train_test_split

x_train, x_test, y_train, y_test = train_test_split(x, y,
                                    test_size = 0.2,
                                    random_state = 87)
```

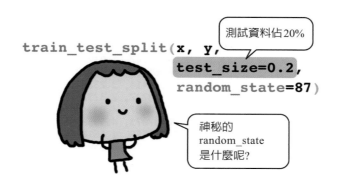

圖 44-2　**train_test_split** 就是「訓練 - 測試 - 切分」

　　train_test_split 這個很白話的函式，自然就是來幫我們，嗯，做訓練、測試資料的分割。這時只要把我們所有歷史資料的輸入 **x**，還有正確答案（輸出）**y**（必須是 **numpy array**）丟進這個函數，再決定一下訓練資料跟測試資料的比例就可以了。

　　另外，這神秘的 **random_state** 是什麼呢？如果不設的話，我們這次取的 80% 訓練資料，和下次取的會不一樣。剛開始的時候我們自然不需要太在意這件事，可是以後我們會不斷修改我們的 model，甚至用不同的方式去學這個函數。訓練資料不同，就如同「教材不一樣」，所以要評估哪個方法比較好，我們常會希望固定訓練資料。因為電腦的亂數其實是模擬出來的，用不同的引數（我們常稱為亂數的種子），會產生不同組的亂數。這裡就是固定一個種子，這樣每次執行會抽到相同的訓練資料、測試資料。

　　真的明白的話，就知道這個 **random_state** 隨便給個數字就好！當然，這個數字你不能每執行一次就換一次。我們選 87 當然只有耍寶的理由，一般其實設成 0 就好。

我們可以看一下 **x_train** 的內容。

```
x_train
```

Out:

```
array([3.38383838, 2.72727273, 1.86868687, 3.83838384, 1.41414141,
       0.05050505, 4.19191919, 4.54545455, 2.82828283, 0.1010101 ,
       0.60606061, 4.94949495, 1.36363636, 0.25252525, 3.58585859,
       0.85858586, 1.21212121, 3.33333333, 2.62626263, 3.43434343,
       3.48484848, 2.77777778, 3.68686869, 0.2020202 , 4.74747475,
       4.34343434, 0.65656566, 1.71717172, 1.11111111, 1.51515152,
       4.7979798 , 2.17171717, 2.47474747, 1.91919192, 0.90909091,
       2.52525253, 3.18181818, 1.06060606, 2.27272727, 4.6969697 ,
       2.42424242, 2.67676768, 4.14141414, 3.23232323, 1.56565657,
       1.81818182, 3.93939394, 2.37373737, 2.32323232, 0.4040404 ,
       3.98989899, 0.50505051, 2.07070707, 4.04040404, 2.87878788,
       3.13131313, 4.8989899 , 0.70707071, 4.5959596 , 3.78787879,
       1.01010101, 4.44444444, 0.55555556, 1.16161616, 4.49494949,
       4.39393939, 2.02020202, 1.76767677, 0.95959596, 3.63636364,
       2.12121212, 3.08080808, 3.03030303, 0.45454545, 2.57575758,
       4.84848485, 0.3030303 , 0.75757576, 2.97979798, 3.88888889])
```

毫無意外，就是一坨數字，一共 80 個。

看這個的理由是要確認我們做出來的資料是否符合我們的想像，比如你的 x 在心裡有個範圍，但可能 **x_train** 裡出現了不在範圍內的數字，發現並處理這種情況在數據分析領域是很重要的，當然也可以透過程式來檢查。

如果出現了預料之外的數值卻沒有發現，可能會導致跑模型的時候程式不會動，或是更可怕的：它跑完了，看起來也還 OK，但其實結果是錯的。這邊需要非常注意。

另外下面的指令請大家養成習慣，務必每次都要檢查：

```
x_train.shape, y_train.shape, x_test.shape, y_test.shape
```

Out: ((80,), (20,), (80,), (20,))

shape 函式可以幫我們檢查每一個 **array** 的情況，我們可以用它來確認資料的筆數、每一筆總共有幾個變數、是否和我們想像的一樣，以及它是否符合 **scikit-learn** 對資料形狀的要求。

之前在我們有提過 **scikit-learn** 希望資料每筆輸入都要自成一列，因此需要做 **reshape**！

```
x_train = np.reshape(len (x_train), 1)
x_test = np.reshape(len (x_test), 1)
```

上面是和之前一樣的作法，或是你可以用下面這個很酷的方法，結果是一樣的。

```
x_train.shape = (len (x_train), 1)
x_test.shape = (len (x_test), 1)
```

意思就是說，如果指定 **shape** 的樣子，原來的 **array** 就會改成我們要的樣子！那不是比較方便嗎？為什麼我們會推 **reshape** 這種方式呢？答案很簡單，正是 **reshape** 不會直接改了你的 **array**，所以呢，你可以「看到」真的是你要的樣子，才把原來的 **array** 設成 **reshape** 後的樣子。這樣安全一些。

接著，我們重新做一次線性迴歸，記得這次我們只讓可愛的函數學習機，看到「訓練資料」。

```
from sklearn.linear_model import LinearRegression

regr = LinearRegression()
regr.fit(x_train, y_train)
```

把訓練資料跟模型預測的結果一起畫在同一張圖上，看看訓練資料學得怎麼樣。

```
plt.scatter(x_train, y_train)
plt.plot(x_train, regr.predict(x_train), 'r')
```

Out:

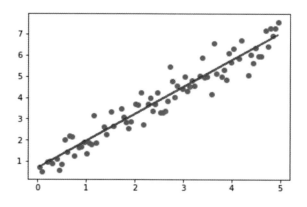

看起來還不錯！但這些數據函數學習機是看過的，所以真正的挑戰是看沒學過的測試資料表現得怎麼樣。

```
plt.scatter(x_test, y_test)
plt.plot(x_test, regr.predict(x_test), 'r')
```

Out:

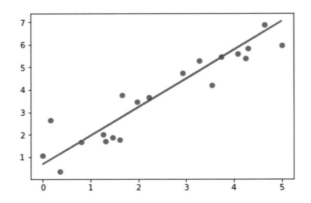

嗯，看起來我們的模型還不錯，即使面對訓練中沒看過的資料，表現也還可以！雖然老實說，這是因為這些數據就是我們自己模擬出來的，而且一般來說，我們在做這種輕鬆的線性迴歸的時候，其實不一定要區分訓練資料與測試資料。不過希望從大家一開始就習慣這個步驟，因為它是一般機器學習，乃至未來深度學習中，一個非常重要的步驟。

這樣我們就可以說，至少在訓練跟測試資料上，我們的模型沒有什麼 overfitting。因為區分訓練與測試資料可以初步地防止 overfitting 的情況，所以稍微像樣的迴歸或是機器學習都會做這件事，希望讀者未來在自己的專案上也要照著做。

但在實際使用時，也可能發生比如「我們拿到的資料」跟「現實世界的資料」落差很大的情況，這無可避免的會導致 overfitting，也沒辦法透過分割訓練資料跟測試資料來解決。資料科學家設計過很多更複雜的方法來處理這個問題，但這些方法實際上也不能完全解決這類型的 overfitting，只能盡量降低它的影響。這本書並不會涵蓋到那些複雜的方法，只是要提醒大家，overfitting 是你在做數據分析遲早會碰到的問題，要時時提醒自己它發生的可能性，並透過各種方法來迴避或是降低它對模型的負面影響。

冒險旅程 **44**

1.　請隨機產生 100 個數字當作 x 座標，再自己決定一個函數 f，把 x 帶進去當成 y 座標，像我們前面做的那樣。之後，把這些 x, y 當作資料，以「7:3」的比例隨機分成訓練資料和測試資料，並套用線性迴歸模型。最後，畫出兩張圖：一張包含訓練資料和模型預測結果；另一張包含測試資料和模型預測結果。　■

冒險 45　拿真實世界的資料來試試看─加州房價預測

今天我們要拿真正的資料當例子,教大家怎麼實際用線性迴歸對真實世界的資料進行預測。

一般來說,真實世界的資料有時候會需要利用爬蟲把資料從某個網站爬下來,再經過複雜的手續進行整理和統一格式,當然也有可能拿到別人整理好的資料,就可以省下這些麻煩。

為了讓事情簡單一點,我們就直接拿 **scikit-learn** 整理好的資料集就好了!

首先當然要引入我們平常使用的套件:

```
%matplotlib inline

import numpy as np
import pandas as pd
import matplotlib.pyplot as plt
```

接著引入我們的線性迴歸模型,還有分割訓練 / 測試資料的函式:

```
from sklearn.model_selection import train_test_split
from sklearn.linear_model import LinearRegression
```

再來是今天的主角 ─ **scikit-learn** 內建的加州房價資料集。如果看過本書前一個版本,或者在很多數據分析課程、工作坊等等都會用到一個很有名的範例,叫做波士頓房價資料集。雖然波士頓房價資料集本身在初學數據分析、機器學習算是不錯的例子,但因數據集有點歧視的嫌疑,例如影響房價指標中有該區域主要人種。因此這次我們改用教學上很類似的加州房價資料集,而事實上 **scikit-learn** 也不再內建波士頓房價資料集。

```
from sklearn.datasets import fetch_california_housing
cal = fetch_california_housing()
```

於是，我們就把這個數據集讀進來了，取名就叫做 **cal**。如果還記得 Colab 或是 Jupyter Notebook 的神鍵 **Tab**，我們還可以看看這個 **cal** 數據集有什麼功能、屬性。

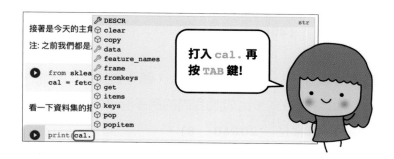

我們在第一篇的冒險裡提過這個重要的救命鍵，可以防止我們忘記函數的名字怎麼寫，而它另一個重要的功能就是幫我們認識新的物件！

從這個數據集的描述看來，輸入一共有 8 個特徵，分別是某個區域的平均收入、房屋年齡、房間數量、同住人數，再加上該區域的人口、經緯度等等。輸出，也就是要預測的 target 就是那個區域的平均房價。數據集中，**cal.data** 該放進去模型訓練的 **X**，而 **cal.target** 是相應的答案 **Y**。

接著是在每次的數據分析、機器學習，乃至人工智慧都是非常重要的動作，也就是檢查 **shape** 是不是跟我們想的一樣。

```
print("data shape: ", cal.data.shape)
print("target shape: ", cal.target.shape)
```

Out:

data shape: (20640, 8)

target shape: (20640,)

再一次強調機器學習、乃至人工智慧模型，輸入數據集的樣貌，基本上都是（數據筆數 , 數據 shape）這樣的格式。比如說我們的例子有 20,640 筆數據，每筆 8 個特徵，輸入數據集的 **shape** 就會是 **(20640, 8)**。

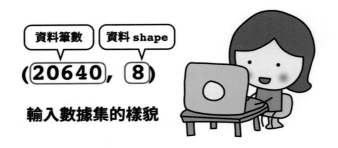

輸入數據集的樣貌

跟之前一樣，把「模型的輸入」當成 **X**「輸出」，也就是要模型去的目標叫做 **Y**。

```
X = cal.data
Y = cal.target
```

接著把輸入和輸出切分成訓練資料和測試資料，並且再一次檢查 **shape**，會發現輸入部份就是如上面所說的格式。

```
x_train, x_test, y_train, y_test = train_test_split(X, Y,
test_size=0.2, random_state=87)

print(f"x_train: {x_train.shape}")
print(f"x_test: {x_test.shape}")
print(f"y_train: {y_train.shape}")
print(f"y_test: {y_test.shape}")
```

Out:

x_train: (16512, 8)

x_test: (4128, 8)

y_train: (16512,)

y_test: (4128,)

　　現在要開始預測，做法跟之前的差不多，對指令還不熟的同學可以去看前面的冒險：

```
regr = LinearRegression()
regr.fit(x_train, y_train)
y_predict = regr.predict(x_test)
```

最後當然要畫圖來看一下結果，這次的畫法跟之前稍微不一樣：

```
plt.scatter(y_test, y_predict)
plt.plot([0, 5], [0, 5], 'r')
plt.xlabel('True Price')
plt.ylabel('Predicted Price')
plt.show()
```

Out:

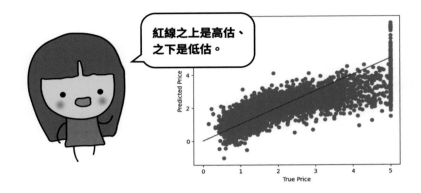

紅線之上是高估、之下是低估。

　　以前都是把正確的函數用紅色線表示，再把預測的結果用點畫上去，但實際上我們通常不知道「正確的函數」是什麼，所以這次是比較「真實的房價」跟「預測的房價」有多接近。大家也可以想想看還有什麼更方便我們確認結果的畫法。

　　作法是把「真實的房價」當成 **x** 座標，「預測的房價」當作 **y** 座標之後，把點畫在圖上。而如果預測的結果跟真實結果一模一樣，那它應該會剛好落在一條對角線上。為了方便比較，我們就把理想的對角線，用紅線畫在圖上。**xlabel** 和 **ylabel** 兩個函式則可以加上註記。

　　可以看到我們的預測在中低房價大致還不錯，但在高房價的區段通常會低估。

 冒險旅程 **45**

請照著下面的程式碼，下載 scikit-learn 的乳腺癌資料集，並回答下列問題：

```
from sklearn.datasets import load_diabetes
diabetes = load_diabetes()
```

1. 請問該資料集中，總共有幾筆資料以及共有多少個特徵（features）？
2. 請把資料集分成訓練資料與測試資料，比例為 8:2。
3. 請使用這些資料做線性迴歸預測並畫圖，說明你的結果如何及造成該結果的可能原因。

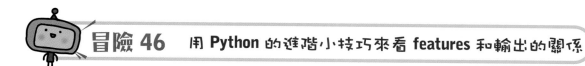

冒險 46　用 Python 的進階小技巧來看 features 和輸出的關係

　　這次我們要做的事情是把每個輸入的 feature 跟最後輸出 target 的關係畫成圖。首先當然還是讀入標準套件。

```
%matplotlib inline

import numpy as np
import pandas as pd
import matplotlib.pyplot as plt
```

　　接著為了讓程式寫起來方便，圖畫起來好看，這邊復習一下我們之前學過的幾個進階小技巧。

1.　善用 enumerate：

一般我們寫 for 迴圈會像這樣：

```
L = ['a', 'b', 'c']

for i in L:
    print(i)
```

Out:

a

b

c

想要在旁邊加上編號的時候可以這樣（range 從 0 開始數，所以加 1 讓它從 1 開始）：

```
for i in range(3):
    print(i+1, L[i])
```

Out:

```
1 a
2 b
3 c
```

那加上 **enumerate** 會有什麼結果呢？用 list 來把它包起來看看：

```
list(enumerate(L))
```

Out: `[(0, 'a'), (1, 'b'), (2, 'c')]`

嗯，它會給我們一串 **tuple**，每個 **tuple** 的第一個元素是編號，第二個是 **L** 裏面的元素。

用一般 **for** 迴圈的方法來做會變成這樣：

```
for i in enumerate(L):
    print(i)
```

Out:

```
(0, 'a')
(1, 'b')
(2, 'c')
```

看起來是省了一點功夫，可是編號不對了，我們有沒有辦法把 **enumerate** 的編號跟內容分開呢？這時候就要使用 Python 的 **unpacking** 功能！

像是這樣，`i` 代表 `tuple` 裏的編號，`s` 則代表 `L` 裏面相應的元素：

```
for i, s in enumerate(L):
    print(i+1, s)
```

Out:

1 a

2 b

3 c

2. 畫多個圖：

一般我們想要畫不同的函數的時候，`plt` 可能會幫我們畫在同一張圖上：

```
x = np.linspace(-10, 10, 200)
plt.plot(x, np.sin(x))
plt.plot(x, np.cos(x))
```

Out:

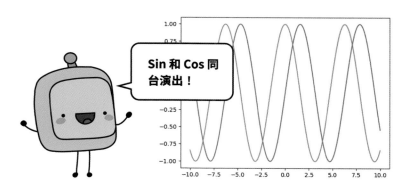

雖然這樣也蠻好看的，但有時候我們就是想要它分成兩張來畫啊！該怎麼辦呢？

plt 有提供一個 **subplot** 功能，可以很方便地幫我們做到這件事！

比如今天想要的圖是用 **(2, 2)** 的方法呈現，也就是一共四張，就可以這樣做：

```
plt.subplot(2, 2, 1)
plt.plot(x, np.sin(x))

plt.subplot(2, 2, 2)
plt.plot(x, np.cos(x))

plt.subplot(2, 2, 3)
plt.plot(x, x)

plt.subplot(2, 2, 4)
plt.plot(x, x**2)
```

Out:

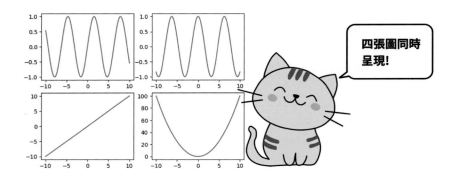

如果你學會了，我們來試著把每一個單一加州房價的 feature，和房價關係圖畫出來。首先先把加州房價數據集讀入。

```
from sklearn.datasets import fetch_california_housing
cal = fetch_california_housing()
```

回顧一下這個數據集的 8 個 features 的名稱。

```
cal.feature_names
```

Out:

```
['MedInc',
 'HouseAge',
 'AveRooms',
 'AveBedrms',
 'Population',
 'AveOccup',
 'Latitude',
 'Longitude']
```

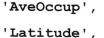

最後看看各個 feature 和房價的關係。

```
X = cal.data
Y = cal.target

plt.figure(figsize=(8, 10))
for i, feature in enumerate(cal.feature_names):
    plt.subplot(5, 3, i+1)
    plt.scatter(X[:, i], Y, s=1)
    plt.ylabel('price')
    plt.xlabel(feature)
    plt.tight_layout()
```

Out:

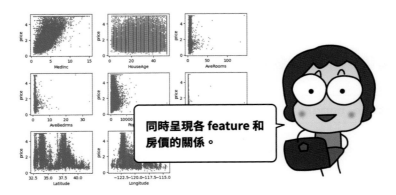

同時呈現各 feature 和
房價的關係。

　　由於裏面的指令幾乎都是前面或是這次冒險教過的，請試著自己理解看看上面的圖
是怎麼畫出來的，以及每一行程式碼所代表的意思，就當作一次的小作業。

　　而如果有沒有看過的指令，也可以試著自己 Google 看看，因為 Python 的函式庫
實在太多太大了，即使我們已經教過的 **pandas**、**numpy** 等等，都還有很多沒有提過
的函式，這時候就要活用 Google，找到它的文件說明或是別人的使用範例。Python 最
大的好處就是文件相當完整而且寫得簡單易懂，因為使用的人很多，所以相關的教學跟
範例也很多！

 冒險旅程 46

1. 請試著解釋看看這次冒險的最後一段程式碼想要做的事情是什麼？並請依照程式碼
   的順序，逐行解釋它的功用。
2. 請從加州房價資料集的 features 裏，選出你喜歡的其中四個，畫出它跟房價之間的關
   係圖，並以 3x3 的 subplot 呈現。
3. 請挑出三張你畫出來的 subplot，並從圖中解釋該 feature 跟房價的關係可能是什麼？

冒險 47　機器學習中的監督式學習－以 SVM 為例

　　我們今天終於正式進入機器學習的冒險，不過雖然今天才正式開始，但裡面有很多東西其實跟前面的迴歸問題非常類似，大家應該會覺得很熟悉。

　　首先，我們在這個篇章一開始的冒險提過，所有的 AI／機器學習／迴歸分析／深度學習都是在找一個好棒棒的函數，來幫我們解決在現實世界中遇到的問題，而機器學習就是那些「從歷史資料中尋找規律」的方法統稱。而機器學習裡所有的方法又可以再分為兩種：一種是我們已經有「一定比例正確答案」的，與「沒有正確答案」的兩種。當然其實還有一些介在兩者之間，不清不楚的傢伙，不過這本書也暫時不會涵蓋到這部分。

機器學習兩大方式

監督式學習
Supervised Learning

有一堆知道正確答案的資料。

非監督式學習
Unsupervised Learning

沒有提供正確答案, 電腦自理。

真的可以嗎?

圖 47-1　機器學習的兩大方式

　　這次冒險想介紹給大家的主要是「有答案」的方法，一般稱為「監督式學習」。之所以叫監督式學習是因為，既然我們有一定比例的正確答案，只要把那些有答案的資料蒐集起來，再把它們分割成訓練資料與測試資料，丟給隨便一個機器學習模型去學，那些答案自然可以幫我們「監督」模型，確保它會學到正確的方向了。

　　是不是很熟悉？沒錯，我們前面的線性迴歸就是這麼做的，這種「把有正確答案的資料都給模型，叫它老老實實找出規律」的作法，其實讀者們已經完整做過一次了，加上滿足了這些性質，所以線性迴歸其實就是一種監督式的機器學習模型。

　　今天我們要介紹的則是另外一種更厲害的作法，叫做**支持向量機（Support Vector Machine）**，簡稱 SVM。

當然，只聽名字實在很難搞懂 **SVM** 到底是在幹嘛，但因為要詳細解釋實在過於複雜，所以我們先舉個例子：

請先想像我們想要把一堆數據做個分類。比如我們是一家線上的購物網站，擁有許多顧客的過去購買行為和個人資料，今天想把它們分成「忠實顧客」、「中立顧客」跟「不忠實顧客」三個類別，而且「已經知道」其中一部份顧客的類別了。這樣應該很適合使用監督式學習。

很特別的是，關於顧客的數據，我們透過各種方法把它變成了一個二維的向量，也就是說可以用兩個數字來表達某個顧客的特徵（features），而既然它是二維的，我們應該可以把它畫在平面上，像是這樣：

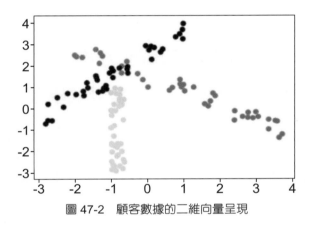

圖 47-2　顧客數據的二維向量呈現

圖上每個點都是一位顧客，而不同的顏色代表了不同種類的顧客。而我們今天對它使用機器學習的目的，是希望可以透過模型，對那些「還不知道類別」的顧客進行分類。

為了解決這種問題，**SVM** 想了一個很聰明的辦法：「如果每個顧客的特徵都可以被畫在這張圖上，而且相同類別的顧客會彼此靠近，那只要在這張圖上，找到很多條曲線跟直線，把三個類別當成三個區域劃分開來就好了！」

聽起來有點玄，但其實 **SVM** 想做的只是這樣：

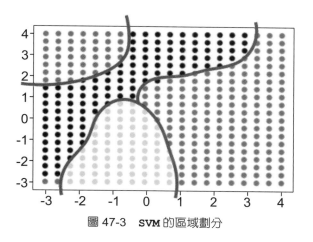

圖 47-3　**SVM** 的區域劃分

而只要這樣分開之後，面對沒看過的新資料（顧客），只要這樣分就可以了：

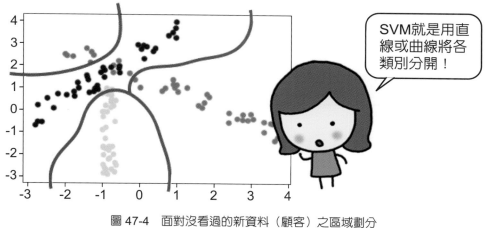

圖 47-4　面對沒看過的新資料（顧客）之區域劃分

　　雖然做起來好像很複雜，但我們完全可以透過 `scikit-learn` 幫我們處理這些細節問題！而且不只是二維的特徵可以用 **SVM**，其實任何維度都可以，只是因為二維比較好畫圖，我們才用二維舉例而已。

下面要實際做一次給大家看！

首先當然還是要引入套件：

```
%matplotlib inline
import numpy as np
import matplotlib.pyplot as plt
```

接著再簡單的製造一份資料，有四個點和兩個類別：

```
X = np.array([[-3, 2], [-6, 5], [3, -4], [2, -8]])
Y = np.array([1, 1, 2, 2])
```

這裡的 **X** 是我們的特徵（features），而 **Y** 則是每一組特徵相應的分類，是我們想要學習的目標，我們現在想把特徵都用點描在一個平面上，再用不同顏色來代表不同的分類。所以就把每一組的「第一個特徵」變成一個點的 **x** 座標，「第二個特徵」變成同一個點的 **y** 座標，再用 **Y** 的數值來決定點的顏色。寫成程式會變成這樣：

```
plt.scatter(x=X[:, 0], y=X[:, 1], c=Y, cmap='Paired')
```

Out:

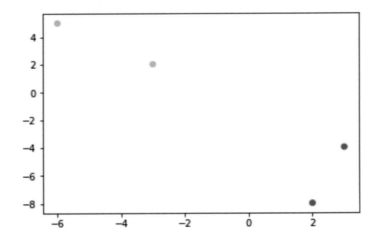

scatter 函式裡的 **x** 和 **y** 分別代表 **x, y** 座標，**c** 是用來決定顏色的數列，**cmap** 則是決定「決定顏色的方式」。大家想改變顏色的話可以自己試試看，或是參考 **matplotlib** 官方文件，裡面有比較詳細的說明。

接著要開始用 **SVM** 做分類了：

```
from sklearn.svm import SVC
clf = SVC(gamma='auto')
clf.fit(X, Y)
```

這裡的流程和之前做線性迴歸差不多，只是現在是分類問題，使用的是「分類器」。所以把變數名稱改成 **clf**（classifier），而 **SVC** 則是用 **SVM** 做出來的分類器。（**SVM** 也可以用 **SVR** 來做迴歸）

把 **X** 丟給我們的分類器做預測，順便看看它表現的怎麼樣：

```
Y_pred = clf.predict(X)
print(Y_pred == Y)
```

Out: **[True　True　True　True]**

隨便丟幾組數據進去，看看模型是不是真的可以預測未知情況：

```
print(clf.predict([[5.4, 8.7]]))
print(clf.predict([[1, -10]]))
```

Out: **[1]**

　　　[2]

是不是很簡單！

 冒險旅程 47

1. 請以一個現實中的問題為例，說明為什麼這個問題適合用監督式學習解決 (比如可以用某某某方式，取得一些有答案的資料之類的)，並討論看看這個問題應該用 **SVM**，還是線性迴歸來做，為什麼？

 **冒險 48 把完整的結果畫出來**

這邊要告訴大家怎麼樣把 **SVM** 完整的結果畫出來。

大家可能會覺得很奇怪，我們不是就像之前一樣，把 **x** 丟進去，再用 **plot** 或是 **scatter** 簡單地畫出來不就好了嗎？當然這樣也可以，不過那都是我們「已經知道答案」的資料，而做機器學習的目的，不就是想要知道那些「不知道答案」的資料，丟進模型會有什麼結果嗎？所以這邊就要告訴大家怎麼把它們畫出來！

延續上次冒險的例子。我們的特徵 **x** 有兩個維度，第一個維度的數值介在 **-6** 到 **3** 之間，而第二個維度介在 **-8** 到 **5** 之間，我們假設那就是 **x** 所有可能值的範圍了。現在我們已經知道上面其中四個點的座標，也已經訓練好了相應的模型，要開始把平面上那些不知道的點，通通列進我們預測的範圍了。

反應比較快的讀者可能已經發現了，在這樣一個平面上的點其實有無限多個，不可能把每一個點都丟進去預測。沒關係，那我們就從上面抓出某些點預測就好了，上面沒有的就看它比較靠近誰囉。

比如像是這樣抓出所有的「整數格點」再畫圖（這邊要接續執行上次所有的程式碼喔）：

```python
x_min, x_max, y_min, y_max = (-6, 3, -8, 5)

xx = np.linspace(x_min, x_max, x_max-x_min+1)
yy = np.linspace(y_min, y_max, y_max-y_min+1)

xc, yc = np.meshgrid(xx, yy)
xc = xc.ravel()
yc = yc.ravel()

plt.scatter(xc, yc)
plt.show()
```

Out:

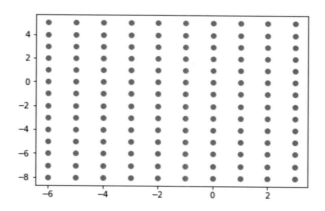

程式看起來有點複雜，讓我們一行一行來看。

　　首先，我們先定義了 **x** 座標跟 **y** 座標的範圍，再用 **np.linspace** 抓出可能的 **x** 座標跟 **y** 座標。但這樣還不夠，如果兩條線上分別有 **m, n** 個座標，則整個平面就需要 **m*n** 組座標，也就是 **m*n** 個點。那要怎麼做出這麼多的點呢？

　　最直觀的方法是寫兩層 **for** 迴圈，把兩條線上的所有座標兩兩一組配對成 **m*n** 個點，但因為這樣寫很麻煩，所以我們用 **numpy** 的 **meshgrid** 函式來做！只要把 **xx, yy** 兩條線交給 **meshgrid**，它就會回傳整個平面上所有點的 **x** 座標和 **y** 座標。

　　為了讓大家加深印象，我們把 **meshgrid** 之後的 **shape** 印出來看看：

```
xx.shape, yy.shape, xc.shape, yc.shape
```
Out: **((10,), (14,), (14, 10), (14, 10))**

可以看到原本兩條線的 **shape** 分別是 **(10,)** 和 **(14,)**，在送進 **meshgrid** 之後回傳就轉換成 **(14, 10)** 的二維平面形式。那可能有讀者會好奇，為什麼不是依照 **(x, y)** 的形式變成 **(10, 14)** 呢？因為一般平面座標系的 x, y 軸，和 **array** 的 x, y 軸剛好是相反的，本來是平面座標上的 y 軸，在 **array** 中就會變成 x 軸，剛好是相反的。

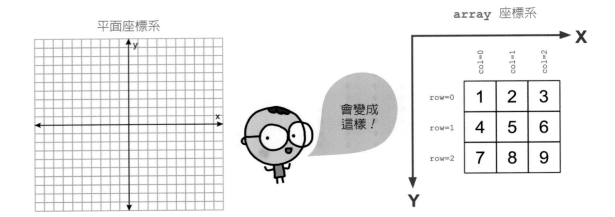

把需要的座標都做出來之後，用 **ravel** 就可以把二維的 **array** 拉平成一維（為了讓之後塞進 **scikit-learn** 模型更方便）。之後就可以簡單地畫圖囉。

好，雖然我們成功畫出圖了，可是這樣其實還沒有把模型的結果套進去，所以接下來需要把做出來的 **xc** 跟 **yc** 重新合併變成新的 **X** 放進模型，雖然用 **for** 也可以，但用 **zip** 做起來非常方便！

它會幫我們把兩個 **list** 形式的變數合併起來（所以 **array** 也可以用），做起來會像是這樣的效果：

```
A = [1, 2, 3]
B = [4, 5, 6]

list(zip(A, B))
```

```
Out: [(1, 4), (2, 5), (3, 6)]
```

那我們要正式用在模型上了：

```
new_X = list(zip(xc, yc))
new_predicted_Y = clf.predict(new_X)
plt.scatter(xc, yc, c=new_predicted_Y)
```

Out:

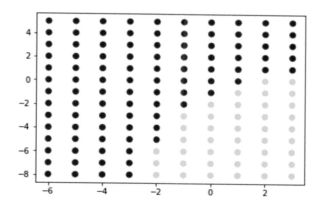

要注意的是，因為有些函式蠻複雜的，當我們並不清楚它的效果時，利用 **shape**、**type** 甚至是自動補完鍵 **Tab** 都可以幫助我們理解這個函式的功用是什麼，還有到底把變數丟進去會發生什麼事。這些方法以後都會是你的救命法寶噢！

另外，除了前面提到的用 **type** 或是 **Tab** 之外，其實 **zip** 那邊一樣，自己舉個小例子也是很好的理解方式，還可以加深自己的記憶，讓你更記得到底誰誰誰是負責做什麼的。

 **冒險旅程 48**

1.　下面是我們指定你使用的資料，請建立一個 **SVM** 模型對它們進行分類：

```
X = np.array([[-3, 2], [-6, 5], [3, -4], [2, -8], [-4, 4],
              [-5, 3], [4, -6], [0,-1], [-2,-1]])
Y = np.array([1, 3, 2, 2, 3, 3, 2, 1, 1])
```

2.　請利用前面學到的方法，畫出指定範圍的整數格點：
　　x 座標：-6 ～ 5，y 座標：-8 ～ 5

3.　請把模型套進這些點裡面，來取得你的預測結果，並用不同的顏色來代表不同的分類。

冒險 49　來做鳶尾花的分類

今天要用非常有名的鳶尾花資料集來學習怎麼做分類，讓我們先簡簡單單地把它讀進來：

```
%matplotlib inline
import numpy as np
import matplotlib.pyplot as plt
from sklearn.datasets import load_iris

iris = load_iris()
```

接著是：

```
print(iris.DESCR)
```

這可以讓我們看到這個資料集的目的，是希望從花萼跟花瓣的長跟寬，來預測這一朵到底是三種鳶尾花中的哪一種。裡面還有一些更細節的資料，請自己試試看！

圖 49-1　鳶尾花的判別

接著參考冒險 45 加州房價的作法，把 **data** 丟給 **X**，**target** 丟給 **Y**：

```
X = iris.data
Y = iris.target
```

檢查一下變數形狀跟內容是我們的好習慣：

```
print('X shape, Y shape: ', X.shape, Y.shape)
print(X[0], Y[0])

Out: X shape, Y shape:  (150, 4) (150,)
     [5.1 3.5 1.4 0.2] 0
```

可以看到一筆 **X** 真的有四個變數：（花萼長，花萼寬，花瓣長，花瓣寬），而 **Y** 則應該是使用 **0，1，2** 來代表三個分類。

圖 49-2　鳶尾花的資料

這裡為了方便起見，我們 **X** 用後面的花瓣長寬來做就好，順便再分出訓練和測試資料和一定會有的畫圖：

```
from sklearn.model_selection import train_test_split

X = X[:, 2:]

x_train, x_test, y_train, y_test = train_test_split(X, Y,
                                  test_size = 0.2,
                                  random_state = 87)

plt.scatter(x_train[:, 0], x_train[:, 1], c = y_train)
```

Out:

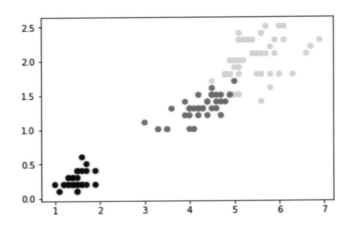

這邊的操作基本和之前大同小異，不太熟悉的話可以參考前幾次的冒險。另外，**numpy** 的 **indexing** 技巧之後也會大量的使用，請務必把第二篇章弄得滾瓜爛熟。

資料都準備好了，就可以開始建立模型了。再一次就是我們函數學習三部曲：開一台函數學習機、訓練、預測。首先我們**開一台 SVM 的分類機**。

```
from sklearn.svm import SVC

clf = SVC()
```

接著把訓練資料丟給**函數學習機去學習**。

```
clf.fit(x_train, y_train)
```

模型都訓練完了，當然要預測一下，看一下結果好不好囉：

```
y_predict = clf.predict(x_test)
plt.scatter(x_test[:, 0], x_test[:, 1], c = y_predict)
```

Out:

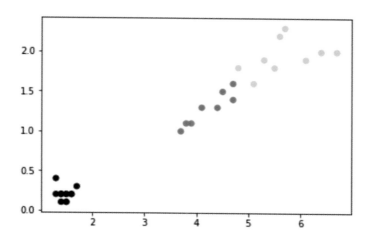

看起來是蠻像樣的啦，但有沒有辦法讓我們更明顯地看出哪些對哪些錯呢？

　　拿「預測答案減掉正確答案」的值當作顏色怎麼樣？這樣的話，相同的值（比如說全對就都是 **0**）就會是同一個顏色了！

```
plt.scatter(x_test[:, 0], x_test[:, 1], c=y_predict-y_test)
```

Out:

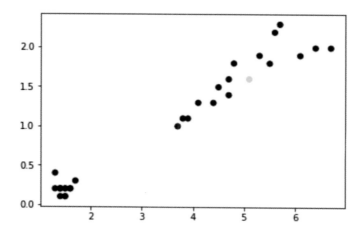

看起來我們的模型只錯了一題，表現真棒！

為了讓我們的結果呈現可以更清楚，這邊要再教一種超炫的畫圖法！這個畫法跟上一次用到 **meshgrid** 的畫法有點像，還不太熟的讀者可以回去看看那個部分。

首先要先把範圍內的 **x** 座標跟 **y** 座標蒐集起來，這次我們使用 **np.arange** 函式，讓我們可以得到一個固定間隔的等差數列，再丟進 **meshgrid** 函式生成整張圖的所有座標：

```
x = np.arange(0, 7, 0.02)
y = np.arange(0, 3, 0.02)
x1, x2 = np.meshgrid(x, y)
```

讀者可以用 **print** 看一下 **x** 跟 **y** 分別是什麼噢！

接著要把抓出來的這些特徵（**x1, x2**）丟進模型裡面，雖然以前是用 **list** 加上 **zip**，但 **c_** 這個奇怪的函式也可以達到一樣的效果；也不要忘記用 **ravel** 把資料從二維拉成一維，塞進 **scikit-learn** 才比較不會有問題。

```
Z = clf.predict(np.c_[x1.ravel(), x2.ravel()])
Z = Z.reshape(x1.shape)
```

至於 **Z** 為什麼要 **reshape** 呢？因為雖然 **scikit-learn** 輸出的 **Z** 是一維，但我們接著要用的 **contourf** 函式因為是畫在平面上，所以要吃二維！真是麻煩到爆了！（抱頭）總之，要畫一張酷炫的圖還是很辛苦的。

終於可以開始畫我們酷酷的圖了，把目標平面上的 **x** 座標跟 **y** 座標、預測出來的結果 **Z**（記得轉成二維），放進 **contourf** 函式中，另外可以加上 **cmap** 參數決定顏色的變化方式，**alpha** 決定整張圖的透明度等等，這樣就可以畫出模型預測結果的等高線圖了。（其實還有更多細節可以調整，請參考 **matplotlib** 的官方文件）

另外再用 **scatter** 畫出真實資料情況，看起來就更加有模有樣了。

```
plt.contourf(x1, x2, Z, cmap=plt.cm.coolwarm, alpha=0.8)
plt.scatter(X[:, 0], X[:, 1], c=Y)
```

Out:

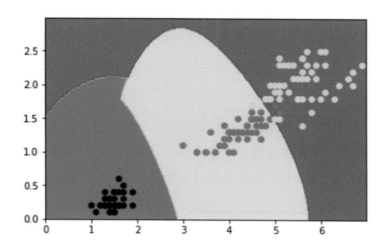

 冒險旅程 **49**

　請利用前面提到的鳶尾花分類資料集來回答下列問題：

1. 請把我們前面沒使用的花萼長和花萼寬當作 **X**，分類目標當作 **Y**，以八比二的比例分出訓練資料和測試資料。

2. 使用上面的 **X** 跟 **Y** 做 **SVM** 預測並畫圖，比較看看這次的模型預測結果，跟我們前面做的結果相比，哪一個做得更好。如果可以，請試著說明原因。

3. （小挑戰）請參考 **scikit-learn** 的文件，將 **SVC** 函數改為 **NUSVC** 函數再試試看；也可以選擇更多的特徵，觀察並討論結果的差異和原因。

 冒險 50　非監督式學習與 k-means

　　前面我們介紹了許多「有答案」的情況下適用的模型，也就是監督式學習的演算法，像是線性迴歸、**SVM** 等等，現在我們要來處理那些「沒有答案」的問題了。

　　我們什麼時候會遇到這種「沒有答案」的情況呢？比如說我們可能新開了一家網路商店，雖然蒐集到了一些客戶的資訊，但是我們實在沒有頭緒該怎麼分類。有沒有辦法叫電腦「自己看著辦」，自動把客戶分成幾類呢？

　　這種根本沒有答案，要電腦自己去做的學習，就叫做「非監督式」的機器學習方法！令人意外的其實相關的機器學習法還不少，不過我們因為是機器學習「體驗班」，所以就只以一個概念很簡單、又很有名氣的一種方法——**k-means**。

圖 50-1　非監督式學習機器人

　　用 **k-means** 我們就可以把全部知道的資料跟特徵丟給它，再跟它說我們想分幾類，於是它就會胡搞瞎搞出一個方法（這當然是開玩笑的，人家可是規規矩矩做事的），把資料分成我們想要的類別數。

好了，我們先引入套件。這次我們再製造一份假資料，不是，模擬的資料。

```
%matplotlib inline
import numpy as np
import matplotlib.pyplot as plt

X = np.random.rand(100, 2)
X[0]
```

Out: **array([0.95513953, 0.32034967])**

random.rand 函式會回傳一份有一百筆，每一筆有兩個數字的資料給我們，以防萬一打開來看一下，嗯，真的是兩個數字。

不免俗地還是要畫個圖：

```
plt.scatter(X[:, 0], X[:, 1], s = 50)
```

Out:

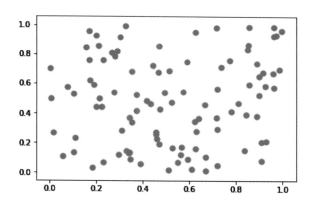

　　然後還是一樣是我們機器學習三部曲。**第一步先開函數學習機**，這一次的模型終於要指定參數了，因為要告訴 **k-means** 該分幾類。

```
from sklearn.cluster import KMeans

clf = KMeans(n_clusters = 3)
```

再來是訓練，注意這時我們沒有提供「正確答案」，所以只有輸入的部份。

```
clf.fit(X)
```

其實之前其他的模型也可以指定一些不一樣的參數，只是為了怕弄得太複雜，所以都是用預設的參數來做，可以自己參考 **scikit-learn** 調整看看，會發現有趣的新世界喔！

看一下我們可愛的函數學習機到底怎麼分類的。

```
clf.labels_
Out: array([1, 0, 0, 0, 0, 2, 2, 1, 2, 2, 0, 1, 2, 0, 1, 0,
0, 2, 1, 1, 0, 0, 0, 0, 1, 0, 2, 0, 0, 0, 2, 0, 0, 2, 0, 2,
2, 0, 0, 0, 0, 1, 1, 0, 0, 0, 1, 1, 1, 1, 0, 2, 1, 2, 1, 0,
2, 2, 2, 0, 1, 2, 0, 0, 0, 2, 0, 1, 0, 0, 2, 2, 0, 0, 2, 2,
0, 0, 0, 2, 0, 0, 1, 1, 0, 1, 0, 0, 2, 2, 1, 1, 2, 1, 0, 1,
0, 1, 1, 2], dtype = int32)
```

雖然數字看起來很多，也不知道我們的函數學習機到底在背後怎麼胡搞瞎搞，但看起來是 **0, 1, 2** 三種分類呢，真是太好了。

當然，要得到上面的結果，我們也可以進行第三部曲「預測」。因為答案是完全一樣的，我們就不再列出來了。不過重點是我們可以輸入其他「沒有學過的」數據，這時我們 **k-means** 函數學習機也會把它歸到某一類中。

```
clf.predict(X)
```

當然最後我們還是要畫出來,看看 **k-means** 函數學習機到底怎麼分的:

```
plt.scatter(X[:, 0], X[:, 1], c=clf.labels_)
```

Out:

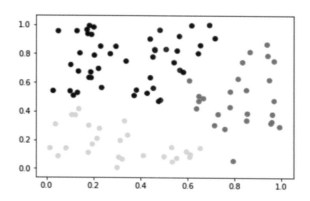

 冒險旅程 50

1. 請使用之前冒險的鳶尾花資料集。將花瓣和花萼的長和寬當成 **X**,使用 **k-means** 分成三類,並畫圖看看這次的結果,與 **SVM** 的結果之間的差異。

2. 模仿我們的範例,模擬一組數據,讓 **k-means** 做分類。並且模仿前面介紹的方式,把「沒有學過」的資料也輸入、畫圖看看 **k-means** 會怎麼分類?

3. 好好的想想,我們到底什麼情況會要像這樣讓電腦自行分類呢?這樣的分類有意義嗎?試著找出真實世界中,你認為適合用 **k-means** 去做分類的數據,實際分類看看!

NOTE

第 4 篇

補給站

善用工具，
展開奇幻旅程

 冒險副本 01　從拍拍機器人到 ChatGPT

　　ChatGPT 可以說掀起一波生成式 AI 的熱潮，這次的冒險，我們想帶著大家看怎麼用 OpenAI 的 API，快速打造出自己的 ChatGPT！同時這也是一個範例，如果能找到一些服務提供的 API，就可以簡簡單單就做出很酷炫的東西。

　　說到對話機器人，相信大家還記得曾經寫過非常簡單的「拍拍機器人」。這裡就先用我們學過的方式，來打造一個完整的拍拍機器人，包括使用者提到「bye」的話就會結束。一開始先來設定讓拍拍機器人可愛一點，順便介紹除了選擇合適的「顏文字」，事實上「萬國碼」（Unicode）把小圖貼這種「繪文字」（emoji）也納入標準文字之中。也就是說，不管你用什麼支援的小工具，或任何卑劣的手段拷貝過來，都可以顯示出來。

```python
# chatbot = "(◍•ᴗ•◍)" + ": "
chatbot = '·' + ": "
```

　　接著 100% 支持你的拍拍機器人來了，而且這次是可以說再見結束的版本。

```python
while True:
    prompt = input('> ')
    if 'bye' in prompt:
        print(chatbot + ' 再見，下次再聊！')
        break
    print(chatbot + " 拍拍 ")
    print()
```

Out:

> 我很難過
◍：拍拍

> 同學作業都不借我抄
◍：拍拍

> bye
◍：再見，下次再聊！

會說再見的拍拍機器人。

當然，拍拍機器人只會回答拍拍，你可能會覺得太簡單了一點。那有沒有可能，在還不太懂 AI 模型要怎麼做的時候，我們就打造一個更像真人的療癒系聊天機器人呢？現在就要一步步帶著大家，使用 OpenAI 的 API，快速打造一個療癒系的聊天機器人。

所謂 API，就是一些公司提供的服務，可以讓我們用特定的方式，寫個程式（比如說 Python 程式）去呼叫、使用一些功能。除了這裡用的 API，像是 Google、Facebook (Meta) 等等，都有提供一些方便有用的 API。

要使用 OpenAI 的 API，最最重要的就是要申請你的 OpenAI API 金鑰。要申請金鑰，請先到 OpenAI 的網站：

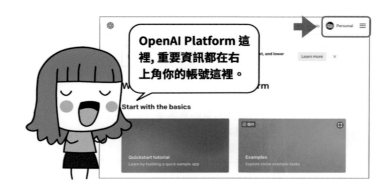

`https://platform.openai.com/`

如果使用過 ChatGPT，那你應該有 OpenAI 帳號，如果沒有，也可以當場申請一個。申請時用自己的 email 或者 Google 帳號等等登入都可以。重要的資訊，包括金鑰申請都在右上角你的帳號 **"personal"** 那區。點下去，選擇 **"View API Keys"** 選項，就是申請金鑰的地方。

這時，找到 "**Create new secret key**" ，按下去就進入金鑰申請。

再來，你可以為這組金鑰取個名字。這個名字沒什麼作用，只是在你想刪掉金鑰時，可以不要刪錯而已。

接著按下 "**Create secret key**" 之後，金鑰就會出現了。請記得一定要把金鑰拷貝起來，貼到你認為安全的地方，因為你「不會」再有機會見到這組金鑰了！非常重要！萬一你忘了把金鑰記下來，只能重新申請新的金鑰。

順道一提，使用 OpenAI API 是需要付費的。不過費用不算貴，而且一開始會給你一筆錢，讓你在一個月內用完，用完之後可以設一張信用卡來付費。要注意的是，是依使用量來計費，不過你可以設定每個月的上限，以免不小心用爆。

再來終於要打造我們自己的 ChatGPT 了。第一步就是安裝 OpenAI 套件，如果用自己的電腦做一次就好，在 Colab 上使用的話，每次都要重新安裝一次。

```
!pip install openai
```

接著就讀入 **openai** 套件。

```
import openai
```

再來就在下面程式碼「你的 OpenAI API 金鑰」的部份，打入你的金鑰。

```
openai.api_key = " 你的 OpenAI API 金鑰 "
```

我們只要用 **openai.ChatCompletion.create** 送入必要的資訊，那 ChatGPT 就會回應我們了。重要的資訊其實就兩項，一個是 **model**，這是看我們要選哪一個 OpenAI 的模型。範例是 gpt-3.5-turbo，這正是 ChatGPT 開始使用的版本。再來另一個資訊，也是我們的重頭戲，就是過去的對話紀錄，會放在 **messages** 裡面。

ChatGPT 就是依過去對話紀錄（包括使用者最近一次說的話），來產生新的回應。所以我們好好地介紹一下歷史紀錄 **messages** 的結構。這結構很簡單，基本上是使用者說的話以及 ChatGPT 的回應，都用一個字典變數記錄下來。這字典包括兩個項目，一

個是「角色」（role），一個是「內容」（content）。角色裡比較清楚的就是 **user** 代表是使用者說的話，而 **assistant** 是 ChatGPT 的回應。

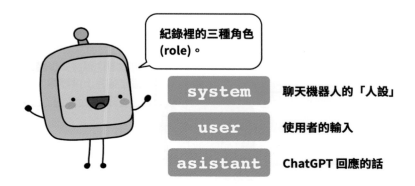

紀錄裡的三種角色 (role)。

system	聊天機器人的「人設」
user	使用者的輸入
asistant	ChatGPT 回應的話

　　神秘的 **system** 角色是什麼意思呢？原來這是要給 ChatGPT「人設」的部份，比如說我們要做一個療癒系的對話機器人，就說「你是一個非常溫暖的對話機器人，回應都簡短，儘量不要超過二十個字，而且有同理心。」你可以試試不同的設定方式。比如原本沒有寫「儘量不要超過二十個字」時，ChatGPT 常常回應會長篇大論，看起來更令人覺得憂鬱。

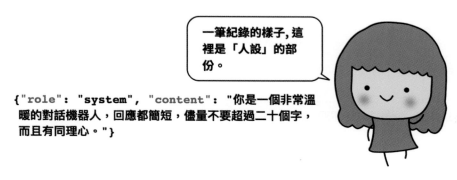

一筆紀錄的樣子, 這裡是「人設」的部份。

```
{"role": "system", "content": "你是一個非常溫暖的對話機器人，回應都簡短，儘量不要超過二十個字，而且有同理心。"}
```

這裡我們除了前面的人設設定，假設經過了一小段的對話，最後使用者說他「Python 程式都不會寫」，來看看 ChatGPT 會怎麼回覆。

```
response = openai.ChatCompletion.create(
    model="gpt-3.5-turbo",
    messages=[
            {"role": "system", "content": " 你是一個非常溫暖的對話機
器人，回應都簡短，儘量不要超過二十個字，而且有同理心。"},
            {"role": "user", "content": " 我很難過 "},
            {"role": "assistant", "content": " 很抱歉聽到你感到難過，
可以跟我說說你正在遭遇什麼困難嗎？我們可以一起找尋解決問題的方式。"},
            {"role": "user", "content": "Python 程式都不會寫 "}
    ]
)
```

回覆會放在 **response** 之中，你可以看一下裡面的長相，是一種叫 json 的資料結構。不習慣的話看起來會有點複雜，不過我們只需要知道 ChatGPT 的回應在哪裡。

```
print(response["choices"][0]["message"]["content"])
```

Out:

學習新事物都需要時間和耐心，寫程式也不例外。如果你想學習 **Python**，我可以推薦一些學習資源，例如在線課程、教科書和網上教學資源等。要開始學習 **Python**，重要的是要持之以恆，每天花點時間練習。加油！

最後我們打造可以一直聊下去的 ChatGPT。其實整個架構和一開始的拍拍機器人是 87 分像，一樣你打入 "bye" 就會跟我們的療癒系機器人說再見。只是這次 ChatGPT 真的有依情況不同的回應，需要把每一次使用者說的話、ChatGPT 的回應收集起來，放到 messages 當中。方法沒有想像中的複雜，只要每次使用者說了一句話，就放到 messages 之中，送給 ChatGPT。接著 ChatGPT 會有回應，把回應、使用者新說的話再度放入 ChatGPT，如此就可以打造一直聊下去的 ChatGPT 了。

請看
下頁示範

```python
messages = [{"role": "system", "content": " 你是一個非常溫暖的對
話機器人，回應都簡短，儘量不要超過二十個字，而且有同理心。"}]

while True:
    prompt = input('> ')
    if 'bye' in prompt:
        print('再見，下次再聊！')
        break
    messages.append({"role": "user", "content":
prompt})
    response = openai.ChatCompletion.create(
        model="gpt-3.5-turbo",
        messages=messages)
    reply = response['choices'][0]['message']["content"]
    print(chatbot + reply)
    print()
    messages.append({"role": "assistant", "content": reply})
```

Out:

> 我很難過。

· : 我了解你的感受，想聊聊嗎？

> 就是 Python 都不太會寫。

· : 不要灰心，學習需要時間和耐心，我相信你可以逐漸掌握 Python。加油！

> 感覺同學們也不太想幫我。

· : 可能是因為同學們忙於自己的事情，不過你可以嘗試尋找其他的資源，例如網
上的學習社群、教學網站，或者向老師尋求幫助。不要害怕向他人尋求幫助，大多
數人都樂於相助的。

> 嗯，要去上課了，下次再聊，bye!
再見，下次再聊！

冒險副本 02　用 gradio 神速打造你的 web app

之前我們介紹用 **interact**，在 Jupyter Notebook 下快速打造 GUI 互動介面。很多人都覺得那真的很酷，也是票選大家最愛的功能之一。但是那樣子做出來的互動介面，你想寄給朋友炫耀，也需要他知道怎麼用 Colab 或是 Jupyter Notebook 才可以。而這個冒險副本，我們會做一個比 **interact** 還要更酷炫的事，就是快速把我們的程式打造成一個網路應用程式，立刻分享給自己的朋友！

要做到這樣的魔法，需要用一個叫 **gradio** 的套件。

快速打造一個 web app!

二話不說，來安裝這個套件。

```
!pip install gradio
```

接著把這個套件讀入，**gradio** 官方推薦的縮寫是 **gr**。

```
import gradio as gr
```

寫個函式就能神速打造一個 web app!

Gradio 使用方式很簡單，基本上就是「寫一個函式，就能打造成一個 web app」。這聽起來是不是很耳熟呢？沒有錯，這就是用 **interact** 做互動也是這個樣子！這次我們來寫個簡單的 BMI 計算機，相信到現在這樣的程式大家都很容易看懂了。

```python
def bmi_cal(h, w):
    h = float(h)/100
    w = float(w)
    bmi = w/(h**2)
    return f" 你的 BMI 是 {bmi:.2f}。"
```

和以前有一點不一樣的是，**gradio** 一定要用 **return** 回傳。我們試用一下這個 BMI 計算機的函式，看看結果是不是原本想像的樣子。

```python
bmi_cal(180,70)
```

Out:

' 你的 BMI 是 21.60。'

看樣子沒什麼問題，接著我們來用魔法把這簡單的計算變成網路應用程式。**Gradio** 的核心就是要打造 GUI 的介面，被稱為 **Interface** 的部份。而 **gradio** 官網有點耍可愛的把這個 **Interface** 叫 **iface**，讓你彷彿有 Apple 系列的感覺。

和之前 **interact** 一樣，**Interface** 也是要指明哪個函式要變成 web app。和 **interact** 不一樣的地方是，**Interface** 需要明確地說輸入是什麼格式，輸出是什麼格式。輸入或是輸出如果大於一個，就要用串列（list）放進輸入 **inputs** 或輸出 **outputs** 參數中。

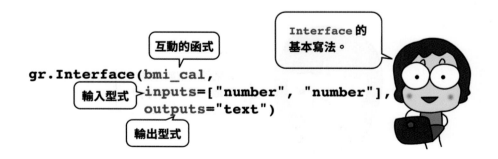

　　這次輸入是兩個數字，所以就用 `["number", "number"]` 來表示。而輸出是一串文字，自然就是選擇 `"text"`。到底有多少不同的輸入或輸出型態呢？這裡先賣個關子，之後再來說明。

```
iface = gr.Interface(bmi_cal,
                     inputs=["number", "number"],
                     outputs="text")
```

　　這樣我們就打造好了一個互動網路應用程式介面 `iface`，是不是很簡單呢？接下來就可以讓這個網路應用程式「上架」，這用 `iface.launch` 就可以了。有件事要注意，如果要讓別人看得到這個程式，`launch` 需要給一個參數 `share=True` 才可以。上架後，會出現一個結尾是 `gradio.live` 這樣的網址，那就是你可以分享給別人的網址，快分享給別人用看！

```
iface.launch(share=True)
```

　　我們怎麼知道輸入和輸出到底有哪些選項呢？這裡推薦 **gradio** 的官網，在 Quickstart 可以很快看到 **gradio** 還能做什麼，還有 Guides 是針對某個主題介紹使用方式。但是最常用的就是 Docs 官方文件，接下來就要介紹怎麼使用這看來複雜可怕的東西。

https://gradio.app/

　　在看來有點可怕的文件中，其實只要學到幾個小技巧就可以。最重要的是，要知道剛開始學習時，基本上我們只需要注意 Components 的部份，這也是所有可能輸入或輸出的型式。

　　不要被這有點複雜的說明嚇到，重點是可以很快看過去，gradio 還可以有什麼型式的輸入和輸出。比方說我們用過的數字型態叫 Number，拉到這項說明最下面，會發現正規寫法應該是 gr.Number，我們之前用的 "number" 是「快捷寫法」。使用正規寫法可以增加一些客製化的設定。忍耐一下或許有點可怕的說明，很快看過去發現似乎可以幫欄位用 label 命名。這裡我們來試試怎麼用，讓使用者知道輸入的是「身高」還有「體重」。

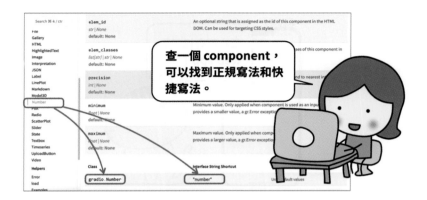

```
inp1 = gr.Number(label=" 身高 ")
inp2 = gr.Number(label=" 體重 ")
```

輸出的部份就還好，不過也順便示範正規寫法怎麼用。

```
out = gr.Textbox(label=" 計算結果 ")
```

再勇敢去看一下 **Interface** 的說明，會發現有個 **title** 參數可以加入標題，而 **description** 加入說明。這裡都加一加，最後的 web app 就更有樣子了！

```
iface = gr.Interface(bmi_cal,
                    inputs=[inp1, inp2],
                    outputs=out,
                    title="AI BMI 計算機 ",
                    description=" 這是一個 BMI 計算機 ， 請輸入您
                                的身高、體重。")
```

馬上上架看看成果。

```
iface.launch(share=True)
```

事實上可以做更多的客製化，甚至整個顏色、主題都可以改變。不過這裡是入門教學，就留給大家慢慢試了。

剛剛有說其實輸入和輸出還有很多不同類型，單單影像輸入好了，會發現可以真的拉一張照片進去，可以用畫的，甚至可以用 webcam ！ Webcam 聽來真的很酷，不如就來試試。

假設我們開了一家咖啡店，今天有三隻豆子，存成一個串列。

```
coffee = ['衣索比亞日曬',
          '阿里山蜜處理',
          '瓜地馬拉水洗']
```

這次的目標是寫個程式，幫客人挑豆子。其實我們是隨機挑的，可以用 **numpy** 裡的 **random.choice**，就會幫忙挑出一隻豆子。

```
np.random.choice(coffee)
```

Out:

'瓜地馬拉水洗'

當然可以就這麼寫成一個 web app，但聽起來就好無聊。想想如果告訴客人，「掃一下前面的 QR Code，會進入我們的 AI 分析 app。這時用你的手機自拍一張上傳，AI 會判斷你今天最適合哪隻豆子！」這聽起來是不是超酷？注意其實我們還不會什麼 AI

分析，不管送什麼照片來，我們還是隨機選隻豆子，所以函式意外的簡單。

```python
def coffee_picker(img):
    c = np.random.choice(coffee)
    return f" 您今天最適合的咖啡是 {c}。"
```

然後就是寫個 **gradio** 的 **iface** 出來。這裡只是要示範怎麼用各種不同的輸入方式，因此選擇 webcam 快捷的寫法，就是 **"webcam"**。

```python
iface = gr.Interface(coffee_picker,
                     inputs="webcam",
                     outputs="text",
                     title="AI 幫你挑咖啡 ",
                     description=" 拍一張自己的照片， 我會幫您分析
                                    今天最適合您的咖啡！")
```

快快上架看看我們的成果。

```python
iface.launch(share=True)
```

當然，這次不是真的 AI 推薦。未來大家學習人工智慧的課程後，也許可以寫出真正 AI 推薦咖啡的 app 哦。

說到 AI，我們前一次的冒險，用 OpenAI API 打造了自己的 ChatGPT。那可不可能用 gradio，打造一個網路應用程式版的療癒系機器人呢？答案是肯定的！為了讓大家容易理解，這次用簡單的拍拍機器人示範，但要用 OpenAI API 打造自己的 ChatGPT app，也完全是可能的！

```
def pipi(prompt, history):
    history = history or []
    reply = " 拍拍 "
    history = history + [[prompt, reply]]
    return history, history
```

這個準備給 gradio 產生 web app 的拍拍機器人，有幾個要解釋的地方。上次的冒險副本，我們知道對話機器人最核心的部份就是聊天的歷史紀錄。在 OpenAI API 就是 messages，而 gradio 習慣叫 history。而不論輸入或輸出，處理歷史紀錄的 component 叫 "state"。對話機器人的輸入是 prompt（使用者說的話），還有 history 這個對話紀錄 state。輸出要把這次 prompt、新的回應加入的 history，送給叫 "chatbot" 的輸出方式輸出，並且也要輸出成 "state" 準備下一次再輸入。

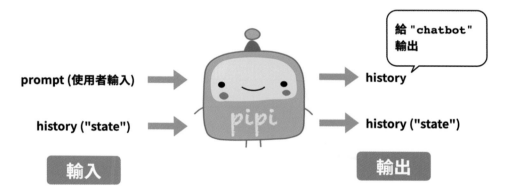

在 gradio 歷史紀錄的方式，比 OpenAI API 簡單。基本上每一次使用者說的話 prompt，和對話機器人的回應 reply，就串成一個 [prompt, reply] 這樣的串列。而所有的對話紀錄，再串成一個串列就好。

有了這些概念，對話機器人的 **iface** 基本樣貌應該也不難理解了。

```
iface = gr.Interface(pipi,
                     ["text", "state"],
                     ["chatbot", "state"])
```

快來上架看看成果。

```
iface.launch(share=True)
```

NOTE

國家圖書館出版品預行編目資料

少年 Py 的大冒險：成爲 Python 數據分析達人的
第一門課/蔡炎龍, 季佳琪, 陳先灝編著. -- 二版.
-- 新北市 ： 全華圖書股份有限公司, 2023.09
　　面 ；　公分
ISBN 978-626-328-657-3(平裝)
1.CST: Python(電腦程式語言)
312.32P97　　　　　　　　112013806

少年 Py 的大冒險－成為 Python 數據分析達人的第一門課 (第二版)

作者／蔡炎龍 季佳琪 陳先灝

發行人／陳本源

執行編輯／王詩蕙

封面設計／盧怡瑄

出版者／全華圖書股份有限公司

郵政帳號／0100836-1 號

印刷者／宏懋打字印刷股份有限公司

圖書編號／0644001

二版一刷／2023 年 09 月

定價／新台幣 450 元

ISBN／978-626-328-657-3 (平裝)

ISBN／978-626-328-662-7 (PDF)

全華圖書／www.chwa.com.tw

全華網路書店 Open Tech／www.opentech.com.tw

若您對書籍內容、排版印刷有任何問題，歡迎來信指導 book@chwa.com.tw

臺北總公司(北區營業處)
地址：23671 新北市土城區忠義路 21 號
電話：(02) 2262-5666
傳真：(02) 6637-3695、6637-3696

南區營業處
地址：80769 高雄市三民區應安街 12 號
電話：(07) 381-1377
傳真：(07) 862-5562

中區營業處
地址：40256 臺中市南區樹義一巷 26 號
電話：(04) 2261-8485
傳真：(04) 3600-9806(高中職)
　　　(04) 3601-8600(大專)

少年Py的大冒險一成為Python程式設計少年的第一門課

（第二版）

讀者回函卡

掃 QRcode 線上填寫 ▶▶

姓名：_____ 生日：西元_____年_____月_____日 性別：□男 □女

電話：（　　）_____ 手機：_____

e-mail：（必填）_____

註：數字零，請用 ⊘ 表示，數字 1 與英文 L 請另註明並書寫端正，謝謝。

通訊處：□□□□□

學歷：□高中・職 □專科 □大學 □碩士 □博士

職業：□工程師 □教師 □學生 □軍・公 □其他

學校/公司：_____ 科系/部門：_____

・需求書類：

□ A 電子 □ B 電機 □ C 資訊 □ D 機械 □ E 汽車 □ F 工管 □ G 土木 □ H 化工 □ I 設計

□ J 商管 □ K 日文 □ L 美容 □ M 休閒 □ N 餐飲 □ O 其他

・本次購買圖書為：_____ 書號：_____

・您對本書的評價：

封面設計：□非常滿意 □滿意 □尚可 □需改善，請說明_____

內容表達：□非常滿意 □滿意 □尚可 □需改善，請說明_____

版面編排：□非常滿意 □滿意 □尚可 □需改善，請說明_____

印刷品質：□非常滿意 □滿意 □尚可 □需改善，請說明_____

書籍定價：□非常滿意 □滿意 □尚可 □需改善，請說明_____

整體評價：請說明_____

・您在何處購買本書？

□書局 □網路書店 □書展 □團購 □其他

・您購買本書的原因？（可複選）

□個人需要 □公司採購 □親友推薦 □老師指定用書 □其他

・您希望全華以何種方式提供出版訊息及特惠活動？

□電子報 □DM □廣告 （媒體名稱_____）

・您是否上過全華網路書店？（www.opentech.com.tw）

□是 □否 您的建議_____

・您希望全華出版哪方面書籍？_____

・您希望全華加強哪些服務？_____

感謝您提供寶貴意見，全華將秉持服務的熱忱，出版更多好書，以饗讀者。

填寫日期：　　　/　　　/

2020.09 修訂

親愛的讀者：

感謝您對全華圖書的支持與愛護，雖然我們很慎重的處理每一本書，但恐仍有疏漏之處，若您發現本書有任何錯誤，請填寫於勘誤表內寄回，我們將於再版時修正，您的批評與指教是我們進步的原動力，謝謝！

全華圖書　敬上

勘　誤　表

書　號	頁　數	行　數	書　名		作　者
			錯誤或不當之詞句		建議修改之詞句

我有話要說：　（其它之批評與建議，如封面、編排、內容、印刷品質等‧‧‧）